# 海洋动态测量理论与方法

何秀凤　吴怿昊　刘焱雄 等　著

科 学 出 版 社
北　京

## 内 容 简 介

本书全面系统地论述了海洋动态测量的理论与方法，着重介绍了海洋动态变化特征及其相关测量技术的最新研究进展和成果。在海洋动态变化理论的基础上，通过介绍新型海洋观测技术和技术条件，以帮助读者更好地理解海洋动态变化测量。

本书可供海洋相关研究领域的专家学者了解海洋动态测量的最新成果，也可供有兴趣了解海洋测绘学、海洋科学调查、海洋工程施工的研究人员、工程技术人员和专业从业人员使用。此外，还可作为高等学校海洋科学、海洋工程与技术、海洋资源与环境、海洋管理等专业本科生、硕士及博士研究生参考用书。

**图书在版编目（CIP）数据**

海洋动态测量理论与方法 / 何秀凤等著. —北京：科学出版社，2023.2

ISBN 978-7-03-074870-6

Ⅰ. ①海… Ⅱ. ①何… Ⅲ. ①海洋测量－动态测量 Ⅳ. ①P229

中国国家版本馆 CIP 数据核字（2023）第 025993 号

责任编辑：王腾飞 石宏杰 曾佳佳 / 责任校对：郝甜甜
责任印制：师艳茹 / 封面设计：许 瑞

科 学 出 版 社 出版
北京东黄城根北街 16 号
邮政编码：100717
http://www.sciencep.com
北京科信印刷有限公司 印刷
科学出版社发行 各地新华书店经销
*
2023 年 2 月第 一 版 开本：720 × 1000 1/16
2023 年 2 月第一次印刷 印张：22 1/4
字数：450 000

**定价：198.00 元**

（如有印装质量问题，我社负责调换）

# 前　言

海洋的面积大约占据了地球表面积的 71%，是地球上主要的自然地理形态，蕴含大量的生物资源、矿产资源以及能源，也是人类的生命起源地。我国作为一个海洋大国，拥有超过 1.8 万 km 的大陆海岸线以及 470 多万 $km^2$ 的内海和边海。因此，对海洋的深入了解和研究是发展海洋经济、维护海洋权益的必要条件，也是让我国成为海洋强国的重要保障。党的十八大以来，我国高度重视海洋事业的发展，把建设海洋强国融入“两个一百年”奋斗目标，并提出在“十四五”期间协调推进海洋资源保护与开发、推进海洋强国建设。

由于海洋面积广大和变化复杂，我们对海洋的观测受到了传统观测手段和技术条件的限制。随着新型海洋监测技术的出现，尤其是卫星遥感技术的发展，极大地推动海洋信息的获取，并提升了人们对海洋的认知。本书旨在从测绘学科的视角详细地介绍有关海洋动态变化特征及其相关监测技术的最新研究成果和进展，以及海洋测绘学在全球、区域海洋变化（海洋环流运动、海洋潮汐运动、波浪变化、海洋重力测量、海底地形起伏等）领域的最新应用。此外，本书还综合介绍了天基、地基以及空基等观测手段获取地球物理学和海洋动力学参数的方法和应用，主要包括海洋大地基准的建立、激光测深、海洋重力测量和海平面变化监测等内容。

海洋的动态变化特征是复杂的，涉及海面地形起伏、海水周期性运动、海水流动、海面风速变化、海洋涡旋、海面粗糙度变化以及全球海洋动力循环和海面温盐度变化等。海洋动态变化特征在空间尺度上涉及米级到数千米级现象间的相互作用，时间尺度上涉及几秒到几千年的变化。由于卫星遥感等新兴观测技术可以提供全球范围内全天候的表层海洋变化信息，且重复周期较短，因此，需要将地面监测与卫星遥感等新型海洋观测手段结合起来，才能实现对全球范围内的海洋变化进行实时、动态测量。

卫星测高技术中星载高度计及全球导航卫星系统遥感（global navigation satellite system-remote sensing，GNSS-R）技术的发展，使得它能以前所未有的时间和空间分辨率监测海洋上层流场，这为物理海洋学家和大气科学家更好地理解复杂的海洋环流及其在气候中的作用提供了有力的技术支撑。海洋导航定位是海洋调查监测的基础，GNSS 与水下声学测量技术的飞速发展为复杂多变海洋环境下的导航定位提供了稳定、可靠的技术支撑。此外，地球重力场数据反映了地球系统的物质分布、运动和变化状态，也是解决人类面临资源、环境和灾害等共性问题及国防安全问题的重要战略数据。随着卫星测高、卫星重力测量、船载重力测量、航空重力测量技术的发展，海洋重力场重构的精度得到了大幅提高。

本书包含九章内容。其中，第 1 章主要介绍海洋动态变化特征及其测量内容和测量方法。第 2、3 章的主要内容包括海洋空间基准的建立和海洋导航定位技术。第 4 章主要介绍机载激光测深技术获取海底地形的方法。第 5 章介绍极化 SAR 技术及滨海湿地测量应用。第 6 章的主要内容包括海洋重力测量方法及应用。第 7 章的主要内容是卫星测高技术的基本原理方法和海潮模型的建立方法。第 8 章主要介绍 GNSS 技术监测海潮负荷位移方法。第 9 章主要介绍 GNSS-R 海洋遥感监测技术。

参与本书撰写的有何秀凤、吴怿昊、刘焱雄、郭锴、王俊杰、王笑蕾、宋敏峰、施宏凯、余娟娟、陈媛媛和吴瑞娟等。其中，何秀凤撰写第 3、5、8、9 章，吴怿昊撰写第 1、2、6、7 章，刘焱雄和郭锴撰写第 4 章，王俊杰参与撰写第 8 章。此外，王笑蕾、施宏凯、宋敏峰、余娟娟、陈媛媛和吴瑞娟也为本书的撰写做了很多有益工作。全书由何秀凤主笔并负责统稿工作。在此感谢为本书做出贡献的所有人，以及对每一章内容进行修改的专家学者。

在本书撰写过程中，我们希望尽可能地反映海洋测绘学科的前沿研究进展，但受各种因素的限制，难免有不足之处，在此真诚希望广大读者批评指正。

作　者

2022 年 9 月

# 目　　录

# 第1章　绪　　论

## 1.1　海洋动态变化特征

海洋系统具有范围广、变化快、复杂度高的特点，这决定了海洋本身是一个多样、动态且相互关联的庞大体系。海洋动态变化特征主要包括：海面地形起伏变化、天体引力作用下的海水周期性变化、海水流速变化、气候变化造成的海面风速变化、海流运动造成的海洋涡旋、风浪引起的海面粗糙度变化和全球海洋动力循环等海洋物理变化；气候造成的海面温盐度变化和海洋酸度变化等海洋化学变化；海洋环境造成的海洋微生物变化、全球碳循环造成的海洋生物迁徙等海洋生态变化。这些海洋动态变化因素独立存在却又相互影响，彼此之间相互联系，共同构成了海洋系统的变化特征。

海面地形起伏变化是最为直观的海洋动态变化，海面起伏是海面地形的表现形式，海面地形是指平均海水面相对于大地水准面的倾斜，它是一个用来描述海面稳态动力起伏的概念。同时，平均海水面可视为无干扰的稳态海水面，平均海水面相对于大地水准面的起伏被称为稳态海面地形，简称海面地形。海面地形资料不仅能用于研究海洋大地水准面，还能用于深海潮汐、洋流等动力学现象的研究。海面地形变化受多种因素的影响，例如，海洋水文因素、海水密度、大气压力等都会引起海面地形高程差异。其中，海水密度差异是造成海面地形高程差异的主要因素。

气候变化和天体引力作用不仅会造成海面地形起伏变化和潮汐运动，还会引起海水非周期性流动。海流是海洋中发生的一种大范围相对稳定速度的非周期性流动，“大范围”是指海流的空间尺度大，可在几千千米甚至全球范围内流动。而“相对稳定”是指海流的路径、速率和方向在季度、年际尺度甚至更长的时间内保持一致。海流可以分解为两个主要成分：地转流与非地转流。受地球自转偏向力作用而形成的表面海流称为地转流，这是一种最基本的海水流动形式，地转流是海面地形压强梯度力和科氏力平衡的产物；非地转流主要来源于海水深层的摩擦效应，但地转流一般是海流各个分量中的主要分量。同时，人们在研究海流的过程中，按照温度特性，会将海流分为暖流和寒流。海流形成的原因有很多，主要可以归纳为风海流和密度流两种主要类型。其中，风海流是指受风力驱动形成的海流，由于海水运动中黏滞性对动量的消耗，这种流动随深度的增大而减弱，直至小到可以忽略，其所涉及的深度通常只有几百米，相对于几千米深的大洋而言只是一个薄层；密度流是指不同海域海水的不同温度和盐度使海水密度产生差异，从而引起海水水位的差异，在海水密度不同的两个海域之间产生了海面的倾斜，造成海水流动，这样形成的海流便称为密度流。

在广阔无垠的海洋中，除了大尺度洋流外，还存在着许多中尺度涡旋（又称天气式海洋涡旋）。中尺度涡旋是指海洋中直径为100～300km、寿命为2～10个月的涡旋，相比于肉眼可见的涡旋，中尺度涡旋的直径更大、寿命更长。中尺度涡旋在海洋动力学，以及海水热、盐、动量、水团及其他化学物质的输送过程中起着重要的作用。大型中尺度涡旋在热带地区非常明显，它们一般连续地在海洋中传播。研究表明，它们主要是由平均环流不稳定性产生的。在涡流的生命周期中，它们表现出明显的快速增长阶段、稳定的成熟阶段和快速的衰减阶段，如果按其持续时间进行归一化处理，这些阶段具有明显的稳定性和对称性。

气象环境的变化不仅会引起海水流速的动态变化，海面粗糙度在一定程度上也会受到其影响。海面粗糙度是反映海洋表面粗糙程度的物理量，它主要描述了微小尺度上的海面起伏情况。同时，海面粗糙度的变化在较大程度上表征了海洋与大气之间的能量传输过程，因此海面粗糙度的提取对于物理海洋方面的研究具有非常重要的意义。海面粗糙度最开始被认为是依赖于风速的，通过量纲分析可以计算出海面粗糙度与风速之间的关系。近年来，大量实验表明海面粗糙度与风浪的状态有关，风吹过海面传递给海水动量从而产生波浪，而风浪又反过来影响大气流动。不同发展程度的风浪具有不同的结构，这使得海面流场及动量交换产生显著变化。目前，常用来表征海面粗糙度与风浪状态之间关系的物理量有两个：①风浪波龄。随着风浪波龄增加，海面粗糙度降低。②风浪波陡。由于海面粗糙度与风浪波面特征量的关系，海面粗糙度与风浪波陡对数形式之间存在线性关系（葛苏放等，2012）。

类似于海面粗糙度是描述海洋表面平整程度的物理量，海温是反映海水热状况的物理量，也是表征海洋水文状况的重要因素之一。作为一个多世纪以来海洋学家研究最为成熟的海洋物理因子，海温与全球变暖之间存在最为直接的相互影响关系。全球变暖对于海洋的影响首先体现在海温的升高；而由于海温对全球变暖的敏感性，可以通过实时监测海温的变化以及通过积累的历史资料总结海温变化的规律，进而科学地判断全球变暖的发展趋势。海水盐度同样在全球水循环和大洋环流中扮演重要角色，同时也是全球气候变化的重要指标之一。海洋表面的降水、蒸发、河流径流和海冰的形成与融化都会对海洋表面盐度产生影响，这些盐度变化通过海水垂直运动被传输至深海，通过对流和扩散影响到其他区域，继而在不同水体之间产生溶盐量差，最终影响海洋动力循环和全球气候变化。目前利用ARGO（Array for Real-time Geostrophic Oceanography）全球海洋观测网可以获取全球高精度的海温、海盐实测数据，而基于土壤水分和海洋盐度（soil moisture and ocean salinity，SMOS）卫星等遥感卫星技术可以实现全球海洋无间断全覆盖的海洋盐度观测（张海峰，2014）。

除了上述动态变化特征以外，海洋系统还包括其他动态变化特征。例如，月球和太阳引力作用下所形成的潮汐现象、受海底地形影响的海面重力场变化、地球板壳运动所造成的海底地形的变化以及受海水光谱吸收和散射特征影响的海色变化等。

## 1.2 海洋动态测量内容

按照学科建设的目标任务，现代海洋测绘学通常围绕以下几个方面开展深入研究：①海洋测量基准。主要任务包括：建立高精度、连续、动态海洋大地（包括海底）、垂直重力、磁力等测量基准；建立与维持陆海统一的海洋（含海岸、海岛礁与海底）大地控制网；构建海域重力异常模型，精化海洋大地水准面，建立海面地形、平均海面和深度基准面模型，并建立海陆无缝垂直基准。②海洋导航定位。主要任务包括：研制海岸、海面、水下等动态测量平台；实现高精度无线电导航定位、卫星导航定位及长基线、短基线、超短基线声学导航定位等。③海洋探测。主要任务包括：研究声呐、激光、可见光、雷达等测量与成像技术；测量高分辨率海岸地形、海底地形地貌、地质构造、海洋重力磁力等要素；研究数据与图像精细化处理理论和方法。④海洋测绘产品制作。主要任务包括：海图等测绘系列产品设计和制作；海洋测绘信息化生产体系构建；数字海图、电子航海图技术与产品高性能按需快速服务；海洋测绘产品国家标准化、国际标准化。⑤海洋地理信息工程。主要任务包括：海洋测绘数据库建立；多用途海洋地理信息系统研制、海洋测绘信息网络化服务。⑥海洋测绘装备。主要任务包括：星载、机载、船载、车载和水下有人/无人探测平台、设备、测量系统及数据处理软件研制；海洋测绘数据管理、制作分发与信息应用服务等软硬件系统的研制和开发（赵建虎，2007；赵建虎等，2017a）。

在现有人力资源和技术力量的基础上，我国以卫星遥感、航空遥感和地面监测为数据采集的主要手段，实现了对近岸及其他开发活动海域的实时监测；并建立了一个稳定、高效运行的国家海域动态监测管理系统，确保社会公众能及时了解我国海域使用管理政策和海洋开发现状，促进海洋开发的合理有序、海域资源的可持续利用和海洋经济的健康发展（徐文斌，2009）。

（1）海洋大地测量。研究建立海洋大地控制网点、确定地球形状和大小及其动态变化、研究海面地形与变化的理论与技术。海洋动态测量的基本任务包括：①建立海洋大地控制网，确定平面和垂直基准体系与维持框架，为实现高精度的海洋动态导航定位提供陆海统一的基准；②测定平均海面、海面地形和大地水准面等观测要素，为船舰精确导航、海洋资源开发、海洋划界、海洋工程设计施工以及研究海底、海面空间形态及其时空变化规律等研究领域提供基础数据（申家双等，2021；海军海洋测绘研究所和中国海军百科全书编审委员会，2014）。主要内容包括建立海洋大地控制网，实施控制测量（建立海洋测量平面与高程控制、加密海控点），海洋（海岸、水面、水下）高精度定位，测定平均海面、海面地形和海洋大地水准面等，为海洋测量定位、舰船精确导航、海洋划界、海洋工程设计与施工提供控制基础，并为研究地球形状提供基础数据（测绘学名词审定委员会，2020）。

（2）海洋控制测量。在海洋大地控制网（点）基础上加密测定海洋控制点的平面位置和高程，以此为海岸地形、海底地形、助航标志测定以及海洋工程测量等提供平面控制和高程控制基础。海洋控制点按照平面控制精度可分为一、二级控制点，其点位分布方式应满足海岸带、海底地形等专业测量要求。

（3）海面动态定位。通过光学定位、无线电定位、卫星定位和声学定位等方法实现在近海岸区域确定水面载体的位置。而在离海岸较远的区域则采用卫星定位、声学定位和无线电定位系统来进行水面载体定位（徐卫明等，2014）。

（4）水下动态定位。主要通过船载惯性导航系统、水声定位系统以及组合定位系统确定水下运载体的位置。

（5）平均海面的测定。一般在沿海设立验潮站，测定该站每小时的水位，由此计算出日、月、年和多年平均海面。平均海面是利用某地一定时间内每小时的海面高度来求算术平均值，故又称平均海水面。多年平均海水面的计算是通过18.6a（潮汐天文周期）或更长时间的连续观测资料来计算的。

（6）海面地形的测定。近海岸海面地形通常是采用几何水准法进行测定，深远海海面地形则通常采用海洋水准测量法来测定。开阔海域的海面地形也可以通过卫星测高方法确定，该方法是利用多年卫星测高数据解算的平均海平面和大地水准面求解得到的。

（7）海洋大地水准面的测定。综合利用地面和空间大地测量技术来确定海洋大地水准面。地面大地测量技术包括重力测量、天文大地测量、卫星导航定位、水准测量等测量技术。空间大地测量技术则包括卫星测高、卫星激光测距、卫星重力测量等技术手段。

## 1.3　海洋动态测量方法

海洋动态测量是人类认识海洋、了解海洋的重要手段，是进行海洋测绘信息获取、处理和应用三元体系任务的前提。海洋动态测量的基本任务是获取多要素、高精度、多时态的海洋基础信息，并按照相关规范要求对数据进行质量控制与标准化处理，生成海洋测量成果（或图件），为编制各类海图、编写航海资料提供基础信息。同时，在此基础上为海洋航行、海洋发展、海洋工程、海洋研究和海岸带管理提供支撑服务（Bekiashev and Serebriakov，1981；申家双等，2018）。

海洋动态测量是对海洋、江河湖泊以及与其毗邻的陆地地理空间要素进行测定和描述的综合型测量任务。同时，海洋测量学还与海洋学、航海学、地质学等多个学科存在联系，特别是与海图制图学和海洋地理信息工程技术关系最为密切。按照海洋动态测量学科的定义，其测量对象包括海洋、江河湖泊及其毗邻陆地，是各种自然要素、人工要素与人文要素等组成的综合体。其中，自然要素通常包括海岸线、岸滩地形、海面地形、海底水深地形与底质类型、海洋重磁场、海洋潮汐、海水温度、海水盐度、海水密度、海洋洋流、海面波浪、海底泥沙、海水水色、海洋冰川、海水透明度等。人工要素包括在海洋中进行人工建设、人为设置或改造形成的要素，如海岸的港口设施、海洋中搭建的各种平台、航行标志、人为设置的障碍物和专门设置的海洋界限（如禁航区、港界、行政界线）等。人文要素不仅包括海洋上的通信、交通、运输、补给和一些社会情况，还包括海洋政治、海洋经济、人口、民族、宗教、历史、景观等要素（翟国君和黄谟涛，2017；翟国君等，2012）。

海洋动态测量从传统的海洋大地测量发展至今，除了进行基础海洋信息获取外也扩展出了更多种类的海上测量方式，如海洋重力测量、海洋磁力测量、海道测量以及海洋遥感测量。海洋重力测量主要包括海底重力测量、船载重力测量、航空重力测量、卫星重力测量等，其主要任务是测定海洋相关重力，构建相关海域重力场模型以及全球海洋重力模型、探索海底地质构造等。海洋磁力测量与海洋重力测量相似，这种海上测量的主要任务是通过海底磁力测量、船载磁力测量以及航空磁力测量等方式构建相关磁力场模型。海道测量从以前的水位观测扩展到海岸线测量、海岸地形测量、海底地形测量、海底底质测量、助航标志测定、航行障碍物探测、海洋水文观测、海洋声速测量、海区资料调查等多种海洋测量任务相结合的海上测量方式。海洋遥感测量主要通过航天遥感测量、航空遥感测量、海岸遥感测量、海面遥感测量、水下遥感测量、遥感信息反演等测量方式调查和监测海洋环流、海洋水质、海洋生物、海洋水文以及海洋污染等方面。

### 1. 海洋重力测量

海洋重力测量是测定海域重力加速度值的理论与技术，为研究地球形状和地球内部构造，探查海洋矿产资源、保障航天和战略武器发射等提供海洋重力场资料。通常包含的测量方法如下。

（1）海底重力测量。这种测量方法是将重力仪器安置在海底，利用遥控装置进行重力加速度测定，该方法通常适用于在深度浅于 200m 的海洋区域作业。现代化的海底重力仪可以在深达4000m的海底开展工作，其作业特点是几乎不受海上各种动态环境因素的影响，但存在实施技术难度大、效率低等缺点。

（2）船载重力测量。该测量方法是将海洋重力测量仪安装在测量船上，在航行中进行重力测量，是海洋重力测量的基本方法，属于相对重力测量。测量时测线网一般布设成正交形状，主测线应尽量垂直于区域地质构造线方向，测量作业时测量船尽量按计划测线匀速航行。其测量精度取决于重力仪的观测精度和定位精度。同时，测量仪器受到的干扰加速度影响主要有厄特沃什效应、水平加速度影响、垂直加速度影响与交叉耦合效应等。

（3）航空重力测量。该重力测量方法是将重力测量仪器安装在飞机上，在飞机飞行过程中实施重力测量，由此可快速获取海陆交界的滩涂地带及浅水等测量困难区域的重力场信息。与船载重力测量一样，航空重力测量属于动态重力测量，需对观测数据进行垂直加速度改正、厄特沃什改正、水平加速度改正和姿态改正，为获得海面点重力值还需将空中重力值向下延拓。

（4）卫星重力测量，又称空间重力测量。由卫星搭载的仪器直接测定或由其观测值反演计算得到重力值的测量方法。根据观测原理不同，卫星重力测量可分为卫星重力梯度测量（satellite gravity gradiometry，SGG）和卫星跟踪卫星测量（satellite-to-satellite tracking，SST）。其中，卫星重力梯度测量是通过安装在卫星上的重力梯度仪直接测定重力场梯度值，进而反演得到重力场模型。而卫星跟踪卫星测量是通过观测两颗卫星之间的距离变化反演地球重力场的长波段信号。卫星测高重力反演是基于测高卫星获取的海面高度数据或由其推算得到的垂线偏差信息，依据地球重力场参数固有的泛函关系，通过建模计算出海域重力异常或扰动重力。其建模方法主要包括数值积分法、最小二乘配置法和谱分析法（申家双等，2021；金绍华等，2014）。

### 2. *海洋磁力测量*

海洋磁力测量是利用磁力仪器测定海洋表面及其附近空间地磁场强度和方向的技术。以海底岩石和海底沉积物的磁性差异为依据，通过观测并研究海域地磁场强度的空间分布和变化规律，便可探明断裂带的位置走向与火山口位置等区域地质特征，寻找海底铁磁性矿物、石油、天然气等资源。在军事上可用于探明水下沉船、未爆军火、海底管道和电缆等目标特征，为舰艇安全航行和水中武器的使用提供地磁场信息。海洋磁力测量根据不同载体可以分为以下几类。

（1）船载磁力测量。该方法利用普通船舰拖曳海洋磁力仪按照计划测线连续采集地磁场强度数据，是一种测量海洋磁力的常用方法。需要注意的是测量时需布设主测线和与主测线正交的联络测线，根据主测线与联络测线的交叉点不符值降低系统误差并估算测量精度。

（2）海底磁力测量。该方法将质子旋进磁力仪安置在海底直接测量地磁场强度。在海面和海底同时进行测量，可得到地磁场的垂直梯度。

（3）航空磁力测量。该方法是将磁力测量系统安装在飞机上，在飞行过程中实施的磁力测量。这种方法适用于船舰无法到达的复杂海域，且具有测量效率高、测量费用低、不受海底地形或海面障碍物影响等优点。

### 3. 海道测量

海道测量方法是以测定与地球水体、水底及其邻近陆地的几何与物理场信息为主要目的的测量与调查技术，主要服务于船舶航行安全和海上军事活动，同时为国家经济发展、国防建设和科学研究等提供水域和部分陆地地理和物理基础信息（申家双等，2021；IHO，2005）。海道测量的主要内容包括水位观测、海岸地形测量、海底地形测量、海底底质探测、助航标志测定、航行障碍物探测、海洋水文观测、海洋声速测量以及海区资料调查等（申家双等，2017；翟国君等，2012）。

### 4. 海洋工程测量

海洋工程测量是海洋工程建设规划、设计、施工和运营等阶段的测量工作，该测量工作为利用、开发和保护海洋提供基础支撑。按测量区域可分为海岸工程测量、近岸工程测量和深海工程测量等；按测量类型可分为海港工程、海底构筑物、海底施工、海洋场址、海底路由、海底管线、水下目标、疏浚工程、吹填工程、施工定位、水下基槽施工、水工变形与泥沙测量等。

### 5. 海洋专题测量

海洋专题测量是针对国民经济建设或国防建设中某一专项工程需求开展的海洋测量及调查工作，为利用、开发、保护海洋与维护海洋主权等提供支撑。其具体测量内容如下。

（1）领海基点测量。领海基点测量是为领海基点的选划、建设及维护所开展的海岸带地区控制测量、海底地形测量、海岸地形测量等测量工作。领海基点测量主要包括领海基点选划和领海基点建设、维护等测量内容。同时，该测量方法主要用于测定中小比例尺的水深图和地形图、确定领海基线的整体走势和拟选划领海基点的概略位置、测量拟选划领海基点的海岸带（或岛礁）附近大比例尺的水深图和地形图以及精确选取领海基点的位置（申家双等，2021）。

（2）海洋划界测量。海洋划界测量是在海岸相邻或相向国家之间为划分领海、专属经济区或大陆架边界开展的海底地形测量。主要目的是测定拟划界海域海底地形、地貌形态、主要航道位置、大陆架边界等地理信息，为海洋划界提供依据（申家双等，2021）。

（3）海域使用测量。这是对涉海项目的用海位置、界址、权属、面积和用途等进行的实地核定、调查和测量，为海域管理和海域确权提供基础数据，是海域使用管理的基础工作。其测量内容包括海域使用界址点测量、海域权属测量、面积量算及海域使用现状图绘制。海域使用测量工作过程分为技术设计、前期准备、外业测量与实地核查、内业整理及成果归档五个阶段（申家双等，2021）。

（4）军事地志调查。军事地志调查是根据军事需要对确定地区自然地理条件和社会经济状况进行的勘测和考察，为编写兵要地志收集和整理资料的测量任务。调查项目包括地形、地质、交通、通信、水文、气象、政治经济状况、人口、民族、民俗、宗教和历史、军事实力等。主要工作内容包括现地考察和调查研究，对要地察看、勘测和绘图，人文地理资料收集，内业分析整理，搜集、查阅旁证和历史资料，必要的计算、图形图像处理，地名、位置和数据的核实确认，建立数据库和各类档案（申家双等，2021）。

（5）海籍测量。海籍测量是对宗海界址点位置、界线和面积等开展的测量工作，为海域使用规划、海洋经济活动、海洋环境保护等管理决策提供基础资料。其主要测量活动包括建立高精度的海籍测量平面控制网，以满足常规测量仪器对沿岸项目用海测量的需要；采用全球导航卫星系统（global navigation satellite system，GNSS）导航定位法、全站仪极坐标法、信标差分法、GNSS 广域差分法、全球导航卫星系统的实时动态载波相位差分技术（GNSS-RTK）等方法获取界址点坐标；基于测量海域界限拐点的坐标值计算海域面积；编制或修订反映所辖海域内的宗海分布情况的海籍图；绘制宗海图等。

### 6. 海洋遥感测量

海洋遥感测量是指远距离测量海岸与海洋物质性质、位置及运动参数的技术和方法。该方法通过专门的光学、电学和声学等探测仪器，获取不同地物对电磁波、声波的辐射或反射信号，处理并转换为可识别的数据、图形或图像，从而揭示所探测对象性质及变化规律，可快速高效获取和更新海洋地理空间数据，具有大面积、同步性、整体性、连续性和实时性等优势。根据传感器工作方式划分为主动式遥感和被动式遥感；根据传感器搭载平台可分为航天遥感测量、航空遥感测量、海岸遥感测量、海面遥感测量和水下遥感测量等；按照技术性质可分为可见光、多（高）光谱、红外、微波、声波遥感测量等。遥感遥测传感器包括可见光摄像机、激光雷达、红外辐射计、合成孔径雷达、微波散射计、微波辐射计、雷达测高仪等；船载水面或水下遥测设备包含浮标、声呐、多参数水文测量与分析仪器等（李明叁等，2014）。

（1）航天遥感测量。航天遥感测量是以卫星为载体，通过搭载各种传感器及 GNSS 辅助设备，获取海岸、海面、水体和海底地形要素及目标信息的技术方法。

这种测量方法通常包括卫星遥感海岸地形测量、卫星激光扫描海岸地形测量、海洋目标卫星探测等。

（2）航空遥感测量。以有人飞机、无人机等为移动载体，通过搭载各种传感器及 GNSS 辅助设备，获取海岸、海面、水体和海底地形要素及目标信息的技术方法。通常可以分为海岸地形航空摄影测量和海岸地形机载激光探测两大类。

（3）海岸遥感测量。海岸遥感测量是以车载平台、便携平台等为移动载体，通过搭载 CCD 相机、LiDAR 等传感器及 GNSS 辅助设备，获取海岸地形要素及其目标信息的测量技术方法。车载遥感测量平台以无控方式沿设计路线进行快速机动测绘作业，测量区域覆盖车辆可以到达的沿岸陆地、海岸及部分干出滩，获取沿迹数字高程模型（digital elevation model，DEM）、数字线划图（digital line graph，DLG）、位移测量干涉仪（displacement measuring interferometer，DMI）测量数据、激光点云及方位物地理信息等测量成果。基于单兵背负和手推车等方式搭载轻便易携的传感器，可灵活实现人可到达的海岸带区域、干出滩、海岸线及碎部点等地物与野外调绘作业，可获取控制点、碎部点，调绘成果与可量测全景影像，是对车载海岸遥感测量平台的有效补充（申家双等，2015）。

（4）海面遥感测量。海面遥感测量是以海面船只等作为移动载体，通过搭载各种传感器及 GNSS 辅助设备，获取海岸、海面、水体和海底地形等要素及目标信息的技术方法。利用遥感设备非接触探测、瞬时成像、实时传输的特点，集成多波束、激光扫描仪、侧扫声呐、稳定平台等于一体，安装在测量船或气垫船上，形成水上水下一体化移动测量系统，同步实现水深及岸边地形的测量，尤其适应于堤坝、码头等水域，但在一般浅滩地带则存在测量盲区（申家双等，2018；曹岳飞和高航，2018）。

（5）水下遥感测量。水下遥感测量是以自主水下航行器（autonomous underwater vehicle，AUV）、便携平台等为移动载体，通过搭载各种传感器及定位、定姿等辅助设备，获取海底地形、底质等测量要素及水体目标信息的技术方法。水下遥感测量可抵近目标物实施探测，是海面遥感测量的有效补充手段。海面声呐成像虽可满足对近场目标和环境信息获取的需要，但存在分辨率低、对细微特征难以捕捉等不足。声呐成像系统常与水下光学成像系统（相机）配套使用，即利用二维声呐成像系统快速发现目标，再利用光学成像系统接近目标，获取分辨率和清晰度更高的目标图像，但水下光学成像质量受水质影响较大，只适合于清澈的海水环境（赵建虎等，2017b）。

（6）遥感信息反演。遥感信息反演是指利用光学、微波等卫星遥感数据按照一定的数学模型反演海洋几何（水深、地形）信息的技术方法，用于海岸带、海岛礁周边浅水区域概略水深及大尺度水下几何信息的探测，是对常规测量技术的有效补充。其反演方法通常分为三种：基于多光谱（高光谱、蓝绿光）遥感影像的浅水区水深反演；基于合成孔径雷达（synthetic aperture radar，SAR）图像和海洋流体动力学的水深反演；基于卫星测高技术的大洋海底地形反演。

## 参 考 文 献


曹岳飞，高航. 2018. 船载移动测量在水库地形中的应用探析. 测绘与空间地理信息，41（3）：57-64.

测绘学名词审定委员会. 2020. 测绘学名词. 北京：测绘出版社.

葛苏放，潘玉萍，申双和. 2012. 海面粗糙度方案的适用性研究. 海洋学报（中文版），34（6）：50-58.

海军海洋测绘研究所，中国海军百科全书编审委员会. 2014. 中国海军百科全书. 2 版. 北京：中国大百科全书出版社.

金绍华，赵俊生，许坚，等. 2014. 海洋地球物理测量. 大连：海军大连舰艇学院.

李明叁，黄文骞，崔杨，等. 2014. 海岸带摄影测量与遥感. 大连：海军大连舰艇学院.

申家双，葛忠孝，陈长林. 2018. 我国海洋测绘研究进展. 海洋测绘，38（4）：1-10，21.

申家双，王耿峰，陈长林. 2017. 海洋环境装备体系建设现状及发展策略. 海洋测绘，（4）：33-38.

申家双，闸旋，滕惠忠，等. 2015. 海岸带地形快速移动测量技术. 海洋测绘，35（2）：13-17.

申家双，翟国君，黄辰虎，等. 2020. 海洋测绘学科体系研究（一）：总论. 海洋测绘，41（1）：7.

申家双，翟国君，陆秀平，等. 2021. 海洋测绘学科体系研究（二）：海洋测量学. 海洋测绘，41（2）：1-11.

徐卫明，殷晓东，许坚，等. 2014. 海洋定位学. 大连：海军大连舰艇学院.

徐文斌. 2009. 海域使用动态监视监测系统建设关键技术研究. 青岛：中国海洋大学.

张海峰. 2014. 全球变暖背景下基于 SMOS 卫星和 Argo 数据的温盐模态结构的垂直变化研究. 青岛：中国海洋大学.

赵建虎. 2007. 现代海洋测绘. 武汉：武汉大学出版社.

赵建虎，陆振波，王爱学. 2017a. 海洋测绘技术发展现状. 测绘地理信息，6：1-10.

赵建虎，欧阳永忠，王爱学. 2017b. 海底地形测量技术现状及发展趋势. 测绘学报，46（10）：1786-1794.

翟国君，黄谟涛. 2017. 海洋测量技术研究进展与展望. 测绘学报，46（10）：1752-1759.

翟国君，黄谟涛，欧阳永忠，等. 2012. 关于海道测量与海洋测量的定义问题. 海洋测绘，32（3）：65-72.

Bekiashev K A，Serebriakov V V. 1981. International Hydrographic Organization（IHO）//International Marine Organizations. Springer，Dordrecht.

International Hydrographic Organization（IHO）. 2005. Monaco: International Hydrographic Bureau. Manual on Hydrography.

# 第2章　海洋空间基准

## 2.1　海洋空间基准研究概况

全球海洋面积约占地球表面积的 71%，是地球四大圈层的交会地带。我国是一个海洋大国，拥有 18000km 以上的大陆海岸线，以及 14000km 的岛屿岸线和 6500 多个岛屿，包含约 470 多万 $km^2$ 的内海和边海。海洋是人类生存环境的重要组成部分，蕴藏各种丰富的自然资源，无论对地球环境的调节还是对人类社会的经济发展，都发挥着十分重要的作用。这些富饶的蓝色国土是中华民族生存和发展的新空间。同时，沿海地区是我国经济发展速度较快的地区，是国家的重要经济支撑地区。因此，海洋在我国经济社会建设中的战略地位极为重要（程桂龙，2016）。

改革开放以来，我国的海洋事业有了突飞猛进的发展，海洋产值达数亿元，海洋大开发的经济战略正在全面实施（张佐友，2015）。而一切海洋活动，无论是经济、军事还是科研活动，诸如海上交通、海洋地质调查、海洋资源开发、海洋工程建设、海洋疆界勘定、海洋环境保护及海底地壳和板块运动研究等，都需要海洋测绘提供不同种类的海洋地理信息要素、数据和基础图像。海洋测绘成果要客观真实地反映地理位置及相关的各种信息，就要求测量数据必须具有唯一性和可靠性。为此，所有的测量成果必须有统一的起算数据，即统一的测绘基准。测量基准的建立是测绘领域的基础性工作。

在广阔的海域使用海图深度基准面作为基准，它的建立和维护是海洋测绘的一项基础性工作。海洋垂直基准是陆地和海洋上高程测量的依据，具有陆海高程一致的性质。当前，我国海岸带地形测量采用 1985 国家高程基准，水深测量采用理论最低潮面（黄文骞等，2016），两者分别采用不同的垂直基准面，使得陆海交接处地形图与海图难以无缝拼接，而且海图图幅海域内分别采用离散验潮站确定的深度基准面作为海域统一的基准面，使得相邻图幅存在基准系统差。陆海高程/深度基准、不同海区深度基准面之间没有建立严密的转换关系，严重影响海岸带、海岛礁测绘工作的全面实施及相关测绘成果的推广应用。

### 2.1.1　建立海洋空间基准的意义

科学技术的发展、全球生态保护的强烈要求以及可持续发展的需要，使海洋环境的保护和海洋资源的开发将在人类未来的生产活动中扮演越来越重要的作用。21世纪是海洋的世纪，我国在海洋资源的开发、海洋主权的确立和海洋权益的维护方面将面临严峻的形势和重大的挑战。根据已生效的《联合国海洋法公约》，我国和周边八个国家在领海与专属经济区的划界方面的谈判势在必行。目前，发达国家正在或已经完成了此项工作。与我国有海域划界问题和领海纠纷的一些邻国也正在实施其精密海洋定位技术计划，如越南和马来西亚，而且日本已先于我国完成了其海域海洋定位基准的建立工作。

几十年来，我国虽然已对周边海域进行了较为广泛的勘察，在南海海域少数岛、礁进行了GPS联测，以使之与我国大陆大地控制网相连接；但由于当时作业条件和勘察技术的限制，不同部门、不同时期的海洋勘察资料又缺乏统一的、高精度的海洋大地测量基准，所以难以实现各个部门之间及不同时期获得的数据之间的交换和图件的拼接，也难以实现与我国相邻国家的海洋勘察图件的有效拼接，更难以满足专属经济区和大陆架划界的需要。因此，建立统一的海洋大地测量基准将是进行海洋勘测、海洋开发和海洋学研究的先决条件。

在陆地上，传统的大地测量定位基准是由一些均匀分布的固定测站点集合而成。它需要已知该集合中各点在一个统一的参考坐标系中的精确坐标，或相对于参考面的局部参考框架，并用各种定位技术在此框架中传递定位坐标并控制定位误差的积累。大地测量定位基准是次级定位和地形测量的基础，以保证测绘产品符合法定的或国际公认的标准，使其具有一致性和通用性，并保证相邻地形图之间的可拼接性。

在海洋上，人们无法利用传统的大地测量方法均匀地布设大地测量控制点，以建立海洋测绘需要的参考基准，因此常规的海洋大地测量采用如下手段：①采用天文测量方法测定船的位置；②在海岸线上布设经纬仪、光电测距仪，利用常规测量手段测定近海船舶的位置；③布设无线电导航设备，如无线电指向标台等，用雷达定位技术测定船的位置；④在近海海底布设定位标志，用声呐定位技术测定船的位置。但上述常规的海洋大地测量方法普遍存在效率低、精度差和工作范围有限的缺点，已逐渐被淘汰。随着高精度卫星导航定位技术的出现，卫星定位技术已被广泛应用于海洋定位和海洋测绘，并用来建立各种类型的高精度海洋定位基准体系（暴景阳等，2003）。所以，我国海洋动态大地测量基准的建立必须采用适合海洋特点的现代空间定位技术，通过接收卫星信号和差分改正信息实现空间动态定位基准的传递和对误差的控制，以确保海洋测绘产品的一致性和可拼接性，使海洋测绘产品符合国际公认的标准。这将为捍卫国家主权以及与周边国家海洋划界提供海洋测绘方面的基本保障，为国民经济发展、海洋资源开发和海洋科学研究活动提供高新技术支撑。正因为如此，以现代科技手段建立我国海洋动态大地测量定位基准体系并进行海底地形精密测绘，已提到国家关键日程上来。

为此，国家高技术研究发展计划（简称 863 计划）在海洋技术领域中专门设置了“海洋动态大地测量基准技术”研究课题，以解决海洋勘测和海洋测绘中定位基准这一关键问题（翟国君等，2003）。

从测绘学的角度来说，海洋测绘基准应该由平面基准、垂直基准和重力基准组成。建立海洋测绘基准在多种方面具有重要作用。

### 1. 海洋开发活动

占地球表面积 71%的海洋是人类生存的重要空间。人类在海洋上的一切活动都或多或少地、精密或粗略地需要知道自身在海洋上所处的位置。海上交通、海上养殖、海上执法、渔业捕捞、防险救生、海洋工程、海洋划界等无不需要位置信息，这些位置信息都依赖于位置基准（李金龙等，2021）。

海上航行和渔业、海洋工程等都需要知道海水的深度，这就要求海洋测绘要有一个深度基准，在该深度基准的框架下，提供客观的深度值，并通过该基准和必要的海面时变信息恢复瞬时深度。

同陆地上一样，海上的岛屿同样要有从某个面起算的高程，而且其高程应尽可能与大陆的表示方法相一致，这就要求海洋测绘必须提出一套岛屿高程传递的方法（周波阳等，2019）。

### 2. 维护国家主权

由于海洋具有丰富的资源，世界各海洋国家都把注意力由陆地向海洋转移。我国周边的几个海洋邻国都宣布了其大陆架范围，这些海洋划界问题还没有得到很好的解决。甚至有的邻国与我国还存在岛礁的归属之争，海洋权益的争夺日益加剧。

为了进行海洋划界、维护我国海洋权益，开发海洋资源，一项基础性的工作就是开展海洋测绘，而海洋测绘必须在科学的基准框架内进行。特别是划定领海基线，对有关岛礁的位置测定和高程测定需要具有相当高的精度，更需要合理的基准数据支持。

### 3. 军事斗争准备

我国海域是中华民族赖以生存和发展的蓝色宝库，也是抵御外来入侵的主要战场之一。保卫国家安全，维护国家领土完整，是一项艰巨而长期的任务。为了提高远程武器发射的机动性和命中精度，需要现势性很强的高程数据、水深数据和高精度高密度的海洋重力场数据。登陆和抗登陆都必须熟悉当地的海岸地形，了解岛屿和滩涂附近的变化，这些都需要精确的高程和水深测量数据。目前，我国只在少量岛屿上有等级不高的控制点，国家重力基点在我国沿岸的分布还很稀疏，海洋重力测点的密度与发达国家相比还有很大差距。此外，现代化战争离不开各种各样的地图和海图，基准统一的地图和海图是很重要的基础性图件，这些数据都需要置于统一的基准当中。

4. 经济建设

海洋蕴藏着丰富的矿产资源、渔业资源等，是人类 21 世纪开发利用的重点。在陆地资源已经大部分勘察清楚之后，海洋国家的注意力已经转向了海洋，探索和开发各种矿产资源、生物资源等。我国的沿海省市均成立了海洋管理机构，对海域的合法使用进行管理，为了准确、方便、及时地履行国家赋予这些机构的海洋管理职能，需要有一个统一的坐标系统。在海岸带开发利用方面，则要求具有现势性很强的海岸带地形图。无论是采用航空摄影测量的方法，还是采用电子平板测量的方法，都需要与高程基准和深度基准发生关联。从国家的角度讲，海洋资源的开发利用避免不了与邻国发生矛盾甚至冲突，为了解决国与国之间在海洋资源利用方面引起的争端，同样需要有统一的坐标系统。

5. 确定领海基点

领海基线是确定一个国家海上疆界的基准线，领海基点则是划定领海基线的依据。国际上公认的 12n mile①领海以及 200n mile 的专属经济区，都是从领海基线的基点处起算的。领海基点的点位分布情况、位置测定准确与否等，都直接关系到我国海洋国土面积和专属经济区的大小。领海基点的对外公布是国家的一件大事，采用的坐标系统必须得到国际的认可。

6. 国家空间基础设施建设

测绘基准作为“数字地球”的重要基础，是国家空间数据基础设施，目前得到了蓬勃发展。我国已经建成了全球定位系统国家 A、B 级网，全球定位系统国家一、二级网和中国地壳运动观测网络，总点数已达到 2500 多个，然而这些点大多数都布设在我国大陆。为了建设国家空间数据基础设施，必须建立在国家统一大地测量基准下能覆盖国家整个国土的陆海空间大地测量控制网。

### 2.1.2 海洋空间基准的研究现状

1. 国际海洋垂直基准的研究进展

20 世纪 80 年代国际上很多沿海国家进行了海洋垂直基准的研究和建设。国

① 1n mile = 1852m。

际测量师联合会（International Federation of Surveyors，FIG）成立垂直基准专题小组，对海洋垂直基准的构建进行专门研究（International Federation of Surveyors，2006）；加拿大利用 874 个验潮站构建了不同垂直参考面与 WGS-84 椭球面的转换关系（Wells et al.，1996）；澳大利亚利用 131 个验潮站构建大地水准面与 WGS-84 椭球面的关系，将其扩展到海道测量，进而确定基于 WGS-84 椭球面的最低天文潮面基准 AUSYDROID（Martin and Broadbent，2004），但并未考虑高度计数据且假设大地水准面和平均海平面重合（Ellmer and Goffinet，2006）；英国利用 880 个验潮站（覆盖约 18000km 岸线）研究建立了基于 GRS80 椭球面的偏差模型 VORF（vertical offshore reference frame）（Adams，2003），其精度在沿岸海域为±15cm，近海海域为±10cm（Iliffe et al.，2013）；美国利用 1987 个验潮站（覆盖约 8200km 岸线）研制了垂直高程基准转换（vertical datum transformation）软件包 VDatum，能够实现由最初 28 种到目前 36 种潮汐基准、高程基准和椭球基准之间的转换（Parker et al.，2003），但由于未考虑高度计数据（Yang et al.，2010），仅能通过验潮站数据插值计算 25n mile 内的垂直基准值，目前仍未实现整个国家沿海海域覆盖。同时，许多专家学者对垂直基准构建过程中存在的问题进行了研究。目前，海洋垂直基准的转换与统一工作范围仍局限在国家沿海或局部海域内，没有任何一个国家完成对全球海域的海洋垂直基准构建（周兴华等，2017）。

#### 2. 我国海洋大地测量基准研究进展

由于历史的原因，1949 年前，我国的测绘基准比较混乱。1949 年后，为满足经济建设的需要，全国开始大范围地布设天文大地网、高程控制网和重力网，以建立我国的测绘基准。1956 年，应国家建设需要，初步确定了“1956 年黄海高程基准”。随着经济和科技的发展，我国于 1987 年启用 1985 国家高程基准作为我国的陆地基准。

我国在短基线水下定位系统和长基线水下定位系统研制方面都取得重要成果，并发展了基于单差定位原理的差分水下定位技术（吴永亭，2013；Zhao et al.，2016）。此外，还针对水下控制网基准传递方法展开了相关研究，提出了通过改进海面 GNSS 浮标/AUV 控制图形，以及采用控制网无约束平差和约束平差模型，研究水下控制网布测方案和高精度数据处理方法，以期改善水下基准点的坐标传递精度和水下控制网精度（薛树强等，2006）。进一步系统研究海洋大地测量基准理论体系，发展海面-海底控制网高精度数据处理模型与算法，是研究并建立陆海统一的高精度海底大地控制网的关键环节。

近 20 年来，我国海洋大地水准面和海洋潮汐等海洋模型精度不断提高。在中国近海及领海海域构建了 2′×2′的重力异常数值模型，模型精度达到 3～5mGal（柯宝贵等，2017）；确定了全球海域 2′×2′平均海平面高模型序列，精度优于 4cm

(Andersen et al.，2018)；研究了近 60 年全球海平面变化特征，量化了海平面变化趋势及其主要贡献因素，反演并构建了全球海底地形数值模型；建立了 15′×15′全球海洋潮汐模型（赵建虎和王爱学，2015）。

海洋垂直基准研究一直受到国内学者的重视。有学者已经初步探讨了我国海平面系统偏差及高程基准偏差（郭海荣等，2004），研究了全球高程基准统一问题（束蝉方等，2011；章传银等，2002）。在“十二五”期间，我国依托科技部重点项目“海岛（礁）测绘关键技术研究与示范应用”，研究了海洋无缝垂直基准构建技术，探索了海洋垂直基准的传递方法（柯宝贵等，2011；Bao and Xu，2012）。据不完全统计，我国目前拥有 70 多个海洋长期验潮站，这些站点在确定我国多年平均海面、深度基准面，以及研究海港的潮汐变化规律等方面发挥了重要作用。暴景阳和许军（2013）联合多代卫星测高资料以及长期验潮站资料建立了我国区域精密海潮模型；此外，柯灝等（2012）还综合利用沿海及海岛礁卫星定位基准站和长期验潮站的观测资料，建立了我国高程基准与深度基准转换模型。然而，我国垂直模型精度还有待提高，无缝垂直基准的动态实现与维护方法也有待提高（杨元喜等，2017）。

## 2.2　海洋空间基准的定义

### 2.2.1　海洋动态大地测量基准的基本概念

海洋测量基准包括大地（测量）基准、高程基准、深度基准和重力基准等。坐标基准为 2000 国家大地坐标系（CGCS2000）；坐标投影采用高斯-克吕格投影和墨卡托投影；高程基准为 1985 国家高程基准；深度基准为理论最低潮面；重力基准为 1985 国家重力基准。

由于海洋上无法找到静止的大地测量参考点，必须借助于其他手段测定船的当前位置。因此，海洋动态大地测量基准应涵盖基础的海洋三维定位大地测量基准和实时动态的海洋大地测量基准，即应包括如下的基本内容。

（1）海洋三维定位大地测量基准，包括地球椭球参考坐标系三维定位基准和以大地水准面为参考面的正高高程基准。

（2）动态海洋大地测量基准，包括实时精确 GNSS 点定位和高精度实时 GNSS 相对定位。其中后者又包括差分 GNSS 定位和广域差分 GNSS 定位。

#### 1. 海洋三维定位大地测量基准

海洋三维定位大地测量基准的目标是将已建成的陆地三维定位基准用高精度的静态 GNSS 定位技术扩展到沿海地区及海岛，形成能满足各种海洋定位要求的基准体系，利用空间定位技术建立与领海邻国大地坐标系及国际地球参考框架（international terrestrial reference frame，ITRF）之间的基准传递和坐标转换关系，建立与领海邻国地形图图件之间不同投影系统之间的转换关系。由于各个国家通常采用不同大地测量坐标系，基准传递和坐标转换应通过ITRF坐标系进行过渡。

对于正高高程基准，由于不能用水准测量方法将我国大陆高程基准（原点位于青岛）向海洋传递，需研究恢复由该基准零点重力位定义的海洋大地水准面的关键技术；同样，我国与领海邻国的高程基准不一致，陆图和海图高程基准不统一，且海图本身采用多种深度基准面，这使我们迫切需要研究建立全球性的或地区性的统一高程基准技术，以及建立不同陆图与海图高程基准之间的复杂转换关系。海洋高程基准建立的关键在于大陆高程基准向海洋高程基准的无隙过渡，以及全球或地区统一高程基准的建立。

2. 动态海洋大地测量基准

动态海洋大地测量基准是在海洋三维定位大地测量基准的基础上，利用GNSS 等空间定位技术和数字通信技术建立实时动态的海洋大地测量基准，以提高海洋定位的精度和定位的可靠性。

卫星导航定位系统具有全球性、全天候、全方位、连续、快速、实时的高精度三维导航、定位和授时的功能。目前，国际上比较常用的卫星导航系统有美国的 GPS 导航系统、中国的北斗卫星导航系统（BDS）、俄罗斯的格洛纳斯（GLONASS）卫星导航系统和欧洲的伽利略（GALILEO）卫星导航系统。综合利用多种卫星系统是卫星定位应用研究的发展趋势，采用多种卫星系统将比使用单一卫星系统具有更大的优越性：可见卫星的数目增加，卫星的空间分布更为均匀，具有更好的位置精度因子（position dilution of precision，PDOP）值，系统的安全性和完整性也将得到很大的改善。用户可以用较短的时间获得可靠的、较高精度的定位服务，大大提高了卫星定位的作业效率。

差分定位技术可以有效提高定位精度，它包括局域差分定位技术和广域差分定位技术。前者是基于小范围内大气延迟的时空相关性，利用基准站播发的坐标或观测值改正信息，实现实时高精度差分定位，其中利用伪距差分定位技术可实现优于10m的实时定位精度，其有效作业范围仅 150～300km（决定域差分改正信号播发台的位置、高度和发射机的功率），且差分定位精度随接收机离基准站距离的增加而迅速降低，因此要求沿海岸或岛屿布设许多差分基准站以满足其在海洋勘探应用中的要求。后者是利用卫星跟踪站的观测数据分别计算出卫星的星历误差、实时高精度的卫星钟差和电离层延迟误差的改正数，再经过适当的数据通信链路或播发站传送给用户，用户同时接受GNSS卫星信号、广播星历和上述三种改正数，利用改正后的观测值进行实时差分定位。与局域差分相比，广域差分在 1000～1500km 范围内可以实现优于 10m 的伪距差分定位，因此只需利用设在海岸带或内陆的少数几个 GPS 卫星跟踪站或参考站，即可实现全国及邻近海域大范围内的实时高精度定位，满足各种船舶和车辆实时导航的各种需要（李毓麟，1998）。

### 2.2.2 海洋大地测量基准的研究内容

海洋动态大地测量基准主要包括以下两项关键内容。

（1）利用高精度静态 GNSS 定位技术将陆地国家高精度 GNSS 网向海洋延伸，研究制定国家海洋大地测量基准建立的技术方案和技术标准，包括平面与高程基准的建立、基准的转换、海洋动力学地形改正的方法等。

（2）研究用于国家海洋动态大地测量服务系统的广域差分定位技术，提供 1000～1500km 范围内优于 10m 的实时广域差分 GPS 定位服务；研究综合多种卫星系统定位的理论与技术，研制与开发相应的定位软件，以提高实时定位的精度与可靠性，实现 $10^{-7}$ 量级的精密相对定位。

1. *海洋三维定位基准技术的研究*

大地测量三维定位基准包括两类：地球椭球参考坐标系三维定位基准和以大地水准面为参考面的正高高程基准。前者涉及将已建成的陆地三维定位基准扩展到海洋区域，形成能满足各种海洋定位要求的基准体系；后者涉及建立我国海域的正高高程基准，实现陆图和海图高程基准的统一，需要研究建立全球或地区统一高程基准的技术。其主要研究内容如下。

（1）根据我国海域地理范围，以国家 GNSS A 级和 B 级网点，IGS 站，卫星激光测距（satellite laser ranging，SLG）站和甚长基线干涉测量（very long baseline interferometry，VLBI）技术站为基础，研究利用高精度 GNSS 联测技术在包括青岛验潮站在内的若干基本验潮站和若干海岛上扩展地心坐标系定位基准的方案和技术，提出扩网优化准则，制定联测技术规范，评价能满足各类海洋定位要求的能力。

（2）从统一我国陆地和海底地形测量坐标系和国际海域（领海和专属经济区）划界的需要出发，研究 GNSS 联测确定的定位基准与我国国家区域大地坐标系、相邻国家大地坐标系和国际地球参考框架（ITRF）之间的基准传递连接和坐标转换关系，研究我国与相邻国家地形图件采用的不同投影系统之间的转换关系。

（3）研究卫星测高数据处理新技术，重点研究解决近岸局部潮差改正和消除卫星轨道径向误差的问题，进而确定多年时间尺度的海面高格网平均数字模型。

（4）研究按海洋动力学原理确定海面动力地形的精细计算方法，特别是我国近海浅海海域的计算方法，重点解决由远深海区向近岸浅海扩展的技术难点。

（5）研究在动力海洋学框架中吸收同化多源信息分离海面地形和确定海洋大地水准面的新技术，多源信息包括卫星测高数据、验潮站数据、水准测量数据、重力场模型数据、陆地和海洋重力测量数据和物理海洋数据等，提出以大地水准面为参考面的解算模型及其最优估计解。

（6）建立我国陆海统一高程/深度基准技术的研究，包括以下几个内容：①建立我国近海海域海洋大地水准面模型；②确定我国陆海统一高程/深度基准模型；③研究以陆海统一高程/深度基准为基础的海水深度值的计算方法；④研究导航作业时瞬时海面深度的求解方法；⑤研究确定我国陆海统一高程/深度基准和各种海图深度基准的转换关系；⑥研究我国陆海统一高程/深度基准与我国海域邻国高程/深度基准之间的转换关系；⑦研究在超定混合边值问题框架中顾及海面地形实现陆海大地水准面拼接和统一的方法，实现全球统一高程基准。

2. *动态海洋定位基准的研究*

动态海洋定位基准的研究主要包括两项内容，即海洋广域差分定位技术研究及组合卫星系统定位技术研究。对于广域差分定位，其技术关键为区域卫星跟踪网的建立、快速预报精密星历、星钟和电离层改正算法、长距离高速数据传输技术和实时广域差分信息数据处理技术。对于 GPS 和 BDS 双卫星系统定位研究，关键在于分析研究两个卫星系统的时间基准与坐标基准的差异，找出消除其影响的方法；研究提高双卫星系统实时定位精度和精密相对定位的方法。

## 2.3　海洋空间基准的建立和维持

### 2.3.1　海洋测绘基准的现状

海洋测绘的垂直基准分为高程基准和深度基准。高程测量采用的是 1985 国家高程基准，深度基准则采用理论最低潮面作为深度基准面。海洋重力测量基准与陆地重力测量基准一致，都采用 1985 国家重力基准。

世界各个国家和地区高程基准所普遍采用的方法是在沿海的一个（或多个）地点建立验潮站，利用长期的验潮观测资料计算出该地区的平均海平面，将这一平均海平面作为高程的起算面，从而形成局部高程基准，并认为在高程基准点处的平均海面与大地水准面重合。在我国，历史上的高程基准比较混乱，各地分别采用单独的验潮站平均海面作为各自的高程基准。1954 年建立了黄海平均海水面系统，是由青岛和坎门两站平均海面综合建立。1956 年以后统一采用黄海高程系统，该高程系统是由 1950～1956 年青岛大港验潮站逐时平均海面获得。1987 年后启用新的高程系统——1985 国家高程基准，它以青岛大港验潮站 1952～1979 年的潮位观测资料为计算依据。由国家测绘总局于 1987 年在全国统一使用，并代替原来的 1956 年黄海高程基准。我国的高程基准其实就是将局部地区的平均海面作为高程零点。通过对全球海域平均海面的研究表明，平均海面与大地水准面存在着较大偏差，在某些地区，这种偏差将近 2m。平均海面相对于大地水准面的起伏称为海面地形。由于海面地形的存在，平均海面就不是严格的等位面。因此基于平均海面定义的大地水准面从理论上就存在一定的局限性。

与高程基准相比较，深度基准要复杂得多，深度基准面没有统一的定义，不但各国基准不统一，而且同一国家的不同海域也不统一，同一海域的不同历史时期也不统一。海图深度基准面的基本定义是根据当地潮汐变化幅度选定但略高于最低潮面的一个基准面。深度基准面定义的主要目的是保证航行安全和充分利用航道。1957 年以前，我国的深度基准面采用过略最低低潮面（lower low water，LLW）。1957 年以后统一采用苏联弗拉基米尔斯基方法，以 8～11 个分潮调和常数计算的理论最低潮面，即理论深度基准面。

### 2.3.2　深度基准面

水深测量所获得的深度，是从测量时的海面（即瞬时海面）起算的。由于潮汐、海浪和海流等干扰因素的影响，这个海面的位置不断地变化着。因此，同一测深点在不同时间测得的深度是不一样的。为此必须规定一个固定的水面，作为深度起算的标准，把不同时间测得的深度都换算到这个标准水面上去，这个水面称为深度基准面。它就是海图上所载水深的起算面，所以，狭义的海图基准面就是深度基准面。

深度基准面是由相对于平均海面的垂直差距来确定其在垂直方向中的位置，该垂直差距量值通常称为 $L$ 值。也就是通常取在当地平均海面下深度为 $L$ 的位置（图 2.1）。由于各国求 $L$ 值的方法有别，所采用的深度基准面也不相同。

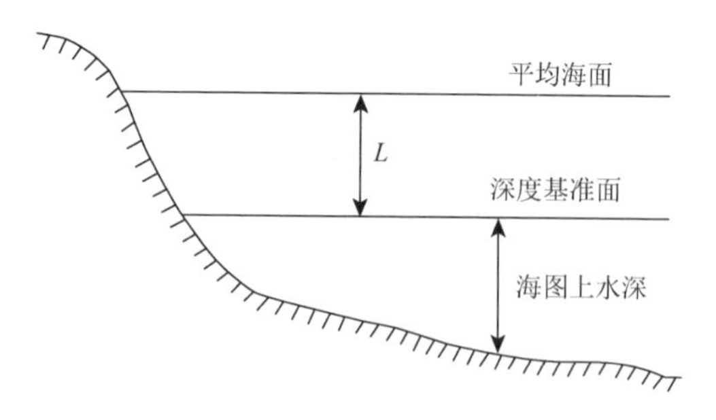


图 2.1　深度基准面与平均海面的关系

世界各个沿海国家根据潮汐性质的不同，选择不同的数学模型来计算深度基准面，在实际海道测量中应根据不同国家的实际要求采用适当的深度基准面，目前世界各沿海国家常用的深度基准面有平均大潮低潮面（mean low water springs，MLWS）、平均低潮面（mean low water，MLW）、平均低低潮面（mean lower low water，MLLW）、最低低潮面（lower low water，LLW）、略最低低潮面（也称为印度大潮低潮面，Indian spring low water，ISLW）、平均海面（mean sea level，MSL）和理论深度基准面（lowest normal low water，LNLW）。但大体上可以分为两大类，一类是基于潮汐观测数据的统计方法，如平均低低潮面；第二类则是基于潮汐调和分析的计算方法。第二类方法具体又可分两种，一种是由调和常数按相应深度基准面的定义直接计算，如理论深度基准面；另外一种则是由调和常数进行多年的潮汐预报再按相应深度基准面的定义计算，如最低天文潮面（lowest astronomical tide，LAT）。

在 1995 年以前，深度基准面的选用并无统一的标准，各国采用深度基准面时需考虑当地潮汐强弱等因素，甚至出现了在同一国家内不同水域采用不同深度基准面模型的现象。例如，美国在大西洋沿岸采用的是平均低潮面，在太平洋沿岸则采用平均低低潮面。尽管各国采用的深度基准面模型各不相同，但其模型建立的最终目的均是求出最接近于最低低潮面的平面。1995 年，国际海道测量组织推荐其会员国统一使用“最低天文潮面”作为海洋深度基准面，该基准面对不同的潮汐类型具有更好的普适性和意义一致性。这一计划的实施不仅对全球海域的海洋数据资料整合起着巨大的推动作用，还对未来数字海洋的建立有着非同寻常的意义。

我国 1956 年以前主要采用略最低低潮面作为深度基准面。考虑 $M_2$、$S_2$、$O_1$ 和 $K_1$ 这 4 个分潮，采用计算公式 $L = H_{M_2} + H_{S_2} + H_{O_1} + H_{K_1}$ 表示。这种深度基准面不完全符合我国海区的潮汐实际情况，航船保证率不高。1956 年以后采用弗拉基米尔斯基理论最低潮面（以往简称理论深度基准面，现简称理论基准面）作为深度基准面。潮汐不大的江河湖泊，一般采用设计水位或最低水位、多年平均低水位作为深度基准面。

### 2.3.3　确定深度基准面的准则

深度基准面的确定需保证船舶利用航海图航行时的安全。深度基准面要有较大的保证率，即全年水位出现在所采用的深度基准面以上的低潮面次数与低潮总次数之比应较大。例如，全年低潮总次数为 365 次，出现高于基准面的低潮为 336 次，则其保证率为 92%。其余 29 次（8%）称为负潮位现象。如果深度基准面定为平均低潮面，则实际低潮面由 50%降到深度基准面以下，即负潮位现象达到 50%。

此时，有一半低潮时的实际水深小于图载水深，对航行很不安全。所以国际航道测量组织（International Hydrographic Organization，IHO）推荐的海图深度基准面要求潮汐很少会低于这个面，即在正常的天气情况下，计入海图的水深值为最小，只有在特殊的地点和遇特殊天气时，或者受其他因素影响时才出现负潮位现象。深度基准面也不可定得过低，要考虑航道的利用率。深度基准面过低会使海图上的水深过浅，使得本来可以通航的海域不能通航，降低了海域的航行利用率。相邻区域的深度基准面应尽可能一致。

### 2.3.4　深度基准面的选择

如上所述，通常采用接近最低低潮面的平面作为深度基准面是比较合适的。但是由于海图深度基准面与潮汐的强弱即当地潮差的大小有紧密关系，而世界各国的潮汐状况不同，故世界各国用于计算海图深度基准面的方法和采用的模型也各有差异。常见的主要有以下几种。

1. 平均大潮低潮面

$$L = H_{M_2} + H_{S_2} \tag{2.1}$$

式中，$H_{M_2}$ 和 $H_{S_2}$ 分别为 $M_2$（太阴半日分潮）和 $S_2$（太阳半日分潮）的振幅。如果按这种计算方法，只考虑半日分潮，而不考虑日分潮，将会约有 50%的大潮低潮面降落在该基准面下。在实际中，如果有日分潮的存在，低潮面落于此面的概率就会随日分潮的增大而增加。采用该基准面的国家有意大利、巴拿马（太平洋）、哥伦比亚（太平洋）、希腊、埃及（地中海）、土耳其（地中海）、委内瑞拉等国家。

2. 平均低潮面

$$L = H_{M_2} \tag{2.2}$$

式中，$H_{M_2}$ 为 $M_2$ 的振幅。

该模型只适用于大、小低潮差极小的海区，应用面更受限制。它最大的缺点是没有考虑太阳半日分潮，且保证率只有 50%。采用该基准面的国家有古巴、多米尼加、墨西哥（大西洋）、巴拿马（大西洋）、哥伦比亚（大西洋）、哥斯达黎加（大西洋）、海地。

3. 平均低低潮面

$$L = H_{M_2} + (H_{K_1} + H_{O_1})\cos 45° \tag{2.3}$$

式中，$H_{K_1}$、$H_{O_1}$ 分别为太阴和太阳全日分潮的振幅。所有低低潮面的 50%降至该基准面以下，其保证率只有75%左右。适用于较深的海域。采用该基准面的国家有美国、菲律宾、洪都拉斯（大西洋）、墨西哥（太平洋）。

4. 最低低潮面

$$L = 1.2(H_{M_2} + H_{S_2} + H_{K_2}) \tag{2.4}$$

式中，$H_{K_2}$为$K_2$（太阴-太阳赤纬半日分潮）的振幅。此模型也只适用于半日潮港，因为没有考虑或基本上没有考虑日分潮。采用该基准面的国家有摩洛哥、阿尔及利亚、西班牙、葡萄牙。

5. 略低低潮面（印度大潮低潮面）

$$L = H_{M_2} + H_{S_2} + H_{K_1} + H_{O_1} \tag{2.5}$$

该模型是由英国潮汐学家达尔文考察印度洋潮汐时提出来的。略低低潮面的优点是计算方法很简便，且考虑了日潮的作用，但它不能反映潮汐变化本身的复杂关系，特别是高潮或低潮不等的特征不能体现出来。采用该基准面的国家有巴西、埃及、苏丹、印度、伊朗、伊拉克、日本、朝鲜、肯尼亚。

6. 平均海面

$$L = 0 \tag{2.6}$$

在某些没有潮汐的海区，深度基准面采用的是平均海面。而在有潮汐的海区，则有50%的时间水位低于平均海面，因此其航海保证率很低。采用该基准面的国家有罗马尼亚、保加利亚、芬兰、瑞典、土耳其（黑海）、俄罗斯（波罗的海）、丹麦（波罗的海）、德国（波罗的海）、波兰、爱沙尼亚、乌克兰。

7. 近最低潮面

近最低潮面是指实际海面低于海图深度基准面的概率为14%所对应的水位面。1978年由中国科学院海洋研究所和国家海洋局海洋科技情报所提出的，并在该系统内部实施。

$$L = (2.341 - 0.913S + 0.764k)\delta \tag{2.7}$$

其中

$$\delta = \left[\frac{1}{2}(1.077H_{O_1}^2 + 1.138H_{K_1}^2 + 1.042H_{M_2}^2 + 1.084H_{S_2}^2) + \frac{1}{2}(H_{S_a}^2 + H_{S_{S_a}}^2 + \delta_b^2)\right]^{\frac{1}{2}}$$

$$S=\frac{1}{\delta^3}\{1.75H_{O_1}H_{K_1}H_{M_2}\cos(g_{O_1}+g_{K_1}-g_{M_2})+1.5[H_{M_2}^2H_{M_4}\cos(2g_{M_2}-g_{M_4})+H_{\mathrm{MSf}}H_{M_2}H_{S_2}]\}$$

$$k=0.75-\frac{0.375}{\delta^4}(H_{O_1}^4+H_{K_1}^4+H_{M_2}^4+H_{S_2}^4+H_{S_a}^4+H_{S_{S_a}}^4)$$

$$\delta_b=7.8+0.435(H_{S_a}+H_{S_{S_a}})$$

$$H_{\mathrm{MSf}}=0.31(H_{M_4}+H_{\mathrm{MS}_4})$$

式中，$\delta$、$S$、$k$ 分别为潮位分布函数的标准差、偏度和峰度。

### 8. 理论深度基准面

理论最低潮面——即理论深度基准面。计算方法由弗拉基米尔斯基提出，后经过我国海道测量人员根据我国海洋潮汐的特性进行了改正。基本计算原理是由 $M_2$、$S_2$、$N_2$、$K_2$、$K_1$、$O_1$、$P_1$、$Q_1$ 八个分潮叠加，计算相对于长期平均海面可能出现的最低水位，并附加考虑浅海分潮 $M_4$、$\mathrm{MS}_4$、$M_6$ 及长周期分潮 $S_a$ 和 $S_{S_a}$ 的贡献。其中 $S_2$ 分潮以天文潮部分为主体，并包含部分气象影响，长周期分潮则主要来自气象因素的影响。该方法刚提出时，规定几个浅海分潮的振幅之和达到20cm 时，应加以改正，而目前我国的《海道测量规范》（GB 12327—1998）要求必须同时利用这 13 个分潮计算，使深度基准面保持其算法和意义的一致性。因此，深度基准面由三部分构成：

$$L=L_8+\Delta L_S+\Delta L_L \tag{2.8}$$

式中，$L_8$ 为 8 个主要分潮叠加后的最低值与平均海面的偏差；$\Delta L_S$ 为 3 个浅海分潮的贡献；$\Delta L_L$ 为 2 个长周期分潮的贡献。

$$\begin{aligned}L_8&=\min\left[\sum_{i=1}^{8}f_iH_i\cos(q_it+V_{0i}+u_i-g_i)\right]\\&=\min\Big\{R_{K_1}\cos\varphi_{K_1}+R_{K_2}\cos(2\varphi_{K_1}+2g_{K_1}-g_{K_2}-180°)\\&\quad-\sqrt{(R_{M_2})^2+(R_{O_1})^2+2R_{M_2}R_{O_1}\cos[\varphi_{K_1}-(g_{K_1}+g_{O_1}-g_{M_2})]}\\&\quad-\sqrt{(R_{S_2})^2+(R_{P_1})^2+2R_{S_2}R_{P_1}\cos[\varphi_{K_1}-(g_{K_1}+g_{P_1}-g_{S_2})]}\\&\quad-\sqrt{(R_{N_2})^2+(R_{Q_1})^2+2R_{N_2}R_{Q_1}\cos[\varphi_{K_1}-(g_{K_1}+g_{Q_1}-g_{N_2})]}\Big\}\end{aligned} \tag{2.9}$$

式中，$R=fH$，$H$ 和 $g$ 通称为分潮的调和常数，$H$ 为分潮的平均振幅，$g$ 为分潮的区时专用迟角，$f$ 为分潮的交点因子；$q$ 为分潮的角速度；$V_0$ 为参考时刻的分潮相角；$u$ 为分潮的交点订正角；$t$ 为时间；$\varphi$ 为分潮相角，变化范围为 0°～360°。根据许多验潮站的多年资料来看，其保证率在 90%以上。

浅海分潮和长周期分潮对深度基准数值的修正采用附加修正的方法处理，即在取极小值时的分潮相角处获得的，而不是所有分潮的综合极小值。

浅海分潮的相角与其源分潮相角存在以下关系：

$$\begin{cases}\varphi_{M_4}=2\varphi_{M_2}+2g_{M_2}-g_{M_4}\\ \varphi_{M_6}=3\varphi_{M_2}+3g_{M_2}-g_{M_6}\\ \varphi_{\mathrm{MS}_4}=\varphi_{M_2}+\varphi_{S_4}+g_{S_2}-g_{\mathrm{MS}_4}\end{cases}\tag{2.10}$$

根据式（2.9）取小值时的 $K_1$ 分潮的相角可推得主要分潮 $M_2$ 与 $S_2$ 的相角，再由式（2.10）得到浅海分潮相角，从而计算浅海分潮对深度基准值的修正为

$$\Delta L_S=f_{M_4}H_{M_4}\cos\varphi_{M_4}+f_{M_6}H_{M_6}\cos\varphi_{M_6}+f_{\mathrm{MS}_4}H_{\mathrm{MS}_4}\cos\varphi_{\mathrm{MS}_4}\tag{2.11}$$

两个主要长周期分潮的相角可表示为

$$\begin{cases}\varphi_{S_a}=\varphi_{K_1}-\dfrac{1}{2}\varepsilon_2+g_{K_1}-\dfrac{1}{2}g_{S_a}-180^\circ\\ \varphi_{S_{S_a}}=2\varphi_{K_1}-\varepsilon_2+2g_{K_1}-g_{S_2}-g_{S_{S_a}}\end{cases}\tag{2.12}$$

$$\varepsilon_2=\varphi_{S_a}-180^\circ\tag{2.13}$$

根据式（2.9）取极小值时的 $K_1$ 分潮的相角和式（2.12）与式（2.13）可获得这两个长周期分潮的相角，从而计算对深度基准值的修正量为

$$\Delta L_L=H_{S_a}\cos\varphi_{S_a}+H_{S_{S_a}}\cos\varphi_{S_{S_a}}\tag{2.14}$$

$M_2$、$S_2$、$N_2$、$K_2$、$K_1$、$O_1$、$P_1$、$Q_1$、$M_4$、$\mathrm{MS}_4$ 和 $M_6$ 的调和常数 $H$ 和 $g$ 由至少 30 天的水位观测资料，用潮汐调和分析法求得。$S_a$ 和 $S_{S_a}$ 分潮调和常数则以一年的水位观测资料求得，对于短期验潮站的 $S_a$ 和 $S_{S_a}$ 分潮调和常数可采用邻近长期验潮站的 $S_a$ 和 $S_{S_a}$ 调和常数资料。

### 9. 最低天文潮面

最低天文潮面是由英国海军部最初提出的。该算法的基本原理是取潮汐预报中出现的最低水位与平均海面的差值作为最终的数值。计算模型如下：

$$\mathrm{LAT}=-\min\left[\sum_{i=1}^{n}f_iH_i\cos(q_it+V_{0i}+u_i-g_i)\right]\tag{2.15}$$

式中，$H$ 为分潮的平均振幅；$g$ 为分潮的区时专用迟角；$f$、$u$ 为分潮的交点因子；$q$ 为分潮角速度；$V_0$ 为参考时刻（$t=0$）的平衡潮相角。式中的潮汐分潮，可以只取纯天文分潮，也可附加部分浅水分潮和长周期分潮。时间周期可以取 19 年或更长的时间。预报潮位的时间间隔可以取比 1h 更短的时间间隔。采用该基准面的国家和地区有英国、澳大利亚、新西兰、法国、挪威、德国（北海）、中国香港。

上述各种深度基准面，因为都不是实际上的最低低潮面，在某些条件下海面都有可能下降到所有各基准面以下，只是保证率大小不同而已。在选择基准面时，要根据海区的潮汐特点、航道情况，以及上述各种基准面的特点确定。

### 2.3.5　海图基准面和要素高度（深度）的关系

海图上各要素的高度和深度主要从高程基准面和深度基准面起算，如图 2.2 所示，各种地形和地物的高程、明礁的高度，与通常所称海拔相同，从高程基准面向上起算；海底及各种水下障碍物的深度，从深度基准面向下起算；干出滩（礁）的高度，从深度基准面向上起算。只有航标的灯高例外，从大潮高潮面向上起算，这是为了航海者在船上直接测定灯高的便利。

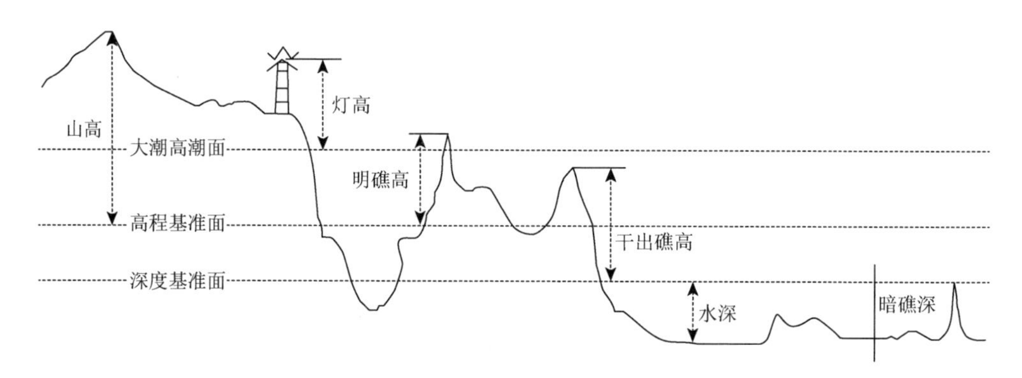


图 2.2　海图基准面与要素高度及深度的关系

### 2.3.6　海域无缝深度基准构建

海图深度基准定义的离散性和跳变性，越来越不能满足实际应用的需求，连续、无缝海图深度基准是目前海洋测绘界关注的问题之一。实际上，就像客观存在着一个平均的海平面一样，也客观存在着连续的海图深度基准面。在我国，国家级的高精度大地水准面模型正在积极研究中，各地区的局部大地水准面模型也不断建立。与之相类似，同样也可以建立无缝海图深度基准面模型。目前，各地的海图深度基准面都是点状分布的，这些点都分布在各地沿岸验潮站。国内外已涌现出多种新型的自动化验潮设备，以最终替代原来的人工水尺验潮。潮汐遥感测量是指利用卫星雷达高度计来测量海面的起伏变化。卫星测高技术可提供全球，特别是偏远地区的潮汐资料，具有速度快、经济有效的特点。它可检测全球的海洋潮汐，为建立全球海洋潮汐模型提供了依据。验潮技术和测深技术的发展，使得在沿海地区可以取得更多的验潮数据。计算技术的发展也对处理收集的众多数据起到了更新的作用。

海图深度基准面相对于当地长期平均海面的偏差仅在具有潮汐参数的点上获得，也就是说按照某种算法求得的海图深度基准面数值仅是对真正曲面形态基准面在特定点的采样。因此，可采用曲面拟合的方法来建立一个既能反映已有海图基准定义、又能反映海图基准连续性和渐进性变化的无缝海图深度基准面模型。目前主要的曲面拟合方法有多项式拟合法、多面函数拟合法、移动曲面拟合法和 Kriging 拟合法等，以及这些方法相互组合的曲面拟合方法。它们在陆地重力场逼近中取得了良好的效果，不失一般性，这些方法也可用来对海图深度基准面进行拟合。本章采用多项式拟合法、多面函数拟合法和 Kriging 拟合法在无缝海图深度基准面模型中的应用作了探讨，通过实例分析来确定它们在无缝海图深度基准面模型中应用的可行性。

1. 多项式拟合法

多项式拟合法设观测点 $B_i$、$L_i$ 和海图深度基准面值 $H_i$ 如下函数关系：

$$H_i = L(B_i, L_i) + v_i \tag{2.16}$$

式中，$H_i$ 为趋势值；$v_i$ 为误差。

对于每一个已知点，都可以列出以上方程，在 $\sum v^2 = \min$ 条件下，解出 $a_i$，从而求出待定点深度基准值 $H$。但只有当测点布呈网状时，才可能达到设想效果。

2. 多面函数拟合法

多面函数拟合法基本思想是任何一个规则或不规则的连续曲面，均可以用一些规则的数学表面的总和以任意精度逼近。即在每个数据上同各个已知点分别建立函数关系，该函数称为核函数，它的图形是一个规则数学曲面，将这些规则数学曲面按一定比例叠加起来，就可拟合出任何不规则的曲面，且能达到较好的拟合效果。多面函数在笛卡儿坐标系中的一般形式为

$$H(B,L) = \sum_{i=1}^{n} \beta_i F(B,L,B_i,L_i) \tag{2.17}$$

式中，$\beta_i$ 为待定参数；$F(B,L,B_i,L_i)$ 为核函数；$(B,L)$ 为待求点坐标，其中心在 $(B_i,L_i)$ 处，为已知点坐标。核函数可以有很多种表现形式，常用简单的核函数有锥面函数、双曲面函数、三次曲面函数等。

设已知海图深度基准面值有 $m$ 个点，其 $m\times 1$ 向量记为 $\boldsymbol{l}$，选取其中 $n$ 个节点为 $j=1,2,\cdots,n(n<m)$，$\boldsymbol{\beta}=(\beta_1,\beta_2,\beta_3,\cdots,\beta_n)$ 为 $n\times 1$ 向量，当 $m>n$ 时，多面函数拟合法算法对应的误差方程式为 $\boldsymbol{V}=\boldsymbol{F}\boldsymbol{\beta}-\boldsymbol{l}$。式中

$$\boldsymbol{F} = \begin{bmatrix} F(B_1,L_1,B_1,L_1) & F(B_1,L_1,B_2,L_2) & \cdots & F(B_1,L_1,B_m,L_m) \\ F(B_2,L_2,B_1,L_1) & F(B_2,L_2,B_2,L_2) & \cdots & F(B_2,L_2,B_m,L_m) \\ \vdots & \vdots & & \vdots \\ F(B_n,L_n,B_1,L_1) & F(B_n,L_n,B_2,L_2) & \cdots & F(B_n,L_n,B_m,L_m) \end{bmatrix} \tag{2.18}$$

根据最小二乘法原理可知 $\boldsymbol{\beta}=(\boldsymbol{F}^{\mathrm{T}}\boldsymbol{F})^{-1}\boldsymbol{F}^{\mathrm{T}}\boldsymbol{l}$，则任意一点 $P(B_p,L_p)$ 的海图深度基准面 $h_p$ 可表示为

$$h_p=\boldsymbol{F}_p\boldsymbol{\beta}=\boldsymbol{F}_p(\boldsymbol{F}^{\mathrm{T}}\boldsymbol{F})^{-1}\boldsymbol{F}^{\mathrm{T}}\boldsymbol{l} \tag{2.19}$$

在选择已知点时，最好选择海图深度基准面值变化显著的点，这些点能很好地描述该区域内海图深度基准面值的分布特征，一般位于最高处、最低处以及坡度变化处。

3. Kriging 拟合法

Kriging 拟合法的数学模型是建立在变异函数理论分析基础上，对有限区域内的区域化变量取值进行最优线性无偏估计（best linear unbiased estimator，BLUE）的一种方法。这种方法与传统插值方法的不同之处在于估计元观测样本数值时，不仅考虑待插值点与邻近有观测数据点的空间位置，还考虑了各邻近点之间的位置关系，而且利用已有观测值空间分布的结构特点，使其估计比传统方法更精确，更符合实际，并可以有效避免系统误差产生的“屏蔽效应”。它在地质统计学及图像处理等方面得到了广泛应用。具体地说，Kriging 算法就是对每一采样值分别赋予一定的权系数，再进行加权平均来估计待估值。设待估点 $V(x_0)$ 的真值 $Z_{V(x_0)}$，进行估计，所用的实验数据是一组离散的某一指标值 $Z_\alpha(\alpha=1,2,\cdots,n)$，待估点 $V(x_0)$ 的 Kriging 估值 $\hat{Z}_V$ 可以表示为 $n$ 个数值的线性组合，即 $\hat{Z}_{V(x_0)}=\sum_{i=1}^{n}\lambda_\alpha Z_\alpha$。Kriging 的方法就是求出权系数 $\lambda_\alpha$，使 $\hat{Z}_{V(x_0)}$ 为 $Z_{V(x_0)}$ 的无偏估计值，并且估计方差最小。

Kriging 拟合法是一种空间统计方法，其基本假设是建立在空间相关的先验模型之上的。假定空间随机变量具有二阶平稳性，或者是服从空间统计的本征假设（intrinsic hypothesis）。则它具有这样的性质：距离较近的采样点比距离远的采样点更相似，相似的程度或空间协方差的大小，是通过点对的平均方差度量的。点对差异的方差大小只与采样点间的距离有关，而与它们的绝对位置无关。空间统计内插的最大优点是以空间统计学作为其坚实的理论基础，可以克服内插中误差难以分析的问题，能够对误差做出逐点的理论估计；它也不会产生回归分析的边界效应。Kriging 拟合法的优点是以空间统计学作为其坚实的理论基础，物理含义明确；不仅能估计测定参数的空间变异分布，还可以估算估计参数的方差分布。Kriging 拟合法的缺点是计算步骤较烦琐，计算量大，且变异函数有时需要根据经验人为选定。

## 2.4　陆海基准统一与转换

海洋和陆地各自有着不同的垂直起算基准。在陆海交界的海岸带区域，多源数据的有效融合已成为海岸带经济建设、数字化海岸带建立的关键问题。而陆海不同垂直基准间的转换则是多源数据有效融合的关键。垂直基准是国家大地测量基准的重要组成部分，也是空间地理基础框架的重要内容。在海岸带区域，垂直基准方面存在的问题尤为突出。海岸带是海陆交互作用的过渡地带，在我国海岸带各种测绘信息中，地形图的高程基准采用 1985 国家高程基准或 1956 年黄海高程基准，海图则是以理论深度基准面作为起算面。陆地的高程基准和海域的深度基准不一致，二者的高程基准之间存在明显的差异。此外，深度基准面在各地沿海也不尽相同。在应用不同时期、不同地点的陆海图资料时，存在地形图之间、海图之间以及陆海图之间的垂直基准不一致的问题。在对海岸带陆海测量数据进行综合处理时，垂直基准的一致已成为一项迫切需要解决的任务。此外，随着科技的发展，有关学科需要提供更高精度的高程基准。为此，本节根据各海洋垂直基准面间的关系，给出不同垂直基准之间转换模型，从而实现不同基准下的高程（水深）数据在垂直基准间无缝精确转换。

### 2.4.1　局域似大地水准面构建

我国陆海高程系统为基于似大地水准面的正常高系统，因此若要实现海图深度基准与陆地高程基准间的转换，首先得确定似大地水准面模型。高精度似大地水准面模型的建立方法有重力水准法、GPS 水准法。前者受重力数据所限，且费用较高；后者则由于 GPS 定位精度的日益提高，已可代替四等甚至三等水准测量，根据若干个 GPS 水准点，采用几何拟合或插值方法可建立区域似大地水准面，且操作简单，灵活实用。

采用 GPS 水准法来建立似大地水准面模型时，首先可根据区域大小及形状来进行分区建模和选择合适的模型。

（1）当区域为带状，东西走向时，则可建立与精度相关的数学模型：

$$\zeta = f(\Delta L) = a_0 + a_1\Delta L + a_2\Delta L^2 \tag{2.20}$$

（2）当区域为带状，呈南北走向时，则可建立与纬度相关的数学模型：

$$\zeta = f(\Delta L) = a_0 + a_1\Delta B + a_2\Delta B^2 \tag{2.21}$$

（3）当区域为面状时，则建立高程异常与经纬度相关的函数模型：

$$\zeta = f(\Delta L) = a_0 + a_1\Delta B + a_2\Delta L + a_3\Delta B\Delta L + a_4\Delta B^2 + a_5\Delta L^2 \tag{2.22}$$

式中，$\Delta B = B - B_0$；$\Delta L = L - L_0$；$(B,L)$、$(B_0,L_0)$ 分别为 GPS 水准点的大地坐标和中心坐标。通过代入 GPS 水准点，利用最小二乘求得多项式系数 $a_i (i = 0,1,\cdots,5)$，从而确定高程异常模型。对于区域内任意一点，由已知观测得到其大地高，继而再代入其大地坐标 $(B,L)$ 就可得到该点的正常高。

### 2.4.2　无缝深度基准与似大地水准面之间的统一与转换

在 2.3.6 节阐述了无缝深度基准面的构建，然而深度基准模型计算所得值 $L$ 是相对值，它是当地长期平均海平面垂直以下的一个量值，因此无缝深度基准面实质上也为深度基准面与平均海平面之间的一个分离量模型。该分离量模型是大地坐标或平面坐标的函数，随着坐标的变化而渐进连续地变化。由此可知，若要实现无缝海图深度基准与似大地水准之间的转换，则首先需要确定二者的关系，即得到两个基面之间的分离量。

1）在潮位站区域

某验潮站区域内几种垂直基准之间的相互关系如图 2.3 所示。

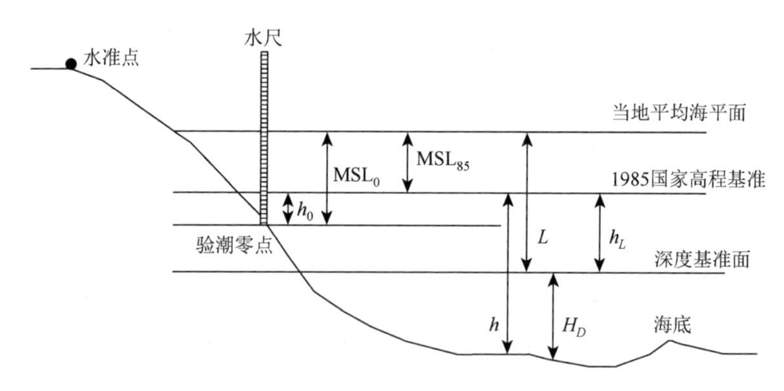


图 2.3　垂直基准间关系示意图

在图 2.3 中，当地平均海平面 $\mathrm{MSL}_0$，是相对于水尺的验潮零点。深度基准面是以当地平均海平面为基准垂直向下距离为 $L$ 的一个平面。海底基于深度基准面的水深值 $H_D$ 就是海底到深度基准面之间的垂直距离。

将海底某一点的 1985 国家高程 $h$ 转换到更具实用价值的海图水深 $H_D$，从图中各基面的关系可直观得到。

$$H_D = h - h_L \tag{2.23}$$

式中，$h_L$ 表示深度基准面的 1985 国家高程，根据图 2.3 中垂直基准间的关系，$h_L$ 可通过如下关系表达式求得。

$$h_L = \mathrm{MSL}_{85} - L \tag{2.24}$$

即根据深度基准面与当地平均海平面之间的关系，由当地平均海平面的 1985 国家高程推算得深度基准面的 1985 国家高程。

而在布设长期验潮站时，会通过其附近的水准点进行联测得到水尺验潮零点的陆地高程，或通过 2.4.1 节介绍的区域似大地水准面建立方法，根据似大地水准面模型，代入验潮零点的大地坐标 $(B,L)$，也能得到验潮零点的 1985 国家高程。如图 2.3 所示验潮零点的 1985 国家高程为 $h_0$。由此，可进一步得到当地平均海平面的 1985 国家高程。关系表达式如下：

$$\mathrm{MSL}_{85} = \mathrm{MSL}_0 + h_0 \tag{2.25}$$

将式（2.24）和式（2.25）代入式（2.23）得

$$H_D = h + L - (\mathrm{MSL}_0 + h_0) \tag{2.26}$$

至此，便将验潮站区域内某点的 1985 国家高程 $h$ 转换为基于深度基准面的海图水深 $H_D$。

2）在潮位站间区域

在潮位站间某一点 $P$ 处几种垂直基准之间的关系如图 2.4 所示。在潮位站间区域，可以通过抛投 GPS 浮标进行验潮。图 2.4 中某一个点 $P$ 的平面位置通过 GPS RTK 定位为 $(b_p, l_p)$，GPS 天线的大地高为 $H$，天线高到水面的垂直距离为 $H_a$，则平均海平面的大地高则通过式（2.27）得到：

$$H_{\mathrm{MSL}} = H - H_a \tag{2.27}$$

然后通过似大地水准面模型得到该点处的高程异常，从而进一步得到平均海平面的正常高：

$$h_{\mathrm{MSL}} = H_{\mathrm{MSL}} - \zeta \tag{2.28}$$

根据构建的无缝深度基准面模型得到的 $P$ 点的深度基准面 $L$，结合式（2.28）得到的平均海平面的正常高，便可得 $P$ 点处的深度基准面与似大地水准面之间的分离量 $h_L$。

$$h_L = L - h_{\mathrm{MSL}} \tag{2.29}$$

至此，海底地形的正常高和海图深之间的转换通过两个基面之间的分离量便可实现，转换模型如下：

$$H_D = h - h_L \tag{2.30}$$

式中，$h$ 表示任意一点的正常高；$H_D$ 表示深度基准面的海图深，一般为正值。将式（2.27）～式（2.29）代入式（2.30）中可得最终的转换模型如下：

$$H_D = h - (H_a + \zeta + L - H) \tag{2.31}$$

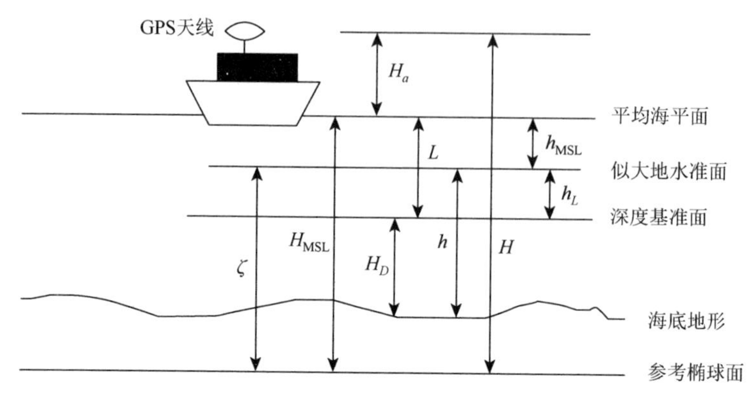


图 2.4　垂直基准间关系示意图

## 2.4.3　无缝深度基准与参考椭球基准之间的统一与转换

在确定了无缝深度基准与似大地水准间的转换关系后，无缝深度基准同参考椭球基准间的转换也可实现。根据式（2.32）可得两基面之间的分离量关系：

$$H_L = h_L - \zeta \tag{2.32}$$

式中，$H_L$ 为深度基准面的大地高；$h_L$ 和 $\zeta$ 分别为深度基准面的正常高和高程异常。根据 $H_L$，则可实现海图深和大地高之间的转换，其转换模型如下：

$$H_D = H - H_L \tag{2.33}$$

式中，$H$ 表示某一点的大地高，通过减去深度基准与参考椭球基准间的分离量得到基于深度基准面的海图水深 $H_D$。

## 2.4.4　海洋垂直基准间转换的精度分析与评定

1. 海图深和正常高转换精度模型

将海图深向正常高转换时，同样分为潮位站区域和潮位站间区域两大类。

1）潮位站区域

根据转换公式［式（2.26）］，并结合误差传播定律可得高程转换精度模型：

$$m_{H_D}^2 = m_h^2 + m_L^2 + m_{\mathrm{MSL}_0}^2 + m_{h_0}^2 \tag{2.34}$$

式中，从正常高向海图深转换的误差来源主要包括如下四类。

（1）海底地形正常高的误差 $m_h^2$。

海底正常高的获取通常可根据瞬时水面的 1985 国家高程减去测得的瞬时水深值得到，因此误差主要来源包括测深仪器的测深误差，如下所示：

$$m_h^2 = m_{\text{测深}}^2 \tag{2.35}$$

式中，$m_{测深}$ 为测深仪的测深误差。

（2）深度基准面 $L$ 的确定误差 $m_L^2$。

潮位站的深度基准面的确定误差也可分为在长期验潮站和在临时验潮站两种情况。第一种，$L$ 是根据深度基准面的计算模型而来，无论采用哪种模型都将用到潮汐调和常数，而潮汐调和常数则又是根据长期验潮数据，按照最小二乘原理计算得到，因此验潮误差可视为长期验潮站深度基准面 $L$ 确定的主要误差来源，误差表达式如下所示：

$$m_L^2 = m_{调和常数}^2 \tag{2.36}$$

式中，$m_{调和常数}$ 为验潮误差。

第二种，$L$ 是根据深度基准面传递方法将长期验潮站的深度基准面传递到临时验潮站，因此误差不仅含有长期站 $L$ 自身的误差，还包括了传递模型的误差，误差表达式如下：

$$m_L^2 = m_{调和常数}^2 + m_{传递模型}^2 \tag{2.37}$$

式中，$m_{调和常数}$ 为验潮误差；$m_{传递模型}$ 为模型传递误差。

（3）平均海平面误差 $m_{\mathrm{MSL}_0}^2$。

潮位站平均海平面误差根据确定方法的不同可分为两类。第一类通过验潮资料进行算术平均得到；第二类通过平均海平面的传递方法得到。第一类的误差主要来自验潮观测误差，其模型如下式所示：

$$m_{\mathrm{MSL}_0}^2 = \frac{1}{n} m_{观测误差}^2 \tag{2.38}$$

式中，$n$ 为潮位观测个数。

第二类误差不仅包含了第一类误差，而且还包含传递模型的误差，因此误差模型可由下式表示：

$$m_{\mathrm{MSL}_0}^2 = \frac{1}{n} m_{观测误差}^2 + m_{传递模型}^2 \tag{2.39}$$

（4）验潮零点正高误差 $m_{h_0}^2$。

该误差主要是进行水准联测所积累下的误差，即

$$m_{h_0}^2 = m_{水准联测}^2 \tag{2.40}$$

2）潮位站间区域

根据转换公式［式（2.31）］，并结合误差传播定律可得高程转换精度模型：

$$m_{H_D}^2 = m_h^2 + m_{H_0}^2 + m_\zeta^2 + m_L^2 + m_H^2 \tag{2.41}$$

在式（2.41）中，从正常高向海图深转换的误差来源主要包括如下五类。

（1）海底地形正常高的误差 $m_h^2$。

（2）GPS 天线到水面垂直距离误差 $m_{H_0}^2$ 。

（3）似大地水准面模型误差 $m_{\zeta}^2$ 。

（4）深度基准面确定误差 $m_L^2$ 。

对于潮位站间深度基准面确定误差主要有长期验潮站通过潮汐调和分析确定的深度基准面误差及无缝深度基准面构建误差两大来源。误差模型如下所示：

$$m_L^2 = m_{\text{调和函数}}^2 + m_{\text{无缝深度基准模型}}^2 \tag{2.42}$$

（5）GPS 天线大地高误差 $m_H^2$ 。

### 2. 海图深和大地高转换精度模型

根据式（2.32）和式（2.33）可得，将大地高转换为海图深的误差模型可由下式表示：

$$m_D^2 = m_H^2 + m_{h_L}^2 + m_{\zeta}^2 \tag{2.43}$$

由上述模型可知，误差来源主要包括以下三类。

（1）GPS 观测的大地高误差 $m_H^2$ 。

（2）深度基准面正常高误差 $m_{h_L}^2$ 。

根据式（2.29），可将深度基准面正常高的误差源主要分为平均海平面正常高确定误差和深度基准面 $L$ 的深度误差两大类。前者误差主要是验潮观测误差和似大地水准面模型误差。将深度基准面的确定误差分为验潮站内和验潮站间区域两种情况，针对不同情况可分别采用不同的误差模型。

（3）似大地水准面模型误差 $m_{\zeta}^2$ 。

## 参 考 文 献

暴景阳，黄辰虎，刘雁春，等. 2003. 海图深度基准面的算法研究. 海洋测绘，1：8-12.

暴景阳，许军. 2013. 卫星测高数据的潮汐提取与建模应用. 北京：测绘出版社.

程桂龙. 2016. 边缘海及其对中国的战略意义. 湖南行政学院学报，（2）：32-37.

郭海荣，焦文海，杨元喜. 2004. 1985 国家高程基准与全球似大地水准面之间的系统差及其分布规律.测绘学报，33（2）：100-104.

黄文骞，王双喜，苏奋振，等. 2016. 海岸带空间地理数据垂直基准的统一. 海洋技术学报，35（3）：17-21.

柯宝贵，张利明，王伟，等. 2017. 基于 Cryosat-2 与船载重力测量数据反演我国近海海域重力异常. 同济大学学报（自然科学版），45（10）：1531-1538.

柯宝贵，章传银，张利明. 2011. 远离大陆海岛的高程传递. 测绘通报，12：3-4，32.

柯灏. 2012. 海洋无缝垂直基准构建理论和方法研究. 武汉：武汉大学.

李金龙，王冰，王爱兵，等. 2021. 北斗/GPS 双频载波相位单点定位模型及精度分析.导航定位与授时，8（4）：120-128.

李毓麟. 1998. 空间技术与海洋动态大地测量基准. 测绘科技动态，4：5-9.

束蝉方，李斐，张利明. 2011. 基于EGM2008重力场模型的局部高程基准统一. 地球物理学进展，26（2）：438-442.

吴永亭. 2013. LBL精密定位理论方法研究及软件系统研制. 武汉：武汉大学.

薛树强，党亚民，章传银. 2006. 差分水下GPS定位空间网的布设研究.测绘科学，31（4）：23-24.

杨元喜，徐天河，薛树强. 2017. 我国海洋大地测量基准与海洋导航技术研究进展与展望. 测绘学报，46（1）：1-8.

翟国君，黄谟涛，暴景阳. 2003. 海洋测绘基准的需求及现状. 海洋测绘，23（4）：54-58.

张佐友. 2015. 面向海洋求发展——建议实施海洋大开发战略. 经济研究参考，26：11-15.

章传银，常晓涛，成英燕. 2002. 测绘垂直基准相互转换与统一技术//北京：地理空间信息技术与应用——中国科协2002年学术年会测绘论文集.

赵建虎，王爱学. 2015. 精密海洋测量与数据处理技术及其应用进展. 海洋测绘，35（6）：1-7.

周波阳，杜向锋，崔家武，等. 2019. 基于GNSS水准拟合法的海岛高程传递. 海洋测绘，39（6）：43-46.

周兴华，付延光，许军. 2017. 海洋垂直基准研究进展与展望. 测绘学报，46（10）：1770-1777.

Adams R. 2003. Seamless Digital Data and Vertical Datums//Paris：FIG Working Week 2003.

Andersen O，Knudsen P，Stenseng L. 2018. A New DTU18 MSS Mean Sea Surface-Improvement from SAR Altimetry. 172. Abstract from 25 years of progress in radar altimetry symposium，Portugal.

Bao L，Xu H. 2012. Quasi-geoid near Xisha Islands by the geo-potential propagating technique. Marine Geodesy，35（3）：322-342.

Ellmer W，Goffinet P. 2006. Tidal Correction Using GPS-determination of the Chart Datum//Munich，Germany：XXIII FIG Congress.

Iliffe J C，Ziebart M K，Turner J F，et al. 2013. Accuracy of vertical datum surfaces in coastal and offshore zones.Survey Review，45（331）：254-262.

International Federation of Surveyors. 2006. FIG Guide on the Development of a Vertical Reference Surface for Hydrography. FIG Special Publication No. 37. Copenhagen，Denmark：FIG.

Martin R J，Broadbent G J. 2004. Chart datum for hydrography. The Hydrographic Journal，112：9-14.

Parker B，Milbert D，Hess K，et al. 2003. National VDatum：The implementation of a national vertical datum transformation database. Sea Technology，44（9）：10-15.

Wells D，Kleusberg A，Vanicek P. 1996. A Seamless Vertical-reference Surface for Acquisition，Management And Display（ECDIS）of Hydrographic Data. New Brunswick：University of New Brunswick.

Yang Z，Myers E P，White S A. 2010. VDatum for Eastern Louisiana and Mississippi Coastal Waters：Tidal Datums，Marine Grids，and Sea Surface Topography. Silver Spring，Maryland：NOAA.

Zhao J，Zou Y，Zhang H，et al. 2016. A new method for absolute datum transfer in seafloor control network measurement. Journal of Marine Science and Technology，21（2）：216-226.

# 第3章 海洋导航定位

## 3.1 GNSS 导航定位

GNSS泛指全球导航卫星系统，它包括利用美国的GPS、俄罗斯的GLONASS、欧洲的GALILEO和中国的BDS等卫星导航系统中的一个或多个系统进行导航定位，并同时提供卫星的完备性检验信息（integrity checking）和足够的导航安全性告警信息（胡晓等，2009）。当今，GNSS系统不仅是国家安全和经济的基础设施（Hein et al.，2007），也是体现现代化大国地位和国家综合国力的重要标志。由于其在政治、经济、军事等方面具有重要的意义，世界主要军事大国和经济体都在竞相发展独立自主的卫星导航系统（宁津生等，2013）。

### 3.1.1 GNSS 导航定位基本原理

GNSS 系统组成包括空间部分、地面主控站部分以及用户部分，其定位原理是用户通过接受卫星所发射的信号，得到卫星所处的位置并计算出卫星与自己的相对位置，从而最终确定接收机本身的位置（边力军，1998）。

1. GPS 卫星定位原理

GPS定位主要有伪距测量和载波相位测量两种方法。伪距测量是由GPS接收机在某一时刻测得四颗以上GPS卫星的伪距以及已知的卫星位置，采用距离交会的方法求解接收机天线所在点的三维坐标。载波相位测量是测定GPS载波信号在传播路径上的相位变化值，以确定信号传播距离的方法。

1）伪距测量

GPS卫星依据自己的时钟发出某一结构的测距码，该测距码经过$\tau$时间的传播后到达接收机。接收机在自己的时钟控制下产生一组结构完全相同的复制码，并通过时延器使其延迟时间，对这两组测距码进行相关处理，若自相关系数$R(\tau')\neq 1$，则继续调整延迟时间$\tau'$直至自相关系数$R(\tau')=1$为止。使接收机所产生的复制码与接收到的GPS卫星测距码完全对齐，那么其延迟时间$\tau'$即为GPS卫星信号从卫星传播到接收机所用的时间$\tau$。GPS卫星信号的传播是一种无线电信号的传播，其速度等于光速 $c$，卫星至接收机的距离即为$\tau'$与 $c$ 的乘积（张华海，2008）。

然而事实上，延迟时间$\tau'$的测量值受到了多重因素的影响，如卫星钟、接收机钟、电离层延迟和对流层延迟的影响，所以得到的距离与真实卫地距是不相等的，故称其为伪距观测量。一般来说，伪距的精度为测距码码元宽度的 1%。

伪距测量的基本方程为

$$\begin{cases}\tau' = \tau + \Delta t + nT \\ \rho' = \rho + c\Delta t + n\lambda\end{cases} \tag{3.1}$$

式中，$\rho'$为伪距离量值；$\rho$为卫星至接收机的几何距离；$T$为测距码的周期；$\lambda = cT$为相应测距码的波长；$n = 0,1,2,\cdots$为正整数；$c$为信号传播速度。

如果已知待测距离小于测距码的波长（如用 P 码测距），则 $n = 0$，且有

$$\rho' = \rho + c\Delta t \tag{3.2}$$

伪距观测值$\rho'$是待测距离与钟差等效距离之和。钟差包含接收机钟差$\delta t_k$与卫星钟差$\delta t^j$，若考虑到信号传播经电离层的延迟和大气对流层的延迟，则式(3.2)可写为

$$\rho = \rho' + \delta\rho_1 + \delta\rho_2 + c\delta t_k - c\delta t^j \tag{3.3}$$

式中，$\delta\rho_1$、$\delta\rho_2$分别为电离层和对流层的改正项；$\delta t_k$的下标$k$表示接收机号；$\delta t^j$的上标$j$表示卫星号。

由式（3.3）知，电离层和对流层改正可以按照一定的模型进行计算，卫星钟差$\delta t^j$可以根据导航电文取得。而几何距离$\rho$和卫星坐标$(X_s, Y_s, Z_s)$与接收机坐标$(X,Y,Z)$之间有如下关系：

$$\rho^2 = (X_s - X)^2 + (Y_s - Y)^2 + (Z_s - Z)^2 \tag{3.4}$$

式中，卫星坐标可根据卫星导航电文求得，所以式中只包含接收机坐标三个未知数。

通常接收机必须同时至少测定四颗卫星的距离才能解算出接收机的三维坐标值。将式（3.4）代入式（3.3），有

$$\begin{aligned}&[(X_s - X)^2 + (Y_s - Y)^2 + (Z_s - Z)^2]^{1/2} - c\delta t_k \\ &= \rho'^j + \delta\rho_1^j + \delta\rho_2^j - c\delta t^j\end{aligned} \tag{3.5}$$

式中，$j$为卫星数，$j = 1,2,3,\cdots$。

2）载波相位测量

利用测距码进行伪距测量是全球定位系统的基本测距方法。然而由于测距码的码元宽度较大，对于一些高精度应用来讲，其测距精度还显得过低无法满足需要。而如果把载波作为量测信号，就可以达到很高的精度。但载波信号是一种周期性的正弦信号，而相位测量又只能测定其不足一个时长的部分。因而存在着整周数不确定性的问题，使解算过程变得比较复杂。

在 GPS 信号中由于已用相位调整的方法在载波上调制了测距码和导航电文，因而接收到的载波的相位已不再连续，所以在进行载波相位测量之前，首先要进行解调工作，设法将调制在载波上的测距码和卫星电文去掉，重新获取载波，这一工作称为重建载波。重建载波一般可采用两种方法，一种是码相关法，另一种是平方法。采用前者，用户可同时提取测距信号和卫星电文，但用户必须知道测距码的结构；采用后者，用户无须掌握测距码的结构，但只能获得载波信号而无法获得测距码和卫星电文。

载波相位测量的观测量是GPS接收机所接收的卫星载波信号与接收机本振参考信号的相位差。以 $\varphi_k^j(t_k)$ 表示 $k$ 接收机在钟面时刻 $t_k$ 时所产生的本地参考信号的相位值，则 $k$ 接收机在接收钟面时刻 $t_k$ 时观测 $j$ 卫星取得的相位观测量可写为

$$\Phi_k^j = \varphi_k(t_k) - \varphi_k^j(t_k) \tag{3.6}$$

通常的相位或相位差测量只是测出一周以内的相位值。实际测量中，如果对整周进行计数，则自某一初始取样时刻 $(t_0)$ 以后就可以取得连续的相位测量值。

如图 3.1 所示，在初始 $t_0$ 时刻，测得小于一周的相位差为 $\Delta\varphi_0$，其整周数为 $N_0^j$，此时包含整周数的相位观测值应为

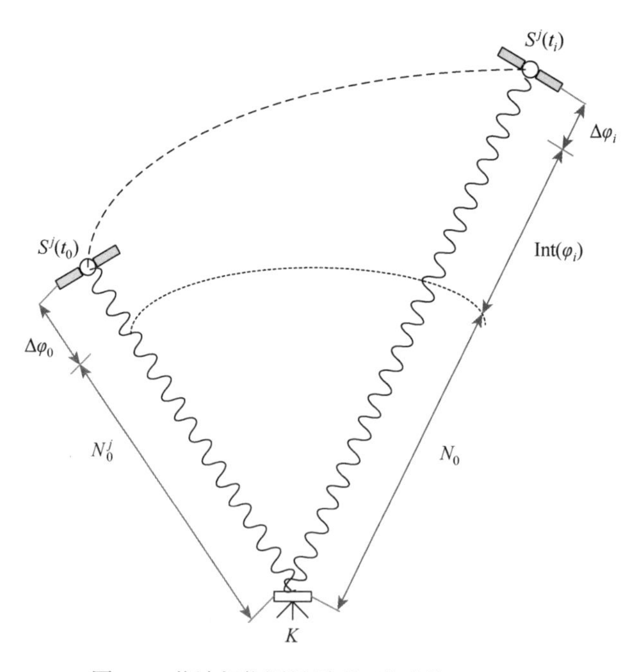


图 3.1 载波相位测量原理（张华海，2008）

$$\Phi_k^j(t_0) = \Delta\varphi_0 + N_0^j = \varphi_k^j(t_0) - \varphi_k(t_0) + N_0^j \tag{3.7}$$

接收机继续跟踪卫星信号，不断测定小于一周的相位差 $\Delta\varphi(t)$，并利用整波计数器记录从 $t_0$ 到 $t_i$ 时间内的整周数变化量 $\mathrm{Int}(\varphi)$，只要卫星 $S^j$ 从 $t_0$ 到 $t_i$ 之间卫星信号没有中断，则初始时刻整周模糊度 $N_0^j$ 就为一常数，这样，任一时刻 $t_i$ 卫星 $S^j$ 到 $k$ 接收机的相位差为

$$\Phi_k^j(t_i) = \varphi_k(t_i) - \varphi_k^j(t_i) + N_0^j + \mathrm{Int}(\varphi) \tag{3.8}$$

式（3.8）说明，从第一次开始，在以后的观测值，其观测量包括了相位差的小数部分和累积的整周数。

设在 GPS 标准时刻 $T_a$（卫星钟面时刻 $t_a$）卫星 $S^j$ 发射的载波信号相位为 $\varphi(t_a)$，经传播延迟 $\Delta\tau$ 后，在 GPS 标准时刻 $T_b$（接收机钟面时刻 $t_b$）到达接收机。

根据电磁波传播原理，$T_b$ 时刻接收到的和 $T_a$ 时刻发射的相位不变，即 $\varphi^j(T_b) = \varphi^j(T_a)$，而在 $T_b$ 时，接收机本振产生的载波相位为 $\varphi(t_b)$，由式（3.6）可知，在 $T_b$ 时，载波相位观测量为

$$\Phi = \varphi(t_b) - \varphi^j(t_a) \tag{3.9}$$

考虑到卫星钟差和接收机钟差，有 $T_a = t_a + \delta t_a$，$T_b = t_b + \delta t_b$，则有

$$\Phi = \varphi(T_b - \delta t_b) - \varphi^j(T_a - \delta t_a) \tag{3.10}$$

对于卫星钟和接收机钟，其振荡器频率一般稳定良好，所以其信号的相位与频率的关系可表示为

$$\varphi(t + \Delta t) = \varphi(t) + f \cdot \Delta t \tag{3.11}$$

式中，$f$ 为信号频率；$\Delta t$ 为微小时间间隔；$\varphi$ 以 $2\pi$ 为单位。

设 $f^j$ 为 $j$ 卫星发射的载波频率，$f_i$ 为接收机本振产生的固定参考频率，且 $f_i = f^j = f$，同时考虑到 $T_b = T_a + \Delta\tau$，则有

$$\varphi(T_b) = \varphi^j(T_a) + f \cdot \Delta\tau \tag{3.12}$$

结合式（3.11）和式（3.12），式（3.10）可改写为

$$\Phi = \varphi(T_b) - f \cdot \delta t_b - \varphi^j(T_a) + f \cdot \delta t_a = f \cdot \Delta\tau - f \cdot \delta t_b + f \cdot \delta t_a \tag{3.13}$$

传播延迟 $\Delta\tau$ 中考虑到电离层和对流层的影响 $\delta\rho_1$ 和 $\delta\rho_2$，则

$$\Delta\tau = \frac{1}{c}(\rho - \delta\rho_1 - \delta\rho_2) \tag{3.14}$$

式中，$c$ 为电磁波传播速度；$\rho$ 为卫星至接收机之间的几何距离。代入式（3.13）有

$$\Phi = \frac{f}{c}(\rho - \delta\rho_1 - \delta\rho_2) + f\delta t_a - f\delta t_b \tag{3.15}$$

顾及载波相位整周模糊度后，有

$$\Phi_k^j = \frac{f}{c}\rho + f\delta t_a - f\delta t_b - \frac{f}{c}\delta\rho_1 - \frac{f}{c}\delta\rho_2 + N_k^j \tag{3.16}$$

式（3.16）即为接收机 $k$ 对卫星 $j$ 的载波相位测量的观测方程。

2. GPS 卫星导航原理

卫星导航是用导航卫星发送的导航定位信号引导运动载体安全到达目的地的一门新兴科学，是一种广义的 GPS 动态定位，目前主要分为单点动态定位、伪距差分动态定位、动态载波相位差分测量等定位方法。与 GPS 静态定位相比，GPS 导航具有用户多样、速度多变、定位实时、数据和精度多变等特点。

1）单点动态定位

单点动态定位的基本方程为

$$\rho_j' = [(X^j - X_u)^2 + (Y^j - Y_u)^2 + (Z^j - Z_u)^2]^{1/2} + d \tag{3.17}$$

式中，$X_u, Y_u, Z_u$ 为动态用户在 $t_k$ 时刻的瞬时位置；$X^j, Y^j, Z^j$ 为第 $j$ 颗 GPS 卫星在其运行轨道上的瞬时位置，它可根据广播星历计算；$\rho_j'$ 为码接收机所测得的 GPS 信号接收天线和第 $j$ 颗 GPS 卫星之间的距离，即站星距离；$d$ 为接收机时钟误差等因素所引起的站星距离偏差。

利用式（3.17）解算用户位置时，不是直接求它的三维坐标，而是求各个坐标分量的修正量，即给定用户三维坐标的初始值 $(X_{u0}, Y_{u0}, Z_{u0})$，而求解三维坐标的改正值 $(\Delta X_u, \Delta Y_u, \Delta Z_u)$ 和距离偏差 $d$。对式（3.17）中 $X_u$，$Y_u$，$Z_u$ 分别微分，便可得到线性方程：

$$\boldsymbol{X} = \boldsymbol{A}^{-1}\boldsymbol{B} \tag{3.18}$$

式中，矩阵

$$\boldsymbol{X} = (\Delta X_u, \Delta Y_u, \Delta Z_u, d)^{\mathrm{T}}$$

$$\boldsymbol{A} = \begin{bmatrix} \dfrac{X^1 - X_{u_0}}{\rho_{1_0}} & \dfrac{Y^1 - Y_{u_0}}{\rho_{1_0}} & \dfrac{Z^1 - Z_{u_0}}{\rho_{1_0}} & -1 \\ \dfrac{X^2 - X_{u_0}}{\rho_{2_0}} & \dfrac{Y^2 - Y_{u_0}}{\rho_{2_0}} & \dfrac{Z^2 - Z_{u_0}}{\rho_{2_0}} & -1 \\ \dfrac{X^3 - X_{u_0}}{\rho_{3_0}} & \dfrac{Y^3 - Y_{u_0}}{\rho_{3_0}} & \dfrac{Z^3 - Z_{u_0}}{\rho_{3_0}} & -1 \\ \dfrac{X^4 - X_{u_0}}{\rho_{4_0}} & \dfrac{Y^4 - Y_{u_0}}{\rho_{4_0}} & \dfrac{Z^4 - Z_{u_0}}{\rho_{4_0}} & -1 \end{bmatrix}$$

$$\boldsymbol{B} = \begin{bmatrix} \rho_{1_0} - \rho_{1_0}' \\ \rho_{2_0} - \rho_{2_0}' \\ \rho_{3_0} - \rho_{3_0}' \\ \rho_{4_0} - \rho_{4_0}' \end{bmatrix}$$

$\rho_{j_0}'$ 为对应于第 $j$ 颗 GPS 卫星的伪距观测值。

利用式（3.18）解算运动载体的实时点位时，后续点位的初始坐标值可以依据前一个点位坐标来假定。因此，关键是要确定第一个点位坐标的初始值，才能精确求得第一个点位的三维坐标。

2）伪距差分动态定位

所谓差分动态定位，就是用两台接收机在两个测站上同时测量来自相同GPS卫星的导航定位信号，用以联合测得动态用户的精确位置。其中一个测站是位于已知坐标点，设在该已知点（又称基准点）的GPS信号接收机，称为基准接收机。它和安装在运动载体上的GPS信号接收机（简称为动态接收机）同时测量来自相同GPS卫星的导航定位信号。基准接收机所测得的三维位置与该点已知值进行比较，便可获得GPS定位数据的改正值。如果及时将GPS改正值发送给若干台共视卫星用户的动态接收机，而改正后者所测得的实时位置，便称为实时差分动态定位。其原理如图3.2所示。

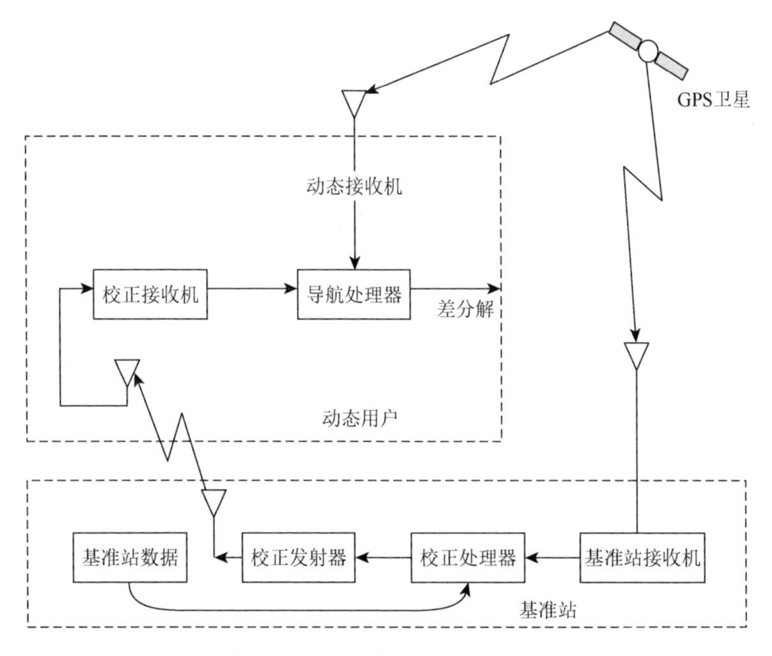


图3.2　差分动态定位原理框图（张华海，2008）

由式（3.17）可知，基准站R测得至GPS卫星$j$的伪距为

$$\rho_r^{j'} = \rho_r^j + c(\mathrm{d}\tau_r - \mathrm{d}\tau_s^j) + \mathrm{d}\rho_r^j + \delta\rho_{1r}^j + \delta\rho_{2r}^j \tag{3.19}$$

式中，$\rho_r^j$为基准站和第$j$颗GPS卫星之间的真实距离；$\mathrm{d}\rho_r^j$是GPS卫星星历误差所引起的距离偏差；$\mathrm{d}\tau_r$为接收机时钟相对于GPS时间系统的偏差；$\mathrm{d}\tau_s^j$是第$j$

颗GPS卫星时钟相对于GPS时间系统的偏差；$\delta\rho_{1r}^{j}$ 为电离层时延引起的距离偏差；$\delta\rho_{2r}^{j}$ 是对流层时延引起的距离偏差； $c$ 为电磁波的传播速度。

根据基准站的已知坐标和 GPS 卫星星历，可以精确算得真实距离 $\rho_r^j$，而伪距 $\rho_r^{j'}$ 是用基准站接收机测得的，则伪距的改正值为

$$\Delta\rho_r^j = \rho_r^j - \rho_r^{j'} = -c(\mathrm{d}\tau_r - \mathrm{d}\tau_s^j) - \mathrm{d}\rho_r^j - \delta\rho_{1r}^j - \delta\rho_{2r}^j \tag{3.20}$$

在基准接收机进行伪距测量的同时，动态接收机也对第 $j$ 颗 GPS 卫星进行伪距测量，动态接收机所测得的伪距为

$$\rho_k^{j'} = \rho_k^j + c(\mathrm{d}\tau_k - \mathrm{d}\tau_s^j) + \mathrm{d}\rho_k^j + \delta\rho_{1k}^j + \delta\rho_{2k}^j \tag{3.21}$$

如果基准站将所测得的伪距改正值 $\Delta\rho_r^j$ 适时地发送给动态用户，并改正动态接收机所测得的伪距，亦即

$$\begin{aligned}\rho_k^{j'} + \Delta\rho_r^j = {} & \rho_k^j + c(\mathrm{d}\tau_k - \mathrm{d}\tau_r) + (\mathrm{d}\rho_k^j - \mathrm{d}\rho_r^j) \\ & + (\delta\rho_{1k}^j - \delta\rho_{1r}^j) + (\delta\rho_{2k}^j - \delta\rho_{2r}^j)\end{aligned} \tag{3.22}$$

当动态用户远离基准站在 1000km 以内时，则有

$$\mathrm{d}\rho_k^j \approx \mathrm{d}\rho_r^j,\quad \delta\rho_{1k}^j \approx \delta\rho_{1r}^j,\quad \delta\rho_{2k}^j \approx \delta\rho_{2r}^j$$

故式（3.22）变为

$$\begin{aligned}\rho_k^{j'} + \Delta\rho_r^j &= \rho_k^j + c(\mathrm{d}\tau_k - \mathrm{d}\tau_r) \\ &= [(X_j - X_k)^2 + (Y_j - Y_k)^2 + (Z_j - Z_k)^2]^{1/2} + \Delta d_r\end{aligned} \tag{3.23}$$

式中， $\Delta d_r$ 是基准/动态接收机的钟差之差所引起的距离偏差。

$$\Delta d_r = c(\mathrm{d}\tau_k - \mathrm{d}\tau_r) \tag{3.24}$$

如果基准/动态接收机各观测了相同的 4 颗 GPS 卫星，则可按式（3.23）列出 4 个方程式，它们共有 $X_k$、$Y_k$、$Z_k$、$\Delta d_r$ 4 个未知数。解算这 4 个方程式，可求出动态用户误差，在距离基准站约 1000km 的动态用户，还可消除或显著削弱星历误差和对流层/电离层时延误差。因此，可以有效地提高动态定位的精度。

3）动态载波相位差分测量

GPS 载波相位测量方法不仅适用于静态定位，同样也适用于动态定位，并且已取得了厘米级的三维位置精度。动态载波相位测量原理如图 3.3 所示。

由载波相位观测方程得出动态差分方程：

$$\begin{aligned}&\{[\Delta\varphi_i^j - \Delta\varphi_i^{j0} + (\rho_i^j - \rho_i^{j0})(f/c)T_i] - [\Delta\varphi_r^j - \Delta\varphi_r^{j0} + (\rho_r^j - \rho_r^{j0})(f/c)T_r]\}_t \\ &-\{[\Delta\varphi_i^j - \Delta\varphi_i^{j0} + (\rho_i^j - \rho_i^{j0})(f/c)T_i] - [\Delta\varphi_r^j - \Delta\varphi_r^{j0} + (\rho_r^j - \rho_r^{j0})(f/c)T_r]\}_{t1} \\ &= -(f/c)(\Delta\rho_i^j - \Delta\rho_i^{j0})_t + (f/c)(\Delta\rho_i^j - \Delta\rho_i^{j0})_{t1}\end{aligned} \tag{3.25}$$

假定动态用户的初始位置是已知的（如按伪距定位法求得），则式（3.25）中的 $(\Delta\rho_i^j - \Delta\rho_i^{j0})_{t1}$ 便等于 0。若令式（3.25）的左边各项等于 $\varphi$，且式（3.25）两边同乘以 $(c/f)$，则变成

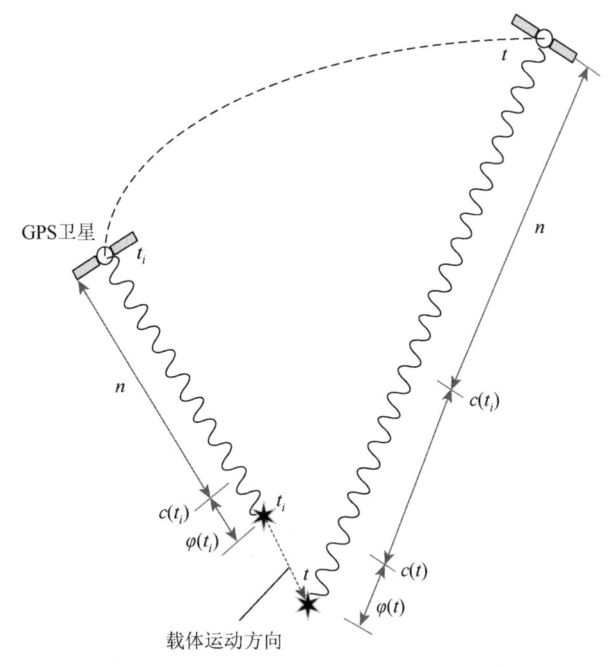


图 3.3　动态载波相位测量原理示意图（张华海，2008）

$$
\begin{aligned}
c\varphi / f = &[(X^{j0} - X_i) / \rho_i^{j0} - (X^j - X_i) / \rho_i^j]\Delta X_i \\
&+[(Y^{j0} - Y_i) / \rho_i^{j0} - (Y^j - Y_i) / \rho_i^j]\Delta Y_i \\
&+[(Z^{j0} - Z_i) / \rho_i^{j0} - (Z^j - Z_i) / \rho_i^j]\Delta Z_i
\end{aligned} \tag{3.26}
$$

当动态用户和基准站都同时观测了 4 颗相同的 GPS 卫星时，则可得到三个 $\varphi$ 值，从而按式（3.26）列出三个方程式。因为光速 $c$ 和载波频率 $f$ 是已知的，卫星在轨位置 $(X^j, Y^j, Z^j)$ 和 $(X^{j0}, Y^{j0}, Z^{j0})$ 可被计算得到，故可按三个方程式解算出在 $t$ 时刻动态用户位置估值 $(X_i, Y_i, Z_i)$ 的改正数 $(\Delta X_i, \Delta Y_i, \Delta Z_i)$，从而实现了动态载波相位测量的目的。

当动态用户和基准站各用一台双频接收机进行载波相位测量时，则可有效地提高动态定位的实时位置精度。在此情况下，参照式（3.25）和式（3.26），则知载波 $L_1$ 和 $L_2$ 的剩余相位观测值为

$$
\begin{cases}
\varphi(L_1) = (f_1 / c)(\Delta\rho_i^j - \Delta\rho_i^{j0}) - R / f_1 \\
\varphi(L_2) = (f_2 / c)(\Delta\rho_i^j - \Delta\rho_i^{j0}) - R / f_2
\end{cases} \tag{3.27}
$$

式中，$R$ 为与频率无关的固定偏差。经过电离层时延改正后的剩余相位为

$$
[c / (f_1^2 - f_2^2)][f_1\varphi(L_1) - f_2\varphi(L_2)] = \Delta\rho_i^j - \Delta\rho_i^{j0} \tag{3.28}
$$

根据式（3.26）的解算方法，即可由式（3.28）解算出载波相位双频观测后的动态用户位置估计值的改正数。

### 3. GPS 卫星导航方法

导航的任务是引导航行体自起始点出发沿着预定的航线，经济而安全地到达目的地。频繁地测定在航行中的航行体位置，是完成导航任务的一个重要课题，因为引航人员需要随时了解航行体的位置，以便掌握航行体的运动状态，判明其有无偏离预定的航线，偏离的程度如何，当前的处境有无危险，原定的计划航线能否继续实施，还是需作适当的修正等。正因为在航行中，定位问题是如此重要，因此在习惯上往往将测定位置的方法和技术概称为导航。

1）GPS 单机导航

单机就是在航行体上仅装配一台 GPS 接收机，单独实施导航，如在地质勘探、资源调查、船只航行、汽车导航等方面，得到广泛应用。因为一台 GPS 接收机只要能接收到 4 颗以上卫星的信号便可根据式（3.18）测定出所处的位置。因此操作和使用非常简单，价格也便宜，且具有全天候、全球性、较高精度及实时三维定位和测速能力。

但是在众多的情况下，单机导航还需配备适当的辅助设备，以保证导航的安全可靠性。例如，船只航行不仅要确定船的实时位置，还必须实时测定水源，才不致使船只触礁而能够安全地航行。又如，汽车导航时，当汽车行驶在高层建筑的街道或林荫道上，可能GPS接收机接收不到足够的卫星信号以满足定位的需要。一般在汽车上还要配备电子罗盘，结合速度计和相应软件，来实现不能实施 GPS 定位情况下的连续定位导航工作。在陆地车辆的导航中，还经常配备电子地图、交通信息库和智能选线功能，以帮助驾驶员安全、快速地到达目的地。

2）差分 GPS 导航

差分 GPS 导航原理如图 3.4 所示。在地面已知位置设置一个地面站，地面站由一个差分接收机和一个差分发射机组成。差分接收机接收卫星信号，监测 GPS 差分系统的误差，并按规定的时间间隔把修正信息发送给用户，用户用修正信息校正自己的测量或位置解。

差分 GPS 导航有两种工作方式：位置差分法和伪距差分法。位置差分法中，差分接收机和用户接收机一样，通过伪距测量确定自己的位置。把测量确定的位置数据和已知位置数据比较，即得位置校正量 $\Delta x, \Delta y, \Delta z$ 。通过发射机把这些位置修正信息发送给用户接收机，用户接收机用以校正自己的输出坐标。伪距差分法中，地面接收机对所有可见卫星测量伪距，并根据星历数据和已知位置计算用户到卫星的距离，两者相减得到伪距误差。把伪距误差作为修正信息发送给用户接收机，用户接收机用来修正自己测量的伪距，然后进行定位计算。这种方法不要求用户接收机和地面接收机使用相同的星座，使用方便，但对地面接收机要求的通道数多。

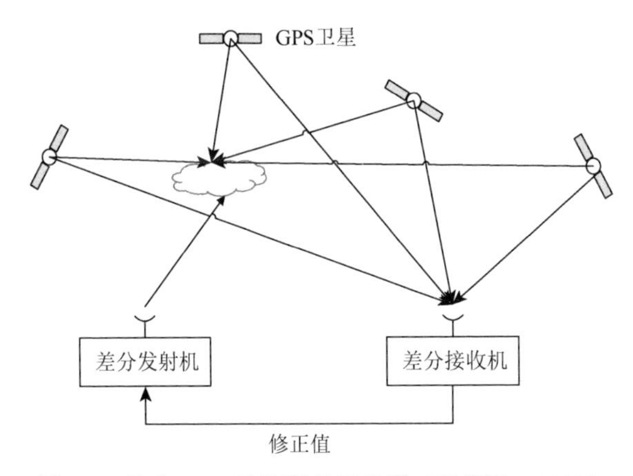


图 3.4　差分 GPS 导航原理示意图（张华海，2008）

3）GPS/惯性综合导航

GPS/惯性综合导航克服了 GPS 全球定位系统和惯性导航系统（inertial navigation system，INS）各自的缺点，取长补短，使综合后的导航精度高于两个系统单独工作的精度。综合的优点表现为对惯性导航系统可以实现惯性传感器的校准、惯性导航系统的空中对准、惯性导航系统高度通道的稳定等，从而可以有效地提高惯性导航系统的性能和精度；而对 GPS 全球定位系统，惯性导航系统的辅助可以提高其跟踪卫星的能力，提高接收机的动态特性和抗干扰性。另外，GPS/惯性综合导航还可以实现 GPS 完整性的检测，从而提高了可靠性。GPS/惯性综合导航还可以实现一体化，把 GPS 接收机放入惯性导航部件中，这样使系统的体积、重量和成本都可以减小，且便于实现惯性导航和 GPS 的同步，减小非同步误差。

### 3.1.2　GNSS 定位误差分析

GPS 测量是通过地面接收设备接收卫星传送的信息来确定地面点的三维坐标。测量结果的误差主要来源于 GPS 卫星、卫星信号的传播过程和地面接收设备。在高精度的 GPS 测量中（如地球动力学研究），还应注意到与地球整体运动有关的地球潮汐、负荷潮及相对论效应等的影响（张华海，2008）。GPS 测量的误差分类及各项误差对距离测量的影响如表 3.1 所示。

**表 3.1　GPS 测量的误差分类及各项误差对距离测量的影响**

| 误差分类 | 误差来源 | 对距离测量的影响/m |
|---|---|---|
| 卫星部分 | 星历误差；钟误差；相对论效应 | 1.5～15 |
| 信号传播 | 电离层；对流层；多路径效应 | 1.5～15 |
| 信号接收 | 钟误差；位置误差；天线相位中心变化 | 1.5～5.0 |
| 其他影响 | 地球潮汐；负荷潮 | 1.0 |

按误差性质可将上述误差分为系统误差与偶然误差两类。偶然误差主要包括信号的多路径效应，系统误差主要包括卫星的星历误差、卫星钟差、接收机钟差以及大气折射的误差等。其中系统误差无论从误差的大小还是对定位结果的危害性来讲都比偶然误差要大得多，它是 GPS 测量的主要误差。同时系统误差有一定的规律可循，可采取一定的措施加以消除。

1. 与信号传播有关的误差

卫星信号在传播过程中的误差包括电离层折射误差、对流层折射误差及多路径效应误差。

1）电离层折射误差

电离层是离地表面高度为 50～1000km 的大气层，在太阳光的强烈照射下，电离层中的中性气体分子被电离而产生大量的正离子和自由电子，且两者的密度是相等的。但是，在电离层的所有高度上，电子密度均远小于中性气体密度的 1%。当 GNSS 信号通过上述电离层时，不仅会导致 GNSS 信号的路径弯曲，而且会引起 GNSS 信号传播速度的变化（刘基余，2019a）。所以用信号的传播时间乘以真空中光速而得到的距离就不会等于卫星至接收机间的几何距离，这种偏差叫电离层折射误差。

电离层含有较高密度的电子，它属于弥散性介质，电磁波在这种介质内传播时，其速度与频率有关。理论证明，电离层的群折射率为

$$n_{\mathrm{G}}=1+40.28N_{\mathrm{e}}f^{-2} \tag{3.29}$$

因而群速为

$$v_{\mathrm{G}}=\frac{C}{n_{\mathrm{G}}}=C(1-40.28N_{\mathrm{e}}f^{-2}) \tag{3.30}$$

式中，$N_{\mathrm{e}}$ 为电子密度（电子数/$\mathrm{m}^3$）；$f$ 为信号频率（Hz）；$C$ 为真空中的光速。

进行伪距离测量时，调制码以群速 $v_{\mathrm{G}}$ 在电离层中传播。若伪距测量中测得信号的传播时间为 $\Delta t$，那么卫星至接收机的真正距离 $S$ 为

$$\begin{aligned}S&=\int_{\Delta t}v_{\mathrm{G}}\mathrm{d}t=\int_{\Delta t}C(1-40.28N_{\mathrm{e}}f^{2})\mathrm{d}t\\&=C\cdot\Delta t-C\frac{40.28}{f^2}\int_{S'}N_{\mathrm{e}}\mathrm{d}s\\&=\rho-C\frac{40.28}{f^2}\int_{S'}N_{\mathrm{e}}\mathrm{d}s=\rho+d_{\mathrm{ion}}\end{aligned} \tag{3.31}$$

式（3.31）说明根据信号传播时间 $\Delta t$ 和光速 $C$ 算得的距离 $\rho=C\cdot\Delta t$ 中还须加上电离层改正项：

$$d_{\mathrm{ion}}=-C\frac{40.28}{f^2}\int_{S'}N_{\mathrm{e}}\mathrm{d}s \tag{3.32}$$

才等于正确的距离 $S$ 。

式（3.32）的积分 $\int_{S'} N_e \mathrm{d}s$ 表示沿着信号传播路径 $S'$ 对电子密度 $N_e$ 进行积分，即电子总量。可见电离层改正的大小主要取决于电子总量和信号频率。载波相位测量时的电离层折射改正和伪距测量时的改正数大小相同，符号相反。对于 GPS 信号来讲，这种距离改正在天顶方向最大可达到 50m，在接近地平方向时（高度角为 20°）则可达 150m，因此必须仔细地加以改正，否则会严重损害观测值的精度。

目前，对电离层的误差改正有利用双频观测值、同步观测值求差和电离层改正模型等方法。

2）对流层折射误差

GNSS 信号穿过对流层和平流层时，其传播速度将发生变化，传播路径将发生弯曲，该种变化的 80%是源于对流层。因此，常将两者对 GNSS 信号的影响称为对流层效应（刘基余，2019b）。

对流层的折射与地面气候、大气压力、温度和湿度变化密切相关，这也使得对流层折射比电离层折射更复杂。对流层折射的影响与信号的高度角有关，当在天顶方向（高度角为 90°），其影响达 2.3m；当在地面方向（高度角为 10°），其影响可达 20m。

由于对流层折射对 GPS 信号传播的影响情况比较复杂，一般采用改正模型进行削弱，当前主流的三个改正模型为霍普菲尔德（Hopfield）公式、萨斯塔莫宁（Saastamoinen）公式和勃兰克（Black）公式。

3）多路径误差

在 GPS 测量中，如果测站周围的反射物所反射的卫星信号（反射波）进入接收机天线，这就将和直接来自卫星的信号（直接波）产生干涉，从而使观测值偏离真值产生所谓的“多路径误差”。这种由多路径的信号传播所引起的干涉时延效应称为多路径效应。多路径效应是 GPS 测量中一种重要的误差源，可严重损害 GPS 测量的精度，严重时还将引起信号的失锁。

削弱多路径误差的方法主要如下。

（1）选择合适的站址。

多路径误差不仅与卫星信号方向、反射系数有关，而且与反射物离测站远近有关，至今无法建立改正模型。只有采用以下措施来削弱：①测站应远离大面积平静的水面。灌木丛、草和其他地面植被能较好地吸收微波信号的能量，是较为理想的设站地址。翻耕后的土地和其他粗糙不平的地面的反射能力较差，也可选站。②测站应离开高程建筑物。观测时，汽车也不要停放得离测站过近。

（2）对接收机天线的要求：①在天线中设置抑径板；②接收天线对于极化特性不同的反射信号应该有较强的抑制作用。

### 2. 与卫星有关的误差

与卫星本身有关的误差有 GPS 卫星星历误差、卫星钟差及相对论效应。

1）GPS 卫星星历误差

在 GPS 导航定位中，GPS 卫星的在轨位置，是作为动态已知点参与导航定位解算的。通常是从 GPS 卫星导航电文中解译出卫星星历，进而依据后者计算出所需要的动态已知点。显而易见，这种动态已知点的误差注入用户位置的解算结果中，导致 GPS 导航定位误差。从 GPS 卫星导航电文中解译出的卫星星历，称为 GPS 卫星广播星历，它是一种依据 GPS 观测数据“外推”出来的卫星轨道参数。星历误差主要源于 GPS 卫星轨道摄动的复杂性和不稳定性；此外，广播星历精度，不仅受到外推计算时卫星初始位置误差和速度误差的制约，而且随着外推时间的增长而逐渐显著（刘基余，2019c）。

（1）对单点定位的影响。

对式（3.4）在测站近似坐标$(X_0,Y_0,Z_0)$处用级数展开，可得如下线性化的观测方程：

$$l_i\mathrm{d}X + m_i\mathrm{d}Y + n_i\mathrm{d}Z + CV_{Tb} = L_i \quad (i=1,2,3,\cdots) \tag{3.33}$$

式中，

$$l_i = \frac{X_{si}-X_0}{\rho_0};\quad m_i = \frac{Y_{si}-Y_0}{\rho_0};\quad n_i = \frac{Z_{si}-Z_0}{\rho_0}$$

$$L_i = \rho_0 - [\tilde{\rho}_i + (\delta\rho)_{\mathrm{ion}} + (\delta\rho)_{\mathrm{trop}} - CV_{ta}^i]$$

若卫星星历误差使$(\rho_0)_i$有了增量$\mathrm{d}\rho_i$，由此引起的测站坐标误差为$(\delta_X,\delta_Y,\delta_Z,\delta_T)$，引起的接收机钟误差为$\delta_\tau$，则$(\delta_X,\delta_Y,\delta_Z,\delta_T)$和$\mathrm{d}\rho_i$之间存在下列关系：

$$l_i\delta_X + m_i\delta_Y + n_i\delta_Z + C\delta_T = \mathrm{d}\rho_i \quad (i=1,2,3,\cdots) \tag{3.34}$$

式（3.33）表明，星历误差在测站至卫星方向上影响测站坐标和接收机钟改正数。影响的大小取决于$\mathrm{d}\rho_i$的大小，具体的配赋方式则与卫星的几何图形有关。广播星历误差对测站坐标的影响一般可达数米、数十米甚至上百米。

（2）对相对定位的影响。

相对定位时，因星历误差对两站的影响具有很强的相关性，所以在求坐标差时，共同的影响可自行消去，从而获得精度很高的相对坐标。星历误差对相对定位的影响一般采用下列公式估算：

$$\frac{\mathrm{d}b}{b} = \frac{\mathrm{d}s}{\rho} \tag{3.35}$$

式中，$b$为基线长；$\mathrm{d}b$为由卫星星历误差而引起的基线误差；$\mathrm{d}s$为星历误差；$\rho$

为卫星至测站的距离；$\frac{ds}{\rho}$ 为星历的相对误差。实践表明，经数小时观测后基线的相对误差约为星历相对误差的四分之一左右。

对于卫星星历造成的误差，一般有三种削弱方法：①建立 GPS 卫星跟踪网，进行独立定轨。②采用轨道松弛法，即在平差模型中把卫星星历给出的卫星轨道作为初始值，视其改正数为未知数，通过平差同时求得测站位置及轨道的改正数。③利用同步观测值求差，即在两个或多个观测站上，对同一卫星的同步观测值求差，以减弱卫星星历误差的影响。

2）卫星钟差

卫星钟的钟差包括钟差、频偏、频漂等产生的误差，也包含钟的随机误差。在 GPS 测量中，无论是码相位观测还是载波相位观测，均要求卫星钟和接收机钟保持严格同步。尽管 GPS 卫星均设有高精度的原子钟，但与理想的 GPS 时之间仍存在着偏差或漂移。

卫星钟的这种偏差，一般可表示为以下二阶多项式的形式：

$$\Delta t_s = a_0 + a_1(t - t_0) + a_2(t - t_0)^2 \tag{3.36}$$

式中，$t_0$ 为一参考历元，系数 $a_0$、$a_1$、$a_2$ 分别表示钟在 $t_0$ 时刻的钟差、钟速及钟速的变率。这些数值由卫星的地面控制系统根据前一段时间的跟踪资料和 GPS 标准时推算出来，并通过卫星的导航电文提供给用户。

经以上改正后，各卫星钟之间的同步差可保持在 20ns 以内，由此引起的等效距离偏差不会超过 6m，卫星钟差和经改正后的残余误差，则须采用在接收机间求一次差等方法来进一步消除它。

3）相对论效应

依据爱因斯坦的狭义相对论，在惯性参考系中，以一定秒速（km/s）运行的时钟，相对于同一类型的静止不动的时钟，存在着时钟频率之差，其值为

$$\Delta f^S = f_S - f = -\frac{f}{2}\left(\frac{V_S}{C_0}\right)^2 \tag{3.37}$$

式中，$f_S$ 为卫星时钟的频率；$f$ 为同类而静止的时钟频率；$V_S$ 为卫星的运行速度；$C_0$ 为真空光速。

若用 GPS 卫星的运行速度 $V_S = 3874\text{m/s}$，而 $C_0 = 299792458\text{m/s}$，则可算得 GPS 卫星时钟相对于地面同类时钟的频率之差是 $\Delta f_{GPS}^S = -8.349\times10^{-11} f$，依据爱因斯坦的广义相对论，在空间强引力场中的振荡信号，其波长大于在地球上用同一方式所产生的振荡信号波长，即前者的谱线向红端移动，其值为

$$\Delta f^{SS} = \frac{\mu f}{C_0^2}\left(\frac{1}{R_{\mathrm{E}}} - \frac{1}{R_{\mathrm{S}}}\right) \tag{3.38}$$

式中，$\mu$ 为地球引力常数，且知 $\mu = 3.986005 \times 10^{14}\,\mathrm{m}^3/\mathrm{s}^2$；$R_{\mathrm{E}}$ 为地球的平均曲率半径，且用 $R_{\mathrm{E}} = 6378\mathrm{km}$；$R_{\mathrm{S}}$ 为卫星向径。

对于 GPS 卫星而言，$R_{\mathrm{S}} = 26560\mathrm{km}$；故知广义相对论导致 GPS 卫星频率的增加值为 $\Delta f_{\mathrm{GPS}}^{SS} = 5.284 \times 10^{-10} f$。

综上可见，爱因斯坦的狭义相对论和广义相对论对 GPS 卫星频率的综合影响是 $\Delta f_{\mathrm{GPS}}^{\mathrm{EI}} = \Delta f_{\mathrm{GPS}}^{S} + \Delta f_{\mathrm{GPS}}^{SS} = 4.449 \times 10^{-10} f$。

GPS 卫星时钟的标准频率为 10.23MHz，为了补偿相对论效应影响，将 GPS 卫星时钟的频率设置为 $f_{\mathrm{RS}} = 10.23 \times (1 - 4.449 \times 10^{-10})\mathrm{MHz} = 10.22999999545\mathrm{MHz}$。经过相对论效应频率补偿后，在轨飞行的 GPS 卫星时钟频率，就能够达到标称值（10.23MHz）。

上述讨论，是基于 GPS 卫星做严格的圆周运行。实际上，GPS 卫星轨道是一个椭圆，而椭圆轨道各点处的运行速度是不相同的，相对论效应频率补偿就不是一个常数。频率常数补偿所导致的补偿残差，称为相对论效应误差；它所引入的 GPS 信号时延为

$$\Delta t_{Ein} = -\frac{2e\sqrt{a\mu}}{C_0^2}\sin E \tag{3.39}$$

式中，$e$ 为 GPS 卫星椭圆轨道的偏心率；$E$ 为 GPS 卫星的偏近地点角；$a$ 为 GPS 卫星椭圆轨道的长半轴。

将 $a$、$\mu$ 和 $C_0$ 代入式（3.39）可得

$$\Delta t_{Ein} = -2289.7 \times e \times \sin E(\mathrm{ns})$$

当 $e = 0.01$，$E = 90°$ 时，相对论效应误差导致的时延达到最大值，即为 22.897ns；这相当于 6.864m 的站星距离，而必须予以考虑。

3. 与接收机有关的误差

与接收机有关的误差主要有接收机钟误差、接收机位置误差、天线相位中心位置的偏差及 GPS 天线相位中心的偏差等。

1）接收机钟误差

GPS 接收机一般采用高精度的石英钟，其稳定度约为 $10^{-9}$。若接收机钟与卫星钟间的同步差为 1μs，则由此引起的等效距离误差约为 300m。

减弱接收机钟误差的方法如下。

（1）把每个观测时刻的接收机钟误差当作独立的未知数，在数据处理中与观测站的位置参数一并求解。

（2）认为各观测时刻的接收机钟误差间是相关的，像卫星钟那样，将接收机钟误差表示为时间多项式，并在观测量的平差计算中求解多项式的系数。这种方法可以大大减少未知数，该方法成功与否的关键在于钟误差模型的有效程度。

（3）通过在卫星间求一次差来消除接收机钟误差。这种方法和第一种方法是等价的。

2）接收机位置误差

接收机天线相位中心相对测站标石中心位置的误差，称为接收机位置误差。这里包括天线的置平和对中误差，量取天线高误差。如当天线高度为1.6m时，置平误差为0.1°时，可能会产生对中误差3mm。因此，在精密定位时，必须仔细操作，以尽量减少这种误差的影响。在变形监测中，应采用有强制对中装置的观测墩。

3）天线相位中心位置的偏差

在GPS测量中，观测值都是以接收机天线的相位中心位置为准的，而天线的相位中心与其几何中心，在理论上应保持一致。可是实际上天线的相位中心随着信号输入的强度和方向不同而有所变化，即观测时相位中心的瞬时位置（一般称相位中心）与理论上的相位中心将有所不同，这种差别称作天线相位中心位置的偏差。这种偏差的影响，可达数毫米至数厘米。而如何减少相位中心的偏移是天线设计中的一个重要问题。

在实际工作中，如果使用同一类型的天线，在相距不远的两个或多个观测站上同步观测了同一组卫星，那么便可以通过观测值的求差来削弱相位中心偏移的影响。不过，这时各观测站的天线应按天线附有的方位标进行定向，使之根据罗盘指向磁北极。通常定向偏差应保持在3°以内。

4）GPS天线相位中心的偏差

GPS天线相位中心的偏差可分为水平偏差和垂直偏差两部分。目前GPS接收机天线相位中心误差的检测方法有两种。一种是通过精密可控微波信号源测量天线接收信号的强度分布来确定天线电气中心，从而测定天线相位中心偏差。此种方法测定精度较高，但设备复杂昂贵，测量费用高，且一般测绘部门无此设备。另一种方法是在野外利用接收到的GPS卫星发播的信号，通过测定两天线间的基线向量来测定天线相位中心的偏差。此种方法是我国行业标准《全球定位系统（GPS）测量型接收机检定规程》（CH 8016—1995）所规定采用的方法，操作简单，方便，成本低，被广泛应用。但这种方法只能有效地检测出天线相位中心偏差水平分量，对于垂直偏差分量却不能精确测定出。就一般天线而言，其相位中心在垂直方向上的偏差远大于在水平方向上的偏差（水平偏差仅几毫米，垂直偏差可达160mm）。经检测和研究表明，GPS接收机天线相位中心在垂直方向上的偏差与GPS接收机厂家标称值之差，最大可达厘米级，这对于高精度的GPS变形监测是不能忽视的。因此，在进行对高程方向精度要求较高的GPS测量时，应检测GPS接收机天线相位中心在垂直方向上的偏差，并加以改正。

在野外检测两个GPS天线相位中心在垂直方向上偏差之差的方法——高差比较法，是在相距几米附有强制对中装置的观测点a和b上，各安装一台GPS接收机，设A和B的大地高分别为$H_a$和$H_b$，天线高分别为$h_a$和$h_b$，$U_a$和$U_b$为在A和B进行GPS观测后求出的大地高观测值，设安置在A和B点上GPS天线相位中心在垂直分量上偏差为$\delta h_a$和$\delta h_b$。则有

$$\Delta H_{ab} = H_b - H_a = (U_b - \delta h_b - h_b) - (U_a - \delta h_a - h_a) \tag{3.40}$$

可得出两台GPS天线相位中心垂直偏差之差$\delta h_{ab}$

$$\delta h_{ab} = \delta h_b - \delta h_a = (U_b - U_a) - \Delta H_{ab} - (h_b - h_a) = \Delta h - \Delta H_{ab} \tag{3.41}$$

式中，$\Delta h$为测站A和测站B之间的GPS观测的大地高之高差；$\Delta H_{ab}$为观测点a和b间的高差可由精密水准测量测得，若GPS天线相位中心高无偏差，则$\Delta h - \Delta H_{ab}$应为0。所以，当已知其中一个天线相位中心在垂直方向上的偏差，便可以测定另一天线相位中心在垂直方向上的偏差。若两GPS天线相位中心偏差都未正确测定，则可测定一对GPS天线相位中心在垂直方向上偏差之差$\delta h_{ab}$。这个$\delta h_{ab}$就是我们在进行GPS相对定位时，求定两点之高差所需要的GPS天线相位中心在垂直方向上的改正。

4. 其他误差

1）地球自转的影响

当卫星信号传播到观测站时，而与地球相固联的协议地球坐标系相对卫星的上述瞬时位置已产生了旋转（绕 $Z$ 轴）。若取$\omega$为地球的自转速度，则旋转的角度为

$$\Delta\alpha = \omega \Delta \tau_i^j \tag{3.42}$$

式中，$\Delta \tau_i^j$为卫星信号传播到观测站的时间延迟。由此引起坐标系中的坐标变化$(\Delta X, \Delta Y, \Delta Z)$为

$$\begin{bmatrix} \Delta X \\ \Delta Y \\ \Delta Z \end{bmatrix} = \begin{bmatrix} 0 & \sin\Delta\alpha & 0 \\ -\sin\Delta\alpha & 0 & 0 \\ 0 & 0 & 0 \end{bmatrix} \begin{bmatrix} X^j \\ Y^j \\ Z^j \end{bmatrix} \tag{3.43}$$

式中，$(X^j, Y^j, Z^j)$为卫星的瞬时坐标。

2）地球潮汐改正

因为地球并非一个刚体，所以在太阳和月球的万有引力作用下，固体地球要产生周期性的弹性形变，称为固体潮。此外在日月引力的作用下，地球上的负荷也将发生周期性的变动，使地球产生周期的形变，称为负荷潮，如海潮。固体潮

和负荷潮引起的测站位移可达 80cm，使不同时间的测量结果互不一致，在高精度相对定位中应考虑其影响。

由固体潮和海潮引起的测站点的位移值可表达为

$$\begin{cases} \delta_r = h_2 \dfrac{U_2}{g} + h_3 \dfrac{U_3}{g} + 4\pi GR \sum\limits_{i=1}^{n} \dfrac{h_i' \sigma_i}{(2i+1)g} \\ \delta_\varphi = \dfrac{l_2}{g} \dfrac{\partial U_2}{\partial \varphi} + l_3 \dfrac{\partial U_3}{\partial \varphi} + \dfrac{4\pi GR}{g} \sum\limits_{i=1}^{n} \dfrac{l_i'}{2i+1} \dfrac{\partial \sigma_i}{\partial \varphi} \\ \delta_\lambda = \dfrac{l_2}{g} \dfrac{\partial U_2}{\partial \lambda} + l_3 \dfrac{\partial U_3}{\partial \lambda} + \dfrac{4\pi GR}{g} \sum\limits_{i=1}^{n} \dfrac{l_i'}{2i+1} \dfrac{\partial \sigma_i}{\partial \lambda} \end{cases} \tag{3.44}$$

式中，$U_2$、$U_3$ 为日、月的二阶、三阶引力潮位；$\sigma_i$ 为海洋单层密度；$h_i$、$l_i(i=2,3)$ 为第一、第二勒夫数；$h_i'$、$l_i'$ 为第一、第二载荷勒夫数；$g$ 为万有引力常数；$R$ 为平均地球半径；角下标注 $\lambda$、$\varphi$、$r$ 分别代表球坐标系的三个坐标轴方向；$G$ 为地球平均重力。

当已知测站 P 的形变量 $\delta = [\delta_\lambda, \delta_\varphi, \delta_r]$ 后，即可将其投影到测站至卫星的方向上，从而求出单点定位时观测值中应加的由地球潮汐所引起的改正数 $v$：

$$v = \frac{\delta_\lambda \cdot x + \delta_\varphi \cdot y + \delta_r \cdot z}{(x^2 + y^2 + z^2)^{1/2}} \tag{3.45}$$

式中，$x$、$y$、$z$ 为点位在 WGS-84 中的近似坐标。

进行相对定位时，两个测站均应采用上述方法分别对观测值进行改正（图 3.5）。

在 GPS 测量中除上述各种误差外，卫星钟和接收机钟振荡器的随机误差、大气折射模型和卫星轨道摄动模型的误差等，也都会对 GPS 的观测量产生影响。随着对长距离定位精度要求的不断提高，研究这些误差来源并确定它们的影响规律具有重要的意义。

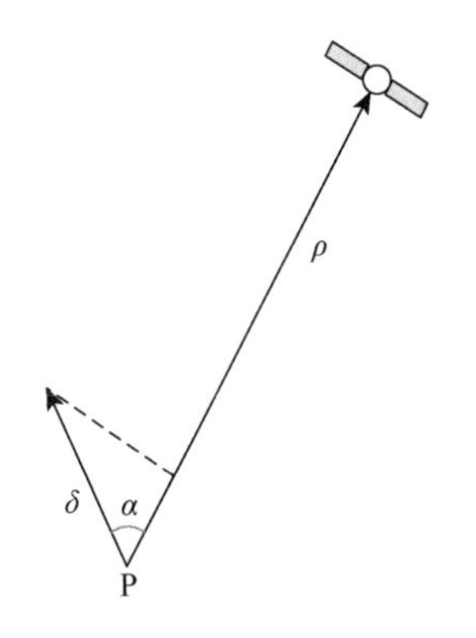


图 3.5　单点定位时的地球潮汐改正（张华海，2008）

### 3.1.3　GNSS 技术种类

全球导航卫星系统当前正经历前所未有的大转变：从单一的 GPS 时代转变为多星并存兼容的 GNSS 新时代，使卫星导航体系全球化和多模化；从以卫星导航应用为主体转变为定位、导航、授时以及移动通信和因特网等信息载体融合的新阶段，使信息融合化和一体化（赵齐乐和楼益栋，2009）。当前 GNSS 应用技术的拓展主要如下。

### 1. 差分定位技术

差分定位技术（DGPS）通过计算伪距测量值与卫星到参考站的几何距离差确定测量的“偏差”，从而减少观测值中的误差来获得较高的精度。DGPS 有以下两种不同的类型。

（1）局域 DGPS（LADGPS）。局域 DGPS 只使用一个参考站，向附近的用户发送标量改正数或原始观测值，定位精度能优于 10m，但 LADGPS 作用范围在 150km 之内（陈俊勇等，2007）。

（2）广域 DGPS（WADGPS）。广域 DGPS 则克服 LADGPS 应用受距离限制的缺点，满足更大范围、更高精度的要求，在大陆范围内，可以得到 2m 的精度（陈俊勇等，2007）。

### 2. 精密定位技术

1）静态定位与动态定位技术

精密定位技术主要采用载波相位观测值进行定位，最早的定位方式为差分静态后处理模式，其定位精度达到毫米级，一般静态测量的时间需要一小时到几小时，另外是快速静态定位，GPS 静态测量的时间由原来数小时缩短到几分钟至十几分钟（赵莹，2011）。随着定位技术的不断发展和进步，精密定位也由静态向准动态或动态方向发展。动态定位技术现由最初通过各种初始化方法得到相位观测值的整周模糊度为标记，发展到实时动态定位模式（RTK）。

2）网络 GPS 与精密点定位技术

网络 GPS（Network GPS）主要利用 GPS 基准网，分离各种影响 GPS 观测值的误差，以便对其改正或消除，如电离层误差、对流层误差和星历误差等。采用网络 GPS 可以提高静态定位、快速静态定位、特别是动态定位 RTK 的可靠性和极限的控制范围（赵齐乐和楼益栋，2009）。

精密点定位（precise point positioning，PPP）是一种基于单站 GPS 载波相位观测数据和码观测值进行厘米或分米级精度的定位算法。这一方法已经能够达到厘米级精度（陈俊勇等，2007）。

### 3. GNSS-R 技术

GNSS-R 技术是利用 GNSS 反射信号获取目标信息的一种方法。GNSS-R 技术作为一个全新的遥感手段，受到广泛的关注。已有学者利用 GNSS-R 技术测量海面高、土壤湿度、积雪厚度等。美国和欧洲的一些国家都投入了大量的人力、物力和财力进行研究，开展了地基、机载和星载的观测实验，为将来进一步开展研究和应用奠定了基础。GNSS-R 在理论、技术和数据反演等方面逐渐趋于完善。接收站将越来越多，获取的数据将越来越密（宁津生等，2013）。

#### 4. GNSS 掩星技术

GNSS 无线电掩星观测技术是通过在低轨卫星上安置 GNSS 接收机，接收因掩星事件产生的大气折射信号，以此反演大气参数。该技术摆脱了传统探测手段的不足，可长期稳定地测定从地面至 800km 高空的大气参量和电离层电子密度的全球分布，具有全天候、高精度、高垂直分辨率、长期稳定、全球覆盖等特点（赵莹，2011）。GNSS 掩星技术的出现是空间探测史上的一次革命性变化，利用掩星观测技术来获取大气参数将是 21 世纪常规的探测技术之一。未来的掩星观测系统将从单颗低轨卫星转变为多颗低轨道卫星，从仅对 GPS 卫星进行掩星观测转变为对多个 GNSS 系统的卫星进行掩星观测，获取的大气掩星观测数据数量更多、分布更为均匀。掩星大气观测范围更深入地面，探测精度更高。掩星观测技术将向以星载掩星为主体、机载掩星和山基掩星为辅助的方向发展。掩星计划的实施和完成需要更广泛的国际合作。

#### 5. 组合导航技术

组合导航系统形式将更加多样化、集成化、智能化，INS/GPS 组合仍将是组合导航系统的首选方式；地基无线电导航技术仍作为卫星导航服务的有效备份和补充；地形辅助导航技术不断提高性能，并且开发新的地形匹配方法、拓展应用范围；而声呐导航、水下电场导航、地磁与电磁导航、重力与重力梯度导航技术也将不断提高精度。随着导航技术的不断提升，其应用也将更加广泛（宁津生等，2013）。

#### 6. 多频多系统联合定位技术

在复杂观测条件下，传统单系统双频导航定位往往面临可见卫星数不足、定位精度和可靠性差等问题。多频观测值的应用以及多系统联合定位的实施将为用户提供更多的备选组合观测值，增加可见卫星数，增强卫星几何强度，减少或消除单系统导航定位产生的系统误差，从而提高定位精度及可靠性。随着 GPS、GLONASS 现代化进程的推进及 GALILEO 和我国北斗导航卫星系统的发展，多频多系统联合定位的方式将逐渐成为主流的导航定位方式。各国卫星导航系统的发展将越来越重视系统间的兼容性与互操作性。多系统间时空基准的统一、多系统数据的融合以及多系统的完好性监测等问题成为需要研究解决的关键技术。多频多系统联合定位将为用户提供更加稳定可靠的定位结果，从而扩展卫星导航定位技术在各个领域的应用（宁津生等，2013）。

### 3.1.4 GNSS 海洋导航定位应用

当前 GNSS 的应用已深入到经济社会的各个领域。测绘应用方面，GNSS 广泛应用于高精度的大地测量、控制测量、地籍测量和工程测量等领域。交通应用方面，在陆运上利用 GNSS 技术对车辆进行跟踪、调度管理；在水运上实现船舶远洋导航；在空运上实现飞机导航和引导飞机安全进离机场。公共安全应用方面，GNSS 提高了对火灾、自然灾害、交通事故、犯罪现场等紧急事件的响应效率，可将损失降到最低。遥感方面，利用 GNSS-R 可计算海面平均高度、海面风场等海洋重要信息，还可以计算土壤湿度、海冰和雪深、监视地表植被变化等。GNSS 掩星反演技术可应用于数值天气预报、气候分析和电离层监测等方面。本节主要介绍 GNSS 在水面舰船远洋导航方面的应用。

1. 卫星导航系统用于船体响应实时监测系统

为确保民船在海上航行时生命和财产的安全，在民船上已成功地安装了 GPS 的船体实时监测系统（live monitoring system，LMS）。可使船舶装卸载作业及海上航行更加安全，并可通过船体响应长期实测数据的积累，掌握船舶在全寿期内营运的受载资料。对于评估在航船舶结构的强度、疲劳寿命及适时而科学地制订维修计划具有指导意义，并能使船舶在全寿期内获取最大的经济效益。显然，民船的成功经验对于军用舰艇是值得借鉴的。20 世纪 90 年代初，美国海军指挥系统规划了对 CG-47 型巡洋舰进行系统的实舰海上试验，包括短、长期试验研究。试验时将所有的测量信息——船体运动、加速度、应力、砰击压力、航速、航向角以及风速风向等实时提供给舰长，并全部记录在数据采集系统中。CG-47 实舰海上试验与水池模型试验研究的目的除采集在役舰体在海浪中的各种响应信息并建立数据库外，更重要的是为美国海军开发和验证三维非线性响应的程序系统服务，并为海军舰船结构可靠性设计标准的制订提供实舰测量资料。在日本，作为 21 世纪船舶研究与发展规划的一部分，已开发了对遭遇海浪、船体运动和结构响应、航速等船舶状态的全面监测系统，它不仅能借助于在船计算机自动测量并采集和分析数据，还能通过卫星导航和通信系统实施岸基与在船同步实时监测。

我国也将卫星导航定位技术与实船数据采集系统有机地结合起来，研制并装备我国自己的舰船实时监测系统。很早以前我国在水面舰船运动与结构耐波性实船试验中，波浪的测量一般由浮子和无线遥测系统完成。GPS 的出现，使海浪测量变得更加方便简单，并能部分克服上述测量方法存在的不足。利用 GPS 卫星信息确定浮子的各种自由运动参数和位置，使浮子本身不需要安装其他测量波浪运动的传感器。其投放更加简便，测量时间更长，定位回收容易，并可同步测量波浪方向，具有足够高的测量精度。目前，采用 GPS 实时差分 RTK 技术测量海浪，可获得小于 10cm 的动态定位精度。如果不需实时提交测量结果，采用数据后处理技术，则可获得毫米级的定位精度。

采用 GPS 技术的舰船实时监测系统 LMS 主要由以下几部分组成：GPS 系统用以完成海浪短期测量、船体姿态和位置的短、长期测量；数据采集系统用以完成各种数据（包括结构响应）的采集、处理和分析，提供航行信息；岸基系统完成综合分析和指挥。相应的功能是既可以根据舰船响应显示实时信息，配合舰（船）长保证舰船在海上安全航行，又能使岸基指挥中心掌握出航舰船的实时航行状态，并据此参与指挥和决策，同时还可以随时随地在海上进行舰船响应的任何短期试验和长期实测统计。该系统对现役舰船设计效果的评估，以及为新型舰船提供设计数据库都有重要意义（何秀凤等，2003）。

2. 卫星导航系统在舰艇导航系统中的作用

舰艇导航系统的水平关系到全舰作战效能的发挥。因此，发展精度高、可靠性好、成本低的新一代舰载导航设备具有重要的意义。GPS 因其定位精度高、不受时间和地区的限制、成本低等优点，目前已广泛应用于舰船的导航和定位。但是，GPS 接收机接收来自 2 万多千米高空的导航卫星上的信号，信号到达地面时已经很微弱，这种信号很容易被干扰。此外，当 GPS 接收机天线受到遮挡或信号受到干扰时，其优势就不能发挥出来。要解决上述问题，最有效的方法是 GPS 与惯性导航系统组合。通过非线性卡尔曼（Kalman）滤波技术，将 GPS 和惯性导航系统有机地组合起来，产生一个精度高且不受干扰的综合系统。当有干扰或信号受遮挡使 GPS 不能工作时，惯性导航系统将继续维持短期高精度导航；而当干扰停止后，GPS 又开始起主导作用。GPS 和惯性综合系统克服了各自的缺点，取长补短，使综合后系统的导航精度高于两个系统单独工作的精度。目前，国内外 GPS 与惯性综合系统已在各类巡航导弹、精确制导武器方面得到了广泛的应用。

惯性导航系统分平台式和捷联式两种形式，捷联式惯性导航系统因结构简单、成本低，在舰艇导航中应用较广泛。因此，GPS 与捷联式惯性导航系统组合是目前最具发展前景的舰艇导航系统。将这个组合系统应用到舰艇导航系统中，可充分显示其高精度、高效率、高可靠性和低成本的优点。国外现有的组合系统产品中，其组合的方式分为紧组合（tightly-coupled method）和松组合（loosely-coupled method）两种形式。采用松组合方式时，GPS 和捷联式惯性导航是两个相对独立的子系统，其特点是结构简单，但精度低，一般适用于现役的原先已有高精度惯性导航的舰艇。对于新型的舰艇，则一般采用紧组合的 GPS 和捷联惯性组合导航系统。

GNSS 与惯性系统的组合，不仅可提高舰艇的导航定位精度，而且可提高系统的完善性和可靠性，减少对某一系统的依赖。尤其我国有了自己双星导航定位系统后，研究开发 GPS、双星和惯性系统的组合系统用于新型舰船导航具有更重要的意义（何秀凤等，2003）。

#### 3. 北斗系统在海洋工程中的导航通信应用

长期以来，海洋工程中以作业船舶与人员为主的作业单位有着迫切的海上通信要求，岸上指挥中心需要时刻确定海上作业情况以便于管理，工程船舶或海上作业平台指挥中心需要实时监控各作业单位的进度信息与突发情况，遇到特殊险情时，更是急需与救援中心或附近船舶建立通信关系。北斗系统问世以前，海上船舶通信设备国产化率较低，大多数从欧洲进口，通信技术以短波通信和数字微波通信为主，其抗干扰能力较弱且价格昂贵。

北斗系统以其有源定位和短报文通信的特点，为海洋工程领域提供了不可替代的技术支持。利用北斗系统，在工程船舶上安装北斗导航终端，并与岸边的指挥中心、地基站和北斗卫星组形成了通信链。当指挥中心因业务管理或者作业调度时，可通过北斗系统将任务信息打包发送至远洋工程船舶或施工平台，还可提供包括潮位信息和天气状况在内的其他信息。工程船舶每天需将作业信息通过北斗导航终端，经过卫星链路，发送至岸上指挥中心，便于中心的监督和管理。工程船舶间可以利用北斗导航终端短报文的能力相互发送消息，方便沟通交流，当遇到特殊险情时，更是快捷地将求救消息发送至就近船舶，保障了作业人员的人身及财产安全。

随着“一带一路”倡议的提出，2015 年 10 月，我国成功发射“亚太九号”通信卫星，提高了北斗系统的定位服务能力，填补了东南亚地区的通信服务空白。2018 年我国北斗系统率先为“一带一路”沿线国家提供基本服务，北斗系统在海上远程通信与管理方面的应用进入了新的起点（陈洪武等，2016）。

#### 4. GPS 与北斗卫星导航系统在舰船作战系统中的应用

从古代的大航海时代，到现在的经济全球化发展阶段，水上交通运输一直以来都是商品运输的重要途径，促进了经济的不断发展。为了提高水上交通运输的安全性和运输效率，船舶导航系统已经成为不可或缺的重要配置。最早的船舶导航工具包括指南针、星象仪等，对船员的经验水平要求较高，随着工业技术和计算机科学的发展，现代导航系统已经获得了突飞猛进的发展。

目前，全世界应用最为广泛的船舶导航系统主要包括 GPS 导航系统、北斗卫星导航系统、伽利略卫星导航系统和格洛纳斯卫星导航系统四类，其中，格洛纳斯卫星导航系统是由俄罗斯自主研发的卫星导航系统，主要应用于该国军事舰船、陆地装备的定位和导航；伽利略卫星导航系统是由欧盟带头研制，该导航系统的30颗卫星轨道高度为23616km，具备了全球范围内的定位与导航能力。

军事舰船在海上执行任务时，为了获取侦测目标的准确信息，需要借助导航系统实现航行线路的规划和目标的定位。在目前成熟的导航技术基础上，针对舰船作战系统中导航系统的信息融合问题，可以利用一种基于卡尔曼滤波算法的舰船组合导航系统的信息融合技术。卡尔曼滤波是卡尔曼于1960年率先提出的，该滤波算法的主要目的是从与目标信号有关的观测量中，通过算法的估计和过滤（胡帆，2016），提取出所需信号。卡尔曼将状态空间的概念引入信号处理过程中，并用状态方程描述系统的信号输入和信号输出，从而形成了一种先进的滤波算法。采用卡尔曼滤波的处理方式，将GPS导航系统和北斗卫星导航系统的信息进行提取和处理，从而提高了舰船作战系统的定位与导航精度，提升作战水平。处理过程首先对舰船系统进行状态向量的建模，建立舰船位置、速度和航向的状态方程，卡尔曼滤波算法是递推的，利用状态方程描述被估计量的动态变化规律。基于卡尔曼滤波算法的舰船作战系统中GPS导航系统与北斗卫星导航系统的信号融合模型如图3.6所示。

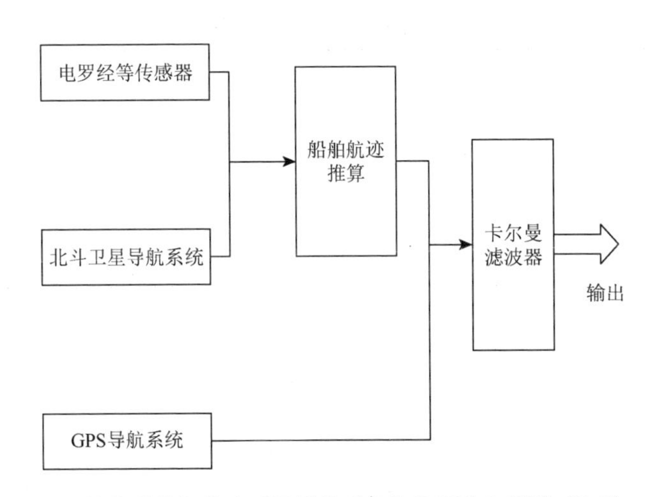


图3.6　GPS导航系统与北斗卫星导航系统的信号融合模型（许明，2019）

GPS导航系统、北斗卫星导航系统具有高精度、高效率的特点，针对舰船的军事作战系统，用卡尔曼滤波算法将两种卫星导航系统融合在一起，对于提高舰船作战系统的定位与导航精度，提升作战水平具有重要的实际应用价值（许明，2019）。

# 3.2 水下声学定位

20 世纪 90 年代以来，海洋调查技术手段呈多样化发展，由于电磁波在海水中传播的衰减性，卫星导航和雷达技术在水下场景的应用受到了限制。而声波信号在海水中传播距离远，信号衰减很小（张亚利，1983；田坦，2007），因此基于声学的水下测量技术近年来发展较快，广泛应用于水深测量、水下位置监测、水下地形测量、地貌及底质探测等工程测量和科学研究（赵建虎，2008）。水下声学定位利用 GNSS 和水声设备可确定水下目标在全球统一的坐标框架内的位置信息，支撑了海洋工程应用的精准定位和导航需求，目前水下声学定位已成为应用最为广泛的水下定位技术。

## 3.2.1 水下声学定位的基本原理和方法

水下声学定位（underwater acoustic positioning）是用水声设备确定水下载体或设备的方位、距离的技术。水下声学定位系统通常由船台设备、水下设备组成，构成部分如表 3.2 所示。

表 3.2 水声定位系统设备结构表

<table>
<tr><th colspan="2">水下声学定位系统</th><th>功能</th></tr>
<tr><td rowspan="4">船台设备</td><td>控制设备</td><td rowspan="2">发射声信号，接收声信号，测距</td></tr>
<tr><td>显示设备</td></tr>
<tr><td>换能器</td><td>声电转换器，声振荡和电振荡相互转换</td></tr>
<tr><td>水听器阵列</td><td>接收声信号</td></tr>
<tr><td>水下设备</td><td>声学应答器基阵</td><td>接收声信号，发射应答信号，海底控制点的照准标志</td></tr>
</table>

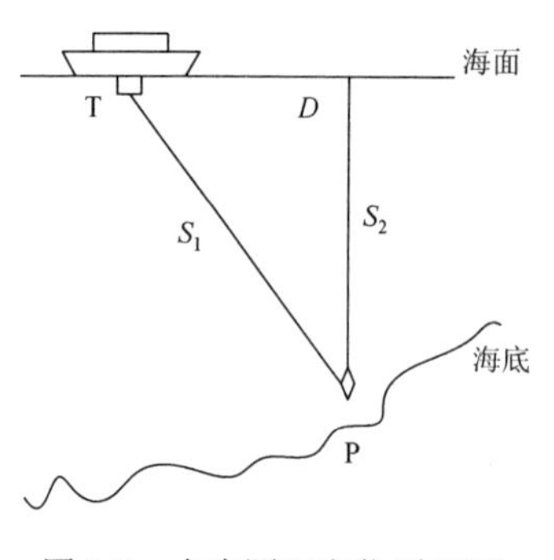


图 3.7 水声测距定位原理图

### 1. 水下声学定位方式

根据声学应答器（三个以上）接收到的声脉冲信号到达时间或相位进行定位，通常采用测距定位方式和测向定位方式，定位基本原理如下。

1）测距定位方式

水声测距定位原理如图 3.7 所示，其主要量测过程为船底换能器 T 先向水下已知位置的应答器 P 发射声脉冲信号，应答器 P 收到信号后回发应答声脉冲信号，船底接收机记录信号由发射至接收的时间间隔即可计算船至水下应答器之间的距离。

船至水下应答器之间的距离计算公式如下。

$$S_1 = \frac{1}{2} C \cdot t \tag{3.46}$$

海面至水下应答器的垂直距离 $S$ 已知，故船至应答器的水平距离 $D$ 便可求解：

$$D = \sqrt{S_1^2 - S_2^2} \tag{3.47}$$

2）测向定位方式

水声测向定位方式的原理图如图 3.8 所示，船台除了安装换能器 T 以外，还以换能器为中心在其两侧等距离分别安装了水听器 a 和 b。

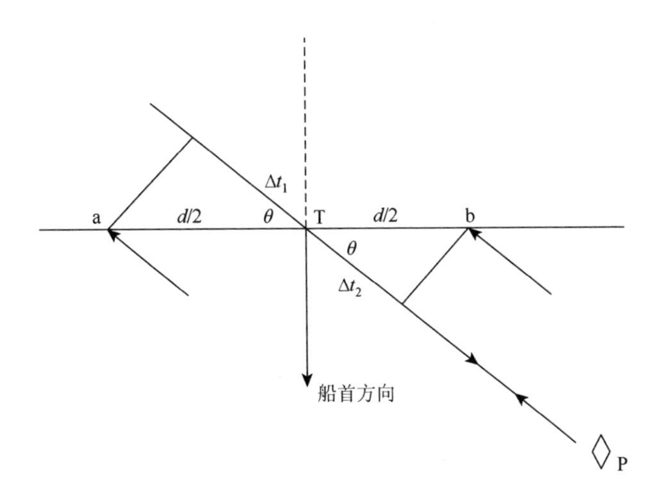


图 3.8　水声测向定位原理图

图 3.8 中 P 为应答器，设 PT 与两个水听器连线的夹角为$\theta$，a 和 b 之间距离为$d$，a、b 的相位超前和滞后时延分别为$\Delta t_1$和$\Delta t_2$，则 a 和 b 接收到信号的相位分别为

$$\begin{aligned} \phi_a &= \omega \Delta t_1 = \frac{\pi d}{\lambda} \cos\theta \\ \phi_b &= \omega \Delta t_2 = -\frac{\pi d}{\lambda} \cos\theta \end{aligned} \tag{3.48}$$

所以水听器 a 和 b 之间的相位差为

$$\Delta\phi = \phi_a - \phi_b = \frac{2\pi d}{\lambda} \cos\theta \tag{3.49}$$

2. 水下声学定位系统的分类

水下声学定位系统按应答器的声基线长度可分为长基线定位（long baseline positioning，LBL）、短基线定位（short baseline positioning，SBL）、超短基线定位（super/ultrashort baseline positioning，USBL）三种类型，各类型参数如表 3.3 所示（赵建虎，2008）。

**表 3.3　水声定位系统分类表**

| 分类 | 声基线长度 |
| --- | --- |
| 超短基线 | <10cm |
| 短基线 | 20～50m |
| 长基线 | 100～6000m |

1）短基线定位系统

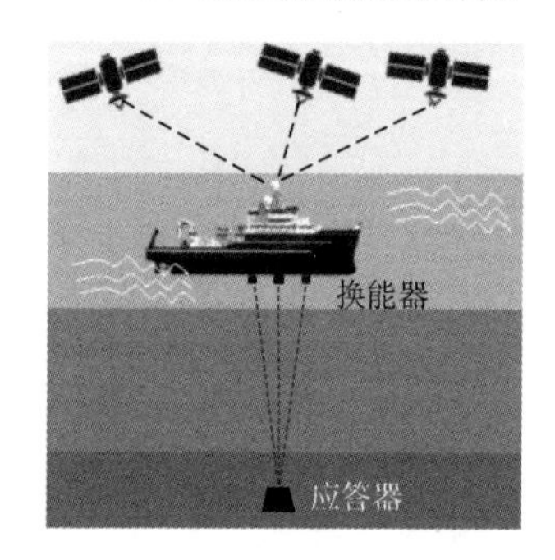

图 3.9　短基线定位示意图

短基线定位（图 3.9）需要船体安装至少 3 个换能器，其相对位置关系为已知。将应答器安装在水下目标上，根据测距定位方式计算换能器至应答器的距离，从而计算出目标的相对位置，再配以外部传感器观测值，如 GPS、MRU（姿态传感器）、Gyro（陀螺仪）提供的船体位置、姿态、船艏向值，便可得到目标的绝对位置。

短基线定位的换能器安装简单，测量精度高，集成系统成本低且易于操作，但在系统安装时，换能器的位置需在船坞严格校准。

2）超短基线定位系统

超短基线定位（图 3.10）的船载声学基阵由至少 3 个声单元组成，每个声单元相对位置精确测定。将应答器安装在水下目标上，根据测向定位方式测定各声单元的相位差来确定换能器到目标的水平和垂直角度，再由测距定位方式测量出换能器至目标的距离。配以外部传感器观测值，如船体位置、姿态、船艏向值，便可得到目标的绝对位置。

超短基线定位只需一个换能器，安装方便，易于操作，测量精度高并且集成系统成本低。但对系统校准的要求非常高，且测量精度依赖于外部设备精度，如深度、姿态传感器。

3）长基线定位系统

长基线定位（图 3.11）能在较大的范围内提供高精度位置，它需要至少 3 个应答器组成的阵列部署在海底上的已知点上，水面船体只安装一个换能器。实际应用中，需要 4 个以上应答器进行定位，产生多余观测，提高测量的精度。根据测距定位方式，测量换能器到水下应答器的斜距，采用前方或后方交会确定目标的坐标位置。

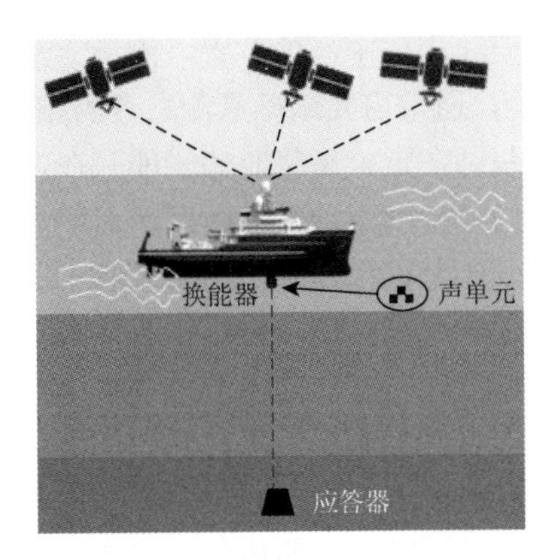


图 3.10　超短基线定位示意图

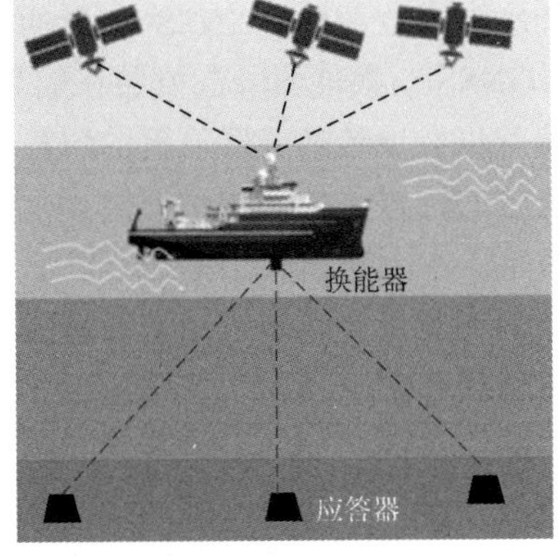


图 3.11　长基线定位示意图

长基线定位产生的多余观测值能提高定位精度且换能器非常小、易于安装，但系统复杂、成本高、操作烦琐、水下应答器布设时间长。

以上三种声学定位系统中，长基线声学定位的精度最高，但布设成本高且施工难度大，一般应用于如石油平台监测、水下考古打捞等需要高精度定位的工程中。短基线声学定位由于船底需要安置多个换能器，故对船只有一定的要求。超短基线声学定位只需要在船只安装一个换能器及其声单元就能够进行高精度定位，具有明显的优势。

4）组合定位系统

超短基线、短基线及长基线声学定位系统可以单独使用，也可以组合使用三种技术，这样能集各自优势以提高定位精度，扩大应用范围，但组合系统的设备组成和操作更为复杂。目前应用较多的是超短基线/长基线组合系统和超短基线/短基线组合系统，采用测距定位或测距定位与测向定位相结合的定位方式（吴永亭等，2003）。

### 3.2.2　水下声学定位的误差分析与精度评定

水下声学定位系统的定位误差主要分为水上定位误差和水下定位误差两部分。水上定位误差包括 GNSS 系统、罗经/姿态仪、声速剖面仪等设备测量与安装造成的误差（隋海琛等，2010）。水下定位误差包括测距误差和测向误差（田坦，2007），还受换能器各基阵之间的安装间距、声波波长、声线弯曲等因素影响（汪志明和田春和，2010）。按误差类型也可分为系统误差、随机误差和粗差等。

### 1. 水上定位误差分析与改正

对于水上定位部分，GNSS 测量的是天线相位中心的位置，测量方法自身存在误差。GNSS 与换能器一起安装在船只上，通常需要精确量测二者的相对位置，但量测偏差也会导致换能器位置的解算偏差。在定位解算时假设船只在发送信号和接收信号的位置是相同的，但实际上船只是持续运动的，所以应对船只位置变化进行修正。水上误差改正方法有以下几点（上官经邦等，2016）。

GNSS 测量误差改正可用更高精度的定位系统，但一般测量误差为厘米级，通常可忽略其影响。

换能器位置偏差可将 GNSS 天线相位中心作为坐标原点建立三维坐标系，通过船体姿态计算三维位置改正可获得换能器的真实位置。

船姿态误差的改正可分别记录信号发送时的时间、船体位置和信号接收时的时间、船体位置，用插值法求解等效船体位置（易昌华等，2009）。

水上设备在安装测量前应反复严格校正、严格测量、校准，从而减少安装过程中产生的校准误差对系统定位精度的影响。

### 2. 水下定位误差分析与改正

水下定位误差主要为测距误差和测向误差。测距误差受声信号传播时间测量误差以及声速剖面测量误差影响，测向误差主要由相位测量误差引起，相位误差除了与基阵和应答器的位置关系有关，还受换能器各基阵之间的安装间距、声波波长、环境噪声、声线弯曲等因素的影响。

1）系统误差

系统误差一般包括声速测量误差、基阵安装误差、声波波长误差和声线弯曲导致的相位测量误差（张道平，1989；喻敏，2005）。误差改正方法有以下几点（张宇等，2017）。

（1）声波在水下传播会受温度、盐度和压力等因素影响而发生侧弯，因此在进行水下定位之前应先用声速剖面仪测量水域的平均声速值作为实际声速值进行水下探测。

（2）船底安装基阵时，水听器之间等距离安装，在安装过程中产生的位置误差为基阵孔径误差，一般可通过测量和校正将其降低到最小。

2）随机误差

随机误差主要是测时误差和噪声引起的相位测量误差，随机误差中的测时误差和相位测量误差主要受噪声影响，可用高信噪比设备进行探测以提高系统测量精度。

3. 精度评定

短基线、超短基线和长基线声学定位系统的定位精度可按文献（吴永亭等，2003）进行评定。

1）短基线精度评定

短基线的定位精度可用以下公式进行评定：

$$\sigma_{\text{SBL}}^2 = R\sigma_{\text{GYRO}}^2 + R\sigma_{\text{MRU}}^2 + \sigma_{\text{R}}^2 + \sigma_{\text{GPS}}^2 \tag{3.50}$$

式中，$\sigma_{\text{SBL}}$ 为短基线定位的总误差；$\sigma_{\text{GYRO}}$ 为电罗经测量误差；$\sigma_{\text{MRU}}$ 为姿态传感器测角误差；$\sigma_{\text{R}}$ 为系统测距误差，下标 R 为测量斜距；$\sigma_{\text{GPS}}$ 为水面船只 GPS 测量误差；$R$ 为测量斜距。

2）超短基线精度评定

超短基线的定位精度可用以下公式进行评定：

$$\sigma_{\text{USBL}}^2 = R\sigma_{\text{a}}^2 + R\sigma_{\text{GYRO}}^2 + R\sigma_{\text{MRU}}^2 + R\sigma_{\phi}^2 + \sigma_{\text{R}}^2 + \sigma_{\text{GPS}}^2 \tag{3.51}$$

式中，$\sigma_{\text{USBL}}$ 为超短基线定位的总误差；$\sigma_{\text{a}}$ 为水平角测量误差；$\sigma_{\text{GYRO}}$ 为电罗经测量误差；$\sigma_{\phi}$ 为超短基线仰角测量误差；$\sigma_{\text{MRU}}$ 为姿态传感测角误差；$\sigma_{\text{R}}$ 为系统测距误差，下标 R 为测量斜距；$\sigma_{\text{GPS}}$ 为水面船只 GPS 测量误差；$R$ 为测量斜距。

3）长基线精度评定

长基线的定位精度可用以下公式进行评定

$$\sigma_{\text{LBL}}^2 = \sigma_{\text{R}}^2 + \sigma_{\text{clock}}^2 + \sigma_{\text{Array}}^2 \tag{3.52}$$

式中，$\sigma_{\text{LBL}}$ 为长基线定位的总误差；$\sigma_{\text{R}}$ 为系统测距误差；$\sigma_{\text{clock}}$ 为系统时间的漂移产生的误差；$\sigma_{\text{Array}}$ 为海底应答器阵列位置校准误差。

### 3.2.3　水下声学定位的应用

目前，水下声学定位技术是国民经济建设和国防建设的基本技术，具有广泛的用途。在海洋工程方面，为海洋油气开发、海底光缆管线铺设及维护等工程，提供水下高精度导航与定位服务。在大洋调查方面利用深拖设备如水下机器人（ROV）、无人潜航器（UUV）、自主式水下航行器（AUV）等进行深海矿产资源的探测和开发。在国防建设方面，为潜艇、水面舰只的调遣、作战航行提供导航定位，特别对潜艇来说，仅仅依靠无线电、GNSS、惯性导航是不够的，而使用声学定位系统导航，再配合电子海图，可以大大提高潜艇的作战能力。其他方面还有海底板块运动监测、水下考古探测等，需要声学定位系统提供准确的空间位置

（吴永亭等，2003）。根据上述三种声学定位系统的特点和应用，近年来超短基线定位技术的发展成为研究热点。

海洋开发和海防工程等领域都离不开水下定位技术，由于超短基线定位技术更具有便携性和独立性，近年来成为研究发展的热点。在民用和军用两大方面超短基线都有着广泛的应用。民用方面包括海底勘测、海洋调查、潜水员作业、水下打捞、水下工程等；军用方面包括蛙人活动、潜艇航行、“蛟龙号”深海探测、协同定位、敌舰探测等（罗宇和施剑，2014）。

民用方面，如超短基线定位可用于水下考古。由于自然灾害和航运事故，一些航线下还保存着大量沉船和文物。工作时超短基线换能器安装后置于水中，将应答器安置于目标即可确定打捞目标位置。例如，2007 年“南海 I 号”整体浮出水面，世界首创的整体打捞古沉船方式取得成功。GAPS 超短基线定位系统成功应用于本次打捞工作中。

军用方面，水下军事活动对海军装备水下定位系统提出了较高的要求。以潜艇为例，在水下长时间执行任务要求保持较高的定位精度，频繁地上浮容易暴露自身的位置，使用声学定位系统导航，配合电子海图，则可以大大提高潜艇的水下导航定位能力。此外，水下无人作战平台、蛙人作战设备等也都需要水声定位辅助导航。

超短基线定位产品中，在国外方面，挪威 Kongsberg 公司在 1996 年开始推出第一代超短基线，目前在售的主要为用于深水领域的 HiPAP 和用于浅水领域的 μPAP 系列产品。法国 iXblue 公司主要有 Posidonia-USBL 和 GAPS-USBL 两种型号的超短基线产品［图 3.12（a）、(b)］。英国 Sonardyne 公司开发了 Scout-USBL 和 Ranger-USBL 两个系列产品，Scout-USBL 系列适用于浅水工作，Ranger-USBL 系列适用范围从浅水到深水均可。英国 AAE 公司生产的 EasyTrak 超短基线水下定位系统支持深水作业，可以同步跟踪多个水下目标［图 3.12（c）］。美国 LinkQuest 公司的 TrackLink 1500 系列产品集成了超短基线声学定位系统和高速水声通信系统，最大作用距离为 1000m，而且还能够同时跟踪 8～16 个目标［图 3.12（d）］。

(a) Posidonia-USBL系列产品

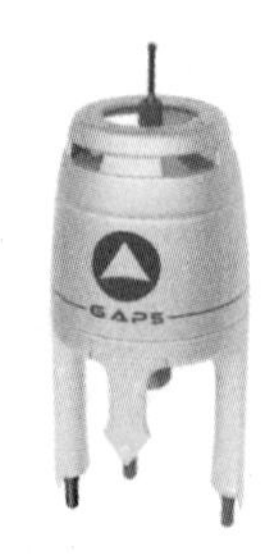


(b) GAPS-USBL系列产品

(c) EasyTrak系列产品

(d) TrackLink 1500系列产品

图 3.12　国外超短基线定位产品

国内在水下定位技术方面虽然起步较晚，但近年来也取得了很大进步。超短基线定位技术已经达到了应用阶段，可以推广进行产业化，目前已装备了“大洋一号”船、“科学号”船和“向阳红 9 号”船，在执行任务中发挥了重要的作用。哈尔滨工程大学于 2006 年成功研发国内首台深海超短基线定位系统样机，2012 年成功研发国内首台工程样机，2013 年成功研发国内首台定位系统产品。其中共研制出了四种超短基线定位系统，分别是深水重潜装潜水员超短基线定位系统、“探索者”号水下机器人超短基线定位系统、灭雷具配套水声跟踪定位装置和长程超短基线定位系统，部分产品外观如图 3.13（a）所示。前两种为简易系统，第三种为型号产品，其在浅水定位方面性能优良，可实时给出 3 个目标的轨迹。长程超短基线定位系统的相关设备在“蛟龙号”和“向阳红 9 号”船上进行了试验。中国科学院声学研究所东海研究站研究的超短基线定位设备有低频、中频和高频三个频段，可

(a) 哈尔滨工程大学研发的超短基线相关产品外观图

(b) iTrack-UB系列超短基线产品外观图

图 3.13　国内超短基线定位产品

同时对多个信标进行定位。嘉兴中科声学科技有限公司生产的超短基线系统可兼容多种国外同类产品信号体制。江苏中海达海洋信息技术有限公司推出的基于水声宽带扩频技术和高精度时间同步技术的便携式超短基线水下定位系统，目前有两款型号：iTrack-UB1000 和 iTrack-UB3000［图 3.13（b）］。该系统融入了高精度差分RTK-GPS 定位技术，可满足各种高精度水下定位导航应用的需求，可同时对 5 个水下目标进行精确定位（罗宇和施剑，2014）。

随着水声技术的提高，一些超短基线定位系统的性能向着长基线、短基线定位系统靠近，在许多指标要求并不苛刻的场合，超短基线定位系统的便利优势更加凸显。

## 3.3　惯 性 导 航

### 3.3.1　惯性导航基本原理

惯性导航技术是建立在牛顿经典力学体系之上依靠先进科学理论与制造工艺支持发展而来的一项技术，由于其不需要任何外界信息的交互即可在全天候、全天时工作，并可得到载体全参数运动状态的优势，一直以来是导航领域最重要、也是最基础的导航方式。

惯性导航系统是一种航位推算式的自主导航系统，利用惯性仪表器件陀螺仪和加速度计测量运动载体在惯性空间中的角加速度和线加速度，通过载体运动微分方程组解算各种导航参数如位置、速度和角姿态。惯性导航系统能够及时跟踪载体的快速机动，导航参数短期精度高、稳定性好、数据更新率高。由于惯性导航系统是一个对时间积分的系统，惯性器件误差将导致惯性导航系统定位误差随时间积累，所以纯惯性导航系统无法达到长时间的高精度导航。

惯性导航系统从硬件结构形式上主要分为两种类型：平台式惯性导航系统和捷联式惯性导航系统。平台式惯性导航系统中，惯性测量元件陀螺和加速度计安装在稳定平台上。对陀螺进行施矩控制，使平台跟踪指定的导航坐标系，利用惯性仪表器件提供的信息进行导航参数解算。而在捷联式惯性导航系统中，惯性传感器都直接固连在载体上，输出的是载体相对于惯性空间的加速度和角速度，通过计算机实现惯性平台的导航解算。

相较于平台式惯导系统，捷联式惯性导航系统由于采用“数学平台”替代了实际平台，因此具有体积小、可靠性高、成本低、使用及维护方便等特点，目前得到了广泛应用。捷联式惯性导航系统的解算流程如图 3.14 所示。

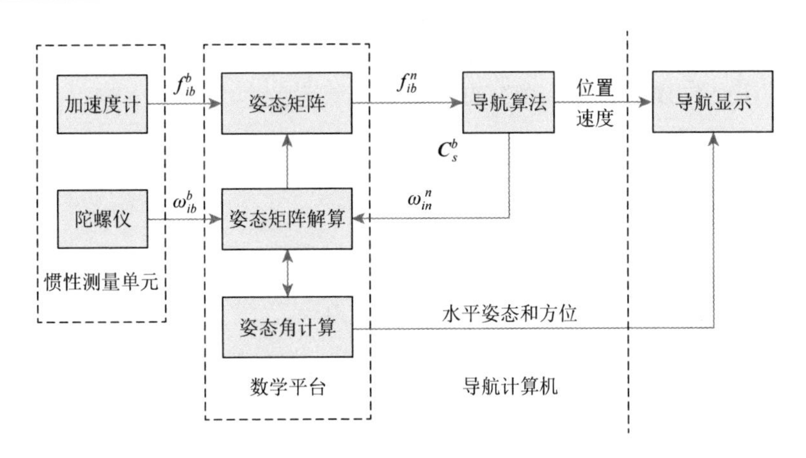


图 3.14　捷联式惯性导航系统原理图

$f_{ib}^b$ 表示载体轴向比力；$f_{ib}^n$ 表示坐标系轴向比力；$C_s^b$ 表示姿态矩阵；$\omega_{ib}^b$ 表示载体轴向角速度；$\omega_{in}^n$ 表示垂直旋转速率

### 3.3.2　捷联式惯性导航系统的解算

捷联式惯性导航系统的解算主要包括姿态角计算、速度计算、载体位置计算等主要环节。

1. 姿态解算

姿态解算是捷联式惯性导航的核心内容，可采用欧拉角法、姿态矩阵法和四元数法。四元数法具有计算效率高、适应全姿态等优点，是目前主要的计算方式。

1）四元数和方向余弦阵的关系

四元数提供了矢量从一个坐标系到另一个坐标系的数学关系，将普通的三维空间矢量扩展成四维。例如，地理坐标系三维矢量 $\boldsymbol{R}^n$ 和载体坐标系的三维矢量 $\boldsymbol{R}^b$ 可表示为

$$\boldsymbol{R}^n=[0\quad X_n\quad Y_n\quad Z_n]^{\mathrm{T}} \tag{3.53}$$

$$\boldsymbol{R}^b=[0\quad X_b\quad Y_b\quad Z_b]^{\mathrm{T}} \tag{3.54}$$

引入四元数 $\boldsymbol{\Lambda}=[\lambda_0\quad \lambda_1\quad \lambda_2\quad \lambda_3]^{\mathrm{T}}$，则四元数与方向余弦矩阵的关系为（刘建业等，2010）：

$$\boldsymbol{C}_n^b=\begin{bmatrix} \lambda_0^2+\lambda_1^2-\lambda_2^2-\lambda_3^2 & 2(\lambda_1\lambda_2+\lambda_0\lambda_3) & 2(\lambda_1\lambda_3-\lambda_0\lambda_2) \\ 2(\lambda_1\lambda_2-\lambda_0\lambda_3) & \lambda_0^2-\lambda_1^2+\lambda_2^2-\lambda_3^2 & 2(\lambda_2\lambda_3+\lambda_0\lambda_1) \\ 2(\lambda_1\lambda_3+\lambda_0\lambda_2) & 2(\lambda_2\lambda_3-\lambda_0\lambda_1) & \lambda_0^2-\lambda_1^2-\lambda_2^2+\lambda_3^2 \end{bmatrix} \tag{3.55}$$

2）四元数运动学微分方程表征

采用四元数法对姿态进行更新解算，可以减小计算量。令 $\omega_{nb}^b$ 为载体坐标系

相对地理坐标系的角速度在载体坐标系上的投影，其矢量为四元数形式，则其与 $\boldsymbol{C}_b^n$ 对应的四元数 $\boldsymbol{\Lambda}$ 具有如下微分方程关系：

$$\dot{\boldsymbol{\Lambda}} = 1/2\boldsymbol{\Lambda} \circ \omega_{nb}^b \tag{3.56}$$

用矩阵表示为

$$\begin{bmatrix} \dot{\lambda}_0 \\ \dot{\lambda}_1 \\ \dot{\lambda}_2 \\ \dot{\lambda}_3 \end{bmatrix} = 1/2 \begin{bmatrix} 0 & -\omega_{nbx}^b & -\omega_{nby}^b & -\omega_{nbz}^b \\ \omega_{nbx}^b & 0 & \omega_{nbz}^b & -\omega_{nby}^b \\ \omega_{nby}^b & -\omega_{nbz}^b & 0 & \omega_{nbx}^b \\ \omega_{nbz}^b & \omega_{nby}^b & -\omega_{nbx}^b & 0 \end{bmatrix} \begin{bmatrix} \lambda_0 \\ \lambda_1 \\ \lambda_2 \\ \lambda_3 \end{bmatrix} \tag{3.57}$$

四元数微分方程的求解可用毕卡逼近法，得解析表达式如下：

$$Q(\boldsymbol{\Lambda}_t) = \mathrm{e}^{\int_0^t 1/2\boldsymbol{M}^*(\omega_{nb}^b)\mathrm{d}t} Q(\boldsymbol{\Lambda}_0) \tag{3.58}$$

上述指数积分在近似意义下，定义：

$$[\Delta\theta] = \int_0^t \boldsymbol{M}^*(\omega_{nb}^b)\mathrm{d}t = \begin{bmatrix} 0 & -\Delta\theta_x & -\Delta\theta_y & -\Delta\theta_z \\ \Delta\theta_x & 0 & \Delta\theta_z & -\Delta\theta_y \\ \Delta\theta_y & -\Delta\theta_z & 0 & \Delta\theta_x \\ \Delta\theta_z & \Delta\theta_y & -\Delta\theta_x & 0 \end{bmatrix} \tag{3.59}$$

将 $[\Delta\theta]$ 代入式（3.58），可得以下解析表达式：

$$Q(\boldsymbol{\Lambda}_t) = [\cos(\Delta\theta_0/2)I + \sin(\Delta\theta_0/2)/\Delta\theta_0(\Delta\theta)]Q(\boldsymbol{\Lambda}_0) \tag{3.60}$$

其中：

$$\Delta\theta_0^{\ 2} = (\Delta\theta_x^{\ 2} + \Delta\theta_y^{\ 2} + \Delta\theta_z^{\ 2}) \tag{3.61}$$

但实际上只有 $\omega_{nb}^b$ 在短时间内方向不变时，以上指数积分方能成立，否则将引入不可交换性误差，在高动态环境下要采用等效转动矢量补偿算法。

3）基于四元数的姿态解算方法

用四元数法进行姿态解算，主要有以下几个步骤：

（1）计算当前的相对角速率 $\bar{\omega}_{nb}^b$；

（2）求解四元数微分方程并规范化四元数；

（3）由四元数计算姿态矩阵 $\boldsymbol{C}_n^b$；

（4）由姿态矩阵 $\boldsymbol{C}_n^b$ 提取出实际的姿态角。

当由四元数更新得到姿态矩阵 $\boldsymbol{C}_n^b$ 后，根据机体坐标系与地理坐标系之间的载体姿态矩阵关系：

$$\boldsymbol{C}_n^b=\begin{bmatrix}\cos\gamma\cos\psi+\sin\gamma\sin\theta\sin\psi & -\cos\gamma\sin\psi+\sin\gamma\sin\theta\cos\psi & -\sin\gamma\cos\theta\\ \cos\theta\sin\psi & \cos\theta\cos\psi & \sin\theta\\ \sin\gamma\cos\psi-\cos\gamma\sin\theta\sin\psi & -\sin\gamma\cos\psi-\cos\gamma\sin\theta\cos\psi & \cos\gamma\cos\theta\end{bmatrix}\tag{3.62}$$

式中，$\theta$ 为俯仰角；$\gamma$ 为横滚角；$\psi$ 为航向角。则由姿态矩阵与姿态角的对应关系，可得到载体的三个姿态角。用 $T_{ij}$ 表示 $\boldsymbol{C}_n^b$ 的元素（$\delta\dot{R}_i=A_i\delta\dot{\lambda}+B_i\delta\dot{L}+C_i\delta\dot{h}$）则可得

$$\begin{cases}\theta=\arctan\dfrac{T_{23}}{\sqrt{T_{21}^2+T_{22}^2}}\\ \gamma=\arctan\left(-\dfrac{T_{13}}{T_{33}}\right)\\ \psi=\arctan\dfrac{T_{21}}{T_{22}}\end{cases}\tag{3.63}$$

其中，航向角 $\psi$ 的定义域为

$C_i=N\dfrac{(\mathrm{e}^{-0.137h0}-\mathrm{e}^{-0.137h})}{h\cdot R_i}\cdot(h-h_i)+N\cdot R_i\cdot(\mathrm{e}^{-0.137h0}-\mathrm{e}^{-0.137h})\cdot\left(-\dfrac{1}{h^2}\right)-0.137\dfrac{N}{h}\cdot\mathrm{e}^{-0.137h}\cdot R_i$，

横滚角 $\gamma$ 的定义域为

$\boldsymbol{X}=[\varphi_n\ \ \varphi_e\ \ \varphi_d\ \ \delta V_n\ \ \delta V_e\ \ \delta V_d\ \ \delta L\ \ \delta\lambda\ \ \delta h\ \ \varepsilon_{bx}\ \ \varepsilon_{by}\ \ \varepsilon_{bz}\ \ \varepsilon_{rx}\ \ \varepsilon_{ry}\ \ \varepsilon_{rz}\ \ \nabla_{rx}\ \ \nabla_{ry}\ \ \nabla_{rz}\ \ \delta R_i\ \ \delta R_j]^{\mathrm{T}}$，

俯仰角 $\theta$ 的定义域为 $\dot{X}(t)_{20\times1}=F(t)_{20\times20}X(t)+G(t)_{20\times9}W(t)_{9\times1}$。

## 2. 速度计算

由于加速度计固连在载体上，它的输出是机体系相对于惯性空间的比力在机体系上的投影。因此需要把原始输出比力 $\overline{f}_{ib}^b$ 转换为 $\overline{f}_{ib}^n$，当已得到了姿态转移矩阵 $\boldsymbol{C}_b^n$ 后，比力的转换关系为

$$f_{ib}^n=\boldsymbol{C}_b^n\cdot f_{ib}^b\tag{3.64}$$

由比力方程：

$$\overline{f}=\dot{\overline{v}}_{en}+(2\overline{\omega}_{ie}+\overline{\omega}_{en})\times\overline{v}_{en}-\overline{g}\tag{3.65}$$

可得载体在东北天坐标系中的速度微分方程为

$$
\begin{cases}
\dot{v}_{\mathrm{E}}=f_{\mathrm{E}}^{n}-\left(2\omega_{ie}\sin L+\dfrac{v_{\mathrm{E}}}{R_{\mathrm{N}}+h}\tan L\right)v_{\mathrm{N}}-\left(2\omega_{ie}\cos L+\dfrac{v_{\mathrm{E}}}{R_{\mathrm{N}}+h}\right)v_{\mathrm{U}}\\
\dot{v}_{\mathrm{N}}=f_{\mathrm{N}}^{n}-\left(2\omega_{ie}\sin L+\dfrac{v_{\mathrm{E}}}{R_{\mathrm{N}}+h}\tan L\right)v_{\mathrm{E}}-\dfrac{v_{\mathrm{N}}}{R_{\mathrm{M}}+h}v_{\mathrm{U}}\\
\dot{v}_{\mathrm{U}}=f_{\mathrm{U}}^{n}+\dfrac{v_{\mathrm{N}}}{R_{\mathrm{M}}+h}v_{\mathrm{N}}+\left(2\omega_{ie}\cos L+\dfrac{v_{\mathrm{E}}}{R_{\mathrm{N}}+h}\right)v_{\mathrm{E}}-g
\end{cases}
\tag{3.66}
$$

由式（3.66）可求得载体在地理坐标系中的速度。式中，角下标注 E、N、U 分别代表地理坐标系的东、北、天方向；$\omega_{ie}$ 为地球自转角速度；$R_{\mathrm{M}}$ 为子午圈地球曲率半径，$R_{\mathrm{M}}=R_{\mathrm{e}}(1-2f+3f\sin^2 L)$；$R_{\mathrm{N}}$ 为卯酉圈地球曲率半径，$R_{\mathrm{N}}=R_{\mathrm{e}}(1+f\sin^2 L)$，$R_{\mathrm{e}}=6378137\mathrm{m}$，$f=1/298.257$；$L$ 为纬度；$h$ 为高度。速度微分方程是一阶三维微分方程，随着比力 $\overline{f}_{ib}^{n}$ 的变化，速度会不断变化。

3. 载体位置计算

由于载体在地球表面运动，因此定位计算时必须考虑地球曲率的影响，以经纬度和高度作为定位的物理量，由以下微分方程可求得载体的实时位置：

$$
\begin{cases}
\dot{L}=\dfrac{v_{\mathrm{N}}}{R_{\mathrm{M}}+h}\\
\dot{\lambda}=\dfrac{v_{\mathrm{E}}}{(R_{\mathrm{N}}+h)\cos L}\\
\dot{h}=v_{\mathrm{U}}
\end{cases}
\tag{3.67}
$$

### 3.3.3　捷联式惯性导航系统误差方程

1. 捷联式惯性导航系统中的惯性器件误差模型

捷联式惯性导航系统无论在元部件特性、结构安装或其他工程环节中都不可避免地存在误差。这些影响惯性导航系统性能的误差，根据产生的原因和性质，主要包括惯性元件性能误差、系统安装误差、计算误差等。

1）陀螺漂移误差模型

设陀螺漂移误差由随机常数、一阶马尔可夫过程随机误差和白噪声误差组成。取陀螺漂移为

$$
\varepsilon=\varepsilon_{\mathrm{b}}+\varepsilon_{\mathrm{r}}+w_{\mathrm{g}}
\tag{3.68}
$$

式中，$\varepsilon_{\mathrm{b}}$ 为随机常数；$\varepsilon_{\mathrm{r}}$ 为一阶马尔可夫过程随机误差；$w_{\mathrm{g}}$ 为白噪声。

在应用卡尔曼滤波器来构成组合导航系统时，系统和量测方程中的有色噪声是不能直接出现的，要以白噪声驱动的数学模型形式出现，并扩充到状态方程中。

假设三个轴向的误差模型相同，陀螺的两个有色噪声可以用数学方程表示为

$$\begin{cases} \dot{\varepsilon}_{\mathrm{b}} = 0 \\ \dot{\varepsilon}_{\mathrm{r}} = -\dfrac{1}{T_{\mathrm{g}}}\varepsilon_{\mathrm{r}} + w_{\mathrm{g}} \end{cases} \tag{3.69}$$

式中，$T_{\mathrm{g}}$ 为相关时间。

2）加速度计误差模型

设加速度计误差为一阶马尔可夫过程随机误差，即加速度计漂移仅考虑一阶马尔可夫过程，且加速度计 3 个轴向的误差模型也相同，由陀螺漂移误差模型同理可得

$$\dot{\nabla}_{\mathrm{a}} = -\frac{1}{T_{\mathrm{a}}}\nabla_{\mathrm{a}} + w_{\mathrm{a}} \tag{3.70}$$

式中，$\nabla_{\mathrm{a}}$ 为一阶马尔可夫过程；$T_{\mathrm{a}}$ 为相关时间；$w_{\mathrm{a}}$ 为白噪声。

### 2. 捷联式惯性导航系统误差方程

为了描述捷联式惯性导航系统的误差特点，采用方程的形式处理，经过复杂的推导可以得到捷联式惯性导航系统的误差方程，该误差方程在误差为一阶小量的前提下是线性的，下面给出姿态、速度和位置的误差方程。

1）数学平台的误差方程

捷联式惯性导航系统中常用的坐标系导航系 $n$（以地理系为导航系）、机体系 $b$ 和计算系 $c$ 三种坐标系之间的相互关系为

$$\boldsymbol{C}_n^c = \boldsymbol{C}_b^c \boldsymbol{C}_n^b \tag{3.71}$$

在数学平台误差角为小量的情况下，近似表达为

$$\boldsymbol{C}_n^c = \boldsymbol{I} + \boldsymbol{\Phi}^k \tag{3.72}$$

$$\boldsymbol{\Phi}^k = \begin{bmatrix} 0 & -\varphi_{\mathrm{U}} & \varphi_{\mathrm{N}} \\ \varphi_{\mathrm{U}} & 0 & -\varphi_{\mathrm{E}} \\ -\varphi_{\mathrm{N}} & \varphi_{\mathrm{E}} & 0 \end{bmatrix} \tag{3.73}$$

式中，$\boldsymbol{I}$ 为单位阵；$\boldsymbol{\Phi}$ 为捷联式惯性导航系统的数学平台误差角；$\varphi_{\mathrm{E}}$、$\varphi_{\mathrm{N}}$、$\varphi_{\mathrm{U}}$ 分别为东、北、天三个方向的平台误差角。

推导可得平台误差角矢量微分方程为

$$\dot{\boldsymbol{\Phi}} = \delta\boldsymbol{\omega}_{in}^n + \boldsymbol{\Phi} \times \boldsymbol{\omega}_{in}^n + \boldsymbol{\varepsilon}^n \tag{3.74}$$

式中，$\boldsymbol{\Phi} \times \boldsymbol{\omega}_{in}^n$ 为平台误差角本身引起的交叉耦合项；$\boldsymbol{\varepsilon}^n$ 为陀螺误差在地理系上的

分量；$\boldsymbol{\omega}_{in}^{n}$ 为地理系相对惯性系的转动角速率在地理系上的分量。

因此，数学平台误差角微分方程为

$$\begin{cases} \dot{\varphi}_{\mathrm{E}} = -\dfrac{\delta v_{\mathrm{N}}}{R_{\mathrm{M}}+h} + (\omega_{ie}\sin L + \dfrac{v_{\mathrm{E}}}{R_{\mathrm{N}}+h}\tan L)\varphi_{\mathrm{N}} - \left(\omega_{ie}\cos L + \dfrac{v_{\mathrm{E}}}{R_{\mathrm{N}}+h}\right)\varphi_{\mathrm{U}} + \varepsilon_{\mathrm{E}} \\ \dot{\varphi}_{\mathrm{N}} = \dfrac{\delta v_{\mathrm{E}}}{R_{\mathrm{N}}+h} - \omega_{ie}\sin L\delta L - \left(\omega_{ie}\sin L + \dfrac{v_{\mathrm{E}}}{R_{\mathrm{N}}+h}\tan L\right)\varphi_{\mathrm{E}} - \dfrac{v_{\mathrm{N}}}{R_{\mathrm{M}}+h}\varphi_{\mathrm{U}} + \varepsilon_{\mathrm{N}} \\ \dot{\varphi}_{\mathrm{U}} = \dfrac{\delta v_{\mathrm{E}}}{R_{\mathrm{N}}+h}\tan L + \left(\omega_{ie}\cos L + \dfrac{v_{\mathrm{E}}}{R_{\mathrm{N}}+h}\sec^2 L\right)\delta L + \left(\omega_{ie}\cos L + \dfrac{v_{\mathrm{E}}}{R_{\mathrm{N}}+h}\right)\varphi_{\mathrm{E}} + \dfrac{v_{\mathrm{N}}}{R_{\mathrm{M}}+h}\varphi_{\mathrm{N}} + \varepsilon_{\mathrm{U}} \end{cases} \tag{3.75}$$

捷联式惯性导航系统的陀螺直接输出在机体坐标系，因此其误差的原始量也是在机体坐标系中，故要将其通过姿态转换矩阵 $\boldsymbol{C}_b^n$ 投影到地理坐标系中，其转换式为

$$\varepsilon^n = \boldsymbol{C}_b^n \cdot \varepsilon^b \tag{3.76}$$

2）速度误差方程

地理坐标系中的速度误差矢量定义为

$$\delta v = [\delta v_{\mathrm{E}}\ \delta v_{\mathrm{N}}\ \delta v_{\mathrm{U}}]^{\mathrm{T}} \tag{3.77}$$

由比力方程可以推导出捷联式惯性导航系统速度误差的矢量微分方程如下：

$$\delta\dot{v}^n = \boldsymbol{\Phi}^k \times f^n + \boldsymbol{\nabla}^n - (2\delta\boldsymbol{\omega}_{ie}^n + \delta\boldsymbol{\omega}_{en}^n)\times\boldsymbol{v}^n - (2\boldsymbol{\omega}_{ie}^n + \boldsymbol{\omega}_{en}^n)\times\delta v^n + \delta g^n \tag{3.78}$$

式中，$\boldsymbol{\nabla}^n$ 为加速度计误差在地理系上的分量；$\boldsymbol{v}^n$ 为速度误差在地理系上的分量；$\boldsymbol{\omega}_{ie}^n$ 为地球自转角速度在地理系上的分量；$\boldsymbol{\omega}_{en}^n$ 为地理系相对地球系的角速度在地理系上的分量；$g^n$ 为地球重力误差。

经过对矢量微分方程的处理，得到速度误差的微分方程为

$$\begin{cases} \delta\dot{v}_{\mathrm{E}} = f_{\mathrm{N}}\varphi_{\mathrm{U}} - f_{\mathrm{U}}\varphi_{\mathrm{N}} + \left(\dfrac{v_{\mathrm{N}}}{R_{\mathrm{M}}+h}\tan L - \dfrac{v_{\mathrm{U}}}{R_{\mathrm{M}}+h}\right)\delta v_{\mathrm{E}} + \left(2\omega_{ie}\sin L + \dfrac{v_{\mathrm{E}}}{R_{\mathrm{N}}+h}\tan L\right)\delta v_{\mathrm{N}} \\ \qquad + \left(2\omega_{ie}\cos L v_{\mathrm{N}} + \dfrac{v_{\mathrm{E}}v_{\mathrm{N}}}{R_{\mathrm{N}}+h}\sec^2 L + 2\omega_{ie}\sin L v_{\mathrm{U}}\right)\delta L - \left(2\omega_{ie}\cos L + \dfrac{v_{\mathrm{E}}}{R_{\mathrm{N}}+h}\right)\delta v_{\mathrm{U}} + \nabla_{\mathrm{E}} \\ \delta\dot{v}_{\mathrm{N}} = f_{\mathrm{U}}\varphi_{\mathrm{E}} - f_{\mathrm{E}}\varphi_{\mathrm{U}} - \left(2\omega_{ie}\sin L + \dfrac{v_{\mathrm{E}}}{R_{\mathrm{N}}+h}\tan L\right)\delta v_{\mathrm{E}} - \dfrac{v_{\mathrm{U}}}{R_{\mathrm{M}}+h}\delta v_{\mathrm{N}} \\ \qquad - \dfrac{v_{\mathrm{N}}}{R_{\mathrm{M}}+h}\delta v_{\mathrm{U}} - \left(2\omega_{ie}\cos L + \dfrac{v_{\mathrm{E}}}{R_{\mathrm{N}}+h}\sec^2 L\right)v_{\mathrm{E}}\delta L + \nabla_{\mathrm{N}} \\ \delta\dot{v}_{\mathrm{U}} = f_{\mathrm{E}}\varphi_{\mathrm{N}} - f_{\mathrm{N}}\varphi_{\mathrm{E}} + \left(2\omega_{ie}\cos L + \dfrac{v_{\mathrm{E}}}{R_{\mathrm{N}}+h}\right)\delta v_{\mathrm{E}} + 2\dfrac{v_{\mathrm{N}}}{R_{\mathrm{M}}+h}\delta v_{\mathrm{N}} - 2\omega_{ie}\sin L v_{\mathrm{E}}\delta L + \nabla_{\mathrm{U}} \end{cases} \tag{3.79}$$

式中，角下标注 E、N、U 分别代表地理坐标系的东、北、天方向；$f_{\mathrm{E}}$、$f_{\mathrm{N}}$、$f_{\mathrm{U}}$ 分别为东向比力、北向比力和天向比力；$\nabla$ 为加速度计误差。捷联式惯性导航系统中加速度计同样也要将其转换才能在地理坐标系中表示，其转换式为

$$\nabla^{n} = \boldsymbol{C}_{b}^{n} \cdot \nabla^{b} \tag{3.80}$$

3）位置误差方程

考虑到地球的曲率，位置误差方程表达如下：

$$\begin{cases} \delta \dot{L} = \dfrac{\delta v_{\mathrm{N}}}{R_{\mathrm{N}}} \\ \delta \dot{\lambda} = \dfrac{\delta v_{\mathrm{E}}}{R_{\mathrm{N}} + h} \sec L + \dfrac{v_{\mathrm{E}}}{R_{\mathrm{N}} + h} \sec L \tan L \delta L \\ \delta \dot{h} = \delta v_{\mathrm{U}} \end{cases} \tag{3.81}$$

## 参考文献

边力军. 1998. GPS 全球定位系统的原理及应用. 电信工程技术与标准化，(1)：25-29，40.
陈洪武，胡斌，田铖. 2016. 北斗卫星导航系统在海洋工程中的应用. 全球定位系统，41（2）：121-124.
陈俊勇，党亚明，程鹏飞. 2007. 全球导航卫星系统的进展.大地测量与地球动力学，27（5）：1-4.
何秀凤，顾学康，魏纳新. 2003. 卫星导航系统的新进展及其在舰船上的应用. 舰船科学技术，25（5）：72-74.
胡帆. 2016. 基于北斗导航系统谈无线移动视频监控终端设计与实现.信息化建设，(8)：349.
胡晓，高伟，李本玉. 2009. GNSS 导航定位技术的研究综述与分析. 全球定位系统，34（3）：59-62.
季宇虹，王让会. 2010. 全球导航定位系统 GNSS 的技术与应用. 全球定位系统，35（5）：69-75.
金博楠，徐晓苏，张涛，等.超短基线定位技术及在海洋工程中的应用.导航定位与授时，2018，25（4）：12-24.
刘基余. 2019a. GNSS 卫星导航定位的主要误差——GNSS 导航定位误差之二. 数字通信世界，(2)：1-3.
刘基余. 2019b. 电离层效应的距离偏差及其改正误差——GNSS 导航定位误差之三. 数字通信世界，(4)：1-2.
刘基余. 2019c. 对流层效应的距离偏差及其改正误差——GNSS 导航定位误差之四. 数字通信世界，(6)：1-2.
刘建业，曾庆化，赵伟，等. 2010. 导航系统理论与应用. 西安：西北工业大学出版社.
刘经南. 1999. 广域差分 GPS 原理和方法. 北京：测绘出版社.
罗宇，施剑. 2014. 中海达 iTrack 系列水声定位系统的应用. 测绘通报，(8)：136-137.
宁津生，姚宜斌，张小红. 2013. 全球导航卫星系统发展综述. 导航定位学报，1（1）：3-8.
上官经邦，陈新华，黄海宁，等. 2016. 水下声学定位系统及其误差分析. 网络新媒体技术，5（3）：27-36.
隋海琛，田春和，韩德忠，等. 2010. 水下定位系统误差分析. 水道港口，31（1）：69-72.
田坦. 2007. 水下定位与导航技术. 北京：国防工业出版社.
汪志明，田春和. 2010. 超短基线系统水下定位误差分析. 测绘地理信息，35（6）：30-31.
王解先. 2006. 全球导航卫星系统 GPS/GNSS 的回顾与展望. 工程勘察，(3)：54-60.
吴永亭，周兴华，杨龙. 2003. 水下声学定位系统及其应用. 海洋测绘，23（4）：18-21.
许明. 2019. 四大导航系统在舰船作战系统中的应用. 舰船科学技术，41（2）：133-135.
易昌华，任文静，王钗. 2009. 二次水声定位系统误差分析. 石油地球物理勘探，44（2）：136-139.
喻敏. 2005. 长程超短基线定位系统研制. 哈尔滨：哈尔滨工程大学.
张道平. 1989. 超短基线定位系统的误差分析. 海洋学报（中文版），11（4）：510-517.

张华海. 2008. GPS 测量原理及应用. 3 版. 武汉：武汉大学出版社.

张亚利. 1983. 水下声学定位和导航技术. 海洋技术，（2）：50-58.

张宇，季晓燕，张丹. 2017. 短基线水下定位原理及误差分析. 舰船电子工程，37（7）：41-45.

赵建虎. 2008. 现代海洋测绘. 武汉：武汉大学出版社.

赵齐乐，楼益栋. 2009. 基于 Web 的 GNSS 数据精密分析与服务——系统设计及产品定义. 武汉大学学报·信息科学版，34（11）：359-362.

赵莹. 2011. GNSS 电离层掩星反演技术及应用研究. 武汉：武汉大学.

Hein G W，Irsigler M，Avilarodriguez J A，et a1. 2007. Envisioning a Future GNSS System of Systems：Part 1. Inside GNSS：58-67.

# 第4章　机载激光测深技术

## 4.1　概　　述

海岛海岸带及近岸海域受海陆相互作用与人类活动的影响，具有独特的环境特点与动态变化特征（夏东兴，2009）。同时，海岛海岸带也是支撑我国海洋经济发展的重要空间基础。随着“陆海统筹”“海洋强国”和“一带一路”倡议的实施，我国先后通过多个海洋综合调查专项对国家管辖海域范围内的地形地貌进行了广泛调查，初步弄清了我国近海海域基本情况，有力支持与服务了我国的社会经济发展（吴自银等，2017）。我国的海岸线总长32000多千米，其中大陆海岸线长达18000多千米，岛屿海岸线约14000km（于彩霞，2015；丰爱平和夏东兴，2003），是我国国防与民用建设最为重要和活跃的地区。其中，水深在50m以浅的区域面积多达50万$km^2$，而透明度优于5m的海域面积不低于20万$km^2$，如全部采用传统的声学探测方式进行测绘，其任务内容十分烦琐且工作量巨大，难以在短时间内完成（赵铁虎，2011；刘焱雄等，2017）。此外，对于近岸及潮间带区域，受海洋潮汐的周期性影响，存在水深较浅、沉积物淤积、暗礁林立等各种复杂作业环境问题，致使常规水深测量技术无法准确、高效地完成相关作业任务（徐启阳等，1995），测量船只和人员在进入该区域时存在较大的危险性，故我国近海岸区域长期以来存在大量水深地形数据空白区，难以满足现阶段海洋空间规划和海洋生态文明建设的实际需求，同时对我国维护海洋权益，开发并利用海洋资源等方面也造成很大阻碍。因此，发展灵活高效的全覆盖、精细化水下地形测量技术是当前海洋测绘研究领域的重点任务，也代表了未来海洋测绘领域的重要技术特点和发展趋势（赵建虎和王爱学，2015；赵建虎等，2017）。

针对常规船载声学测量方法在浅水区域存在的问题，以航空平台为载体的遥感技术通过采用非接触式的探测方法，可在与目标保持一定空间距离的条件下进行地形测绘，有效地避免了不利地形条件的影响。与传统声呐探测技术相比，采用航空平台的多光谱遥感技术对潮汐与海浪的作用不敏感，其结果对海面波浪具有一定的抑制作用，但光学遥感对目标水域的水质条件要求过于严苛，因而所能探测到的水深范围通常较小，一般情况下难以满足实用性的测深要求（叶修松，2010）。相比多光谱探测方法，微波遥感技术可以在理论上达到较大的水深探测范围，但微波遥感探测的精度受风速、浪高及海流等海况条件的影响明显，无法实现对固定海域的稳定观测。此外，构建完整的大气-海洋环境补偿模型，是实现采用多光谱遥感和微波遥感测绘技术进行水下地形测绘的基础。但该模型的处理结果对海洋环境的变化较为敏感，其精度存在较大的不稳定性。有研究认为，航空遥感对水深的测量的相对精度低于 10%（叶修松，2010）。因此，这两种遥感方法通常难以满足复杂水体环境条件下的实际应用要求（叶修松，2010；Su et al.，2018）。

近年来，随着商业机载激光测深系统的推广与应用，以航空平台为载体的激光测深技术受到海洋测绘领域的广泛关注（赵建虎等，2017）。机载激光测深（airborne laser bathymetry，ALB）技术具有探测效率高、作业灵活性强、测深精度高以及海陆全覆盖等特点（Wong and Antoniou，1991，1994；任来平等，2002），能够较好地解决海岸带、滩涂、海岛、礁盘及其近岸浅水海域地形地貌数据获取过程中所存在的相关问题（Niemeyer and Soergel，2013；Song et al，2015），特别对描述浅海区域海底地貌特征、构建三维海底地形模型等方面具有明显优势（张永合，2009），其可靠、高效以及海陆兼顾的技术优点有效地解决了相关工程问题，也为海洋经济发展和海洋环境保护等领域的科学研究提供了全新的思路（Guenther et al.，2000；杨华勇和梁永辉，2003；党亚民等，2012），是一种新型的海陆一体化的现代海洋测绘技术手段。

## 4.2 机载激光测深技术现状

近年来，机载激光雷达水下地形测量技术的不断发展为获取高时空分辨率的空间信息提供了一种全新的技术手段。机载激光雷达技术可直接快速获取三维空间数据，数据处理自动化程度高、数据生产周期短，具有不接触性、高密度、高精度、作业成本低等特点。它采用主动性工作方式，通过自身发射的激光脉冲反射来获取目标信息。此外，机载激光雷达传感器发射的激光脉冲对植被也具有一定的穿透能力，可测量水下地形地貌，测量河口、港口泥沙淤积变化，勘探水下资源等。目前机载激光设备大多采用蓝绿光单波段或蓝绿光加多波段的搭载模式。多波段系统可同时获得蓝绿、红外等多个波段的回波信息，可在数据处理过程中消除海面延迟，而蓝绿光单波段系统的载荷明显小于多波段系统，具有较好的作业灵活度。图 4.1 显示了机载激光全波形技术原理示意图。

机载激光测深技术的相关研究至少可以追溯至 20 世纪 60 年代，早期的激光测深技术研究主要围绕激光测深的基本原理和可行性论证等方面进行研究，验证激光测量水深的可行性，并奠定了该技术在海洋科学领域中的研究基础（Guenther and Thomas，1983）。至 1968 年，相关技术理论的前期论证与试验工作基本完成，美国 Syracuse 大学的 Hickman 和 Hogg（1969）完成了第一台激光测深系统样机

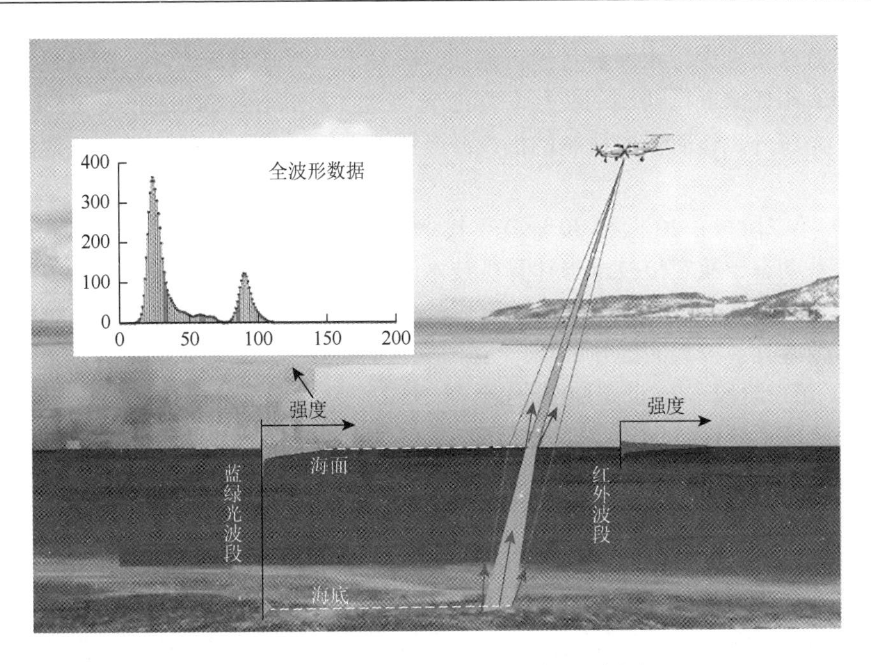


图 4.1　机载激光全波形技术原理示意图

的研制，并对其性能进行了相关试验。1971 年，机载脉冲激光水深测量仪（pulsed light airborne depth sounder，PLADS）的机载测深系统由美国海军研制成功，并以直升机为载体对其性能进行了海上试验（Sinclair，1998）。由于受到计算机存储能力和信号处理技术的限制还无法实现全波形数据的记录与存储，故早期系统只能记录有限次的回波信号，通常为首次回波强度和最后一次回波强度。20 世纪 80 年代，加拿大首先设计并制造完成了具有可操作性的机载激光测深系统 LARSEN-500（Hare，1994）。90 年代中期，卫星定位与惯性导航技术得到了长足发展，为机载激光测深技术的成熟提供了重要的技术保障，并很快被应用于解决海洋测绘的实际问题。近年来相关研究向着适用于更广泛的水质条件、更大范围测深以及更为准确可靠的方向继续发展。随着机载激光测深技术在相关领域显现出了更加显著的技术优势，越来越多的国家和机构认识到了其存在的战略价值，并纷纷投入到机载激光测深系统的相关研制中。美国、俄罗斯、瑞典、加拿大、奥地利、法国、荷兰、澳大利亚和中国等均对该技术进行了长期跟进（Steinvall et al.，1992；Steinvall and Koppari，1996）。综合以上内容，机载激光测深系统及其相关研究所经历的主要阶段与相关特征可总结如下。

1）第一阶段：20 世纪 60～70 年代

20 世纪 60 年代末至 70 年代末是机载激光测深系统逐步形成的重要阶段，这一时期的机载激光测深技术发展主要集中在理论论证和技术试验。相关试验证实了采用蓝绿激光进行水深测量的可能性，研发了一些具有代表性的测深系统，但除了 70 年代末美国研制的机载海洋激光雷达（Airborne Oceanographic Lidar，AOL）系统外，该阶段所研制的机载激光测深系统通常不具备扫描与高速数据记录功能。

2）第二阶段：20 世纪 80～90 年代

随着动态导航定位技术与计算机技术的发展，机载激光测深系统上装载导航定位系统和高速数据记录模块是该阶段的主要特征，并且在此基础上系统的测量精度与效率有了较大的提升。

3）第三阶段：20 世纪 90 年代至今

该阶段系统设备进一步提升了卫星定位与惯性导航模块的技术性能，提高了数据存储单元的录入速度并增大了存储空间。此外，这一阶段出现的机载激光测深系统进一步提高了数据采样率，并扩展了测深范围和提高了测深的精度。

商品化的机载激光测深系统相继投入市场，具有代表性的商业机载激光测深系统包括加拿大 Optech 公司生产的 SHOALS 系列（目前已经升级为 CZMIL）（Kim et al.，2014；Teledyne Optech，2015）、Aquarius 系统，瑞典 AHAB 公司生产的 HawkEye 系列（Chust et al.，2010），荷兰 Fugro 公司的 LADS Mk 系统（Corporation Fugro-LADS，2015a，2015b）以及奥地利 Riegl 公司生产的 VQ-820-G、VQ-880-G 等系统（Corporation Fugro-LADS，2015a，2015b）。2015 年，Furgo 公司对外发布了其机载激光测深 LADS Mk3 系统和 Riegl 公司旗下 VQ-820-G 系统在新西兰 Motiti 岛进行的系统间协同作业试验结果（Corporation Fugro-LADS，2015a，2015b）。该试验证实了不同机载激光测深系统间协同作业的可能性，通过对所得数据进行融合处理后发现，两种不同系统的协同作业可有效地实现系统间的优势互补，并具有良好的灵活性与适用性。

我国机载激光测深系统的相关理论研究与试验论证始于 20 世纪 80 年代，其研究时间与成果积累远落后于发达国家。目前该技术受到了各领域的普遍关注（赵建虎等，2017），朱晓等（1996）提出采用变增益的光电倍增管（PMT）控制技术，提高了回波信号的可辨度，从而有效保证了处理结果的准确度。同年华中科技大学对机载激光测深系统中的关键技术研究取得了重大突破，并通过海上试验接收到了来自水下 90m 深的有效回波信号（叶修松，2010）。陈文革等（1997）采用蒙特卡罗模拟法，对激光在水中的光束扩散问题进行了详细研究，分析了不同水深与水质条件下机载激光测深系统性能与测深环境相互关系。黄卫军和李松（2001）针对海面回波与多种扫描方式在接收概率方面的相关性进行了研究，并得出了机载激光扫描系统的相关参数与扫描方式的最优选择方案。胡善江等（2007）研究了我国自主研制的机载激光测深系统整体的运行效率，并对其相关飞行试验的结果精度进行分析与评估后认为，该系统及其相关设备已接近实用化要求。2012 年 12 月和 2013 年 8 月，国家海洋局第一海洋研究所利用 Aquarius 系统和 HawkEye Ⅱ系统，在中国南海海域进行了相关机载激光测深试验，其结果验证了商业系统在我国南海地区的适用性，以及采用机载激光测深技术在我国海岛与海岸带地区进行大范围水下地形测量的可行性（彭琳等，2014）。在系统产品化方面，中国科学院上海光学精密机械研究所先后在国家高技术研究发展计划（简称国家 863 计划）和国家测绘地理信息公益性科研专项支持下开展了有关“机载双频激光雷达系统”的研制与测试工作，并与海军海洋测绘研究所合作于 2014 年完成了两代“机载双频激光雷达系统”的相关研制，成功实现了该系统的产品化（胡善江等，2007；王丹药等，2018）。此外，结合当前我国对机载激光测深技术的研究情况，翟国君等（2014）详细阐述了该技术在海洋测绘应用领域的重要意义与价值，并在总结当前主流机载激光测深系统特点的基础上分析了系统研制过程中存在的工作难点与关键技术。

近年来，以航空平台为载体的激光测深技术有效地克服了传统测深方式周期长、机动性差、测深精度低、测区范围有限等缺点而受到广泛关注。目前机载激光测深技术已成功实现了产品化，其可靠、高效的作业特点不仅能满足海岸带区域的水深探测需求，同时也为相关工程问题的解决提供了全新的思路。

## 4.3　机载激光测深技术基础

### 4.3.1　机载激光测深系统

机载激光测深系统由多种设备组成，是实现各系统协同控制与相互作用的海洋遥感探测系统。完整的机载激光测深系统可分为机载部分和地面部分，前者的主要任务是完成具体的扫描探测与数据采集，后者则主要提供地面差分定位信息以及数据事后处理等辅助工作。机载部分的主要功能模块包括航空平台、导航定位系统、姿态测量单元、激光扫描探测系统、同步控制装置及计算机控制与记录部分；地面部分主要包括地面基准站、数据处理平台等。各个功能模块通过不同的连接方式相互组合，构成了机载激光测深系统。

1）航空平台

航空平台的主要用于装载各种仪器设备以及操作人员，为激光扫描测深系统的正常作业提供适宜的载体空间和稳定的操作平台（图 4.2）。由于机载激光测深系统组成复杂，载荷较大且其稳定性易受飞行环境的影响，目前常见的机载激光测深系统主要采用稳定性较高且续航时间较长的固定翼飞机作为水下地形地貌信息采集的主要作业平台。

图 4.2　航空平台

2）动态 GNSS 导航定位系统

机载激光测深系统是一种典型的移动测量系统，解决系统的导航定位问题是维持系统正常运行的关键。随着动态 GNSS 导航定位技术的不断发展与完善，为保证系统整体稳定性与扫描结果的准确性提供了重要的技术支撑。基于机载激光测深系统的工作特点与适用区域，GNSS 系统在机载激光扫描系统中的作用主要包括三个方面。

（1）为激光扫描仪传感器提供精确的空中实时位置；

（2）为惯性导航单元提供实时动态的空间定位数据，并将所得数据用于陀螺传感器的修正计算，从而对陀螺漂移进行补偿；

（3）为平台提供导航数据，并以图文方式向飞行员和系统操作员提供飞机实时的状态。

为满足上述需求，在进行机载激光测深作业之前，应首先确保 GNSS 系统的正常运行以及与系统其他模块之间的数据交换得通畅。由于目前机载激光测深系统的主要适用范围为近海及海岸带区域，因此，多数情况下可采用精度高、稳定性较好的动态差分模式，该模式为系统提供厘米级的导航定位精度。但差分 GNSS 技术需要提前布设基站，这增加了系统的成本并且降低了灵活性，因而动态精密单点定位技术等导航定位模式的不断发展完善将对提高机载激光测深系统作业效率与效益产生重要作用。

3）惯性导航系统

惯性导航系统的基本原理是利用惯性空间中的力学定律获取运动载体在三轴方向的角度与加速度的变化，从而确定载体的运动状态。惯性测量单元（inertial measurement unit，IMU）是 INS 的核心部件，主要由三个单轴加速度计（accelerometer）和三个单轴陀螺（gyroscope）组成，前者主要测量激光扫描系统在载体坐标系统上的速度变化，后者则主要测量扫描系统的旋转角速度。

惯性导航系统的主要作用在于为激光扫描测深系统提供精确的姿态信息，包括激光器的俯仰角（pitch）、横滚角（roll）及航向角（heading），但 IMU 容易受到系统过度倾斜或转弯等影响，致使 INS 的姿态产生误差。因此，采用 GNSS/INS 组合姿态测量系统可以有效克服 INS 系统的误差累积，提高系统位置与姿态参数的测量精度。

4）激光扫描测深系统

激光扫描测深系统主要由激光发射器、码盘信号处理器以及接收器等部分组成。其中，激光发射器与接收器主要用于量测激光的发射与接收，码盘信号处理器主要用于确保激光与扫描的同步以及记录发射脉冲的方位角等。根据激光测深的原理，目前多数机载激光测深系统的激光器采用 Nd: YAG（钕-钇铝石榴石）为发光泵浦，产生 1064nm 的红外激光，再通过倍频技术生成 532nm 的绿光激光，或者倍频 Nd: YAG 的准三能级 0.946μm 激光产生 0.473μm 蓝光激光。对机载激光测深系统而言，一般将激光的发散角控制在 1～5mrad 的范围内。在此基础上，为控制激光发射并获得发射方位角需要对扫描电机进行编码，码盘信号处理器主要用于激光的发射控制，确保激光与扫描同步并记录发射脉冲的方位角。测深激光的回波信号由接收器接收，常见的接收系统主要包括光学接收系统和光电接收系统。通过接收系统中所加载的不同镜头，机载激光测深系统可实现浅水与深水信号的提取。

机载激光测深系统通常采用对地扫描的方式进行作业，常见的扫描方式主要为直线形扫描［图 4.3（a）］和圆形扫描［图 4.3（b）］，或根据搭载的不同激光器采用二者结合的方式。其中，圆形扫描轨迹一般为卵形或椭圆螺旋形（图 4.4）。

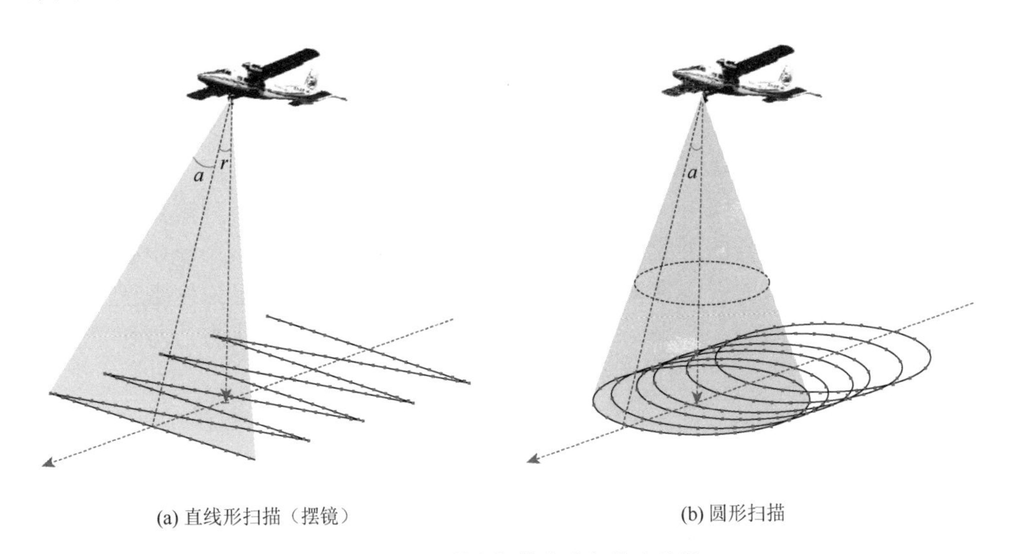


(a) 直线形扫描（摆镜）　(b) 圆形扫描

图 4.3　机载激光扫描方式与脚点轨迹

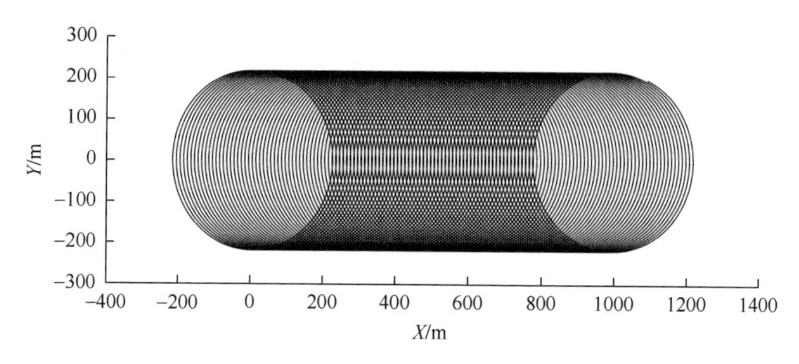


图 4.4　圆形扫描点云轨迹

不同的扫描方式各有利弊，直线形扫描方式结构复杂，但数据处理方式相对简单；圆形扫描的扫描机械结构简单，由于其地面点云在飞行扫描过程中重复覆盖且分布不均匀（图 4.4），从而增加了数据处理的难度。较早研发的激光测深系统通常采用直线形扫描，如美国的 ABS 系统和 SHOALS 系统，澳大利亚的 LADs MkⅡ以及加拿大的 Aquarius 系统等均采用了直线形扫描方式。随着计算机技术与数据处理方法的不断发展，以及为了避免机械硬件造成的系统误差，目前大多数机载激光测深系统开发者选择采用圆形扫描的方式，如 HawkEye、CZMIL 等。

5）同步控制装置

机载激光测深系统在扫描测深过程中通常需要处理多种观测系统所采集记录的数据，如姿态测量和导航定位数据、激光测距数据、回波强度数据、多波段影像数据等，各功能模块之间需要进行同步控制以实现各个系统间的数据交换与协同工作。采用同步控制系统可将不同设备获得的多源数据进行统一控制。导航定位系统、姿态测量系统及激光雷达测距系统均通过一套稳定的时钟支持其运行，同步控制设备可通过协调和检校各模块的时间记录，实现机载激光测深系统整体的同步控制。

6）数据采集处理系统

数据采集处理系统由计算机、存储设备及数据记录等一系列硬件与软件组成，可提供回波信号的采集、存储、水深值预处理等功能。该系统中包括不同数据采集设备获取的观测数据，并将其保存于记录器上。通过深度数据处理功能获得水深测量的初步结果，为探测期间作业人员实现系统状态监测和数据检查提供基础。

### 4.3.2　机载激光测深原理

激光探测具有发射频率高、波长较短及准直性好等特点，基于移动平台的激光扫描技术被广泛运用于三维空间数据的快速探测与获取。不同于采用红外波段的常规陆地激光扫描技术，机载激光测深技术通常选用蓝绿波段作为探测水下目标并获取其相关性质的主要波长范围。激光测深过程中，探测激光先后两次通过大气与水体两种不均匀变化的传输介质，其间后向散射回波能量快速衰减，经系统接收与记录后输出为回波波形数据。根据波形分析所得结果，结合卫星导航定位及惯性测量系统获得的相关数据，可最终实现机载激光测深点云解算。

1. 水体的光学特征对激光测深的影响

测深激光由大气进入水体的传播过程中，必然受到介质的衰减作用。由于水中含有水分子、浮游生物、黄色物质及悬浮体等复杂且不均匀的成分，当特定波长激光穿过时，通常会产生比大气更为严重的回波强度衰减。影响自然水体透光性的主要原因在于水体成分对激光能量的吸收与散射程度。吸收作用是激光在水中有机成分的作用下将所含光能转为化学能或其他形式能量的过程，其主要影响因素是水体中所包含的浮游生物及黄色物质的含量与分布状况。研究表明，近岸海水中的黄色物质对光能的吸收比例约占海水总吸收量的 65%（Lerner and Summers，1982）。散射作用主要表现在激光与水中粒子发生碰撞的过程中改变传播方向，从而使其原光路范围内的能量减少。造成激光在水中发生散射的主要原因有水分子的散射与水中悬浮颗粒的散射，前者主要为瑞利散射（Rayleigh scattering），后者主要为米氏散射（Mie scattering）（Guenther，1985；徐启阳，2002）。

吸收与散射作用的强弱与激光本身的波长相关。因此，不同波长的激光在区域范围内的衰减程度也有所不同。事实上，在一定波长范围内，水体的漫射衰减作用相对较小，即水体中存在一个类似于大气透光窗口的透射区间。相关研究表明，在波长为 470～490nm 的范围内纯净水体的衰减作用最小，而大洋表层海水衰减值最小则出现在波长 510nm 左右，对于近岸浑浊海水，该波长值则靠近 550～570nm。因此，470～570nm 应为激光在海水中的透射窗口，即主要在蓝绿光波段。水体的这一特性是机载激光测深技术发展的基础。

受区域环境的随机性影响，水体对测深激光的透射能力往往复杂多变，其光学特性将直接影响回波波形的具体形态与系统的测深能力。对于波长较短的蓝绿激光而言，水体中所含物质的种类与含量对激光传播过程中的吸收与散射等衰减作用具有直接影响。常采用透明度衡量目标水域的水质状况，系统测深所能满足的透明度条件也是机载激光测深能力的主要指标。一般采用 Secchi 透明度和光谱漫射衰减系数（$k_d$）作为衡量目标水域水质状况的量化指标。

1）Secchi 透明度

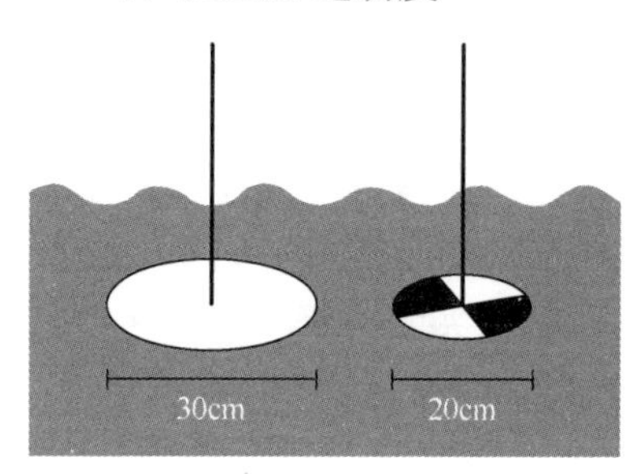


图 4.5　Secchi 盘与透明度

Secchi 盘（Secchi disk）一般为白色圆盘或黑白圆盘（海水透明度一般采用白色圆盘，湖泊等其他水体采用黑白圆盘，如图 4.5 所示）。观测者将该圆盘垂直放入水中，并使其下沉直至肉眼无法分辨为止，此时圆盘所对应的下沉深度即为水体的 Secchi 透明度。Secchi 透明度测量直观且操作简单，常用作机载激光测深系统相关深度指标。

Secchi 透明度是一种半定量的技术指标，其结果依赖许多外部条件，如周围光照强度分布、观测角度、海面波浪状况、海水成分及观测者的视力条件等。因此，Secchi 透明度只是水质的一种直观属性，并非一种绝对符合海水本质特性的固定指标变量。

2）漫射衰减系数

光谱漫射衰减系数可以通过光学探测器（光度计）进行测量，其值反映了水体的水质情况，该值与光的波长关系密切。设入射激光的辐照度为 $H_0(\lambda)$，其下行辐照度为（徐启阳，2002）

$$H(\lambda,z)=H_0(\lambda)\exp[-k_\mathrm{d}(\lambda)\cdot z] \tag{4.1}$$

式中，$z$ 为水深；$\lambda$ 为波长。式（4.1）反映了 $k$ 值与入射光线辐照度之间的函数关系，与下行辐照度相关的变量主要是光线的波长和水深值。

目前，采用 532nm 波长的蓝绿激光进行水深探测最为常见，其传播过程中水体的光谱漫射衰减系数与水体本身光学性质间的关系可表示为（徐启阳，2002）

$$k_\mathrm{d}=a_{at}(\lambda)[0.19(1-\omega_0)]^{\frac{\omega_0}{2}} \tag{4.2}$$

式中，$\lambda$ 为测深激光波长；$\omega_0$ 为单次散射反照度，$a_{at}(\lambda)$ 为水体的单色漫射光能衰减系数，可通过下式进行计算：

$$\omega_0=a_{sc}(\lambda)/a_{at}(\lambda) \tag{4.3}$$

$$a_{at}(\lambda)=a_{ab}(\lambda)+a_{sc}(\lambda) \tag{4.4}$$

式中，$a_{ab}(\lambda)$ 和 $a_{sc}(\lambda)$ 分别为水体的吸收系数和散射系数，二者共同反映了区域范围内的水质状况，其数值与海水中的黄色物质、浮游生物及沉积物的含量和分布状况有关。

图 4.6 为 532nm 蓝绿激光在水深为 20m 情况下回波功率变化随水体漫射衰减系数的变化趋势。水体的回波能量随 $k_\mathrm{d}$ 值的升高而逐渐减小。$k_\mathrm{d}$ 值是水质环境中的重要评价参数，是机载激光测深系统在区域范围内测深能力的衡量指标。

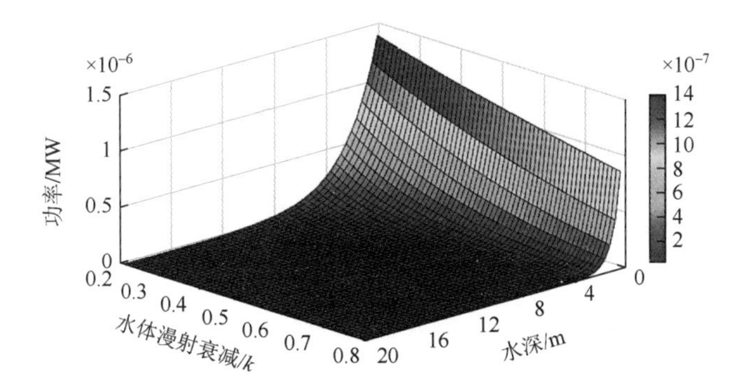


图 4.6　水体回波功率随不同漫射衰减系数的变化趋势

通常，$k_d$ 值可以采用相关设备进行直接测量，或根据模型方法通过采集相关参数变量进行推算。有关研究基于 MODIS 数据建立了 $k_d$(490nm) 与 $k_d$(532nm) 之间的转换关系，并估算了我国部分海域的 $k_d$(532nm) 分布情况（Guenther，1985；丁凯等，2018）。

Secchi 透明度与光谱漫射衰减系数 $k_d$ 的测量效果具有一定相关性（Gordon and Wouters，1978），二者之间存在近似关系：

$$k_d \cdot Z_s = n_k \quad n_k \in [1.1,1.7] \tag{4.5}$$

式中，$Z_s$ 为 Secchi 深度。$n_k \in [1.1,1.7]$ 为通常范围，但因为水体环境存在较大的不确定性，故其实际测量值可能超出该范围。该公式为经验公式，二者之间并无特定准确的定量规律。

综合所述，区域范围内的水质情况对机载激光测深系统的测深能力具有重要影响，在进行激光测深时应首先了解目标区域范围内的水体环境状况，并根据实际条件及结果需求评估所采用的机载激光测深系统在该区域的适用性。

### 2. 蓝绿激光全波形技术

蓝绿激光全波形技术是机载激光测深的基础，通过接收系统对回波能量的离散化采样获取测深全波形数据，该数据记录了激光传播过程中回波信号的强度变化，并包含了完整光路的响应特征。在此基础上，结合系统时间以及扫描仪的工作状态即可对探测区域的真实传播情况进行有效还原，分析并挖掘信号中所包含的相关信息。

传统的激光扫描系统受系统存储与计算能力的限制，仅能根据激光测距的基本原理将获取的回波信号量化为有限次的回波信息，通过激光的发射与接收时间差乘以光速计算距离。其缺点在于接收信号成分单一，只能反映激光脚点在空间范围内某一层或某一反射目标物到接收设备的空间距离，当目标物在扫描区域存在空间多层分布的情况时，其所能提供的信息则十分有限，如植被覆盖的陆地区域或符合一定标准水质条件的浅水区域等。随着计算机存储与运算能力的提升，目前全波形技术已被广泛应用于机载激光测深系统，且多数商业机载激光测深系统均已装备小光斑扫描仪，点云密度及系统扫描获取的数据量进一步增加。其波形数据的分解是当前机载激光技术的热点和难点问题。

全波形分析的主要目的包括目标物的特征提取和目标物的空间三维位置确定。由于激光回波数据容易受到海水水质、海水基底、泥沙、鱼群等影响，信号衰减严重，接收到的回波信号也淹没于噪声之中。此外，经海洋基底反射的信号，在时间方向被拉宽，造成所谓海底回波上升沿不确定性问题，如图 4.7 所示，垂线所标示的回波上升沿的存在，对准确判断并得到回波的时间差造成了困难。

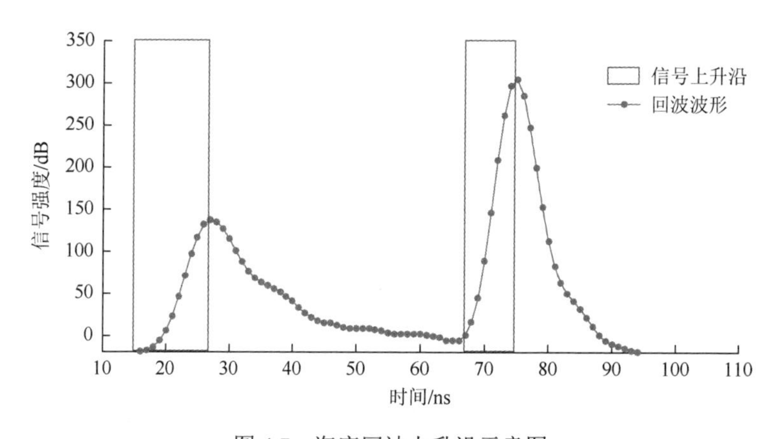


图 4.7　海底回波上升沿示意图

激光具有良好的指向性，但随着距离的增大，激光脚点的面积也随之增大，因而在实际情况下激光所接触的目标表面反射不止一个点，而是一个面，甚至在目标物体边缘，只是一部分接收到激光照射，而另一部分在其延伸方向的更远处，加之激光光路通过不同介质及不同照射面的情况，使得激光探测的回波信息不但所含内容十分多样，而且随着各种回波信号的相互叠加其信息成分更加复杂，如图 4.8 所示。如果采用合理的方法将所获的信息进行提取，将极大地提高激光技术的探测数据质量和适用范围。

机载激光回波波形数据处理是获取传播介质相关性质及目标物散射响应特征的基础，由此产生的不同波形处理方法如波形去卷积、波峰探测及波形分解等为回波信号分析与特征信息的提取提供了重要的技术支持。同时，回波波形分析方法的研究对提高机载激光测深系统的性能具有重要意义。

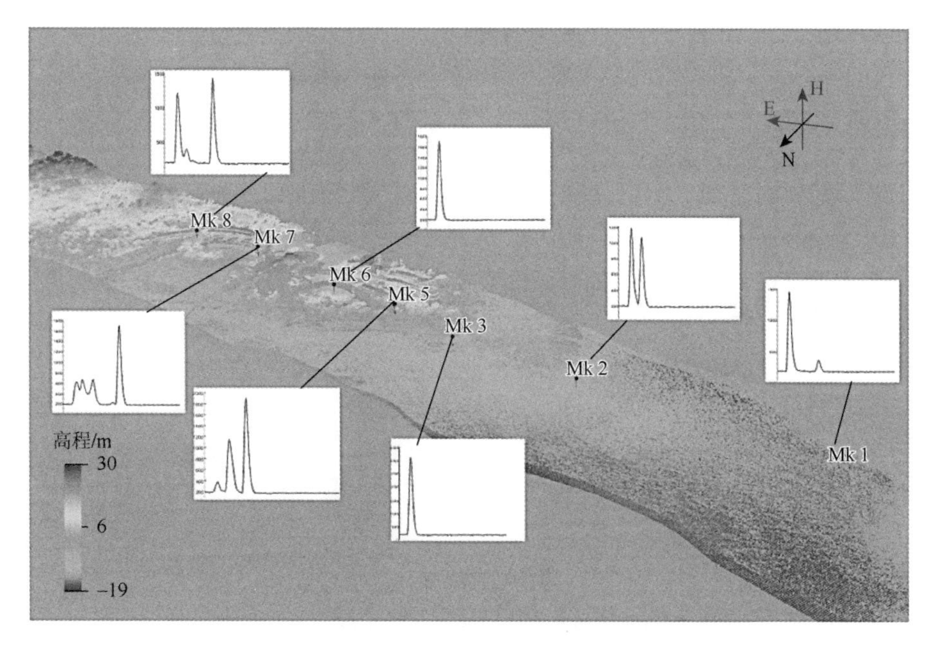


图 4.8　机载激光测深的海陆一体化测量回波波形

3. 机载激光水深探测

机载激光测深系统主要采用脉冲式激光测距，即通过精确测定激光在发射与返回之间的时间差计算激光传播的往返距离。机载激光测深系统基本原理与移动载体的常规激光测量方式有类似之处。通过集成多种探测设备，获得激光扫描数据的同时实现系统空间位置及飞行状态的监测。图 4.9 为机载激光测深计算的基本原理示意图。

机载激光水深探测的原理在于通过计时单元记录两次回波信号的时刻，进而计算出水面与水底间回波的时间差，再乘以光波在水体中的传播速度即可得到激光在空气和海水两种介质中的传播斜矩：

$$L_{air} = \frac{ct_1}{2} \tag{4.6}$$

$$L_{wt} = \frac{cn_a t_2}{2n_w} \tag{4.7}$$

式（4.6）和式（4.7）为机载激光测深的基本计算模型。其中，$L_{air}$ 为激光在大气中的传播斜距；$L_{wt}$ 为蓝绿光在水体中传播的斜距；$c$ 为光在空气中的传播速度；$t_1$ 为激光信号由传感器至水面间的往返时间；$t_2$ 为海面回波信号与海底回波信号在波形中的时间间隔；$n_a$ 和 $n_w$ 分别为激光在空气和海水中传播的相对折射率，其值随着介质环境的具体情况有所不同，当介质为非均匀介质时，可采用沿

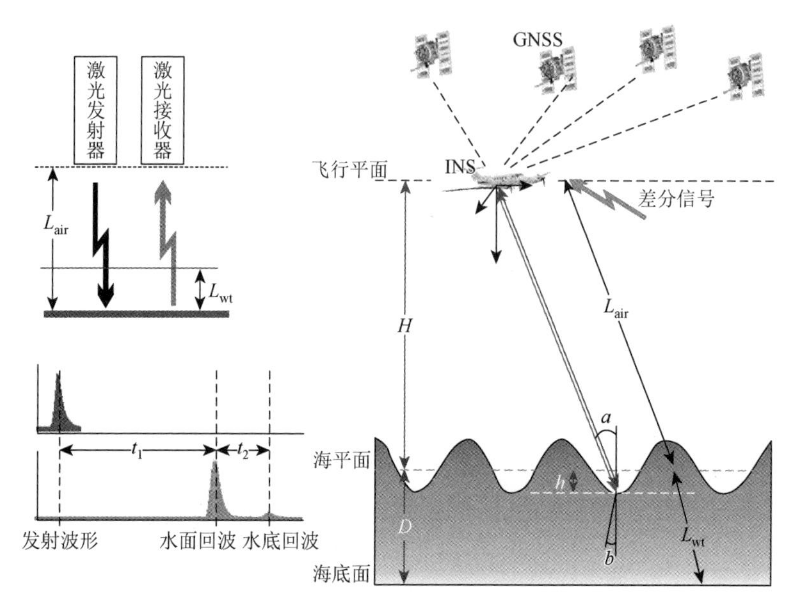


图 4.9　机载激光测深计算的基本原理示意图

光路进行积分计算的方法进行补偿。在常规状态下，空气与海水的折射率变化范围有限，主要与空气和海水的具体状态有关（如温度、湿度、气溶胶含量、盐度、压强等因素）。此外，为了能得到精确的水深信息，还必须考虑瞬时波浪和潮汐等对激光测深数据的影响。如图 4.9 中，激光在空气中传播的斜距为 $L_{air}$，由飞行平面到海底，激光所穿过的距离（$L$）为

$$L = L_{air} + L_{wt} = (H + h)\sec a + (D - h + \varepsilon_b)\sec b \tag{4.8}$$

可得深度值：

$$D = h + \frac{1}{\sec b}[L - (H + h)\sec a] - \varepsilon_b \tag{4.9}$$

式中，$h$ 为激光入射位置与海平面的垂向距离；$\varepsilon_b$ 为未被模型化的测深误差。式（4.9）表明，在不考虑过程误差的情况下，海面浪高估计及潮汐改正对测深精度的影响也十分明显。因此，提高水面浪高估计精度，准确估计海面动态环境的改正误差，并在此基础上进行精确的误差补偿与修正是机载激光测深的关键技术。

## 4.4　机载激光测深数据处理

机载激光测深技术与常规陆地激光扫描技术具有相似性，但机载激光测深技

术在探测目标、激光传播过程、作业技术流程及扫描探测原理等具体方面也存在明显的差异性，本节主要针对蓝绿激光雷达数据处理过程中的数据预处理、回波信号分析及点云数据解算过程中的关键技术问题进行具体阐述。

### 4.4.1　激光数据预处理

激光波形数据处理的主要目的在于获取来自目标区域水面、水体及水底等界面的回波波形分量，并以此解算区域范围内的水深变化与水下地形地貌特征。因此，回波波形数据处理的基本任务在于通过有效的信号处理方法获取水下空间特征。为保证数据处理结果的有效性与适用性，系统在波形数据处理过程中应具备回波有效部分选取和波形去噪等预处理流程。

1. 数据准备

机载激光雷达测量系统是由激光扫描、卫星定位、惯性导航、飞行记录等多种数据采集单元组合而成的综合移动测量系统。系统可在飞行扫描过程中记录其整体的运动状态，各模块间通过数据文件中所提供的信息进行相互引用实现系统内部的统一协调，同时获取大量观测数据，包括激光雷达回波数据与扫描状态、IMU 运动状态数据、GNSS 基站与流动站的观测数据，以及水体环境特征等信息。因此，在进行数据处理前应保证其过程的完整性，并在此基础上对各采集单元获得的数据资料进行处理，初步判断观测数据的有效性与准确性，清除其中所包含的错误数据，为后期观测数据的处理与分析提供重要的前期保证。

2. 有效回波信号选取

受飞机飞行航高与水深条件的限制，系统接收的回波信号中除在水中传播时的强度变化之外，还包含了大量数据冗余。因此，在进行回波波形数据处理之前，需要对已有的数据资料进行初步处理。图 4.10 为不同环境背景条件下所接收到的回波信号及其有效波形位置。通常设备所记录的信号长度不会低于包含回波特征的有效波形长度，因而需要先确定回波信号的有效部分，使其在减少数据冗余的同时，保证相关处理效果集中作用于反映目标区域水面、水体及水底等响应特征的信号部分［图 4.10（b）和图 4.10（d)］。截取初始信号中的有效部分作为数据处理的主要部分，缩减了波形信号的处理长度，从而提高数据处理效率，减少非目标信号的干扰。

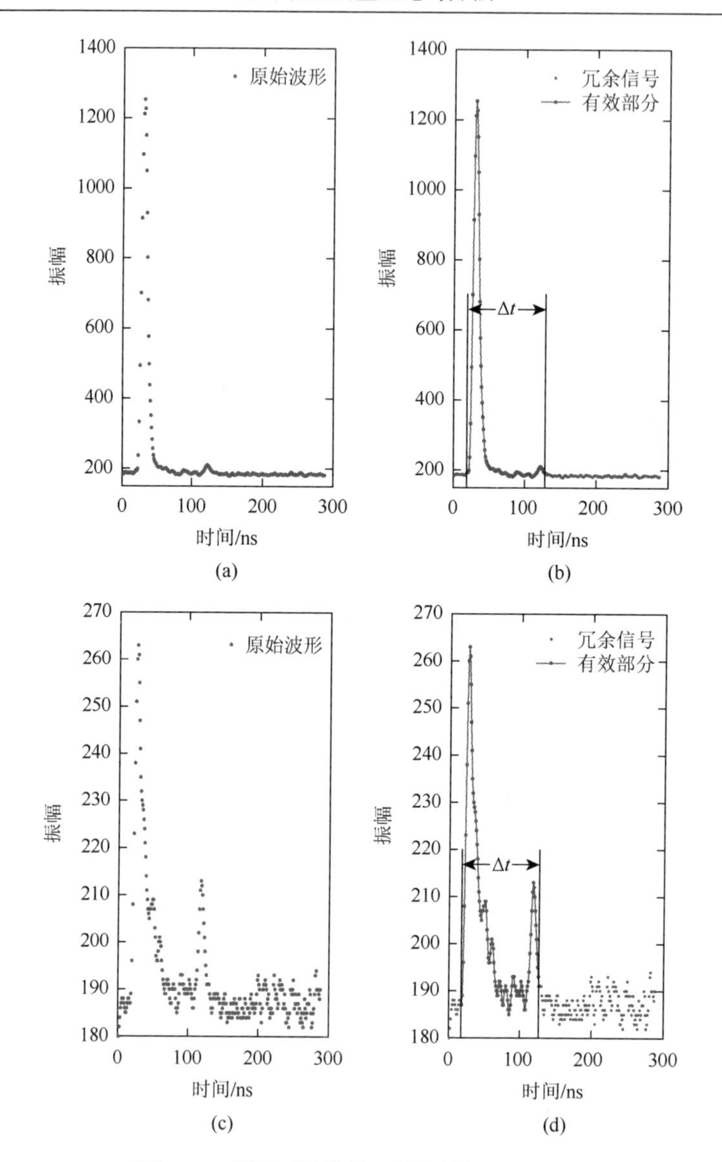


图 4.10　原始回波信号及其有效部分示意图

（a）和（c）分别为不同水底回波强度与背景噪声的原始回波波形，（b）和（d）中由 $\Delta t$ 标注的信号段为原始回波信号的有效部分，$\Delta t$ 为有效波形长度

由于波形的有效部分代表了一个完整回波信号中能量变化的主要部分，而其余部分的主要成分则为包含随机噪声干扰在内的高频信号，利用这一特点可通过绘制回波波形直方图的方式确定信号各部分的统计特征，如图 4.11 所示。

由于随机噪声的干扰主要集中于振动幅度较小的部分，采用高斯函数对直方图数据进行拟合后，选择其期望值作为回波数据中随机噪声的均值，同时高斯函

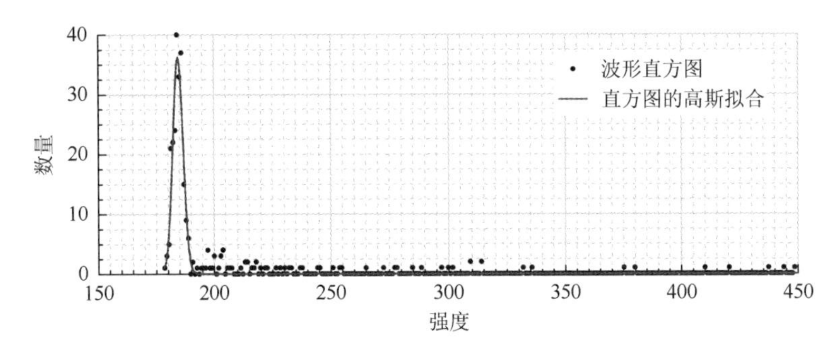


图 4.11　回波波形强度频率直方图

数的标准差代表了回波波形中随机噪声的标准差。图 4.11 中，对直方图的高斯拟合的结果如下。

$$f_i(a)=C\exp\left[\frac{-(a-a_{\mathrm{m}})^2}{2\sigma^2}\right],\quad f\sim[C,a_{\mathrm{m}},\sigma] \tag{4.10}$$

其中，$C$ 为高斯函数峰值振幅；$a_{\mathrm{m}}$ 为高斯函数峰值对应的时间位置；$\sigma$ 为高斯函数标准差。图 4.11 中，$[C,a_{\mathrm{m}},\sigma]=[36.87,184.4,2.14]$。以三倍的标准差作为标准，可计算有效波形选取阈值，即当回波强度 $p(t)\geqslant(184.4+3\times2.14)=190.82$ 时认为其属于回波波形中的有效部分。

由于信号段前后部分不含目标反射信号，其成分主要是激光脉冲在传播过程中的背景噪声，因此，一种常用的简化方案是选取波形数据前后 $N$ 帧数据进行直接统计，并采用所得数据的期望以及标准差作为背景噪声的均值和标准差。一般可选取前后大约 $m$ 个与目标反射回波强度无关的离散波形数据进行统计分析。

$$\mu_N=\frac{1}{m}\sum_{i=1}^{m}y_i \tag{4.11}$$

$$\sigma_N=\sqrt{\frac{1}{m-1}\sum_{i=1}^{m}(y_i-\mu_N)^2} \tag{4.12}$$

利用式（4.11）和式（4.12）计算，可以近似得到回波信号中背景噪声的统计特征。由于背景噪声以随机噪声为主，通常认为其为符合高斯分布的白噪声，一般选择背景噪声三倍的标准差作为判断信号是否含有有效反射回波信号的依据。当信号振幅的绝对值超过随机噪声的置信范围时予以保留，反之，认为其为噪声干扰予以排除。经过对整个波形进行筛选后，保留下的回波波形信号，即为波形的有效部分。

### 3. 有效波形的噪声抑制

受系统及介质环境的不确定性影响，测深激光在传播过程中通常产生大量的随机噪声响应，因而系统所接收的回波信号中，除了包含目标物的有效回波之外，还包含了大量系统内外所产生的噪声干扰，如激光发射器与接收器的噪声电流、传播过程中来自传输介质及其他光源的干扰等。表现在波形形态上为局部回波强度的异常波动。按照目标物对激光的响应，激光回波信号可简化为以下形式：

$$p_r(t) = p_t(t) \cdot w_t(t) + n(t) \tag{4.13}$$

式中，$p_r(t)$ 为接收回波功率；$p_t(t)$ 为发射脉冲在接收回波中的响应函数；$w_t(t)$ 为目标物后向散射截面在微小距离下的响应；$n(t)$ 为测深激光传播过程中受到的随机干扰，通常将其表示为高斯白噪声。

由于产生随机噪声的原因很复杂，随机噪声通常难以按照确定的模型与数学方法进行表示。当随机噪声的响应功率过大时，其将严重影响波形数据分析及反射位置的准确判断，部分有效信息甚至被淹没以致无法恢复。高质量的回波波形序列将有助于提高波形处理与分析结果的精确度与可靠性，为了提高回波波形的信噪比，可通过提高探测器的相关性能，如提高电流响应、采用较窄的滤光装置等方法减少噪声输入。但实际测量中很难直接改装系统设备，因此，在进行激光全波形数据分析之前需要采用适当的滤波方法消除或减少回波信号中随机噪声的不利影响，通常采用的方法有高斯低通滤波、小波抑噪及保留信号矩的低通滤波等。针对波形信号中所含噪声情况及数据质量的问题，可采用具有量化特性的数据指标进行衡量。通过将处理后的波形特征转换为具体的数字参数或量化标准，从而对信号的质量做出评定。通常采用的量化评价指标有均方误差（MSE）、均方根误差（RMSE）、峰值信噪比（PSNR）等。

### 4.4.2　波形数据处理与目标探测

全波形数据的记录与处理是机载激光测深技术的关键，采用针对适合特定水质、海底地形变化复杂度等条件下的波形数据处理方法对提高系统数据处理质量具有重要的意义，目前机载激光测深全波形数据处理方法主要包括波形数据的去卷积、激光回波时间位置探测及测深激光全波形高斯分解等方法。

1. 波形数据的去卷积

根据激光回波信号的简化公式［式（4.13）］，除去信号在传播过程中由于背景和恒星辐射、系统干扰等随机加性高斯白噪声 $n(t)$，回波波形主要由发射脉冲响应函数与目标物反射截面响应函数的卷积构成。以上两者之间的相互作用使得回波脉冲能量变化率降低，相关回波信号出现展宽与延迟，进而造成目标物截面判断的不确定性增加。为提高波形分析的有效性，更准确地提取目标物截面的几何位置特征，可采用回波波形去卷积的方法减少传播过程中环境干扰对目标物回波信号的不利影响，并突出回波信号中反映目标物特征的部分。针对去卷积方法的基本原理与特点，以下分别选取几种具有代表性的去卷积方法进行分析与讨论。

1）傅里叶去卷积

傅里叶去卷积方法是一种基于理想状态的去卷积计算方法，该方法根据卷积的运算特性，将式（4.13）中方程两端部分各自进行傅里叶变换：

$$F_{pr}(f)=F_{pT}(f)\times F_{wt}(f)+N(f) \tag{4.14}$$

假设随机噪声不存在的情况下有如下关系：

$$\tilde{F}_{pT}(f)=\frac{F_{pr}(f)}{F_{wt}(f)} \tag{4.15}$$

经过傅里叶逆变换得

$$\tilde{p}_t(t)=\mathrm{FFT}^{-1}\left[\frac{F_{pr}(f)}{F_{wt}(f)}\right]=\mathrm{FFT}^{-1}\left[F_{pT}(f)-\frac{N(f)}{F_{wt}(f)}\right] \tag{4.16}$$

傅里叶去卷积方法体现了波形去卷积计算的基本思路，其过程代表了测深激光回波波形去卷积过程。但傅里叶去卷积方法最大的问题在于对随机噪声的要求过于严格，当 $F_{wt}(f)\to 0$ 或反映噪声的部分 $\dfrac{N(f)}{F_{wt}(f)}\to\infty$ 时，上述去卷积方程则呈现出病态特征。因此，该方法只是一种理想状态下波形去卷积的方法。

2）基于傅里叶的正则去卷积

针对傅里叶去卷积方法中提到的关于去卷积方程病态，且在实际波形处理中的不适应性问题，通过采用正则逆的方法进行处理。通常对处理方程病态，不适应实际波形处理的情况称为正则化处理。对于去卷积方程病态的情况，利用傅里叶收缩的方法削弱噪声在去卷积过程中的影响。即给 $F_{pT}(f)$ 乘以一个收缩因子 $\lambda_k^f$。根据式（4.15），可得

$$\tilde{F}_{pT}(f)=F_{pT}(f)\lambda_k^f+\frac{N(f)}{F_{wt}(f)}\lambda_k^f \tag{4.17}$$

其中，$\lambda_k^f$ 为正则收缩系数：

$$\lambda_k^f=\frac{F_{wt}^{-1}(f)}{|F_{wt}(f)|^2+\Lambda(f)} \tag{4.18}$$

式中，$\Lambda(f)$ 为正则项，不同的傅里叶正则去卷积方法的主要区别在于正则项上。

设 $\sigma^2$ 为噪声方差，正则参数 $\alpha>0$，则 Tikhonov 去卷积的正则项（Tikhonov et al.，1995；邹建武等，2014）：

$$\Lambda(f)=\alpha\frac{C\sigma^2}{\left\|p_r(t)-\dfrac{1}{C}\sum_{t=1}^{C}p_r(t)\right\|^2} \tag{4.19}$$

典型的正则化去卷积技术可参考维纳（Weiner）滤波去卷积，该方法采用一个常数作为正则项，减少了计算复杂度，从而在一定程度上提高了算法的可用性：

$$\lambda_k^f = \frac{F_{wt}^{-1}(f)}{|F_{wt}(f)|^2 + K} \tag{4.20}$$

其中，$K$ 与信号中所含随机噪声的强度有关，需在计算过程中通过试验予以确定。

3）非负最小二乘去卷积

非负最小二乘去卷积（NNLS）方法主要基于矩阵的去卷积技术，实质上是将去卷积计算转化为矩阵分解的问题，从而得到一个严格的凸函数。估计的原则在于使得估计后的波形与原始回波波形之间的平方差最小。通过给出一个矩阵 $\boldsymbol{M}$，寻找满足以下条件的非负矢量 $p_t$。

$$\frac{1}{2}\left\|\boldsymbol{M}p_t(t) - p_r(t)\right\|^2 = \min \tag{4.21}$$

根据 Lawson 和 Hanson（1974）提出的 NNLS 去卷积方法计算得到式（4.21）的唯一解。

4）盲去卷积

盲去卷积技术是使用极为普遍的去卷积方法之一。其主要特点在于当扩散函数未知的情况下，该方法可通过采用极大似然算法对式（4.13）中 $w_t$ 进行迭代估计。对于大多数波形信号而言，盲去卷积方法是一种比较符合实际波形数据情况的去卷积方法，且算法复杂程度较低，易于实现。

5）Richardson-Lucy 去卷积

Richardson-Lucy（RL）或 Lucy-Richardson 方法，在已知点扩散函数的基础上，用于模糊图像的复原处理，这里将一维的波形数据类比为 $1\times N$ 的图像，即可用 RL 方法对波形信号进行处理。所接收到的波形信号可表示为式（4.13），RL 方法采用了迭代的思路代替求解扩展函数的过程，其中第 $i+1$ 次迭代的波形结果为

$$p_t^{i+1}(t) = p_t^i(t)\left[w_t(t) \times \frac{p_r(t)}{w_t(t) \times p_t^i(t)}\right] \tag{4.22}$$

式中，$w_t(t)$ 为扩散函数。如何确定扩散函数是该方法的关键，扩散函数的估计方法可分为以下几种。

（1）运用先验知识，在已知波形退化规律的基础上，分析波形上振幅变化较大的部分；

（2）运用后验判断，如功率谱和倒谱分析；

（3）最大似然估计（maximum likelihood estimation，MLE），利用期望最大化方法（EM）估计扩散函数。

其中，采用最大似然估计方法进行扩散函数的估计最为普遍。

为了直观了解以上几种波形去卷积运算的效果，以下分别采用几种去卷积算法对某一实测波形进行去卷积处理，通过比较几种方法处理结果的不同，对几种去卷积方法的处理效果及各自特点进行分析（图 4.12）。

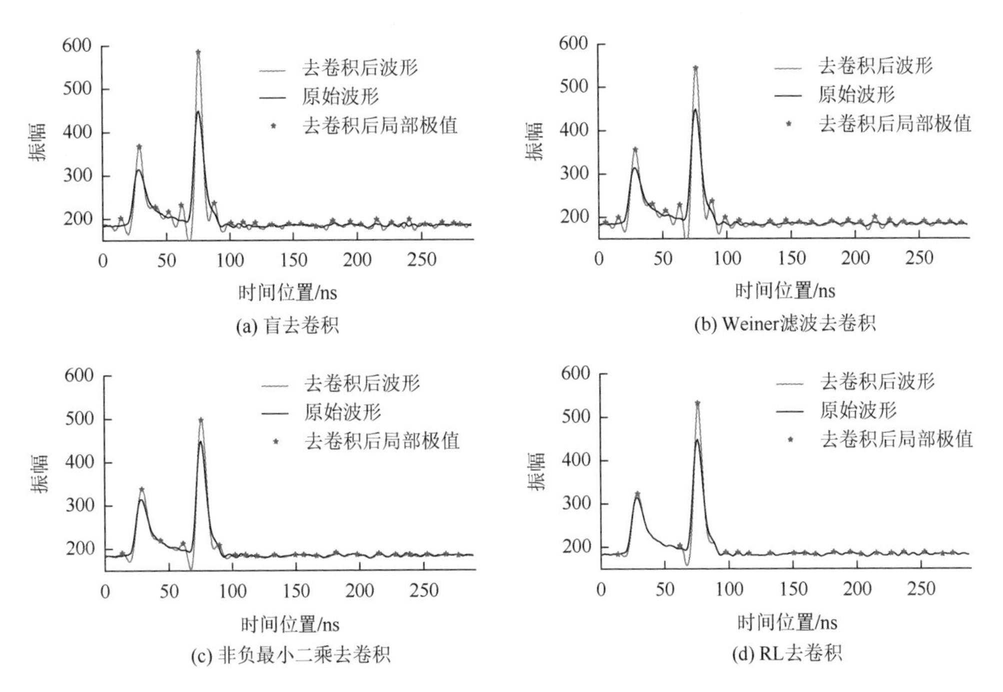


图 4.12　去卷积方法处理后波形效果

图中振幅为归一化值，其单位为 1

通过比较图 4.12 中不同去卷积方法处理后的波形形态发现，经以上几种去卷积方法处理后，回波波形的形态出现了明显变化，不同的去卷积方法均对改善脉冲回波信号展宽、提高回波波形分辨率具有明显效果，具体表现为波峰的位置和强度信息更加突出。因此，采用去卷积方法有利于回波脉冲信息的提取。但几种去卷积方法在相同条件下所表现出的振铃效应程度有较大不同，其中 RL 方法处理后的效果受噪声等其他干扰的程度较小，局部的吉布斯现象与相同条件下其他三种去卷积的方法相比相对较弱，因而 RL 方法结果在水面与水底反射脉冲之间所产生的“伪信号”比其他三种方法更少，这对提高脉冲回波探测的准确度具有重要价值。

表 4.1 为结合局部极大值检测的去卷积计算对单个波形进行处理后所得的反射时间位置与水中传播距离。从实测数据结果中可以看出，不同去卷积方法在水面和水底反射时间位置判断方面有一定程度的影响，这种差别所对应的结果偏差使得测深激光在水中传播距离的估计结果各有不同，可根据实际探测效果选择符合精度要求的具体方法。

**表 4.1　不同去卷积方法反射峰值检测后处理结果**

| 方法 | 水面反射 | | 水底反射 | | 水中传播时间/ns | 水中传播距离/m |
|---|---|---|---|---|---|---|
| | 时间位置/ns | 振幅 | 时间位置/ns | 振幅 | | |
| 盲去卷积 | 28.902 | 367.85 | 76.185 | 586.12 | 47.283 | 10.629 |
| Weiner 滤波去卷积 | 28.915 | 355.63 | 76.213 | 544.61 | 47.298 | 10.633 |
| 非负最小二乘去卷积 | 29.106 | 338.09 | 76.231 | 497.37 | 47.125 | 10.594 |
| RL 去卷积 | 29.032 | 322.80 | 76.314 | 531.68 | 47.282 | 10.629 |

综上分析发现，去卷积算法易受随机噪声与吉布斯现象的影响，这是造成波形分析结果不稳定的主要原因，也是采用该方法进行波形处理的主要劣势。目前机载激光测深波形去卷积方法研究表明，RL 去卷积方法对波形中含有的随机干扰的敏感程度及处理过程中受振铃效应影响的程度相对较低，同时该方法在成功率、结果稳定性及运算效率等方面与其他波形去卷积方法相比均具有一定优势。因此，RL 去卷积方法在激光测深回波数据处理的相关应用中受到普遍认同。在全波形信号分析中，无论反射脉冲的提取还是波形分解，通过合理地搭配波形去卷积运算，可有效抑制全波形信号在传播过程中所受的衰减延迟与扩散作用，并对抑制噪声影响、提高波形信号中提取有效信息的准确度方面具有重要意义。

2. 激光回波时间位置探测

激光反射脉冲探测的本质在于通过对系统接收波形的直接分析，确定波形数据所在时间区间内水面、水体及水底等反射面上回波发生的具体时间位置，从而由目标与接收机之间的相对位置计算出目标物的真实空间位置。直接在时间域内对波形数据进行处理和分析是该方法的主要特点，其操作简单高效，不存在复杂的数据分析与计算过程，所得结果与传统激光扫描技术判断回波时刻的计算模式相似。通常激光反射脉冲探测方法可分为阈值方法和均方差函数（average square difference function，ASDF）判别方法两种类型。

阈值判别法主要利用波形序列的本身特点，采用一定限定条件对回波中反射脉冲发生的时间位置进行判断，常见的探测方法包括固定阈值法、波形局部极大值、二阶导数过零值方法（zero-crossing）及重心检测等。均方差判别方法与上述脉冲探测方法有所不同，在不考虑噪声的条件下，反射波形为发射波形的简单复制，该方法主要利用这一原理，利用系统在激光发射时记录的发射波形信号，确定反射信号中与发射脉冲信号关联度最大的位置，作为反射发生的具体时间位置。

此外，激光脉冲探测对其他波形处理方法也具有重要意义，如去卷积处理后反射位置的判断及波形分解过程中初值的确定等。下面对激光脉冲探测方法进行研究，进而分析不同探测方法的处理效果与特点。

1）局部极大值方法

局部极大值方法是广泛采用的波峰探测方法，该方法认为反射发生的时间位置应在回波波形局部极大值处。换言之，极大值的数值可直观地反映反射能量的强度。该方法计算简单，便于理解，常用于反射位置探测及波形分解中初值的判断。局部极大值对应的时间位置需满足：

$$t_p \in \{y(t_p) > y(t_p - 1) \cap y(t_p) > y(t_p + 1)\} \tag{4.23}$$

$t_p$ 为局部极值对应的时间位置。在实际操作中，为避免残余噪声的影响，可根据探测目标的回波强度与时间位置等实际情况设定筛选条件进行遍历搜索，找出符合条件的时间位置，并以此作为目标反射发生的具体时刻。在遍历过程中，所搜索到的局部极值 $y(t_p)$ 只有满足以下条件时，可认为其对应的时间位置为发生反射的时间位置：

$$\begin{cases} |t_{p1} - t_{p2}| \geqslant \varepsilon_1 \\ y(t_p) \geqslant \varepsilon_2 \end{cases} \tag{4.24}$$

式中，$t_{p1}$ 和 $t_{p2}$ 分别为两相邻极大值对应的时间位置；$\varepsilon_1$ 和 $\varepsilon_2$ 分别为时间长度限制和振幅强度限制。采用该方法所确定的反射时间位置为采样间隔的整数倍，可根据需要在计算过程中采用波形插值的方法保证脉冲探测结果的准确性。

由于对回波信号的采样通常是等间隔的，因而只需对回波信号序列求一阶差分并以其零值位置为回波波形峰值所在位置。但受到海水水质条件、水中后向散射及多路径散射影响，传感器所接收回波能量，除了反射造成的起伏变化还包括一个逐渐递减的能量散射过程。一般认为激光测深所接收到的回波信号强度按照性质可以分为两类，即反射脉冲和后向散射衰减。反射脉冲一般可以采用高斯函数进行模拟，后向散射衰减可以用递减的指数函数表示，全波形数据则为二者的叠加。

假设在两次回波之间的后向散射可以近似地表示为线性函数：

$$k(t) = rt + c \tag{4.25}$$

反射波 $f(t)$ 可表示为一种高斯函数，二者的混合函数为

$$y(t) = f(t) + rt + c \tag{4.26}$$

求一阶导数得

$$y'(t) = f'(t) + r \tag{4.27}$$

可以看出，如果在 $t$ 处不是极值点时，$r$ 并不能代表 $f'(t)$ 的偏移量，但当 $f'(t)$ 处于零值点时 $y'(t) \geqslant 0$，即发生了波峰位置的“左移”（图 4.13）。为了处理这种情况，采用一阶导数局部最大值和最小值的平均值代替之前的零值线，该方法可有效抑制波峰偏移造成的传播时间估计误差，从而确定波峰出现的绝对位置。

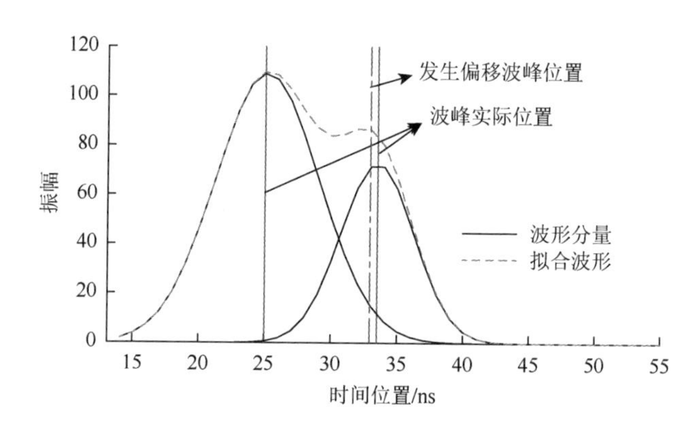


图 4.13　波形重叠造成的波峰偏移

综合以上所述，从波形形态出发采用局部极大值方法确定反射脉冲发生的时间位置是一种较为直观的判断方式，其优点在于计算简单且便于理解，但当回波脉冲距离相对较短，不同反射分量之间相互重合时，该方法容易受到波峰偏移的影响而难以确定真实反射脉冲发生的时间位置，通过采用相邻一阶导数极大与极小之间的均值代替零值位置的方法可有效削弱波峰偏移所产生的估计偏差。

2）导数过零值方法

接收机所获得的回波信号本质上为一组连续变化的强度值，采用二阶导数判别回波间隔时，通常认为测深激光脉冲发生反射的同时必然伴有回波能量变化速率的突变。因此，只要确定回波能量变化速率发生改变的时间位置与时间间隔，即可确定反射发生的准确时刻，继而通过推算获得准确的水深估计。能量速率的突变主要表现在回波波形的拐点处，即回波信号二阶导数零值处所对应时间位置。回波波形中水面反射所对应的二阶导数零值位置与水下反射对应二阶导数零值间的时间间隔为激光依次穿过水面到达水下反射体之间传播时间二倍。图 4.14 为二阶导数过零值确定反射回波位置示意图。

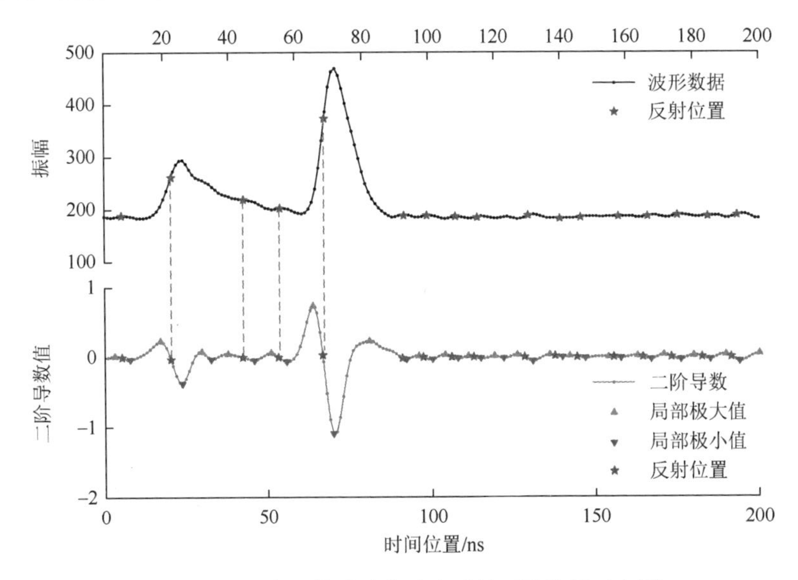


图 4.14　二阶导数过零值确定反射回波位置示意图

二阶导数曲线反映了其对应波形强度变化的速率，其值为 0 时即为波形能量变化速率发生突变的位置。该方法中零值位置的计算方法与局部最大值方法类似，不同之处在于该方法采用回波波形能量速率的概念作为获取反射脉冲位置的主要依据。

3）波形信号的重心检测

在信号处理中，重心检测是一种重要的处理方法，该方法通过计算特定区间内信号的强度重心，有效避免了波峰偏移所造成的回波位置探测结果失真的情况。在噪声环境下，重心的位置也通常是稳定的，因而重心检测方法还对信号中的随机干扰具有较好的鲁棒性。信号的重心定义如下：

$$t_{gc} = \frac{\int t\,|\,y(t)\,|\,\mathrm{d}t}{\int |\,y(t)\,|} \tag{4.28}$$

式中，$t$ 为信号对应的时间位置；$y(t)$ 为回波信号的振幅强度。式（4.28）中积分计算的区间为信号覆盖的时间范围。回波信号为离散序列时可将式（4.28）改写为

$$t_g = \frac{\sum t\,|\,y(t)\,|}{\sum |\,y(t)\,|} \tag{4.29}$$

波形信号的重心检测通常还需要选取特定的阈值，即只对符合阈值条件的信号部分进行重心计算，如图 4.15 所示，采用了振幅 200 为信号分析阈值，以信号强度高于阈值的部分为相应的重心位置。

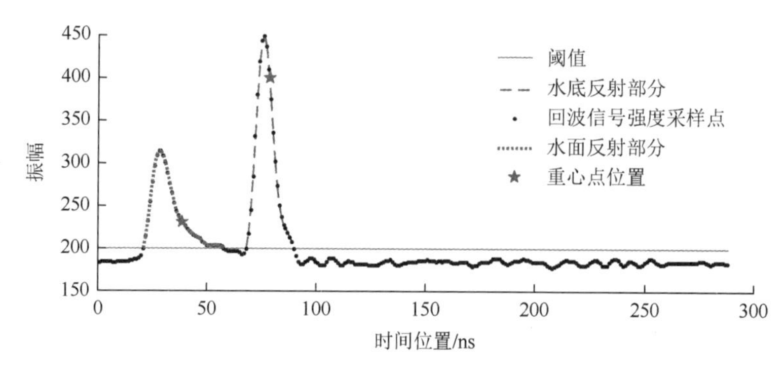


图 4.15 重心检测原理

从图 4.15 的重心检测中看出，通过阈值的选取将原始信号分割为若干反射部分，如图 4.15 中水面反射部分和水底反射部分，但需注意由于水体或水底地形的复杂性，并不限于两次回波，且重心的位置容易受到传播过程中衰减作用影响，造成信号的延迟和扩展。该方法的关键在于信号阈值的选取，实际上每个波形所反映的回波特征与传播过程都各有不同，即使同一个波形，当采用不同的阈值时，其所能确定的回波位置也不相同，最佳的方式是采用自适应或个性化的选取方式确定阈值的大小。通常所选阈值应与海底回波峰值呈比例，如 20%、50%、80%等。

4）ASDF 方法

ASDF 方法认为回波波形是由若干单个回波脉冲所组成的混合波形，接收的回波数据是由发射脉冲经能量衰减与延迟后所产生的变形。由于介质环境以及传播过程中的相关干扰是造成回波能量变化、并与发射波形产生明显差异的主要因素，因此，ASDF 方法采用回波波形与发射波形的相似性作为判断反射发生位置的主要依据，该方法在本质上是一种基于参考信号和测量信号之间相关性的时间延迟估计。

其所记录的全波形数据在形式上包括有两个部分：一部分是激光发射器在出射时所发出的脉冲信号 $y_1$，另一部分是在经反射、散射或多路径作用所返回到激光设备单元并被接收器所接收的入射信号 $y_2$。以上两个部分的激光强度均由系统按照接收的时间顺序以一定采样间隔进行记录并保存，因此，可以将全波形数据看作激光的强度信息随时间的离散响应，如图 4.16 所示。

ASDF 方法的具体计算过程如下。

（1）估计 $R_{\text{ASDF}}$ 系数。

$$R_{\text{ASDF}}(\tau)=\frac{1}{N}\sum_{k=1}^{N}[y_1(kT)-y_2(kT+\tau)]^2 \tag{4.30}$$

式中，$T$ 为接收回波波形过程中的采样间隔；$\tau=-NT,(-N+1)T,\cdots,NT$，表示 $T$ 的整数倍。

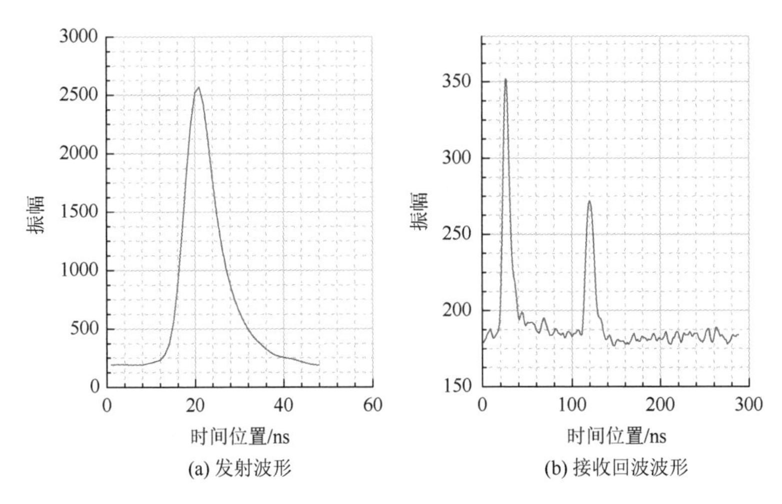


图 4.16　ALB 系统的发射波形与接收回波波形（来自 Aquarius 系统数据）

（2）$R_{\mathrm{ASDF}}$ 的筛选标准。

这里 $R_{\mathrm{ASDF}}$ 值不只是顾及全局最小值，还应该考虑局部极小值，有以下两个标准可以参考。

①典型的最小值检测：通过判断 $R_{\mathrm{ASDF}}$ 是否满足 $R_{\mathrm{ASDF}}(d) < R_{\mathrm{ASDF}}(d-T)$ 的条件，$d$ 表示区域极值所在的时间位置；

②一阶导数方法：

$$\frac{\partial R_{\mathrm{ASDF}}}{\partial \tau}(\tau)=\frac{1}{2}\cdot[R_{\mathrm{ASDF}}(\tau+T)-R_{\mathrm{ASDF}}(\tau-T)] \tag{4.31}$$

由式（4.31）可计算得到局部极小值和全局最小值，为了让探测更加准确，还需补充以下标准。

①根据 $R_{\mathrm{ASDF}}$ 某一极值其两侧的极值必须是反向极值；

②为了避免噪声的影响，作为比较序列的回波波形必须大于某一阈值；

③探测过程中信号噪声所造成的微弱起伏对目标回波的判断造成干扰，可通过以下方法进行抑制：

$$\max\{[R_{\max\_l}-R_{\mathrm{ASDF}}(d)],[R_{\max\_r}-R_{\mathrm{ASDF}}(d)]\}\geqslant \Delta R \tag{4.32}$$

其中，$R_{\max\_l}$ 和 $R_{\max\_r}$ 分别为左右两侧的局部极值；$\Delta R$ 可通过经验所得，一般可取：

$$\Delta R = 0.3\times(R_{\max}-R_{\min}) \tag{4.33}$$

式中，$R_{\max}$ 和 $R_{\min}$ 分别为 $\{R_{\mathrm{ASDF}}\}$ 的全局最大值和最小值。按照以上标准可筛选出符合反射波峰位置对应的 $R_{\mathrm{ASDF}}$ 及其所对应的时间位置 $d$ 。

（3）归一化至[0, 1]。

为了便于反映回波波形与发射波形之间的相关性，需要对上面计算求得的 $R_{\mathrm{ASDF}}$ 进行归一化。

$$R_{\mathrm{ASDF}} = a + b - 2R_{\mathrm{DC}}(\tau) \tag{4.34}$$

其中：

$$a = \frac{1}{N}\sum_{k=1}^{N}[y_1(kT)]^2 \tag{4.35}$$

$$b = \frac{1}{N}\sum_{k=1}^{N}[y_2(kT+\tau)]^2 \tag{4.36}$$

$$R_{\mathrm{DC}} = \begin{cases} \dfrac{1}{N}\sum\limits_{k=1}^{N}[y_1(kT)\cdot y_2(kT+\tau)], & -NT < \tau \leqslant NT \\ 0, & \text{其他} \end{cases} \tag{4.37}$$

由式（4.34）可以看出，$R_{\mathrm{ASDF}}$ 与 $R_{\mathrm{DC}}$ 呈线性相关。系统记录的发射信号与入射信号 $y_1(\tau)$ 和 $y_2(\tau)$ 为正值，且 $\min\{R_{\mathrm{DC}}\}=0$，于是有

$$\max\{R_{\mathrm{ASDF}}(\tau)\} = a + b \tag{4.38}$$

归一化 $R_{\mathrm{ASDF}}$ 为

$$R_{\mathrm{ASDF\cdot norm}} = \frac{-R_{\mathrm{ASDF}} - [-(a+b)]}{-\min\{R_{\mathrm{ASDF}}\} - [-(a+b)]} = \frac{2R_{\mathrm{DC}}}{(a+b) - \min\{R_{\mathrm{ASDF}}\}} \tag{4.39}$$

也可写为以下形式：

$$R_{\mathrm{ASDF\cdot norm}} = \frac{2R_{\mathrm{DC}}}{(a+b)-(a+b)+2\max\{R_{\mathrm{DC}}\}} = \frac{R_{\mathrm{DC}}}{\max\{R_{\mathrm{DC}}\}} \tag{4.40}$$

（4）插值重采样。

通过以上步骤，可以粗略地得到符合条件的反射能量所在的位置，但该位置是一个整数值，为了进一步提高精度，可通过对时间位置的插值重采样得到时间位置的小数部分。其计算步骤如下。

$$d_m = -\frac{T}{2}\cdot\frac{R_{\mathrm{ASDF}}(d+T) - R_{\mathrm{ASDF}}(d-T)}{R_{\mathrm{ASDF}}(d+T) - 2R_{\mathrm{ASDF}}(d) + R_{\mathrm{ASDF}}(d-T)} \tag{4.41}$$

$$d_{\mathrm{final}} = d + d_m \tag{4.42}$$

式中，$d_{\mathrm{final}}$ 为采用 ASDF 方法确定的反射回波发生的位置。图 4.17 为全波形数据及基于 ASDF 的回波探测效果示意图。

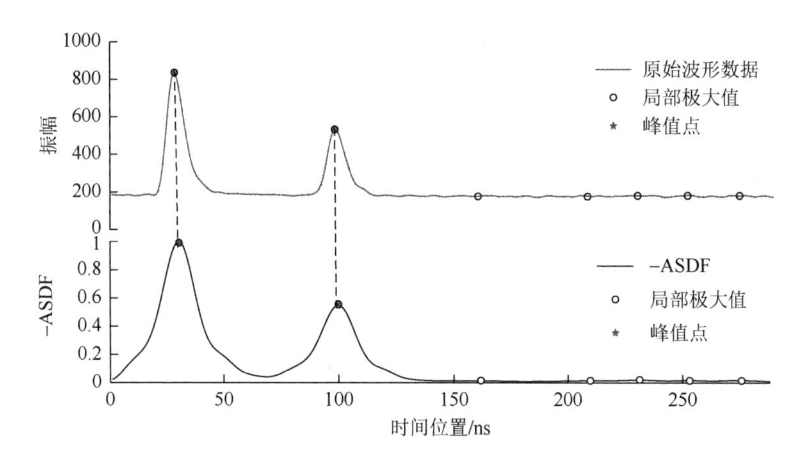


图4.17　ASDF方法反射回波探测

ASDF方法的探测结果与高斯分解所得结果相比其符合程度更高，该方法的优点在于可以有效降低激振噪声的影响，对抑制信号的振铃效应所造成的回波误判有一定的效果。其缺点在于ASDF方法容易受随机噪声的影响而产生错误结果，且所得结果仍然是离散的时间位置信息，无法得到更多关于目标物反射情况的参数信息。

### 3. 测深激光全波形高斯分解

#### 1）激光回波波形分解

回波信号的全波形记录是机载激光测深技术的基础。全波形数据通过回波能量的分布特征与相关参数反映目标物的空间以及物理性质，因而由波形数据提取反射目标的特征是机载激光测量的主要目的。波形分解是目标特征提取的重要方法，如高斯分解和小波分解，而不同分解方法的共同特点在于通过将原始波形分解为在不同空间域的波形分量，从而实现对反射回波的分析。目前高斯分解已被广泛应用于全波形数据处理与分析中。Wong和Antoniou（1994）采用了指数修正的高斯函数对LARSEM500机载激光测深系统的回波波形进行了模拟：

$$p_n(t)=y_{\mathrm{EMG}}(t)+y_g(t)+n(t)=f_1(t)\cdot f_2(t)+y_g(t)+n(t) \tag{4.43}$$

式中，$y_g(t)$表示水底反射回波可以用高斯波形进行模拟，但在不同的海底底质或复杂的水下地形条件下，可能会出现多个$y_g(t)$的情况；$y_{\mathrm{EMG}}(t)$为水面反射与水体延迟；$f_1(t)$为水面脉冲回波，可采用高斯函数表示；$f_2(t)$表示水体的衰减作用，Wong和Antoniou（1994）认为可以用指数函数进行模拟；$n(t)$为随机噪声，通常表示为高斯白噪声。

根据以上分析，回波波形可认为是由同一个光斑下不同反射截面所得回波信号与高斯白噪声的叠加，返回的回波脉冲能量基本服从高斯分布。全波形数据可以表示为如下形式：

$$p(t)=\sum_{i=1}^{m} f_i(t)+n(t)=\sum_{i=1}^{m} A_i \mathrm{e}^{-(t-\mu_i)^2/2\sigma_i^2}+n(t), \quad n(t)\sim N(0,\sigma^2) \qquad (4.44)$$

式中，$f_i(t)$ 为全波形数据各分量的时间相应函数；$n(t)$ 为高斯白噪声；各高斯函数的三个参数 $(A_i,\mu_i,\sigma_i)$ 未知，分别代表了每个反射截面返回波形的振幅、时刻和波形宽度，采用高斯函数分解的本质就是确定各回波分量的参数值。

2）参数初值估计

波形分解中参数的初值估计是整个波形分析的基础，其主要目的是尽可能精确地确定回波分量的数量、时间位置、回波强度及波形宽度，即 $[A_{i0},\mu_{i0},\sigma_{i0}]$，其中 $i$ 表示分量的次序。精确的参数初值对保证波形分解精度和提高数据处理效果具有重要作用，因此，精确的初值估计不仅可以加快系统的收敛过程，提高分解运算效率，同时也可以避免算法陷入局部最优解的情况。

（1）波形分量的位置与强度。

采用常规的局部极大值搜索方法可以确定波形分量的位置与强度，以其所确定的局部极大值位置为波形分量发生位置的初值，其所对应的回波振幅强度为波形分量的强度初值。通常激光测深所接收到的回波信号强度按照性质分为两类，即目标反射与散射衰减，当二者相互叠加时，回波信号在整体上出现波峰位置向左偏移的情况，可采用一阶导数局部极大值和极小值的平均值代替零值，这可以在一定程度上削弱波峰偏移带来的影响。

$$\mu_i=\frac{1}{2}(t_{pi\_2}-t_{pi\_1}), \quad f''(t_{pi\_2})=f''(t_{pi\_1})=0 \text{ 且 } f'(t_{pi\_2})<f'(t_{pi\_1}) \qquad (4.45)$$

式中，$t_{pi\_2}$ 和 $t_{pi\_1}$ 为 $f(t)$ 一阶导数的局部极值所对应的时间位置。

对波形进行逐步分解的过程中，按照一定的分解次序，选择上一步残差序列的峰值作为当前迭代计算高斯分量的峰值及对应的强度。该过程选择的波峰中心位置通常不是整数，对峰值所在位置采用插值方法由波形数据序列获得与其对应的峰值 $A_{i0}$：

$$A_{i0}=f(\mu_{i0}) \qquad (4.46)$$

（2）波形分量的宽度初值。

与波形分量的位置和强度判断不同，由于激光在水体传播过程中存在明显的衰减作用，按照式（4.44）所表示的意义，完整的激光回波波形是由传播路径中众多后向散射截面的回波分量叠加而成，叠加后的波形曲线通常包含复杂的能量变化特征，因此难以准确判断目标回波分量的波宽 $\sigma_{i0}$，故参数初值问题的关键在于确定高斯分量的初始波宽 $\sigma_0$，通常采用回波分量的半高宽确定。

在确定回波分量峰值位置的基础上，一般选择波峰两侧信号强度接近峰值一半时的时间间隔作为确定$\sigma_{i0}$的主要依据，设信号半高宽所对应的时间位置为$t_h$，信号峰值两侧应各有一个对应信号半高宽的时间位置，选择与峰值位置间隔最近的$t_h$，通过式（4.47）计算波宽初值：

$$\sigma_{i0}=\frac{|t_h-\mu_{i0}|}{2\sqrt{2}} \tag{4.47}$$

由于波形分量的叠加作用，有时仅在波形分量一侧存在满足条件的$t_h$位置，此时则直接将其代入式（4.47）计算，获得分量对应的波宽初值。

3）参数优化

一般情况下，通过初值估计直接得到较高精度的波形分量的可能性很小。参数优化方法是对波形进行首次分解的基础上，按照一定标准对分量的参数进行调整，直至满足波形的拟合精度的算法。在单一波形分解中，回波分量的参数优化是保证测量精度的关键，也是波形分解的重要环节。性能良好的优化方法对提高探测精度、准确反映目标的空间与物理特征具有重要意义。常见的激光全波形数据分解及其参数优化方法之间的主要区别在于对回波波形的理解角度不同，以至于其对应的分解方法和参数优化方法均有所区别。目前比较常用的参数优化方法有最小二乘方法和概率分布方法。前者将全波形数据直观地表述为一种时间域函数，使用最为普遍的就是列文伯格-马夸尔特（Levenberg-Marquardt，LM）优化方法。后者将波形数据理解为一段时间内传感器所接收光子的概率密度，强度较大的时刻对应接收回波能量概率较大，具有代表性的有期望最大化方法（expectation-maximization，EM），以及可逆跳变的马尔可夫链蒙特卡罗算法（reversible jump Markov chain Monte Carlo，RJMCMC）。

（1）非线性阻尼最小二乘方法。

根据波形分解的原理，回波分量通常表示为高斯函数的形式，相关参数包括$[A_j,\mu_j,\sigma_j]$，分别为高斯函数的振幅、期望值位置及标准差。高斯函数模型对于$[A_j,\mu_j,\sigma_j]$而言体现了其相互之间的非线性相关关系，$j$为对应高斯分量的序号。高斯回波波形分解的目的在于确定以上三个参数在各个分量中的具体值。阻尼最小二乘法是一种非线性最小二乘方法，其本质是采用二阶泰勒级数作为函数的近似进行迭代计算，并在传统高斯牛顿法的基础上，对黑塞矩阵（Hessian matrix）增加一个可变的阻尼系数，以避免矩阵求逆过程中出现方程奇异无法获得唯一解的情况。

波形的高斯分解中，各回波分量的函数可表示为如下形式：

$$g(t_i|\theta)=g[t_i\,|\,(A_j,\mu_j,\sigma_j)]=A_j\exp\left[-\frac{(t-\mu_j)^2}{2\sigma_j^2}\right]\ i=1,2\cdots,n\text{，}\quad j=1,2\cdots,k \tag{4.48}$$

其中，相关参数集合为$\theta_j$: $(A_j,\mu_j,\sigma_j)$。对其分别求偏导数可得

$$\frac{\partial g}{\partial A_j}=\exp\left[-\frac{(t-\mu_j)^2}{2\sigma_j^2}\right]=M \tag{4.49}$$

$$\frac{\partial g}{\partial \mu_j}=A_j M\left(\frac{t-\mu_j}{\sigma_j^2}\right) \tag{4.50}$$

$$\frac{\partial g}{\partial \sigma_j}=A_j M\frac{(t-\mu_j)^2}{\sigma_j^3} \tag{4.51}$$

在迭代开始需要先确定高斯分量的迭代初值。为尽量减少迭代陷入局部最优解的情况，所选定的初值应尽量接近真实值，设迭代初值为$\theta_0$: $(A_0,\mu_0,\sigma_0)$，则Jacobian 矩阵为

$$J(t,\theta)=\begin{bmatrix}\frac{\partial g(t_1,\theta)}{\partial\theta_1} & \frac{\partial g(t_1,\theta)}{\partial\theta_2} & \cdots & \frac{\partial g(t_1,\theta)}{\partial\theta_k}\\ \frac{\partial g(t_2,\theta)}{\partial\theta_1} & \frac{\partial g(t_2,\theta)}{\partial\theta_2} & \cdots & \frac{\partial g(t_2,\theta)}{\partial\theta_k}\\ \vdots & \vdots & & \vdots\\ \frac{\partial g(t_n,\theta)}{\partial\theta_1} & \frac{\partial g(t_n,\theta)}{\partial\theta_2} & \cdots & \frac{\partial g(t_n,\theta)}{\partial\theta_k}\end{bmatrix} \tag{4.52}$$

迭代过程中的 Levenberg-Marquardt 步长可表示为

$$\Delta\theta^{(N)}=[\theta^{(N+1)}-\theta^{(N)}]=(J^{\mathrm{T}}J+\lambda\mathrm{I})^{-1}J^{\mathrm{T}}[y-f(t\,|\,\theta^{(N+1)})] \tag{4.53}$$

以下为迭代过程所需的已知数据。

$(t,y)$：拟合的波形数据在“时间-强度”空间中的具体位置；

$\lambda$：阻尼系数，通常根据具体收敛方法和其他配套的控制参数；

$J$：拟合函数的 Jacobian 矩阵；

$J^{\mathrm{T}}J$：黑塞矩阵；

$N$：迭代次数；

$\theta^{(N)}$：第 $N$ 次迭代所对应的参数向量，如 $\theta^{(0)}$ 表示高斯函数参数的迭代初值；

$\Delta\theta^{(N)}$：参数向量改正序列。

非线性阻尼最小二乘法的特点在于其主要基于回波波形本身的形态学特征，其参数优化标准在于使得经过参数优化后的波形数据与原始波形之间的符合程度达到最佳。但 LM 方法进行参数优化时容易受到波形中较大的噪声异常的影响。

（2）期望最大化方法。

根据测深激光的回波特点，假设回波波形是某一时间段内所接收到回波能量概率的一种反应，其中$i=1,2,\cdots,n$，则接收机所接收到的回波信号则代表了激光

回波在该时间范围内的概率密度。显然，回波能量的概率密度函数是一种混合分布的概率密度。通常将回波波形模拟为包含 $k$ 个高斯分布的混合分布，隐含分布函数表示为 $Z_j(t_i)$， $j=1,2,\cdots,k$ 。混合高斯分布可表示为

$$P\{Z_j(t_i)\}=\phi_j,\phi_j\geqslant 0，\sum_{j=1}^{k}\phi_j=1 \tag{4.54}$$

$y(t_i)$ 为 $t_i$ 时刻所接收到的反射能量概率分布：

$$\prod_{i=1}^{n}y(t_i)=\prod_{i=1}^{n}\prod_{j=1}^{k}P\{Z_j(t_i)\} \tag{4.55}$$

对式（4.55）两边取对数：

$$\begin{aligned}\varepsilon(\theta_j)&=\sum_{i=1}^{n}\ln[y(t_i)]=\sum_{i=1}^{n}\ln\left(\prod_{j=1}^{k}P\{Z_j(t_i)\}\right)\\&=\sum_{i=1}^{n}\sum_{j=1}^{k}\ln P\{Z_j(t_i)\}\end{aligned} \tag{4.56}$$

高斯分布 $P\{Z_j(t_i)\}$ 所对应的参数取值可表示为 $[A_j,\mu_j,\sigma_j]$，利用最大似然估计，上面迭代公式可表示如下：

$$P\{Z_j(t_i)\}=\frac{A_jf_j(t_i)}{\sum_{j=1}^{k}A_jf_j(t_i)} \tag{4.57}$$

$$A_j=\frac{1}{n}\sum_{i=1}^{n}P\{Z_j(t_i)\} \tag{4.58}$$

$$\mu_j=\frac{\sum_{i=1}^{n}P\{Z_j(t_i)\}t_i}{n\cdot A_j} \tag{4.59}$$

$$\sigma_j=\sqrt{\frac{\sum_{i=1}^{n}P\{Z_j(t_i)\}(t_i-\mu_j)^2}{n\cdot A_j}} \tag{4.60}$$

其中， $f_j\in N(\mu_j,\sigma_j^2)$，式（4.54）～式（4.56）进行循环迭代，直至收敛得到最终各分量的参数优化结果。

### 4.4.3　点云数据空间位置解算

机载激光扫描测深系统是由多个量测系统组成，其通过各量测系统间的协同运作实现海底空间数据的采集与获取。经过波形数据处理及模块化的数据采集，机载激光测深系统所得的基本数据包括：激光对地观测的斜矩、扫描角、系统经

过差分定位或精密单点定位而得到的 GNSS 天线相位中心的实时空间坐标，以及惯性导航单元所得的实时姿态数据。此外，在进行扫描测深之前，还会对机载激光测深系统进行系统检校，以确定各模块之间的安装偏差。

机载测深激光雷达点云解算原理与移动载体的激光测量的原理相同。通过对多种设备的同步观测结果，解算激光反射发生的时空位置，图 4.18 为机载激光测深计算的基本原理示意图。

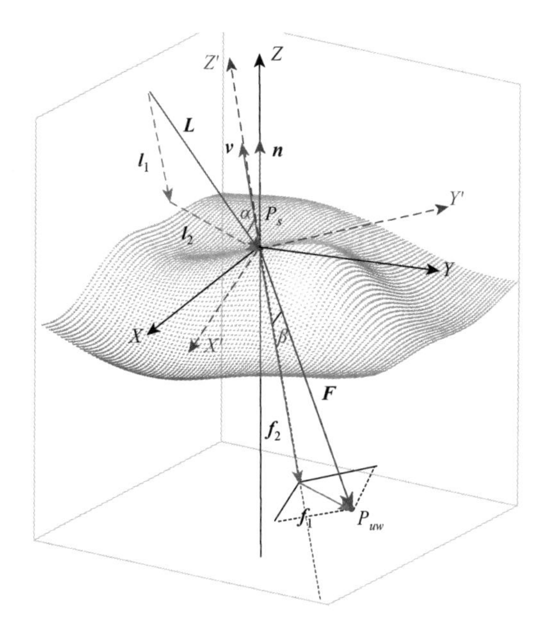


图 4.18　机载激光测深系统在波动水面的传播过程

根据激光在不同介质中的传播过程，$L_{\mathrm{air}}$ 为激光在大气中的传播斜距，$L_{\mathrm{wt}}$ 为蓝绿光在水体中传播的斜距，$a$ 和 $b$ 分别为激光在水面的入射角和折射角，$t_1$ 和 $t_2$ 分别为激光发射器中心至海面的传播时间与海面回波信号与海底回波信号在波形中的时间间隔。水底激光脚点的空间位置可表示为如下向量形式：

$$P = o + \boldsymbol{r}_{\mathrm{air}} L_{\mathrm{air}} + \boldsymbol{r}_{\mathrm{water}} L_{\mathrm{wt}} \tag{4.61}$$

式中，$o$ 为激光发射中心；$\boldsymbol{r}_{\mathrm{air}}$ 和 $\boldsymbol{r}_{\mathrm{water}}$ 均为单位向量，分别表示激光在空气中的传播方向与激光在水体中的传播方向。机载激光测深技术的原理在于通过计时单元记录系统接收到回波信号，计算得到出水面与水底间回波的时间差，再乘以光波在水体中的传播速度即可得到激光在空气和海水两种介质中的传播距离：

$$L_{\mathrm{air}} = \frac{1}{2} c t_1 \tag{4.62}$$

$$L_{\mathrm{wt}}=\frac{cn_{\mathrm{a}}t_2}{2n_{\mathrm{w}}} \tag{4.63}$$

式（4.63）为机载激光测深的基本计算模型。$c$ 为激光在空气中的传播速度；$n_{\mathrm{a}}$ 和 $n_{\mathrm{w}}$ 分别为激光在空气和海水中传播的折射率，其值随着介质环境的具体情况有所不同，对于非均匀介质，可采用沿光路进行积分计算。常规状态下，空气与水体的折射率变化范围有限，主要与空气和水体的具体状态有关（如温度、湿度、气溶胶含量、盐度、压强等因素）。

另外，为了能得到精确的水深信息，还必须考虑瞬时波浪和潮汐等对激光测深数据的影响。如式（4.61）中，激光在空气中传播的斜距为 $L_{\mathrm{air}}$，由飞行平面到海底，激光所穿过的距离为

$$L=L_{\mathrm{air}}+L_{\mathrm{wt}}=(H+h)\sec a+(D-h+\varepsilon_b)\sec b \tag{4.64}$$

可得深度值：

$$D=h+\frac{1}{\sec b}[L-(H+h)\sec a]-\varepsilon_b \tag{4.65}$$

式中，$h$ 为入射点位置距离高程参考面之间的距离；$\varepsilon_b$ 为未被模型化的测深误差。式（4.65）表明，在不考虑过程误差的情况下，海面浪高估计及潮汐改正对测深精度的影响较为明显，因此，准确估计激光在水面传播方向上的误差，并在此基础上进行更为精确的误差补偿与方向修正，是减小水面波动干扰、提高系统探测精度的重要方法。

机载测深激光雷达与陆地激光雷达的主要区别在于水下目标的空间位置的解算过程。由于探测激光光束先后穿过大气与水体两种非均匀介质，因而机载激光测深激光传播过程通常更为复杂，为进一步提高探测精度，必要时应考虑蓝绿激光在波动界面与不同介质中的折射过程。

#### 1. 波动表面入射偏差校正

常规机载激光测深系统仅以平静的海水表面作为计算水下激光脚点空间位置的界面，而实际情况是海面波浪会造成其结果与水下发生反射的真实位置存在不同程度的偏差，其偏差程度与海面倾角、入射角及水深关系密切。由于海浪影响，入射角应为空气中激光光路方向与入射位置处海面切平面法向量的夹角。因此，原则上海面波浪校正的准确程度与局部海面切平面对应法向量的估计程度相关，换言之，区域法向量的估计精度是影响海面波浪校正后水下点云准确程度的直接因素。激光在波动界面的折射过程如图 4.18 所示。

当激光由空气向水面以下传播时，受到空气-水体界面入射位置处折射作用的影响，激光传播方向由 $OA$ 变为 $OA'$，另外，激光在水中的传播速度也与在空气

中存在差异。因此，水下点云位置的计算必须考虑激光在水中的折射过程。以下将介绍根据向量计算的思路进行水下点云折射修正的具体计算方法。

按照斯内尔（Snell）定律，水面折射对激光束传播计算的影响体现在其方向和速度。

$$\frac{\sin\alpha}{\sin\beta}=\frac{n_1}{n_2}=n_{\mathrm{w}} \tag{4.66}$$

$$\frac{c}{v}=\frac{n_1}{n_2}=n_{\mathrm{w}} \tag{4.67}$$

式（4.66）和式（4.67）中，$\alpha$ 和 $\beta$ 分别为波动状态下的入射角和折射角；$n_1$ 和 $n_2$ 分别为激光在水体和空气中的折射率；$v$ 为激光在水中的传播速度；$c$ 为激光在空气中的传播速度。如通过波形处理得出水面反射与水底反射之间的时间间隔为 $t$，设未经折射率改正的水下斜矩为 $|\boldsymbol{F}_1|$，经折射率改正后的对应斜矩为 $|\boldsymbol{F}_2|$，根据图 4.18 中的位置关系，二者的计算公式为

$$|\boldsymbol{F}_1|=|OA|=ct \tag{4.68}$$

$$|\boldsymbol{F}_2|=|OA'|=vt \tag{4.69}$$

式（4.68）和式（4.69）的关系可表示为

$$|\boldsymbol{F}_1|=n_{\mathrm{w}}|\boldsymbol{F}_2| \tag{4.70}$$

入射角 $\alpha$ 可以通过计算法线向量与入射光线之间的夹角获得。当激光脉冲从空气中进入海水时，海面的波动性会导致海水表面法向量的变化，从而影响激光脉冲在海水中的传播方向，造成海底激光点的位移偏差。此处，入射法向量为 $\boldsymbol{v}$，对应平静海面的法向量为 $\boldsymbol{n}=(0,0,1)$，为了便于计算，设 $|\boldsymbol{v}|=|\boldsymbol{n}|=1$。

$$\cos\alpha=\frac{-\boldsymbol{n}\cdot\boldsymbol{L}}{|\boldsymbol{n}|\cdot|\boldsymbol{L}|} \tag{4.71}$$

$$\cos\beta=\sqrt{1-\sin^2\beta}=\sqrt{1-\frac{1-\cos^2\alpha}{n_{\mathrm{w}}^2}} \tag{4.72}$$

设 $\boldsymbol{F}_2=\boldsymbol{f}_1+\boldsymbol{f}_2$，$\boldsymbol{L}=\boldsymbol{l}_1+\boldsymbol{l}_2$，则有如下关系：

$$\begin{cases}\boldsymbol{l}_1=\boldsymbol{L}+\boldsymbol{n}\cdot\dfrac{|\boldsymbol{L}|\cos\alpha}{|\boldsymbol{n}|}\\[2ex] \boldsymbol{l}_2=-\boldsymbol{n}\cdot|\boldsymbol{L}|\cdot\dfrac{\cos\alpha}{|\boldsymbol{n}|}\\[2ex] \boldsymbol{f}_1=\dfrac{|\boldsymbol{F}_2|\cdot\boldsymbol{L}}{|\boldsymbol{L}|\cdot n_{\mathrm{w}}}\\[2ex] \boldsymbol{f}_2=-\boldsymbol{n}\cdot|\boldsymbol{F}_2|\cdot\sqrt{1-\dfrac{1-\cos^2\alpha}{n_{\mathrm{w}}^2}}\end{cases} \tag{4.73}$$

激光在水下的传播方向 $\boldsymbol{F}_2$ 可表示为如下形式：

$$\boldsymbol{F}_2=\left(\frac{\boldsymbol{L}}{|\boldsymbol{L}|\cdot n_{\mathrm{w}}}-\boldsymbol{n}\cdot\sqrt{1-\frac{1-\cos^2\alpha}{n_{\mathrm{w}}^2}}\right)\cdot|\boldsymbol{F}_2| \tag{4.74}$$

因此，准确获取目标光束入射方向的关键在于确定入射位置局部水面在三维空间中的倾斜程度，计算波动水面入射位置的法向量 $\boldsymbol{v}$，并以此代替式（4.74）中的 $\boldsymbol{n}$ 计算 $\boldsymbol{F}_2$，进而根据对应水面入射的空间位置，获取经水面波浪校正后的水下探测点的位置。

2. 光路跟踪与水下激光折射改正

除了水体对激光信号的衰减作用，折射率变化也是影响机载测深激光雷达系统探测效果的重要因素。非均匀的自然水体内，折射率在水下空间内随着水体的温度、盐度及压力的连续变化而发生相应改变。根据以上折射过程分析，折射率对蓝绿激光的影响主要包括传播方向与速度两方面。当不考虑水体温度与盐度分布差异的情况下，图 4.19（a）为激光在温度与盐度均匀条件下的传播光路示意图；随着在垂直方向的非均匀分布，其激光传播过程往往包含较大的不确定性[图 4.19（b）]。为了进一步提高系统对不同水深条件下目标空间位置的探测精度，可采用温盐深仪（conductivity-temperature-depth，CTD）等探测设备同步测量当地海水温度、盐度及深度等具体参数，根据情况将测区水体划分为若干水层。在此基础上，引入相关物理量与折射率的关系模型估计各水层深度的相对折射率，进而采用光路跟踪的方式实现激光水下传播过程的逐层改正。

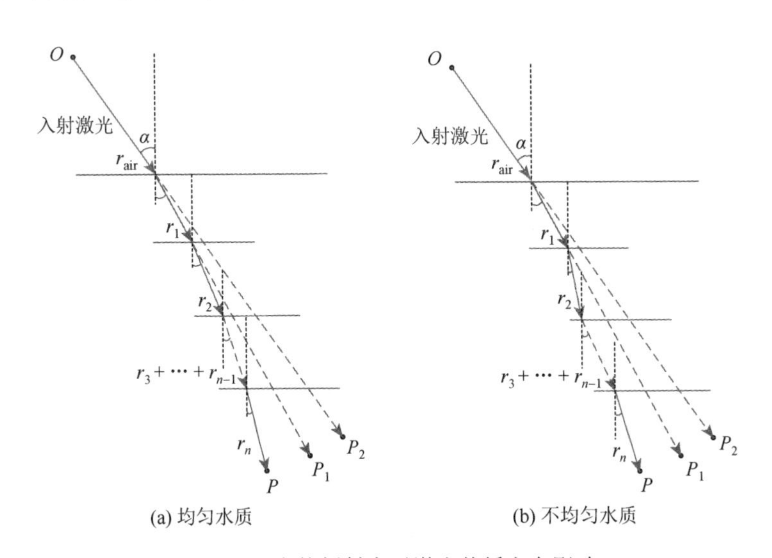


图 4.19　水体折射率对激光传播方向影响

激光水下传输模型可表述为

$$\boldsymbol{P}=o+r_{\text{air}}+\sum_{i=1}^{n}r_i=o+\boldsymbol{v}_{\text{air}}L_{\text{air}}+\sum_{i=1}^{n}\boldsymbol{v}_iL_{wt\_i} \tag{4.75}$$

式中，$\boldsymbol{P}$ 为水底空间位置；$o$ 为激光发射中心；$\boldsymbol{v}_{\text{air}}$ 和 $\boldsymbol{v}_i$ 均为单位向量，分别表示激光在空气与水体中的传播方向；$L_{\text{air}}$ 为激光在大气中的传播斜距；$L_{wt\_i}$ 为蓝绿光在不同水层中传播的斜距：

$$L_{wt\_i}=\frac{cn_{w\_i}t_i}{2n_{w\_i+1}} \tag{4.76}$$

式中，$c$ 为激光在真空中的传播速度；$n_{w\_i}$ 为激光在水体各层中传播的折射率；$t_i$ 为激光在不同水层内的传播时间，可通过波形数据处理获得。

3. 多系统数据融合与坐标转换

经过波形数据处理以及模块化的数据采集，机载激光测深系统所得的基本数据包括：激光对地观测的斜矩、扫描角、系统经过差分定位或精密单点定位而得到的 GNSS 天线相位中心的实时空间坐标，以及惯性导航单元所得的实时姿态数据。此外，在进行扫描测深之前，应对机载激光测深系统进行系统检校，以确定各模块之间的安装偏差。

机载激光空间三维坐标解算的基本原理与陆地激光扫描系统基本相同，实际上是将经回波数据处理后所得距离信息与码盘记录的角度经过计算得到扫描坐标系下的激光脚点，再与系统定位定姿系统探测结果进行融合，将扫描坐标系下坐标转换至大地坐标，本质是将激光脚点的空间位置表述在各模块坐标系下，并最终转换至大地坐标系。系统中涉及的坐标系如下。

（1）激光扫描坐标系：原点为激光发射参考点，$X$ 轴方向为飞行方向，$Z$ 轴指向为扫描角为零方向，$Y$ 轴垂直于 $X$ 轴，构成右手系。

（2）惯性平台坐标系：原点为惯性平台参考中心，其参考框架按照系统内部定义。通常 $X$ 轴方向为飞行方向，$Y$ 轴指向飞机右侧，$Z$ 轴垂直向下，构成右手系。

（3）当地水平坐标系：是原点为 GNSS 天线相位中心的站心坐标系，$X$ 轴指向与当地子午线北方向一致、$Y$ 轴与 $X$ 轴相互垂直并指向东方向、$Z$ 轴指向天顶方向并与 $X$ 轴和 $Y$ 轴构成右手系。

（4）大地坐标系：原点为地球质心，相关坐标轴方向参考对应大地坐标的具体规定。

（5）大地坐标系下的激光脚点坐标

$$\begin{bmatrix} X \\ Y \\ Z \end{bmatrix} = \boldsymbol{R}_{G-W}\left[\boldsymbol{R}_{I-G}\left[\boldsymbol{R}_{L-I}\begin{bmatrix} L\sin\omega\cos\theta \\ L\sin\omega\sin\theta \\ L\cos\theta \end{bmatrix} + \begin{bmatrix} \Delta x_{L-I} \\ \Delta y_{L-I} \\ \Delta z_{L-I} \end{bmatrix}\right] + \begin{bmatrix} \Delta x_{I-G} \\ \Delta y_{I-G} \\ \Delta z_{I-G} \end{bmatrix}\right] + \begin{bmatrix} \delta x \\ \delta y \\ \delta z \end{bmatrix} \tag{4.77}$$

式中，$\begin{bmatrix} L\sin\omega\cos\theta \\ L\sin\omega\sin\theta \\ L\cos\theta \end{bmatrix}^{\mathrm{T}}$ 为激光脚点在瞬时激光束坐标系下的坐标；$L$ 为数据处理后所得激光接收器到激光脚点的距离；$\omega$ 为激光出射光线在水面投影的方位角；$\theta$ 为激光出射方向的天顶角；$\{\omega,\theta\}$ 与系统扫描方式有关。例如，采用直线形扫描方式时，$\omega$ 通常相对固定，$\theta$ 按照一定规律进行变化，而采用圆形扫描时，$\theta$ 通常相对固定，$\omega$ 则按照设计在一定范围内变化。

设激光扫描系统在惯导系统坐标系下的安置偏差为$[\Delta x_{L-I} \quad \Delta y_{L-I} \quad \Delta z_{L-I}]^{\mathrm{T}}$，其精确值可通过工业测量获取，安置角偏差为$[\alpha_L \quad \beta_L \quad \gamma_L]^{\mathrm{T}}$，其值可通过系统检校的方式获取。则激光扫描坐标系向惯性平台参考坐标系的旋转矩阵为

$$\boldsymbol{R}_{L-I} = \begin{bmatrix} \cos\alpha_L\cos\beta_L & -\sin\alpha_L\cos\gamma_L + \cos\alpha_L\sin\beta_L\sin\gamma_L & \sin\alpha_L\sin\gamma_L + \cos\alpha_L\sin\beta_L\cos\gamma_L \\ \sin\alpha_L\cos\beta_L & \cos\alpha_L\cos\gamma_L + \sin\alpha_L\sin\beta_L\sin\gamma_L & \sin\alpha\sin\beta_L\cos\gamma_L - \cos\alpha_L\sin\gamma_L \\ -\sin\beta_L & \cos\beta_L\sin\gamma_L & \cos\beta_L\cos\gamma_L \end{bmatrix} \tag{4.78}$$

惯性平台参考坐标系向当地水平参考坐标系转换的旋转矩阵为

$$\boldsymbol{R}_{I-G} = \begin{bmatrix} \cos H\cos P & -\sin H\cos R + \cos H\sin P\sin R & \sin H\sin R + \cos H\sin P\cos R \\ \sin H\cos P & \cos H\cos R + \sin H\sin P\sin R & \sin H\sin P\cos R - \cos H\sin R \\ -\sin P & \cos P\sin R & \cos P\cos R \end{bmatrix} \tag{4.79}$$

式中，$[H \quad P \quad R]^{\mathrm{T}}$ 代表惯性导航系统所测得到的航向（heading）、俯仰（pitch）、横滚（roll）三个实时观测量；$[\Delta x_{G-I} \quad \Delta y_{G-I} \quad \Delta z_{G-I}]^{\mathrm{T}}$ 为惯性平台参考中心到 GNSS 天线相位中心的位置偏差。另外，$\boldsymbol{R}_{G-W}$ 为当地水平坐标系向大地坐标系转换的旋转矩阵，旋转角度需参考当地水平坐标系在大地坐标系中的经纬度；$[\delta x \quad \delta y \quad \delta z]^{\mathrm{T}}$ 为 GNSS 天线相位中心在大地坐标系中的空间位置。经过式（4.77）计算，最终将系统采集的实时数据转换为大地坐标系下的激光点云数据，实现激光脚点空间三维位置的解算。

### 4.4.4　机载蓝绿激光水下地形探测实验结果

深圳大学自然资源部大湾区地理环境监测重点实验室技术团队通过理论论证

与系统设计，对单波段蓝绿激光水深探测设备的相关技术性能进行了多次调整与升级，2019 年研制完成了一套实用化机载全波形蓝绿激光雷达水深探测系统 iGreena。为了验证该系统实际扫描探测能力与数据处理效果，2020 年 1 月，研发技术团队于海南岛东部海域蜈支洲岛对系统整机进行了飞行扫描测试，并对近海岸不同水体环境特征条件下系统的探测能力开展了多项实验测试。经验证，iGreena 系统各项指标满足设计要求，当飞行航高 500m 时，系统探测精度可满足《海洋工程地形测量规范》（GB/T 17501—2017）中比例尺 1：1000 的海岸线测绘精度要求（国家海洋局，2017）。该系统是国内该技术研发领域的重要突破。

1. 系统与测区概况

实验区位于海南岛东部的蜈支洲岛，该岛东、南和西三面海岸主要以基岩型海岸为主，水深较深，且水下地形变化迅速。海底底质多为礁石，北部为砂质海岸，水深较浅、水下地形变化平缓，底质为细砂，反射率大于 15%。经水深调查后发现，该岛南部浅水区域狭长，离岸平均宽度约 50m，大于 50m 范围内的水深发生较大变化，西部次之，平均宽度约 80m，北部平均宽度 250m，最宽处约 430m。飞行扫描测试当天周边海域水质良好，天气晴好，东风 4～5 级，海况条件良好。图 4.20 为蜈支洲岛及周边海域情况。

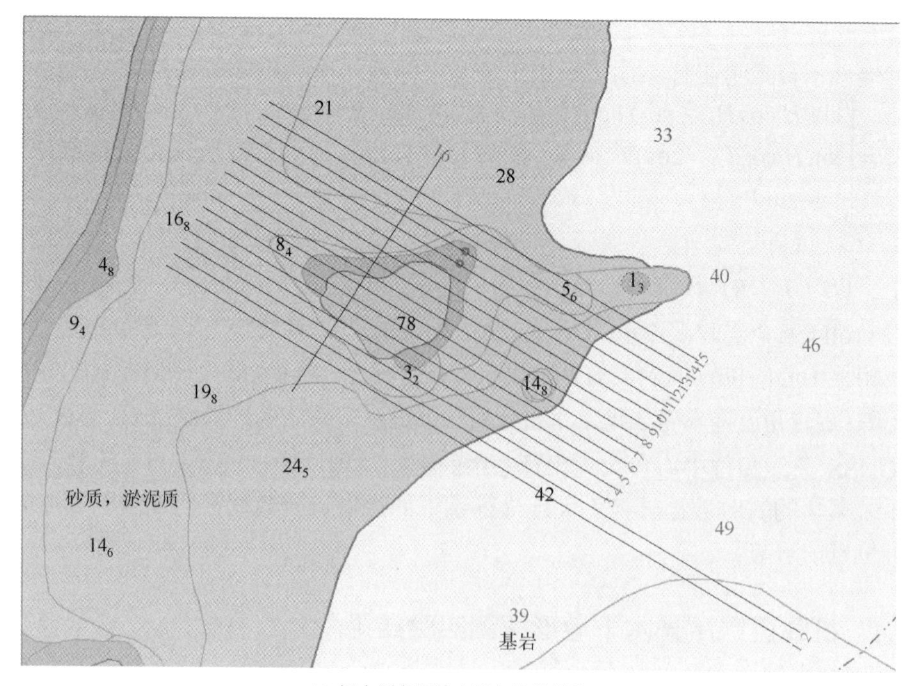


(a) 蜈支洲岛周边水深与航线设计

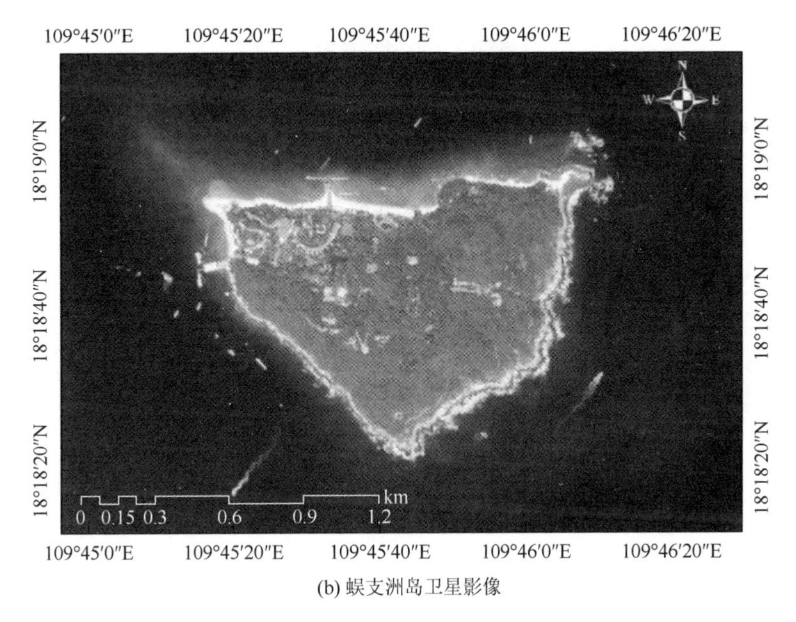


(b) 蜈支洲岛卫星影像

图 4.20　蜈支洲岛及周边海域情况

实验中采用的固定翼飞机 Cessna 208 为作业平台［图 4.21（a)］，系统安装后的效果如图 4.21（b）所示。飞行测试前对系统进行了安装调试与检校测量。表 4.2 为系统相关技术参数。

iGreena 系统采用旋转物镜的圆形扫描方式，回波信号采样频率为 1.25GHz，有效提高系统扫描过程的稳定性与全波形信号的探测精度。此外，系统采用单次回波信号多级放大技术，可实现海岸带区域目标探测的动态扩展，提高了系统对不同反射率目标的探测性能。

(a) 实验飞行平台(Cessna 208)

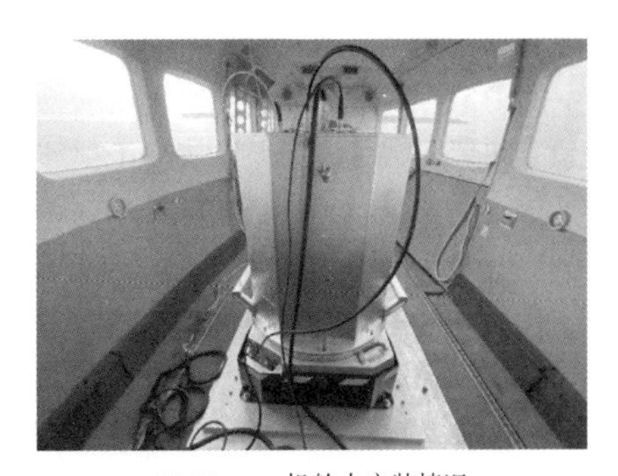

(b) iGreena 机舱内安装情况

图 4.21　实验平台与系统安装情况

**表 4.2　设备相关参数**

| 整机外观 | 参数 | 设备完成指标 |
|---|---|---|
| | 波长 | 532nm |
| | 激光重频 | 10～700kHz |
| | 扫描频率 | 52Hz |
| | 扫描角 | ±20° |
| | 航高 | 100～500m |
| | 高程精度 | $\sqrt{0.23^2+(0.013\times d)^2}$ m |
| | 水平精度 | $0.22+5\%d$ |
| | 重量 | ≤53kg |

注：$d$ 为水深值。

### 2. 数据处理

实验系统采用了全波形单波段激光回波信号数据采集与处理技术，其回波波形可直观反映地物特征属性，结合同步采集系统位置与姿态数据，对研究特定目标区域特定属性的空间分布如对应回波信号强度变化、地物光学特征等具有重要意义。机载激光水下地形测量数据处理按《机载激光雷达水下地形测量技术规范》（GB/T 39624—2020）中建议的处理流程进行，试验数据处理流程如图 4.22 所示（自然资源部，2020）。

蓝绿激光水下探测技术采用全波形分析方法，在波形数据处理中除水面与水底回波之外往往可能得到其他回波信号，包括水体散射层回波、鱼群等真实的非目标回波信号及误判产生的噪声点云。因此，点云数据应在基于产品需求的情况下选择合理的处理方法。系统采用结构分光的方式实现陆地与水体回波信号的接收与记录（图 4.23）。通过波形数据处理，计算激光传播距离，与水下目标空间位置的折射改正。在此基础上，经系统检校与各部分数据时间对准、融合后，按照空间位置解算方法生成激光点云数据。

机载激光扫描测深系统由多个量测系统组成。经过波形数据处理及模块化的数据采集，机载激光测深系统所得的基本数据包括：激光对地观测的斜矩、扫描角、系统经过差分定位或精密单点定位而得到的 GNSS 天线相位中心的实时空间坐标，以及惯性导航单元所得的实时姿态数据。此外，在进行扫描测深之前，还会对机载激光测深系统进行系统检校，以确定各模块之间的安装偏差。图 4.24 为机载全波形蓝绿激光雷达测深系统点云解算流程。

波形文件处理：对全波形数据进行解析，得到回波波形、角度编码器、UTC 时间等信息；对回波波形进行检波与峰值探测（取前两次回波），得到激光发射中心到目标的距离/水深信息，并将 UTC 时间转为 GNSS 时间。

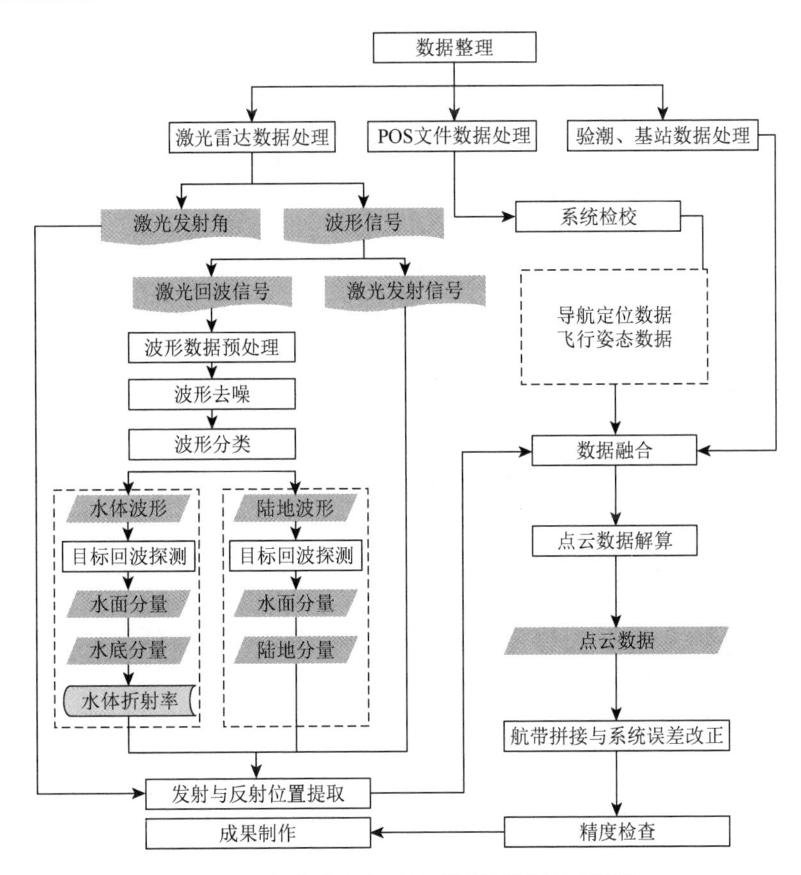


图 4.22　机载激光水下地形测量数据处理流程

POS 表示定位定姿系统（position and orientation system）

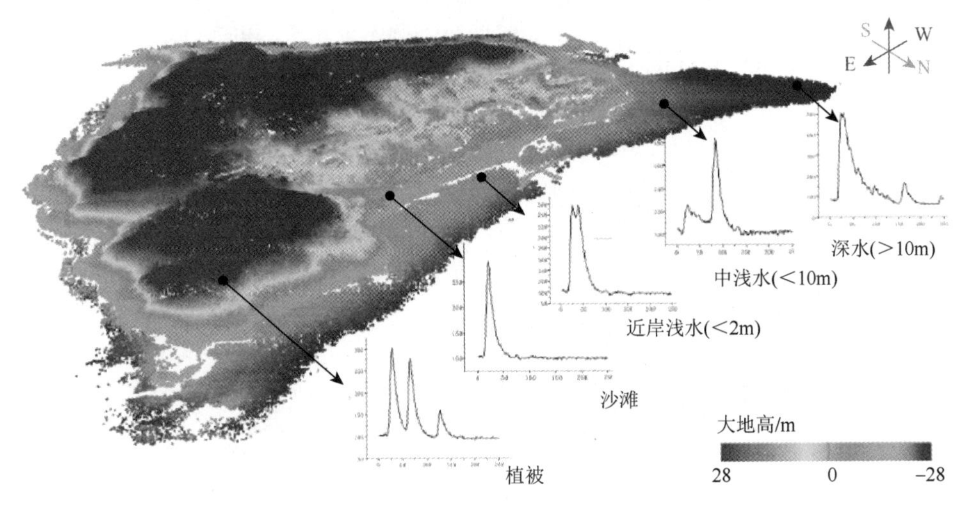


图 4.23　机载激光测深的海陆一体化测量回波波形（深圳大学 iGreena 系统）

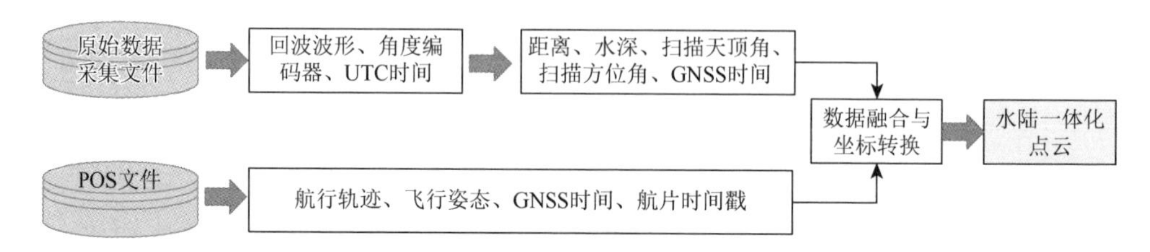


图 4.24　机载全波形蓝绿激光雷达测深系统点云解算流程

POS 文件数据处理：对 POS 文件进行解算，得到任意时刻的航行轨迹、飞行姿态、GNSS 时间等信息，同时得到相机航片时间戳信息。

数据融合：将所得的距离/水深信息与航行位置姿态信息按照 GPS 时间进行配准并进行线性内插，得到任意波形对应时刻的位置和姿态信息，并完成一系列坐标转换得到探测目标的空间位置。

3. 探测效果对比

为了验证系统实际使用精度，试验中采用中海达 HD370 全数字变频测深仪对试验区域进行了单波束测量，试验按照《海洋工程地形测量规范》（GB/T 17501—2017）对单波束的主测线与检查线之间的重合深度点进行了不符值比较。两试验区的平均水深均在 1～12m 的范围内，比较结果小于规范中重合深度点的不符值限差 0.3m。将结果统一归算至当时试验区范围内的平均海平面。单波束测量所得水深点的分布如图 4.25 所示。

图 4.25　测试区单波束水深点分布

通过ALB系统水下地形探测结果建立水下地形表面模型，并提取单波束测深点对应的平面位置作为检查点进行对比，图4.26为单波束水深探测值与ALB系统水深探测结果对比。

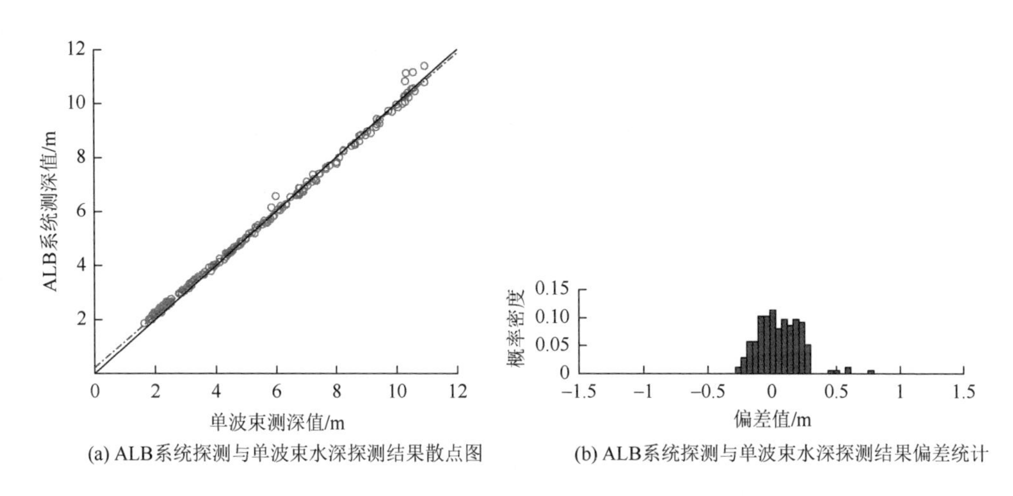


(a) ALB系统探测与单波束水深探测结果散点图　(b) ALB系统探测与单波束水深探测结果偏差统计

图4.26 ALB系统探测与单波束探测结果对比

由水下点云与单波束测深点水深偏差统计结果可以看出，ALB系统水深探测结果与声学探测方法所得结果相近，二者偏差的均方根误差为0.174m。该结果符合IHO在海道测量1a级探测精度要求。

通过比较图4.26中的结果可以看出，该系统经数据处理后所得水深值与对应位置单波束水深值的符合程度良好，二者之间具有良好的一致性，可充分满足近岸区域空间环境探测的基本要求。航带拼接与系统偏差修正后，可进一步得到扫描探测区域整体水下地形模型。此外，经潮汐改正后可根据需要生成相关的数字水深产品。为了进一步评价该系统探测能力，以成熟的商业化系统Aquarius为参考，对系统水下地形探测效果进行对比，图4.27为不同ALB系统水陆一体化探测结果。

图4.28为两个系统探测的海底点云高程分布结果，可以看出在相同水深区间内 Aquarius 的概率密度高于 iGreena，体现了其点云密度高于 iGreena，但由于iGreena采用了回波信号的多级放大技术，有效提高了其对深水区域探测效果，其测深能力优于Aquarius。

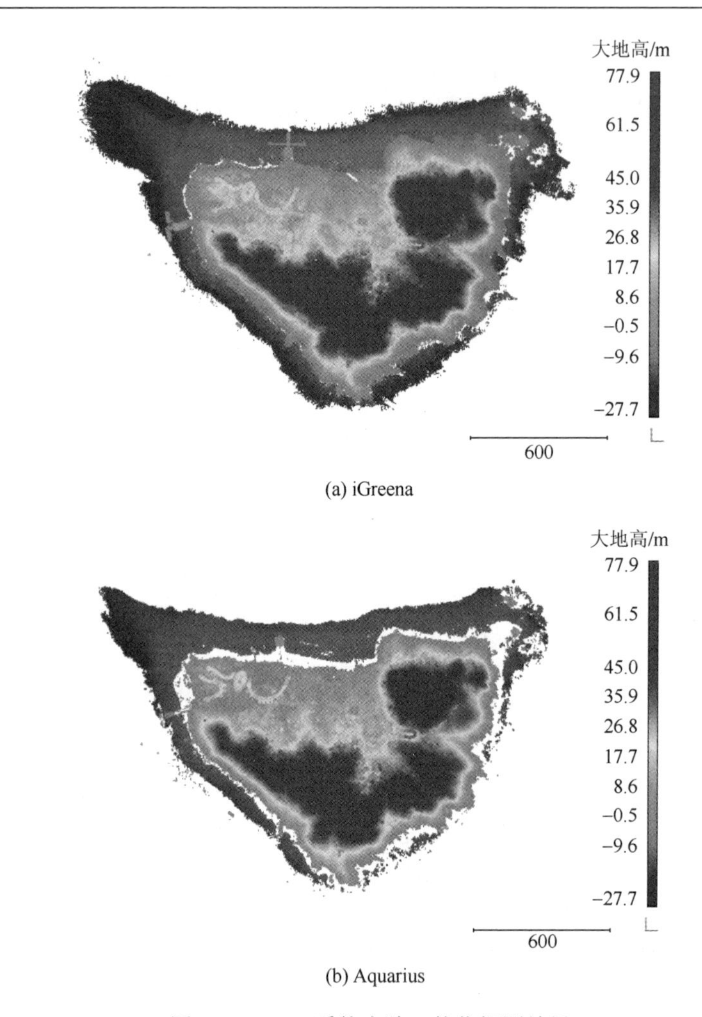


(a) iGreena

(b) Aquarius

图 4.27　ALB 系统水陆一体化探测结果

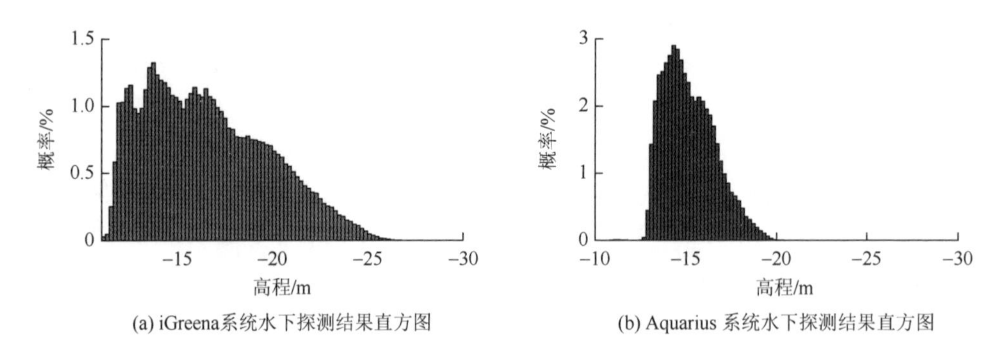


(a) iGreena系统水下探测结果直方图　　(b) Aquarius 系统水下探测结果直方图

图 4.28　不同系统水下地形探测结果

## 4.5　机载激光测深技术展望

目前，国外机载测深激光雷达技术发展已较为成熟，但其商用系统成本较高。由于国外技术封锁，机载测深激光雷达系统核心技术公开程度较低，因此该技术方法在我国的发展与应用受到极大限制。考虑多波段激光器的机载测深激光雷达系统虽然可有效适用于多用途海洋探测需要，但其结构复杂、硬件成本高，自身的体积和重量是造成系统使用灵活度下降的主要原因。考虑我国在近海岸浅水区域的实际应用需求，发展低成本、轻量化、高效率的单波段测深激光雷达系统对提高该技术的适用性具有重要意义。

### 1. 存在的问题与挑战

综合现有关于机载蓝绿激光雷达的相关研究成果，国内外对测深激光数据处理的研究已取得了一些有益进展，并提出了具有针对性的处理方案。然而，对于复杂水体环境条件下激光水深探测过程仍需进一步的研究。机载蓝绿激光雷达系统及其数据处理研究中存在具体问题主要包括以下方面。

（1）环境影响处理方案难以满足系统小型化、高精度的发展要求。当前，针对大气、水体等动态环境变化与激光水深探测精度优化方法的研究主要基于蓝绿激光雷达系统之外的环境监测与数据采集方法，其本质通常以牺牲系统作业的简洁性为代价。此外，受到系统各功能单元偏差影响，往往无法满足当前该技术小型化、高精度的发展要求。

（2）常规回波信号处理思路与测深激光实际衰减过程不符。常规处理方法直接从波形数据形态特征出发进行信号分解，忽略了全波形数据在形成过程中由不同传播衰减阶段对接收信号整体产生的影响，致使多数蓝绿激光回波信号处理思路在逻辑上“由果及因”，无法消除分解结果中所包含的信号展宽与延迟因素，造成传播时间探测精度下降。

（3）空间位置解算中水体的理想化假设与环境的复杂性相矛盾。水体表面的波动效应与蓝绿激光水下传播的不确定性是造成激光雷达水深探测精度下降的重要因素。当前研究存在的问题主要体现在蓝绿激光水体表面的渗透延迟、水体动态表面的准确模拟及入射偏差校正等方面，而现有研究成果主要针对大光斑或小尺度条件，测深激光在局部水体环境中的光路变化通常无法通过单一水体参数进行模拟。

以上问题严重制约了机载激光测深系统的实际探测能力，阻碍了该技术的相关应用，同时也是目前机载激光测深技术领域研究的重要方向。

2. 突破方向与思路

受近岸水体复杂环境条件的影响，相关数据处理方法一直是该技术的研究重点。其中，综合分析复杂环境因素，并采用合理的手段处理或降低各类因素影响，是提升激光测深能力与性能的关键。针对以上问题的主要解决思路可概括为以下方面。

（1）基于全波形探测技术与扫描探测方式的机载蓝绿激光雷达接收系统设计。在激光测深原理的基础上，为提高系统的信号采集准确度，有效促进系统的小型化发展，接收系统设计重点围绕回波信号传播过程中多路径环境光干扰抑制、回波信号增强、蓝绿波段信号探测目标范围的动态拓展及水下目标弱信号探测展开，从而提高机载蓝绿激光雷达接收系统性能。

（2）构建广泛适用于非均匀介质衰减过程的全波形信号处理与信息提取方法。激光测深技术主要利用了可见光波段（470～580nm）的透射窗口，全波形信号可有效记录激光光路剖面中介质环境的响应特征。采用全波形信号接收策略的系统，在信号处理中应具备有效抑制传播环境的吸收与散射作用能力，实现全波形激光回波信号的准确分解，进而准确获取水下目标至系统的传播距离。

（3）建立精确的蓝绿激光水下传播模型与点云精度优化方法。分析水面波浪与不均匀水质条件对激光在复杂介质环境条件下的影响，实现从理想水体条件向考虑传播环境变化的方向转变。在同步观测水面波浪与水体动态环境参数的基础上，实现激光传输过程的分层异构，提高目标空间位置解算结果的准确性。

随着激光雷达技术与相应信号处理方法的不断发展与完善，当前全波形机载测深激光雷达的测深能力和测深精度得到了较大提升。一方面，系统整体将向更加紧凑和小型化方向发展，从而进一步提高系统整体的灵活性；另一方面，激光测深技术向多波段传感器集成方向发展，多波段激光集成有利于诸如水路边界的提取及目标分类等相关领域的应用。

综上所述，采用主动性工作方式的机载激光雷达技术可直接快速获取三维空间数据，具有数据处理自动化程度高、生产周期短、非接触探测、扫描探测精度高、作业成本低等特点，是当前先进海洋测绘技术的集中体现。机载全波形测深激光雷达对多层次目标具有良好的探测性能，可广泛应用于水下地形测绘，近海水陆环境变化及水下资源勘察等复杂环境条件探测，是当前海洋探测装备发展的重要发展方向。

## 参考文献

昌彦君，朱光喜，彭复员，等. 2002. 机载激光海洋测深技术综述. 海洋科学，26（5）：34-36.
陈烽. 1999. 近海机载激光海洋测深技术. 应用光学，26（2）：19-24.

陈文革，黄铁侠，柳健. 1997. 机载海洋激光雷达的试验和模拟研究. 华中理工大学学报，25（5）：62-65.
党亚民，程鹏飞，章传银，等. 2012. 海岛礁测绘技术与方法. 北京：测绘出版社.
丁凯，李清泉，朱家松，等. 2018. 海南岛沿岸海域水体漫衰减系数光谱分析及 LiDAR 测深能力估算. 光谱学与光谱分析，38（5）：1582-1587.
丰爱平，夏东兴. 2003. 海岸侵蚀灾情分级. 海岸工程，22（2）：60-66.
国家海洋局. 2017. 海洋工程地形测量规范（GB/T 17501—2017）. 北京：中国标准出版社.
国家市场监督管理总局. 2020. 机载激光雷达水下地形测量技术规范（GB/T 39624—2020）.
胡善江，贺岩，陈卫标. 2007. 机载激光测深系统中海面波浪影响的改正. 光子学报，36（11）：2103-2105.
黄卫军，李松. 2001. 基于表面回波的机载激光测深系统的最佳扫描方案. 激光杂志，22（6）：55-57.
刘焱雄，郭锴，何秀凤，等. 2017. 机载激光测深技术及其研究进展. 武汉大学学报（信息科学版），42（9）：1185-1194.
彭琳，刘焱雄，邓才龙，等. 2014. 机载激光测深系统试点应用研究. 海洋测绘，34（4）：43-45，50.
任来平，赵俊生，翟国君，等. 2002. 机载激光测深海面扫描轨迹计算与分析. 武汉大学学报（信息科学版），27（2）：138-142.
王丹药，徐青，邢帅，等. 2018. 机载激光测深去卷积信号提取方法的比较. 测绘学报，47（2）：161-169.
吴自银，阳凡林，李守军，等. 2017. 高分辨率海底地形地貌——可视计算与科学应用. 北京：科学出版社：60-82.
夏东兴. 2009. 海岸带地貌环境及其演化. 北京：海洋出版社：1-2.
徐启阳. 2002. 蓝绿激光雷达海洋探测. 北京：国防工业出版社：42-43.
徐启阳，杨军，杨克诚，等. 1995. 船载与机载激光测深的比较. 海洋通报，（4）：19-25.
杨华勇，梁永辉. 2003. 机载蓝绿激光水下目标探测技术的现状及前景. 光机电信息，（12）：6-10.
叶修松. 2010. 机载激光水深探测技术基础及数据处理方法研究. 郑州：解放军信息工程大学.
于彩霞. 2015. 基于 LiDAR 数据的海岸线提取技术研究. 郑州：解放军信息工程大学.
翟国君，黄谟涛，欧阳永忠，等. 2014. 机载激光测深系统研制中的关键技术. 海洋测绘，34（3）：73-76.
张永合. 2009. 浅谈机载激光测深技术. 气象水文海洋仪器，26（2）：13-16.
赵建虎，欧阳永忠，王爱学. 2017. 海底地形测量技术现状及发展趋势. 测绘学报，46（10）：1786-1794.
赵建虎，王爱学. 2015. 精密海洋测量与数据处理技术及其应用进展. 海洋测绘，35（6）：1-7.
赵铁虎. 2011. 海底高分辨率声学探测及其应用. 青岛：中国海洋大学.
朱晓，杨克成，徐启阳，等. 1996. 机载激光测深唯像雷达方程. 中国激光，（3）：273-278.
邹建武，贾兴亮，高明哲，等. 2014. 用于雷达方位超分辨的约束迭代 Tikhonov 正则化算法. 海军航空工程学院学报，29（1）：33-37.
Chust G，Grande M，Galparsoro I，et al. 2010. Capabilities of the bathymetric Hawk Eye LiDAR for coastal habitat mapping：A case study within a Basque estuary. Estuarine. Coastal and Shelf Science，89（3）：200-213.
Corporation Fugro-LADS. 2015a. Fugro LADS Mk3 ALB System. Fugro LADS Corporation. https://www.fugro.com/Widgets/MediaResourcesList/MediaResourceDownloadHandler.ashx?guid=1c3e7cf1-f3db-6785-9f9d-ff250019aa6e&culture=en [2022-9-2].
Corporation Fugro-LADS. 2015b. Fugro LADS Mk3 and Riegl VQ820G Combined. Fugro LADS Corporation. https://www. fugro.com/about-fugro/our-expertise/innovations/laser-airborne-depth-sounder-lads#tabbed4 [2022-9-2].
Gordon H R，Wouters A W. 1978. Some relationships between Secchi depth and inherent optical properties of natural waters. Applied Optics，17（21）：3341-3343.
Guenther G，Thomas R. 1983. System design and performance factors for airborne laser hydrography. Proceedings Oceans，83：425-430.
Guenther G C. 1985. Airborne Laser Hydrography：System Design and Performance Factors. Washington，DC：U.S.

Department of Commerce.

Guenther G C，Brooks M W，Larocque P E. 2000. New capabilities of the “SHOALS” airborne LiDAR bathymeter. Remote Sensing of Environment，73（2）：247-255.

Hare R. 1994. Calibrating Larsen-500 LiDAR bathymetry in dolphin and union strait using dense acoustic ground-truth. The International Hydrographic Review，71（1）：92-104.

Hickman G D，Hogg J E. 1969. Application of airborne pulsed laser for near shore bathymetric measurement. Remote Sensing of Environment，1（1）：47-58.

Kim M，Feygels V，Kopilevich Y，et al. 2014. Estimation of inherent optical properties from CZMIL lidar. Lidar Remote Sensing For Environmental Monitoring Xiv，9262：92620.

Lawson C L，Hanson R J. 1974. Solving least squares problems. Englewood Cliffs：NJ：Prentice-Hall：160-165.

Lerner R M，Summers J D. 1982.  Monte Carlo description of time and space resolved multiple forward scatter in natural water. Applied Optics，21（5）：86.

Niemeyer J，Soergel U. 2013. Opportunities of airborne laser bathymetry for the monitoring of the sea bed on the baltic sea coast. ISPRS-International Archives of the Photogrammetry，Remote Sensing and Spatial Information Sciences，XL-7/W2（1）：179-184.

Sinclair M. 1998. Australians get on board with new laser airborne depth sounder. Sea Technology，39（6）：19-25.

Song Y，Niemeyer J，Ellmer W，et al. 2015. Comparison of three airborne laser bathymetry data sets for monitoring the German Baltic Sea Coast. International Society for Optics and Photonics，9638：96380.

Steinvall O K，Koppari K R. 1996. Depth sounding lidar：An overview of Swedish activities and future prospects. Berlin：SPIE：2-25.

Steinvall O K，Koppari K R，Karlsson U C M. 1992. Experimental evaluation of an airborne depth-sounding lidar. Berlin：SPIE，1992：108-126.

Su D，Yang F，Ma Y，et al. 2018. Classification of coral reefs in the South China Sea by combining airborne LiDAR bathymetry bottom waveforms and bathymetric features. IEEE Transactions on Geoscience and Remote Sensing，(99)：1-14.

Teledyne Optech. 2015. CZMIL—Coastal Zone Mapping and Imaging LiDAR. Teledyne，Optech. http://www.teledyneoptech.com/wpcontent/uploads/CZMIL-NovaIntro-Brochure-150626-WEB [2015-3-24].

Tikhonov A N，Goncharsky A V，Stepanov V V，et al. 1995. Numerical Methods for the Solution of III-Posed Problems. Netherlands：Kluwer Academic Publishers：330.

Wong H，Antoniou A. 1991. Characterization and decomposition of waveforms for Larsen 500 airborne system. IEEE Transactions on Geoscience and Remote Sensing，29（6）：912-921.

Wong H，Antoniou A. 1994. One-dimensional signal processing techniques for airborne laser bathymetry. IEEE Transactions on Geoscience and Remote Sensing，32（1）：35-46.

# 第5章　极化SAR技术及滨海湿地测量应用

## 5.1　极化SAR测量原理

极化合成孔径雷达（polarimetric synthetic aperture radar，PolSAR）作为一种近几年发展起来的极具潜力的遥感技术手段，具有多个极化通道，能获取比普通单极化SAR数据更加丰富的地物散射信息，为海岸带开发、资源调查提供了一种重要的数据源。利用全极化 SAR 数据进行分类的关键技术在于极化分解，极化SAR 相干斑滤波技术可以在抑制极化 SAR 影像相干斑的同时，充分保持海岸带滩涂的散射特征和结构特征，从而有效提取滩涂信息。本节在论述极化SAR目标散射特征表现形式的基础上，推导了散射矩阵、相干矩阵及协方差矩阵三种矩阵形式的转换关系。深入研究了几种典型的极化分解算法，按照相干分解和非相干分解对其归类，并对它们的原理进行了论述和分析。

### 5.1.1　极化数据的表征

1. 极化与椭圆极化

由电场和磁场正交构成的平面电磁波［plane electromagnetic（EM）wave］随着时间而变化，并垂直于传播方向，其传播可以用著名的Maxwell方程组表达：

$$\begin{aligned}
&\nabla\times\boldsymbol{E}(\boldsymbol{r})=-j\mu\omega\boldsymbol{H}(\boldsymbol{r})\\
&\nabla\times\boldsymbol{H}(\boldsymbol{r})=j\varepsilon\boldsymbol{E}(\boldsymbol{r})+\sigma\boldsymbol{E}(\boldsymbol{r})\\
&\nabla\mu\boldsymbol{H}(\boldsymbol{r})=0\\
&\nabla\varepsilon\boldsymbol{E}(\boldsymbol{r})=\rho
\end{aligned}\tag{5.1}$$

式中，$\boldsymbol{E}$为电场矢量；$\boldsymbol{H}$为磁场矢量；$j$为虚数单位；$\omega$为电磁波的角频率；$\varepsilon$为媒介的介电常数；$\sigma$为电导率；$\boldsymbol{r}$为位置矢量。

由Maxwell方程组可知，电场和磁场矢量密切相关，可以相互派生，研究表明，电磁波的极化研究主要针对于其电场矢量$\boldsymbol{E}$，进一步可表达为

$$\boldsymbol{E}(\boldsymbol{r})=E_0\mathrm{e}^{j\boldsymbol{K}\boldsymbol{r}}\tag{5.2}$$

式中，$\boldsymbol{K}=K\boldsymbol{k}$为传播矢量，$K$为波数，$\boldsymbol{k}$为沿波传播的单位矢量。作为时变电场矢量，$\boldsymbol{E}$可以投影到垂直和水平两个正交的方向：

$$
\begin{aligned}
\boldsymbol{E}(\boldsymbol{r},t) &= \boldsymbol{E}_{\mathrm{h}}(\boldsymbol{r},t)\boldsymbol{h} + \boldsymbol{E}_{\mathrm{v}}(\boldsymbol{r},t)\boldsymbol{v} \\
&= |\boldsymbol{E}_{\mathrm{h}}|\cos(\boldsymbol{k}\cdot\boldsymbol{r}+\omega t+\varphi_{\mathrm{h}})\boldsymbol{h} + |\boldsymbol{E}_{\mathrm{v}}|\cos(\boldsymbol{k}\cdot\boldsymbol{r}+\omega t+\varphi_{\mathrm{v}})\boldsymbol{h}
\end{aligned} \tag{5.3}
$$

$\boldsymbol{E}_{\mathrm{h}}$ 和 $\boldsymbol{E}_{\mathrm{v}}$ 的关系可以描述为椭圆方程：

$$
\frac{\boldsymbol{E}_{\mathrm{h}}(\boldsymbol{r},t)^2}{|\boldsymbol{E}_{\mathrm{h}}|} - 2\frac{\boldsymbol{E}_{\mathrm{h}}(\boldsymbol{r},t)}{|\boldsymbol{E}_{\mathrm{h}}|}\cdot\frac{\boldsymbol{E}_{\mathrm{v}}(\boldsymbol{r},t)}{|\boldsymbol{E}_{\mathrm{v}}|}\cos\varphi + \frac{\boldsymbol{E}_{\mathrm{v}}(\boldsymbol{r},t)^2}{|\boldsymbol{E}_{\mathrm{v}}|} = \sin^2\varphi \tag{5.4}
$$

式中，$\theta$ 为电场在两个方向上变化的相位差，因此合成电磁波场强 $E_0$ 和场强的方向 $\xi$ 可表示为

$$
\begin{aligned}
E_0 &= \sqrt{|\boldsymbol{E}_{\mathrm{h}}|^2 + |\boldsymbol{E}_{\mathrm{v}}|^2} \\
\xi &= \arctan(|\boldsymbol{E}_{\mathrm{v}}|^2 / |\boldsymbol{E}_{\mathrm{h}}|^2)
\end{aligned} \tag{5.5}
$$

极化椭圆可以用方位角 $\psi$ 、椭圆率 $\chi$ 和椭圆尺寸 $A$ 表示，它们可由式（5.6）推出：

$$
\begin{aligned}
\tan 2\psi &= \tan\left(2\frac{\boldsymbol{E}_{\mathrm{v}}}{\boldsymbol{E}_{\mathrm{h}}}\right)\cos\varphi \\
\sin 2\chi &= \sin\left(2\frac{\boldsymbol{E}_{\mathrm{v}}}{\boldsymbol{E}_{\mathrm{h}}}\right)\sin\varphi,\quad |\chi| \leqslant \frac{\pi}{4}
\end{aligned} \tag{5.6}
$$

极化椭圆如图 5.1 所示，当 $\chi = 0$ 时，极化椭圆演变成一条线，当 $\chi = \dfrac{\pi}{4}$ 时，极化椭圆变成一个圆。假设电磁波沿着 $\boldsymbol{k}$ 方向传播，椭圆率 $\chi$ 决定了 $\boldsymbol{E}$ 的旋转方向，当 $-\dfrac{\pi}{4} < \chi < 0$ 时，得到左旋椭圆极化波，当 $0 < \chi < \dfrac{\pi}{4}$ 时，得到右旋椭圆极化波。当电磁波是完全极化波（completely polarized，CP）时，正交两方向完全

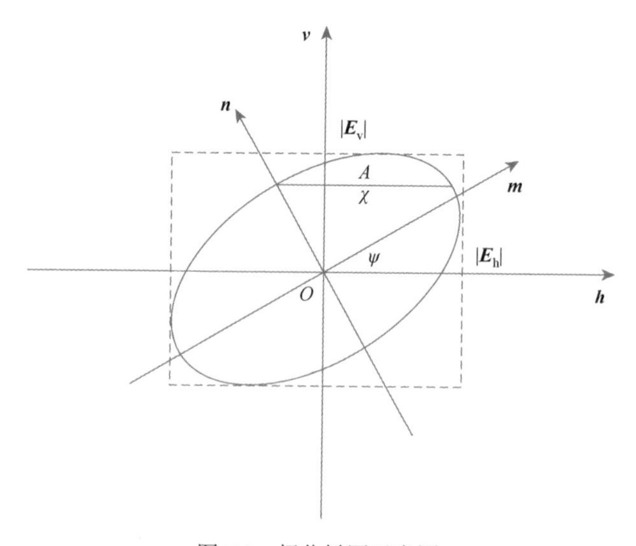


图 5.1　极化椭圆示意图

相干且$\xi$和相位差$\varphi$是常数。如果它们中任一变量都随时间变化，那么电磁波是部分极化波（partially polarized，PP）。

2. 散射矩阵及其矢量化

极化散射矩阵也称为 Sinclair 矩阵，可用来描述并记录散射过程中目标的极化信息（Boerner et al.，1988，1981；Kostinski and Boerner，1986）。散射矩阵可以表示单个雷达目标或者某目标群的多极化特性。散射过程可以看作入射波到反射波的变换过程，如果入射波用 Jones 矢量形式来表示，则散射过程可以看成一个线性变换，该变换可以用一个散射系数矩阵来表示，于是，入射电磁波的 Jones 矢量$\boldsymbol{E}_\mathrm{I}$和散射电磁波的 Jones 矢量$\boldsymbol{E}_\mathrm{s}$的关系可以表示为

$$\boldsymbol{E}_\mathrm{s}=\frac{\mathrm{e}^{-jkr}}{r}\boldsymbol{S}\cdot\boldsymbol{E}_\mathrm{I}=\frac{\mathrm{e}^{-jkr}}{r}\begin{bmatrix}S_\mathrm{HH} & S_\mathrm{HV}\\ S_\mathrm{VH} & S_\mathrm{VV}\end{bmatrix}\boldsymbol{E}_\mathrm{I} \tag{5.7}$$

式中，$k$为自由空间中的波数；$r$为接收天线到目标之间的距离；$\boldsymbol{S}$为散射矩阵；$S_\mathrm{HH}$和$S_\mathrm{VV}$为同极化分量；$S_\mathrm{HV}$和$S_\mathrm{VH}$为交叉极化分量。散射矩阵中的元素称为复散射系数或复散射幅度，雷达散射截面与散射矩阵元素的关系为

$$\sigma_{pq}=4\pi|S_{pq}|^2 \qquad p,q\in\{X,Y\} \tag{5.8}$$

如果能够获取矩阵内各个元素的幅度值及相位信息，则目标的电磁散射特性也随之确定。$S_{pq}$的取值主要由目标本身的尺寸、结构、形状、材料等物理因素以及目标与传感器收发装置间的相对位置以及雷达的工作频率决定(李贺，2012)。在满足互易条件时，有$S_{XY}=S_{YX}$，散射矩阵变成对称矩阵。对于此类目标，可通过减少雷达的观测量而达到获取同样目标散射过程的全部信息的目的。

为了表述方便，通常将散射矩阵矢量化。采用不同的正交单位矩阵，可以获取不同的矢量化结果，并有不同的解释。常用的正交单位矩阵有 Lexicographic 基和 Pauli 基（Bahrami et al.，2009；Cloude，1986；Cloude and Pottier，1997）。

采用正交单位矩阵 Lexicographic 基：

$$\psi_\mathrm{L}=\left\{\begin{bmatrix}2&0\\0&0\end{bmatrix},\begin{bmatrix}0&2\\0&0\end{bmatrix},\begin{bmatrix}0&0\\2&0\end{bmatrix},\begin{bmatrix}0&0\\0&2\end{bmatrix}\right\} \tag{5.9}$$

对极化散射矩阵$\boldsymbol{S}$矢量化，可以得到散射矢量为

$$k_\mathrm{4L}=[S_\mathrm{HH},S_\mathrm{HV},S_\mathrm{VH},S_\mathrm{VV}]^\mathrm{T} \tag{5.10}$$

散射矢量$K_\mathrm{4L}$各元素的值为散射矩阵的复振幅值，采用 Lexicographic 基进行矢量化处理的优点在于能够将散射矢量元素值与系统的测量值直接对应起来。

当采用正交单位矩阵 Pauli 基：

$$\psi_\mathrm{P}=\left\{\sqrt{2}\begin{bmatrix}1&0\\0&1\end{bmatrix},\sqrt{2}\begin{bmatrix}1&0\\0&-1\end{bmatrix},\sqrt{2}\begin{bmatrix}0&1\\1&0\end{bmatrix},\sqrt{2}\begin{bmatrix}0&-\mathrm{i}\\\mathrm{i}&0\end{bmatrix}\right\} \tag{5.11}$$

对极化散射矩阵 $\boldsymbol{S}$ 进行矢量化时，可以得到散射矢量的形式为

$$k_{3\mathrm{P}} = \frac{1}{\sqrt{2}}[S_{\mathrm{HH}} + S_{\mathrm{VV}}, S_{\mathrm{HH}} - S_{\mathrm{VV}}, 2S_{\mathrm{HV}}]^{\mathrm{T}} \tag{5.12}$$

在满足天线互易定理，即 $S_{\mathrm{HV}} = S_{\mathrm{VH}}$ 时，散射矢量可以写为

$$k_{4\mathrm{P}} = \frac{1}{\sqrt{2}}[S_{\mathrm{HH}} + S_{\mathrm{VV}}, S_{\mathrm{HH}} - S_{\mathrm{VV}}, S_{\mathrm{HV}} + S_{\mathrm{VH}}, \mathrm{i}(S_{\mathrm{VH}} - S_{\mathrm{HV}})]^{\mathrm{T}} \tag{5.13}$$

此时，散射矢量的各元素分别表示表面散射、二次散射和倾斜角为 $\frac{\pi}{4}$ 的二面角散射。可见，在 Pauli 基下对散射矩阵进行矢量化，可以将矢量元素与目标散射矩阵的物理特性对应起来，便于物理散射机制的解释。

极化 SAR 数据成像中每个场景中的像素点都可以用散射矩阵表示，因此，每个全极化 SAR 场景都有四个极化通道。考虑到互易性，则每个场景都具有 HH、HV、VV 三个极化通道。图 5.2 是天津地区的 L 波段 ALOS PALSAR 全极化图像（局部图），从图中可以看出，各个极化通道是同一个场景，但是地面目标对不同极化电磁波的散射响应并不相同，如建筑区在交叉极化图像上更亮，说明各极化通道包含的信息不同。

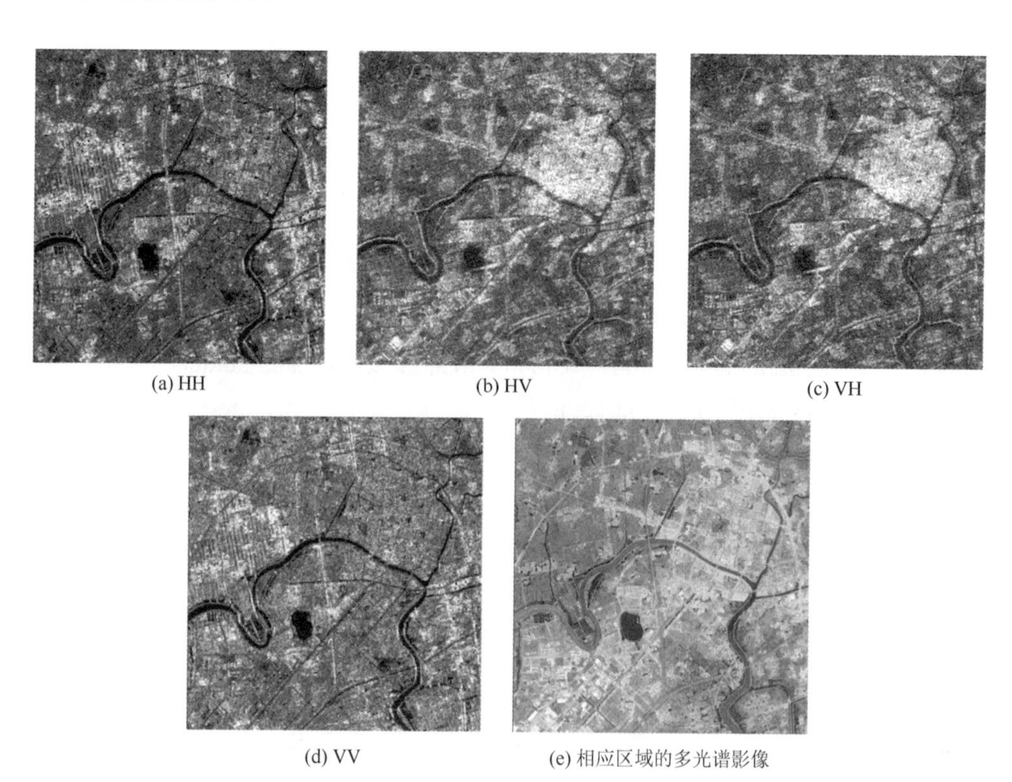

(a) HH　(b) HV　(c) VH

(d) VV　(e) 相应区域的多光谱影像

图 5.2　不同极化通道获得的图像

3. 相干矩阵与协方差矩阵

目前应用比较广泛的两个用于描述随机散射目标极化信息的矩阵是相干矩阵和协方差矩阵，二者分别由在 Lexicographic 基和 Pauli 基下对散射矩阵进行矢量化得到的目标矢量推导得到（Cloude，1986；Lüneburg，1997，1995）。

目标的协方差矩阵定义为散射矢量与其共轭转置矢量的外积，即

$$[C]_{4\times4}=k_{4\mathrm{L}}k_{4\mathrm{L}}^{\dagger} \tag{5.14}$$

式中，上标†是复共轭转置运算符。在实际应用中，一般计算随机散射介质各向同性下的平均值以减弱相干斑的影响，同时减少数据量，即

$$[C]_{4\times4}=\left\langle k_{4\mathrm{L}}k_{4\mathrm{L}}^{\dagger}\right\rangle=\begin{bmatrix}\left\langle|S_{\mathrm{HH}}|^2\right\rangle & \left\langle S_{\mathrm{HH}}S_{\mathrm{VH}}^*\right\rangle & \left\langle S_{\mathrm{HV}}S_{\mathrm{VH}}^*\right\rangle & \left\langle S_{\mathrm{HH}}S_{\mathrm{VV}}^*\right\rangle\\ \left\langle S_{\mathrm{HV}}S_{\mathrm{HH}}^*\right\rangle & \left\langle|S_{\mathrm{HV}}|^2\right\rangle & \left\langle S_{\mathrm{HV}}S_{\mathrm{VH}}^*\right\rangle & \left\langle S_{\mathrm{HV}}S_{\mathrm{VV}}^*\right\rangle\\ \left\langle S_{\mathrm{VH}}S_{\mathrm{HH}}^*\right\rangle & \left\langle S_{\mathrm{VH}}S_{\mathrm{HV}}^*\right\rangle & \left\langle|S_{\mathrm{VH}}|^2\right\rangle & \left\langle S_{\mathrm{VH}}S_{\mathrm{VV}}^*\right\rangle\\ \left\langle S_{\mathrm{VV}}S_{\mathrm{HH}}^*\right\rangle & \left\langle S_{\mathrm{VV}}S_{\mathrm{HV}}^*\right\rangle & \left\langle S_{\mathrm{VV}}S_{\mathrm{VH}}^*\right\rangle & \left\langle|S_{\mathrm{VV}}|^2\right\rangle\end{bmatrix} \tag{5.15}$$

式中，$\langle\rangle$ 表示按视数平均；上标*为复数共轭运算符。在满足互易性条件下，即 $S_{\mathrm{HV}}=S_{\mathrm{VH}}$ 时，协方差矩阵可以简化为如下形式：

$$[C]_{3\times3}=\left\langle k_{3\mathrm{L}}k_{3\mathrm{L}}^{\dagger}\right\rangle=\begin{bmatrix}\left\langle|S_{\mathrm{HH}}|^2\right\rangle & \left\langle\sqrt{2}S_{\mathrm{HH}}S_{\mathrm{HV}}^*\right\rangle & \left\langle S_{\mathrm{HH}}S_{\mathrm{VV}}^*\right\rangle\\ \left\langle\sqrt{2}S_{\mathrm{HV}}S_{\mathrm{HH}}^*\right\rangle & \left\langle\left\langle 2|S_{\mathrm{HV}}|^2\right\rangle\right\rangle & \left\langle\sqrt{2}S_{\mathrm{HV}}S_{\mathrm{VV}}^*\right\rangle\\ \left\langle S_{\mathrm{VV}}S_{\mathrm{HH}}^*\right\rangle & \left\langle\sqrt{2}S_{\mathrm{VV}}S_{\mathrm{HV}}^*\right\rangle & \left\langle|S_{\mathrm{VV}}|^2\right\rangle\end{bmatrix} \tag{5.16}$$

除了上面的协方差矩阵，在 Pauli 基下对散射矩阵进行矢量化，可以推导出另外一种形式的极化 SAR 数据表示方法，即相干矩阵。在极化 SAR 的应用研究中，如极化目标分解、极化数据相干性分析及极化 SAR 干涉等研究领域更多地采用相干矩阵来进行极化数据的处理与分析。在满足互易性的前提下，该矩阵的形式如下。

$$\begin{aligned}[T]_{3\times3}&=\left\langle k_{3\mathrm{P}}k_{3\mathrm{P}}^{\dagger}\right\rangle\\ &=\left\langle\frac{1}{\sqrt{2}}[S_{\mathrm{HH}}+S_{\mathrm{VV}}\quad S_{\mathrm{HH}}-S_{\mathrm{VV}}\quad 2S_{\mathrm{HV}}]^{\mathrm{T}}\cdot\frac{1}{\sqrt{2}}[S_{\mathrm{HH}}+S_{\mathrm{VV}}\quad S_{\mathrm{HH}}-S_{\mathrm{VV}}\quad 2S_{\mathrm{HV}}]^*\right\rangle\\ &=\frac{1}{2}\begin{bmatrix}\left\langle|S_{\mathrm{HH}}+S_{\mathrm{VV}}|^2\right\rangle & \left\langle(S_{\mathrm{HH}}+S_{\mathrm{VV}})(S_{\mathrm{HH}}-S_{\mathrm{VV}})^*\right\rangle & \left\langle 2(S_{\mathrm{HH}}+S_{\mathrm{VV}})S_{\mathrm{HV}}^*\right\rangle\\ \left\langle(S_{\mathrm{HH}}-S_{\mathrm{VV}})(S_{\mathrm{HH}}+S_{\mathrm{VV}})^*\right\rangle & \left\langle|S_{\mathrm{HH}}-S_{\mathrm{VV}}|^2\right\rangle & \left\langle 2(S_{\mathrm{HH}}-S_{\mathrm{VV}})S_{\mathrm{HV}}^*\right\rangle\\ \left\langle 2S_{\mathrm{HV}}(S_{\mathrm{HH}}+S_{\mathrm{VV}})^*\right\rangle & \left\langle 2S_{\mathrm{HV}}(S_{\mathrm{HH}}-S_{\mathrm{VV}})^*\right\rangle & \left\langle 4|S_{\mathrm{HV}}|^2\right\rangle\end{bmatrix}\end{aligned} \tag{5.17}$$

相干矩阵与协方差矩阵包含相同的信息，二者之间可以通过如下公式进行转换：

$$\boldsymbol{T} = \boldsymbol{A}\boldsymbol{C}\boldsymbol{A}^{-1} \tag{5.18}$$

其中

$$\boldsymbol{A} = \begin{bmatrix} \sqrt{2}/2 & 0 & \sqrt{2}/2 \\ \sqrt{2}/2 & 0 & -\sqrt{2}/2 \\ 0 & 1 & 0 \end{bmatrix} \tag{5.19}$$

相干矩阵和协方差矩阵统称为极化 SAR 的多视复数数据，这类形式的数据中包含各极化通道的强度信息，以及各通道间的相对相位信息，但不包含各个极化通道的绝对相位信息。

4. 极化总功率

极化 SAR 是一个多极化通道系统，散射功率由多个极化通道的各个元素构成，其极化总功率数据表示为 SPAN，定义如下。

$$\text{SPAN} = |S_{\text{HH}}|^2 + 2|S_{\text{HV}}|^2 + |S_{\text{VV}}|^2 \tag{5.20}$$

SPAN 具有极化不变性，不随电磁波极化基的改变而发生改变，包含大量的数据信息，如图 5.3 所示。

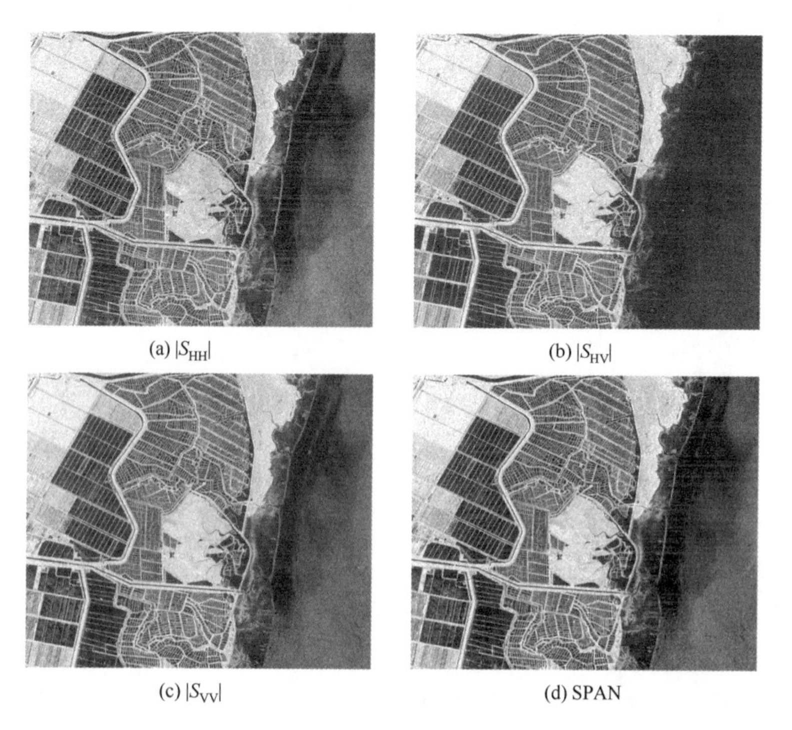

(a) $|S_{\text{HH}}|$　(b) $|S_{\text{HV}}|$　(c) $|S_{\text{VV}}|$　(d) SPAN

图 5.3　极化 SAR 影像散射矩阵强度及 SPAN 结果图

### 5.1.2　目标散射特性的极化分解

极化 SAR 通过测量地面每个分辨单元内的散射回波来获取其散射矩阵。散射矩阵将目标散射的极化特性、能量特性及相位特性统一起来，完整地描述了目标的电磁波散射特性。目标的极化特性与其形状结构密切相关，反映了目标表面的粗糙度、对称性和取向等其他雷达参数不能提供的信息（李贺，2012）。因此，从极化 SAR 图像中可以基于极化分解提取不同散射机制的散射特性，从而实现对极化数据的地表分类、变化检测和目标识别等应用。下面将对几种基本的散射机制类型及目标极化分解理论展开阐述。

1. 典型散射机制

极化响应又称极化特征，是描述地面散射体任意极化状态下散射特性的曲面或曲线（Lee and Pottier，2009）。类似于光学遥感中的光谱响应，极化响应是分析地物目标后向散射特性的基础。目标对电磁波的散射过程类似于可见光在物体表面发生的散射过程，大致可以分为奇次散射（即表面散射）、偶次散射（即二面角散射）、漫散射和体散射。奇次散射常发生在平滑的表面，这种散射返回的电磁波能量较少，在 SAR 功率图像上比较暗。地物表面的粗糙度与波长、入射角、表面本身的起伏状况有关，常和目标的湿度一起，共同对后向散射起作用。如果表面变得粗糙，散射就由奇次散射向漫散射过渡，返回接收天线的平均能量变强，与奇次散射相比，图像亮度要强一些，如有涟漪的水面等。当目标有两个垂直面时，如墙壁和地面之间、树干和地面之间等，就比较容易发生偶次散射，偶次散射返回雷达的能量较强，在图像上较亮。如果散射体是由随机分布的细长圆柱体组成的粒子云，那么发生的散射就称为体散射，体散射常发生在森林中。不同地物的极化特征是不同的，表 5.1 列出了几种典型散射机制在不同极化基下的散射矩阵（Lee and Pottier，2009）。

**表 5.1　典型散射机制在不同极化基下的散射矩阵**

| 散射机制 | 笛卡儿极化基 $(\hat{h},\hat{v})$ | 线性旋转基 $(\hat{a},\hat{a}_{\perp})$ | 圆极化基 $(\hat{l},\hat{l}_{\perp})$ |
|---|---|---|---|
| 球体、平面或三面体 | $\begin{bmatrix}1 & 0\\0 & 1\end{bmatrix}$ | $\begin{bmatrix}1 & 0\\0 & 1\end{bmatrix}$ | $\begin{bmatrix}0 & j\\j & 0\end{bmatrix}$ |
| 水平偶极子 | $\begin{bmatrix}1 & 0\\0 & 1\end{bmatrix}$ | $\frac{1}{2}\begin{bmatrix}1 & -1\\-1 & 1\end{bmatrix}$ | $\frac{1}{2}\begin{bmatrix}1 & -j\\-j & 1\end{bmatrix}$ |
| 角度为$\phi$的定向偶极子 | $\begin{bmatrix}\cos^2\phi & \frac{1}{2}\sin 2\phi\\\frac{1}{2}\sin 2\phi & \sin^2\phi\end{bmatrix}$ | $\begin{bmatrix}\frac{1}{2}+\cos\phi\sin\phi & \frac{1}{2}-\cos^2\phi\\\frac{1}{2}-\cos^2\phi & \frac{1}{2}-\cos\phi\sin\phi\end{bmatrix}$ | $\frac{1}{2}\begin{bmatrix}e^{j2\phi} & -j\\-j & e^{-j2\phi}\end{bmatrix}$ |

续表

| 散射机制 | 笛卡儿极化基 $(\hat{h},\hat{v})$ | 线性旋转基 $(\hat{a},\hat{a}_{\perp})$ | 圆极化基 $(\hat{l},\hat{l}_{\perp})$ |
| --- | --- | --- | --- |
| 水平二面角 | $\begin{bmatrix}1 & 0\\0 & -1\end{bmatrix}$ | $\begin{bmatrix}0 & -1\\-1 & 0\end{bmatrix}$ | $\begin{bmatrix}1 & 0\\0 & 1\end{bmatrix}$ |
| 角度为$\phi$的定向二面角 | $\begin{bmatrix}\cos 2\phi & \sin 2\phi\\\sin 2\phi & -\cos 2\phi\end{bmatrix}$ | $\begin{bmatrix}\sin 2\phi & -\cos 2\phi\\-\cos 2\phi & \sin 2\phi\end{bmatrix}$ | $\begin{bmatrix}e^{j2\phi} & 0\\0 & e^{-j2\phi}\end{bmatrix}$ |
| 角度为$\phi$的左螺旋体 | $\frac{e^{-j2\phi}}{2}\begin{bmatrix}1 & j\\j & -1\end{bmatrix}$ | $\frac{e^{-j2\phi}}{2}\begin{bmatrix}j & -1\\-1 & -j\end{bmatrix}$ | $\begin{bmatrix}e^{-j2\phi} & 0\\0 & 0\end{bmatrix}$ |
| 角度为$\phi$的右螺旋体 | $\frac{e^{-j2\phi}}{2}\begin{bmatrix}1 & -j\\-j & -1\end{bmatrix}$ | $\frac{e^{-j2\phi}}{2}\begin{bmatrix}-j & -1\\-1 & j\end{bmatrix}$ | $\begin{bmatrix}0 & 0\\0 & e^{-j2\phi}\end{bmatrix}$ |

2. 极化分解的基本概念

极化分解作为最重要的一种提取目标散射特性的方法（Krogager，1993；Lee and Pottier，2009），经过多年发展得到了极大的丰富和完善。目前的极化分解算法多达几十种，这些分解方法可分为两大类：相干分解和非相干分解。相干分解是针对稳定性目标（单纯目标或点目标）进行的一类分解算法，这类算法将散射矩阵表达为几种典型散射机制的散射矩阵的线性组合形式。目前常用的相干分解算法有 Pauli 分解（Lee and Pottier，2009）、Krogager 分解（Krogager，1990，1993）、Cameron 分解（Cameron et al.，1996；Cameron and Leung，1992，1990；Cameron and Rais，2006）、Touzi 分解（Touzi，2005，2007；Touzi et al.，2009，2014）等。

而非相干分解是对散射矩阵如 Mueller 矩阵、协方差矩阵或相干矩阵的二阶描述式，在一定大小的窗口内的统计平均值进行分解（Lee et al.，2008），将以上矩阵表述为几种典型散射机制的相应二阶描述式的线性组合的形式。该类方法不需要目标具有不变性，适用于分布式目标且回波可以部分相干或者非相干。这类算法又可具体分为四类，第一类是基于 Mueller 矩阵的二分量分解。这类分解算法的本质是将输入数据分解成一个纯目标和一个分布式目标之和的形式，最具代表性的算法有 Huynen 分解（Huynen，1970，1982，1990）、Barnes-Holm 分解（Barnes，1988；Holm and Barnes，1988）和 Yang 分解（Yang et al.，2006）等。第二类是基于特征值/特征向量的分解，最具有代表性的是 Cloude 分解及其相关理论（Cloude，1985；Cloude et al.，2000；Cloude and Pottier，1995）、Holm 分解（Holm and Barnes，1988）等。第三类是基于模型的分解，该类算法是将观测到的相干矩阵或协方差矩阵表达为多个典型散射机制模型的线性组合，如 Freeman 三分量分解（Freeman and Durden，1993，1998）、Yamaguchi 四分量分解（Yamaguchi et al.，

2005，2006，2011，2012，2013）、Freeman 二分量分解（Freeman，2007）等，该类算法可以得到不同散射机制的参数和功率，更具有实用意义。因此，在极化相干斑滤波、图像分类、目标探测、极化干涉等领域具有更加广泛的应用。第四类是以上三种分解类型的组合，即混合分解方法（Cui et al.，2014；Van Zyl，1993；Van Zyl et al.，2011，2008；Wang et al.，2014）。下面介绍几种典型的目标极化分解算法。

3. 目标极化分解算法

1）Pauli 分解

Pauli 分解作为一种经典的极化目标分解算法，在该领域具有重要的应用。该分解将散射矩阵表达为几个 Pauli 矩阵之和的形式，且每个 Pauli 矩阵都与一个散射机制一一对应（Lee and Pottier，2009）。

$$\boldsymbol{S}=\begin{bmatrix} S_{\mathrm{HH}} & S_{\mathrm{HV}} \\ S_{\mathrm{VH}} & S_{\mathrm{VV}} \end{bmatrix}=\frac{a}{\sqrt{2}}\begin{bmatrix} 1 & 0 \\ 0 & 1 \end{bmatrix}+\frac{b}{\sqrt{2}}\begin{bmatrix} 1 & 0 \\ 0 & -1 \end{bmatrix}+\frac{c}{\sqrt{2}}\begin{bmatrix} 0 & 1 \\ 1 & 0 \end{bmatrix}+\frac{d}{\sqrt{2}}\begin{bmatrix} 0 & -j \\ j & 0 \end{bmatrix} \tag{5.21}$$

式中，$a, b, c, d$ 分别为复数。

$$a=\frac{S_{\mathrm{HH}}+S_{\mathrm{VV}}}{\sqrt{2}}, b=\frac{S_{\mathrm{HH}}-S_{\mathrm{VV}}}{\sqrt{2}}, c=\frac{S_{\mathrm{HV}}+S_{\mathrm{VH}}}{\sqrt{2}}, d=j\frac{S_{\mathrm{HV}}+S_{\mathrm{VH}}}{\sqrt{2}} \tag{5.22}$$

由式（5.21）可以看出，Pauli 分解将目标的极化散射矩阵分为四部分，其中第一部分对应单次散射体，第二部分和第三部分分别对应相对定向角为 0°和 45°的二面角散射体（偶次或双次散射体），最后一部分是散射矩阵 $\boldsymbol{S}$ 的非对称部分，不存在相应的散射机制。当目标为单站静态目标时，即符合互易原则下，Pauli 分解可精简为前面三部分之和。Pauli 分解形式简单，使用了具有明显物理意义的矩阵组作为分解分量，因而被广泛使用。

2）Krogager 分解

在笛卡儿极化基下，Krogager 分解将散射矩阵 $\boldsymbol{S}$ 表达为三个具有物理意义的相干分量的形式（Krogager，1993，1990）：

$$\begin{aligned}\boldsymbol{S}_{(\mathrm{H,V})}&=\mathrm{e}^{j\phi}\{\mathrm{e}^{j\phi_{\mathrm{S}}}k_{\mathrm{S}}S_{\mathrm{sphere}}+k_{\mathrm{D}}S_{\mathrm{diplane}(\theta)}+k_{\mathrm{H}}S_{\mathrm{helix}(\theta)}\}\\&=\mathrm{e}^{j\phi}\left\{\mathrm{e}^{j\phi_{\mathrm{S}}}k_{\mathrm{S}}\begin{bmatrix} 1 & 0 \\ 0 & 1 \end{bmatrix}+k_{\mathrm{D}}\begin{bmatrix} \cos 2\theta & \sin 2\theta \\ \sin 2\theta & -\cos 2\theta \end{bmatrix}+k_{\mathrm{H}}\mathrm{e}^{\mp j2\theta}\begin{bmatrix} 1 & \pm j \\ \pm j & -1 \end{bmatrix}\right\}\end{aligned} \tag{5.23}$$

式中，$k_{\mathrm{S}}$、$k_{\mathrm{D}}$ 和 $k_{\mathrm{H}}$ 分别为球体、二面体和螺旋体分量；$\theta$ 为定向角；$\phi$ 为绝对相位。此外，Krogager 还引入了在圆极化基下的分解：

$$
\begin{aligned}
S_{(\mathrm{R,L})} &= \begin{bmatrix} S_{\mathrm{RR}} & S_{\mathrm{RL}} \\ S_{\mathrm{LR}} & S_{\mathrm{LL}} \end{bmatrix} \\
&= \mathrm{e}^{j\phi}\left\{ \mathrm{e}^{j\phi_{\mathrm{S}}} k_{\mathrm{S}} \begin{bmatrix} 0 & j \\ j & 0 \end{bmatrix} + k_{\mathrm{D}} \begin{bmatrix} \mathrm{e}^{j2\theta} & 0 \\ 0 & -\mathrm{e}^{-j2\theta} \end{bmatrix} + k_{\mathrm{H}} \begin{bmatrix} \mathrm{e}^{j2\theta} & 0 \\ 0 & 0 \end{bmatrix} \right\}
\end{aligned} \tag{5.24}
$$

在不同基下得到的各个分量的关系如下：

$$
\begin{aligned}
& k_{\mathrm{S}} = |S_{\mathrm{RL}}| \quad \phi = \frac{1}{2}(\phi_{\mathrm{RR}} + \phi_{\mathrm{LL}} - \pi) \\
& \theta = \frac{1}{4}(\phi_{\mathrm{RR}} - \phi_{\mathrm{LL}} + \pi) \quad \phi_{\mathrm{S}} = \phi_{\mathrm{RL}} - \frac{1}{2}(\phi_{\mathrm{LL}} + \phi_{\mathrm{RR}})
\end{aligned} \tag{5.25}
$$

通过以上分解公式可知，$S_{\mathrm{RR}}$ 和 $S_{\mathrm{LL}}$ 代表二面体分量，如下两种情况需要加以考虑：

当 $|S_{\mathrm{RR}}| \geqslant |S_{\mathrm{LL}}|$ 时，$K_{\mathrm{D}} = |S_{\mathrm{LL}}|$，$K_{\mathrm{H}} = |S_{\mathrm{RR}}| - |S_{\mathrm{LL}}|$，此时 $K_{\mathrm{H}}$ 代表左螺旋体分量；

当 $|S_{\mathrm{RR}}| \leqslant |S_{\mathrm{LL}}|$ 时，$K_{\mathrm{D}} = |S_{\mathrm{RR}}|$，$K_{\mathrm{H}} = |S_{\mathrm{LL}}| - |S_{\mathrm{RR}}|$，此时 $K_{\mathrm{H}}$ 代表右螺旋体分量。

3）Touzi 分解

Touzi 分解是一种基于相干矩阵 $\boldsymbol{T}$ 的非相干分解算法（Touzi，2007，2005；Touzi et al.，2014，2009）。当目标满足反射对称假设时，Hermitian 半正定矩阵 $\boldsymbol{T}$ 可以分解为三个相干矩阵的和：

$$
\boldsymbol{T}_3 = \sum_{i=1,3} \lambda_i \boldsymbol{T}_i \tag{5.26}
$$

Touzi 分解利用旋转不变散射模型对单个目标的相干特征向量 $\boldsymbol{e}_T^{\mathrm{SV}}$ 进行参数化。每个相干散射体可以表示为

$$
\boldsymbol{e}_T^{\mathrm{SV}} = m\,|\boldsymbol{e}_T|_m \cdot \exp(j\phi_{\mathrm{S}}) \cdot \boldsymbol{V} \tag{5.27}
$$

其中，

$$
\boldsymbol{V} = \begin{bmatrix} \cos\alpha_{\mathrm{S}} \cos 2\tau_{\mathrm{m}} \\ -j\cos\alpha_{\mathrm{S}} \sin 2\psi \sin 2\tau_{\mathrm{m}} + \cos 2\psi \sin\alpha_{\mathrm{S}} \mathrm{e}^{j\phi_{\alpha_{\mathrm{S}}}} \\ -j\cos\alpha_{\mathrm{S}} \cos 2\psi \sin 2\tau_{\mathrm{m}} + \sin 2\psi \sin\alpha_{\mathrm{S}} \mathrm{e}^{j\phi_{\alpha_{\mathrm{S}}}} \end{bmatrix} \tag{5.28}
$$

对于非干涉类的应用，绝对相位 $\phi_{\mathrm{S}}$ 可以忽略，相干散射体可以由 5 个独立参数（$\alpha_{\mathrm{S}}$，$\phi_{\alpha_{\mathrm{S}}}$，$\psi$，$\tau_{\mathrm{m}}$ 和 $m$）唯一表示。$\alpha_{\mathrm{S}}$ 和 $\phi_{\alpha_{\mathrm{S}}}$ 代表对称散射类型的极化坐标；$\psi$、$\tau_{\mathrm{m}}$ 和 $m$ 分别表示定向角、螺旋度和最大返回参数。

每个相干特征向量对应于一个独立的散射体，可以用如下旋转不变目标散射参数来表示：

$$
\mathrm{ICTD}_i = (\lambda_i, m_i, \psi_i, \tau_{\mathrm{m}i}, \alpha_{\mathrm{S}i}, \phi_{\alpha_{\mathrm{S}i}}) \tag{5.29}
$$

其中，$\phi_{\alpha_{Si}}$ 提供的信息对植被信息比较敏感。

4）Huynen 分解

Huynen 分解作为非相干分解理论的一种，其思路主要来自“波的二分法”的概念（Huynen，1990，1982，1970）。首先，该分解算法考虑将一个分布式目标的相干矩阵进行特殊的参数化处理，如下所示。

$$\boldsymbol{T}_3=\begin{bmatrix}2A_0 & C-jD & H+jG\\ C+jD & B_0+B & E+jF\\ H-jG & E-jF & B_0-B\end{bmatrix} \tag{5.30}$$

式中，$A_0$表示散射体均匀的、平滑的、凸面部分的总散射功率；$B_0$表示散射体非均匀的、粗糙的、非凸面去极化部分的总散射功率；$B_0+B$表示总体对称的去极化强度大小；$B_0-B$表示总体非对称的去极化强度大小；$C$、$D$表示对称目标的去极化部分，其中$C$代表目标总体形状参数，$D$代表目标局部形状参数；$E$、$F$表示非对称目标的去极化部分，其中$E$表示目标的局部弯曲度，$F$表示目标的总体弯曲度；$G$、$H$表示目标对称和非对称部分的耦合项，其中$G$表示局部耦合项，$H$表示总体耦合项。

Huynen 分解将相干矩阵 $\boldsymbol{T}$ 表示为如下形式：

$$\boldsymbol{T}_3=\boldsymbol{T}_0+\boldsymbol{T}_{\mathrm{N}} \tag{5.31}$$

其中，$\boldsymbol{T}_0$表示一个点目标，即完全可以由一个散射矩阵表示的目标，该部分的参数化形式如下：

$$\boldsymbol{T}_0=\begin{bmatrix}2A_0 & C-jD & H+jG\\ C+jD & B_{0\mathrm{T}}+B_{\mathrm{T}} & E_{\mathrm{T}}+jF_{\mathrm{T}}\\ H-jG & E_{\mathrm{T}}-jF_{\mathrm{T}} & B_{0\mathrm{T}}-B_{\mathrm{T}}\end{bmatrix} \tag{5.32}$$

由此可见，矩阵$\boldsymbol{T}_0$的秩为1。矩阵$\boldsymbol{T}_{\mathrm{N}}$对应一个分布式散射体，其秩并不等于1，它也无法等价于一个散射矩阵。对该部分进行参数化，得到如下结果：

$$\boldsymbol{T}_{\mathrm{N}}=\begin{bmatrix}0 & 0 & 0\\ 0 & B_{0\mathrm{N}}+B_{\mathrm{N}} & E_{\mathrm{N}}+jF_{\mathrm{N}}\\ 0 & E_{\mathrm{N}}-jF_{\mathrm{N}} & B_{0\mathrm{N}}-B_{\mathrm{N}}\end{bmatrix} \tag{5.33}$$

该部分最主要的一个特点是在天线坐标系统下，关于视线方向无论做多大的旋转，该矩阵形式不变。

5）Barnes 分解

如上所述，Huynen 提出的分解方法是将相干矩阵 $\boldsymbol{T}$ 分解为一个单一散射点目标$T_0$和一个分布式目标$\boldsymbol{T}_{\mathrm{N}}$之和。根据$\boldsymbol{T}_{\mathrm{N}}$目标的旋转不变性，Barnes（1988）、Holm

和 Barnes（1988）认为 Huynen 分解的结果不唯一，还存在另外两种形式的分解结果。$\boldsymbol{T}$ 还可表示为如下形式：

$$\boldsymbol{T}_3=\begin{bmatrix} 2\langle A_0\rangle & \langle C\rangle-j\langle D\rangle & \langle H\rangle+j\langle G\rangle \\ \langle C\rangle+j\langle D\rangle & \langle B_0\rangle+\langle B\rangle & \langle E\rangle+j\langle F\rangle \\ \langle H\rangle-j\langle G\rangle & \langle E\rangle-j\langle F\rangle & \langle B_0\rangle-\langle B\rangle \end{bmatrix} \tag{5.34}$$

其中，

$$\boldsymbol{T}_0=\begin{bmatrix} 2\langle A_0\rangle & \langle C\rangle-j\langle D\rangle & \langle H\rangle+j\langle G\rangle \\ \langle C\rangle+j\langle D\rangle & \langle B_{0\mathrm{T}}\rangle+\langle B_{\mathrm{T}}\rangle & \langle E_{\mathrm{T}}\rangle+j\langle F_{\mathrm{T}}\rangle \\ \langle H\rangle-j\langle G\rangle & \langle E_{\mathrm{T}}\rangle-j\langle F_{\mathrm{T}}\rangle & \langle B_{0\mathrm{T}}\rangle-\langle B_{\mathrm{T}}\rangle \end{bmatrix} \tag{5.35}$$

$$\boldsymbol{T}_0=\begin{bmatrix} 0 & 0 & 0 \\ 0 & \langle B_{0\mathrm{N}}\rangle+\langle B_{\mathrm{N}}\rangle & \langle E_{\mathrm{N}}\rangle+j\langle F_{\mathrm{N}}\rangle \\ 0 & \langle E_{\mathrm{N}}\rangle-j\langle F_{\mathrm{N}}\rangle & \langle B_{0\mathrm{N}}\rangle-\langle B_{\mathrm{N}}\rangle \end{bmatrix} \tag{5.36}$$

根据以上 $\boldsymbol{T}_{\mathrm{N}}$ 矩阵的形式可知，$\boldsymbol{T}_{\mathrm{N}}$ 满足如下的矢量关系：

$$\boldsymbol{T}_{\mathrm{N}}q=0 \tag{5.37}$$

由 $\boldsymbol{T}_{\mathrm{N}}$ 矩阵的旋转不变性，当矢量 $\boldsymbol{q}$ 满足：

$$\boldsymbol{q}_1\boldsymbol{U}_3(\theta)^{-1}\boldsymbol{q}=\lambda\boldsymbol{q} \tag{5.38}$$

有

$$\boldsymbol{T}_{\mathrm{N}}\boldsymbol{q}=0\Rightarrow\boldsymbol{U}_3(\theta)\boldsymbol{T}_{\mathrm{N}}\boldsymbol{U}_3(\theta)^{-1}\boldsymbol{q}=0 \tag{5.39}$$

对应于矩阵 $\boldsymbol{U}_{\mathrm{Z}}$ 的所有特征矢量：

$$q_1=\begin{bmatrix}1\\0\\0\end{bmatrix},q_2=\frac{1}{\sqrt{2}}\begin{bmatrix}0\\1\\j\end{bmatrix},q_3=\frac{1}{\sqrt{2}}\begin{bmatrix}0\\j\\1\end{bmatrix} \tag{5.40}$$

通过式（5.40）可求得每个特征矢量对应的等效确定性目标的单位目标矢量 $\boldsymbol{k}_0$：

$$\left.\begin{aligned}\boldsymbol{T}_3q=\boldsymbol{T}_0q+\boldsymbol{T}_{\mathrm{N}}q=\boldsymbol{T}_0q=\boldsymbol{k}_0\boldsymbol{k}_0^{\mathrm{T}*}q\\ q^{\mathrm{T}*}\boldsymbol{T}_3q=q^{\mathrm{T}*}\boldsymbol{k}_0\boldsymbol{k}_0^{\mathrm{T}*}q=|k_0^{\mathrm{T}*}q|^2\end{aligned}\right\}\Rightarrow\boldsymbol{k}_0=\frac{\boldsymbol{T}_3q}{\sqrt{(q^{\mathrm{T}*}\boldsymbol{T}_3q)}} \tag{5.41}$$

与 $q_1$、$q_2$ 和 $q_3$ 一一对应的归一化目标矢量分别为

$$
\boldsymbol{k}_1 = \frac{T_3 q_1}{\sqrt{(q_1^{\dagger} T_3 q_1)}} = \frac{1}{\sqrt{\langle 2A_0 \rangle}} \begin{bmatrix} (2A_0) \\ \langle C \rangle + j\langle D \rangle \\ \langle H \rangle - j\langle G \rangle \end{bmatrix}
$$

$$
\boldsymbol{k}_2 = \frac{T_3 q_2}{\sqrt{(q_2^{\dagger} T_3 q_2)}} = \frac{1}{\sqrt{2(\langle B_0 \rangle - \langle F \rangle)}} \begin{bmatrix} \langle C \rangle - \langle G \rangle + j\langle H \rangle - j\langle D \rangle \\ \langle B_0 \rangle + \langle B \rangle - \langle F \rangle + j\langle E \rangle \\ \langle E \rangle + j\langle B_0 \rangle - j\langle B \rangle - j\langle E \rangle \end{bmatrix} \tag{5.42}
$$

$$
\boldsymbol{k}_3 = \frac{T_3 q_3}{\sqrt{(q_3^{\dagger} T_3 q_3)}} = \frac{1}{\sqrt{2(\langle B_0 \rangle + \langle F \rangle)}} \begin{bmatrix} \langle H \rangle + \langle D \rangle + j\langle C \rangle + j\langle G \rangle \\ \langle E \rangle + j\langle B_0 \rangle + j\langle B \rangle + j\langle F \rangle \\ \langle B_0 \rangle - \langle B \rangle + \langle F \rangle + j\langle E \rangle \end{bmatrix}
$$

其中，$\boldsymbol{k}_1$ 对应的分解方法即为 Huynen 分解，$\boldsymbol{k}_2$ 和 $\boldsymbol{k}_3$ 对应的分解方法即为 Barnes 和 Holm 提出的目标分解理论，即 Barnes1 分解和 Barnes2 分解。

6）Cloude 分解

英国学者 Cloude 最早将特征值分析引入极化目标分解领域（Cloude，1985），这种分析方法的优势在于不受极化基的影响，并提出一种通过提取目标平均相干矩阵最大特征值来确定主散射机制的方法。相干矩阵 $\boldsymbol{T}_3$ 可写成如下形式：

$$
\boldsymbol{T}_3 = \boldsymbol{U}_3 \sum \boldsymbol{U}_3^{-1} \tag{5.43}
$$

3×3 实对角矩阵 $\sum$ 包含了矩阵 $\boldsymbol{T}_3$ 的所有特征值，如下所示：

$$
\sum = \begin{bmatrix} \lambda_1 & 0 & 0 \\ 0 & \lambda_2 & 0 \\ 0 & 0 & \lambda_3 \end{bmatrix} \tag{5.44}
$$

其中，$\sum$ 为 3×3 的非负实对角阵，且 $\infty \geqslant \lambda_1 \geqslant \lambda_2 \geqslant \lambda_3$。矩阵 $\boldsymbol{U}$ 为特征矢量构成的 3×3 酉矩阵，$\boldsymbol{U}_3 = [\mu_1\ \mu_2\ \mu_3]$，$\mu_1$、$\mu_2$ 和 $\mu_3$ 分别是三个归一化正交特征矢量。$\boldsymbol{T}_3$ 可以写成如下形式

$$
\boldsymbol{T}_3 = \sum_{i=1}^{3} \lambda_i \mu_i \cdot \mu_i^{*\mathrm{T}} = \boldsymbol{T}_{01} + \boldsymbol{T}_{02} + \boldsymbol{T}_{03} \tag{5.45}
$$

Cloude 分解中，$\boldsymbol{T}_3$ 的秩为 1，相干矩阵存在一个等价的散射矩阵 $\boldsymbol{S}$，且可表示为单个目标矢量 $k_1$ 的外积：

$$
\boldsymbol{T}_3 = \lambda_1 \mu_1 \cdot \mu_1^{*\mathrm{T}} = \boldsymbol{k}_1 \cdot \boldsymbol{k}_1^{*\mathrm{T}} \tag{5.46}
$$

其唯一的非零特征值 $\lambda_1$ 等于目标矢量 $\boldsymbol{k}_1$ 的 Frobenius 范数的平方，它表示对应散射矩阵的散射功率。

Cloude 分解得到的相应目标矢量 $\boldsymbol{k}_1$ 可表示为如下形式：

$$\boldsymbol{k}_1 = \sqrt{\lambda_1}\mu_1 = \frac{e^{j\phi}}{\sqrt{2A_0}}\begin{bmatrix} 2A \\ C+jD \\ H-jG \end{bmatrix} = e^{j\phi}\begin{bmatrix} \sqrt{2A_0} \\ \sqrt{B_0+B}e^{j\arctan(D/C)} \\ \sqrt{B_0-B}e^{-j\arctan(G/H)} \end{bmatrix} \tag{5.47}$$

无须使用地面测量数据，目标矢量 $\boldsymbol{k}_1$ 可表示为表面散射、二面角散射和体散射三种简单散射机制的组合。

在一般情况下，相干矩阵 $\boldsymbol{T}_3$ 的非零特征值不止一个，且特征值不完全相等。Cloude 和 Pottier 提出了一种利用二阶统计量的平滑算法来提取样本平均参数的方法，即 $H/\alpha$ 分解算法。在此后的研究中，有学者又提出了一些基于特征值的新参数，如香农熵（Shannon entropy，SE）（Réfrégier and Morio，2006）、单次反射特征值相对差异度（single-bounce eigenvalue relative difference，SERD）（Allain et al.，2006）、二次反射特征值相对差异度（double-bounce eigenvalue relative difference，DERD）（Allain et al.，2006）、极化比（polarization fraction，PF）（Ainsworth et al.，2002）、极化不对称性（polarimetric asymmetry，PA）（Ainsworth et al.，2002）、雷达植被指数（radar vegetation index，RVI）（Van Zyl，1993）、基准高度（pedestal height，PH）参数（Durden et al.，1990）等。

7）Holm 分解

Holm 和 Barnes（1988）提出了另一种特征值分解形式，他们将目标视为一个简单散射矩阵 $\boldsymbol{S}$ 和两个噪声或残留项之和的形式。特征值矩阵分解形式如下：

$$\begin{aligned}\sum &= \begin{bmatrix} \lambda_1 & 0 & 0 \\ 0 & \lambda_2 & 0 \\ 0 & 0 & \lambda_3 \end{bmatrix}_{\lambda_1 \geqslant \lambda_2 \geqslant \lambda_3} \\ &= \underbrace{\begin{bmatrix} \lambda_1-\lambda_2 & 0 & 0 \\ 0 & 0 & 0 \\ 0 & 0 & 0 \end{bmatrix}}_{\sum_1} + \underbrace{\begin{bmatrix} \lambda_2-\lambda_3 & 0 & 0 \\ 0 & \lambda_2-\lambda_3 & 0 \\ 0 & 0 & 0 \end{bmatrix}}_{\sum_2} + \underbrace{\begin{bmatrix} \lambda_3 & 0 & 0 \\ 0 & \lambda_3 & 0 \\ 0 & 0 & \lambda_3 \end{bmatrix}}_{\sum_3}\end{aligned} \tag{5.48}$$

然后进行 Holm 分解：

$$\boldsymbol{T}_3 = \boldsymbol{U}_3 \sum \boldsymbol{U}_3^{-1} = \boldsymbol{U}_3 \sum{}_1 \boldsymbol{U}_3^{-1} + \boldsymbol{U}_3 \sum{}_2 \boldsymbol{U}_3^{-1} + \boldsymbol{U}_3 \sum{}_3 \boldsymbol{U}_3^{-1} = \boldsymbol{T}_1 + \boldsymbol{T}_2 + \boldsymbol{T}_3 \tag{5.49}$$

式中，$\boldsymbol{T}_1$、$\boldsymbol{T}_2$ 和 $\boldsymbol{T}_3$ 都是 3×3 的相干矩阵，$\boldsymbol{T}_1$ 对应于单一散射目标，表征了目标的平均形式，$\boldsymbol{T}_2$ 对应混合目标，表示实际目标与其平均表达式的差异，$\boldsymbol{T}_3$ 对应未极化混合状态，等价于一个噪声项。由于特征矢量之间是正交的，

$$\mu_1 \cdot \mu_1^{*\mathrm{T}} + \mu_2 \cdot \mu_2^{*\mathrm{T}} + \mu_3 \cdot \mu_3^{*\mathrm{T}} = I_D \tag{5.50}$$

因此，Holm 分解可表示为

$$\boldsymbol{T}_3=(\lambda_1-\lambda_2)\mu_1\cdot\mu_1^{*\mathrm{T}}+(\lambda_2-\lambda_3)\mu_2\cdot\mu_2^{*\mathrm{T}}+\lambda_3 I_D \tag{5.51}$$

还有另外一种组合形式，可表示为

$$\boldsymbol{T}_3=(\lambda_1-\lambda_2)\mu_1\cdot\mu_1^{*\mathrm{T}}+(\lambda_2-\lambda_3)(\mu_1\cdot\mu_1^{*\mathrm{T}}+\mu_2\cdot\mu_2^{*\mathrm{T}})+\lambda_3 I_D \tag{5.52}$$

8）Van Zyl 分解

Van Zyl 首次提出一种利用 3×3 协方差矩阵 $\boldsymbol{C}_3$ 对单站情况下方位对称的自然地表(即同极化与交叉极化间的相干性为 0 的情况)的一般描述方法(Van Zyl，1993；Van Zyl et al.，2011，2008)。一般的自然目标如土壤和森林等都满足这种情况。

$$\boldsymbol{C}_3=\begin{bmatrix}\langle|S_{\mathrm{HH}}|^2\rangle & 0 & \langle S_{\mathrm{HH}}S_{\mathrm{VV}}^*\rangle\\ 0 & \langle 2|S_{\mathrm{HV}}|^2\rangle & 0\\ \langle S_{\mathrm{VV}}S_{\mathrm{HH}}^*\rangle & 0 & \langle|S_{\mathrm{VV}}|^2\rangle\end{bmatrix}=\alpha\begin{bmatrix}1 & 0 & \rho\\ 0 & \eta & 0\\ \rho^* & 0 & \mu\end{bmatrix} \tag{5.53}$$

其中，

$$\begin{aligned}\alpha&=\langle S_{\mathrm{HH}}S_{\mathrm{HH}}^*\rangle & \rho&=\langle S_{\mathrm{HH}}S_{\mathrm{VV}}^*\rangle/\langle S_{\mathrm{HH}}S_{\mathrm{HH}}^*\rangle\\ \eta&=2\langle S_{\mathrm{HV}}S_{\mathrm{HV}}^*\rangle/\langle S_{\mathrm{HH}}S_{\mathrm{HH}}^*\rangle & \mu&=\langle S_{\mathrm{VV}}S_{\mathrm{VV}}^*\rangle/\langle S_{\mathrm{HH}}S_{\mathrm{HH}}^*\rangle\end{aligned} \tag{5.54}$$

以上四个参数的大小完全取决于散射目标的尺寸、形状、介电常数及统计角分布情况，则其三个特征值为

$$\begin{aligned}\lambda_1&=\frac{\alpha}{2}\left\{1+\mu+\sqrt{(1-\mu)^2+4|\rho|^2}\right\}\\ \lambda_2&=\frac{\alpha}{2}\left\{1+\mu-\sqrt{(1-\mu)^2+4|\rho|^2}\right\}\\ \lambda_3&=\alpha\eta\end{aligned} \tag{5.55}$$

相应的特征向量为

$$\begin{aligned}\underline{u}_1&=\sqrt{\frac{\mu-1+\sqrt{\varDelta}}{(\mu-1+\sqrt{\varDelta})^2+4|\rho|^2}}\begin{bmatrix}\dfrac{2\rho}{\mu-1+\sqrt{\varDelta}}\\ 0\\ 1\end{bmatrix}\\ \underline{u}_2&=\sqrt{\frac{\mu-1-\sqrt{\varDelta}}{(\mu-1-\sqrt{\varDelta})^2+4|\rho|^2}}\begin{bmatrix}\dfrac{2\rho}{\mu-1-\sqrt{\varDelta}}\\ 0\\ 1\end{bmatrix}\\ \underline{u}_3&=\begin{bmatrix}0\\1\\0\end{bmatrix}\ \text{with}\ \varDelta=(1-\mu)^2+4|\rho|^2\end{aligned} \tag{5.56}$$

则协方差矩阵 $\boldsymbol{C}_3$ 可以表示为如下形式：

$$C_3=\sum_{i=1}^{i=3}\lambda_i\mu_i\cdot\mu_i^{*\mathrm{T}}=\Lambda_1\begin{pmatrix}|\alpha|^2&0&\alpha\\0&0&0\\\alpha^*&0&1\end{pmatrix}+\Lambda_2\begin{pmatrix}|\beta|^2&0&\beta\\0&0&0\\\beta^*&0&1\end{pmatrix}+\Lambda_3\begin{pmatrix}0&0&0\\0&1&0\\0&0&0\end{pmatrix}\tag{5.57}$$

其中

$$\begin{aligned}&\Lambda_1=\lambda_1\left[\frac{(\mu-1+\sqrt{\Delta})^2}{(\mu-1+\sqrt{\Delta})^2+4|\rho|^2}\right],\alpha=\frac{2\rho}{\mu-1+\sqrt{\Delta}}\\&\Lambda_2=\lambda_2\left[\frac{(\mu-1-\sqrt{\Delta})^2}{(\mu-1-\sqrt{\Delta})^2+4|\rho|^2}\right],\beta=\frac{2\rho}{\mu-1-\sqrt{\Delta}}\\&\Lambda_3=\lambda_3\end{aligned}\tag{5.58}$$

从以上 Van Zyl 分解的过程可以看出，分解出的前两个特征向量分别对应于奇次散射和偶次散射。以上基于协方差矩阵 $\boldsymbol{C}_3$ 的特征值/特征向量分析开启了另一类目标分解理论——基于模型的分解研究的开端。

9）Freeman3 分解

Freeman3 分解是由 Freeman 和 Durden（1998，1993）提出的一种典型的基于模型的分解算法，将协方差矩阵 $\boldsymbol{C}_3$ 分解为体散射、二面角散射和表面散射三种散射机制的线性组合的形式：

$$C_3=f_{\mathrm{v}}\begin{pmatrix}1&0&1/3\\0&2/3&0\\1/3&0&1\end{pmatrix}+f_{\mathrm{d}}\begin{pmatrix}|\alpha|^2&0&\alpha\\0&0&0\\\alpha&0&1\end{pmatrix}+f_{\mathrm{s}}\begin{pmatrix}|\beta|^2&0&\beta\\0&0&0\\\beta^*&0&1\end{pmatrix}\tag{5.59}$$

式中，$f_{\mathrm{v}}$、$f_{\mathrm{d}}$、$f_{\mathrm{s}}$ 分别对应于体散射分量的贡献、二面角散射分量的贡献及表面散射分量的贡献。其中，

$$\begin{aligned}&\alpha=\mathrm{e}^{j2(r_{\mathrm{h}}-r_{\mathrm{v}})}\frac{R_{\mathrm{gh}}R_{\mathrm{th}}}{R_{\mathrm{gv}}R_{\mathrm{tv}}}\\&\beta=\frac{R_{\mathrm{h}}}{R_{\mathrm{v}}}\end{aligned}\tag{5.60}$$

式中，$R_{\mathrm{th}}$ 和 $R_{\mathrm{tv}}$ 分别代表垂直表面的水平和垂直 Fresnel 系数；$R_{\mathrm{gh}}$ 和 $R_{\mathrm{gv}}$ 分别代表水平地表的水平和垂直 Fresnel 系数；复相位参数 $r_{\mathrm{h}}$ 和 $r_{\mathrm{v}}$ 代表衰减或相位变化的影响；$\beta$ 代表 HH 后向散射 $R_{\mathrm{h}}$ 与 VV 后向散射 $R_{\mathrm{v}}$ 的比值。由以上理论可以得到各种散射机制的功率：

$$\begin{aligned}&P_{\mathrm{s}}=f_{\mathrm{s}}(1+|\beta|^2)\\&P_{\mathrm{d}}=f_{\mathrm{d}}(1+|\alpha|^2)\\&P_{\mathrm{v}}=\frac{8}{3}f_{\mathrm{v}}\end{aligned}\tag{5.61}$$

由此，可以得到图像的总功率为

$$P=|S_{\mathrm{HH}}|^2+|S_{\mathrm{VV}}|^2+2|S_{\mathrm{HV}}|^2=P_{\mathrm{v}}+P_{\mathrm{d}}+P_{\mathrm{s}} \tag{5.62}$$

Freeman3 分解中有 5 个独立参数和 4 个方程，因此，必须在一些假设条件下才能解出这 5 个参数的值。如果 $\mathrm{Re}(\langle S_{\mathrm{HH}}S_{\mathrm{VV}}^*\rangle)>0$，则表面散射为主导散射机制，此时 $\alpha=0$，否则二面角散射为主导散射机制，$\beta=0$，根据以上假设，可以估计出剩余的 3 个未知参数。

10）Yamaguchi 分解

Yamaguchi 等（2005，2006，2011，2012，2013）发现在一些区域存在 $S_{\mathrm{HH}}S_{\mathrm{VV}}^*\neq 0$、$S_{\mathrm{VV}}S_{\mathrm{HV}}^*\neq 0$ 的情况，即不满足反射对称假设，因而在 Freeman3 分解的基础上引入了一个螺旋散射分量。假设目标的协方差矩阵为

$$\boldsymbol{C}_3=\begin{pmatrix} \langle|S_{\mathrm{HH}}|^2\rangle & \sqrt{2}\langle S_{\mathrm{HH}}S_{\mathrm{HV}}^*\rangle & \langle S_{\mathrm{HH}}S_{\mathrm{VV}}^*\rangle \\ \sqrt{2}\langle S_{\mathrm{HV}}S_{\mathrm{HH}}^*\rangle & 2\langle|S_{\mathrm{HV}}|^2\rangle & \sqrt{2}\langle S_{\mathrm{HH}}S_{\mathrm{VV}}^*\rangle \\ \langle S_{\mathrm{VV}}S_{\mathrm{HH}}^*\rangle & \sqrt{2}\langle S_{\mathrm{VV}}S_{\mathrm{HV}}^*\rangle & \langle|S_{\mathrm{VV}}|^2\rangle \end{pmatrix} \tag{5.63}$$

在 Yamaguchi 分解中，相干矩阵可以分解为如下四个散射分量：

$$\boldsymbol{C}_3=f_{\mathrm{s}}\langle[\boldsymbol{C}]\rangle_{\mathrm{surface}}+f_{\mathrm{d}}\langle[\boldsymbol{C}]\rangle_{\mathrm{double}}+f_{\mathrm{v}}\langle[\boldsymbol{C}]\rangle_{\mathrm{volume}}+f_{\mathrm{h}}\langle[\boldsymbol{C}]\rangle_{\mathrm{helix}} \tag{5.64}$$

其中，表面散射对应的协方差矩阵为

$$\langle[\boldsymbol{C}]\rangle_{\mathrm{surface}}=\begin{bmatrix} |\beta|^2 & 0 & \beta \\ 0 & 0 & 0 \\ \beta^* & 0 & 1 \end{bmatrix},|\beta|<1 \tag{5.65}$$

二次散射模型对应的协方差矩阵为

$$\langle[\boldsymbol{C}]\rangle_{\mathrm{double}}=\begin{bmatrix} |\alpha|^2 & 0 & \alpha \\ 0 & 0 & 0 \\ \alpha^* & 0 & 1 \end{bmatrix},|\alpha|<1 \tag{5.66}$$

式中，$\alpha$ 和 $\beta$ 为未知量。

体散射对应的协方差矩阵为

$$\langle[\boldsymbol{C}]\rangle_{\mathrm{volume}}=\frac{1}{15}\begin{bmatrix} 8 & 0 & 2 \\ 0 & 4 & 0 \\ 2 & 0 & 3 \end{bmatrix} \tag{5.67}$$

螺旋散射对应的协方差矩阵为

$$\langle[\boldsymbol{C}]\rangle_{\mathrm{helix}}=\frac{1}{4}\begin{bmatrix} 1 & \pm j\sqrt{2} & -1 \\ \mp j\sqrt{2} & 2 & \pm j\sqrt{2} \\ -1 & \mp j\sqrt{2} & 1 \end{bmatrix} \tag{5.68}$$

通过计算，可得到四个分量的散射功率及总功率如下：

$$
\begin{cases}
P_{\mathrm{s}} = f_{\mathrm{s}}(1+|\beta|^2) \\
P_{\mathrm{d}} = f_{\mathrm{d}}(1+|\alpha|^2) \\
P_{\mathrm{v}} = f_{\mathrm{v}} \\
P_{\mathrm{h}} = f_{\mathrm{h}} \\
P_{\mathrm{t}} = P_{\mathrm{s}} + P_{\mathrm{d}} + P_{\mathrm{v}} + P_{\mathrm{h}} = \left\langle |S_{\mathrm{HH}}|^2 + 2\left\langle |S_{\mathrm{HV}}|^2 \right\rangle + \left\langle |S_{\mathrm{VV}}|^2 \right\rangle \right\rangle
\end{cases}
\tag{5.69}
$$

以上分解得到的四个分量分别对应表面散射、偶次散射、体散射和螺旋散射四种基本的地面散射单元，根据这四种散射单元的主导地位，可以在一定程度上判断地表的所属类别。但是当地表主要为自然植被时，螺旋散射分量的影响可以忽略不计。

11）Neumann 分解

Neumann 等（2009）提出一种用来表达微波与植被覆盖区作用过程的分解模型，被称为 Neumann 分解模型。在该分解模型中，假设方位角与其他描述植被形态特征的参数独立，则有

$$
\boldsymbol{T}_3 = f_v R_{T(2\bar{\varphi})} \cdot \begin{bmatrix} 1 & g_c\delta & 0 \\ g_c\delta^* & \dfrac{(1+g)}{2}|\delta|^2 & 0 \\ 0 & 0 & \dfrac{(1-g)}{2}|\delta|^2 \end{bmatrix} R_{T(2\bar{\varphi})}^{\mathrm{T}} \tag{5.70}
$$

其中，$*$表示共轭；$f_v$ 表示散射强度归一化因子；$R_{T(2\bar{\varphi})}$ 表示旋转矩阵，$\bar{\varphi}$ 表示平均方位角；$\delta$ 表示散射粒子的各向异性，为复数，当$|\delta|\to 0$时，散射粒子为球形，当$|\delta|\to 1$时，散射粒子为极子。$g_c$ 与 $g$ 取决于植被层散射粒子方位角的分布情况，在 Neumann 分解中，假设方位角服从圆正态分布：

$$
p_\varphi(\varphi\,|\,\tilde{\varphi},\kappa) = \frac{\mathrm{e}^{\kappa\cos[2(\varphi-\bar{\varphi})]}}{\pi I_0(\kappa)}, \kappa\in[0,\infty) \tag{5.71}
$$

其中，$\kappa$ 表示集中程度；$I_0(\kappa)$ 表示 $n$ 次 Bessel 函数。利用 Bessel 函数对 $g_c$ 与 $g$ 进行表达，并定义方位角随机程度 $\tau$ 为

$$
\tau = I_0(\kappa)\mathrm{e}^{-\kappa} \tag{5.72}
$$

$\tau$ 的变化范围为 0～1，其值越大，表征粒子在极化平面内分布的随机程度越高。将 $g_c$ 与 $g$ 表达为方位角随机程度 $\tau$ 的函数并利用线性方程对 $g_c$ 和 $g$ 进行近似，可得到相干矩阵：

$$
\boldsymbol{T}_3 = \begin{cases} \begin{bmatrix} 1 & (1-\tau)\delta & 0 \\ (1-\tau)\delta^* & (1-\tau)|\delta|^2 & 0 \\ 0 & 0 & \tau|\delta|^2 \end{bmatrix}, \tau \leqslant \dfrac{1}{2} \\ \begin{bmatrix} 1 & (1-\tau)\delta & 0 \\ (1-\tau)\delta^* & \dfrac{1}{2}|\delta|^2 & 0 \\ 0 & 0 & \dfrac{1}{2}|\delta|^2 \end{bmatrix}, \tau \geqslant \dfrac{1}{2} \end{cases} \tag{5.73}
$$

通过以上分析可解算出各向异性 $\delta$ 及方位角随机程度 $\tau$：

$$
\begin{aligned}
|\delta| &= \sqrt{\frac{\left\langle |S_{\mathrm{HH}} - S_{\mathrm{VV}}|^2 \right\rangle + 4\left\langle |S_{\mathrm{HV}}|^2 \right\rangle}{\left\langle |S_{\mathrm{HH}} + S_{\mathrm{VV}}|^2 \right\rangle}} \\
\arg\delta &= \arg\left(\left\langle (S_{\mathrm{HH}} + S_{\mathrm{VV}})(S_{\mathrm{HH}} + S_{\mathrm{VV}})^* \right\rangle\right) \\
\tau &= 1 - \frac{1}{|\delta|}\frac{\left|\left\langle (S_{\mathrm{HH}} + S_{\mathrm{VV}})(S_{\mathrm{HH}} - S_{\mathrm{VV}})^* \right\rangle\right|}{\left\langle |S_{\mathrm{HH}} + S_{\mathrm{VV}}|^2 \right\rangle}
\end{aligned} \tag{5.74}
$$

Neumann 证明了各向异性 $\delta$ 与 Cloude 分解理论中的散射角 $\alpha$ 存在如下关系：

$$
|\delta| = \tan\alpha \tag{5.75}
$$

研究表明，各向异性 $\delta$ 与植被种类存在一定的联系，这为利用极化数据区分不同植被类别提供了重要依据（付海强等，2015）。此外，由于不同类别植被的树叶、枝干等结构空间分布呈现显著的差异，而方位角随机程度可以对这一差异进行表达，因此，结合各向异性和方位角随机程度可以对植被形态进行有效区分。

12）An_Yang 分解

针对 Freeman 分解体散射分量过高估计的问题，An 等（2010）和 Yang 等（2006）采用一种去方位处理的极化分解算法。在 Freeman 二分量体散射模型中引入了一个实数参数 $\rho$ 来模拟更多的散射类型：

$$
T_{\mathrm{Vol\_Freeman2}} = \frac{1}{3-\rho}\begin{bmatrix} 1+\rho & 0 & 0 \\ 0 & 1-\rho & 0 \\ 0 & 0 & 1-\rho \end{bmatrix} \tag{5.76}
$$

An 等（2010）和 Yang 等（2006）认为植被覆盖越密集，体散射情况越复杂，熵越高；散射越简单的地方，熵越低。$\rho = 0$ 时，熵值理论上最大，为 1。他们认为之所以在 Freeman 三分量分解中体散射分量被高估，是因为体散射中含有部分表面散射。因此，在 An_Yang 分解中，体散射模型为

$$T_{\text{Vol\_An}} = \frac{1}{3}\begin{bmatrix} 1 & 0 & 0 \\ 0 & 1 & 0 \\ 0 & 0 & 1 \end{bmatrix} \tag{5.77}$$

则

$$T_3 = P_{\text{Vol}} T_{\text{Vol\_An}} + P_{\text{Surf}} T_{\text{Surf\_FDD}} + P_{\text{Db}} T_{\text{Db\_FDD}} \tag{5.78}$$

经验证，该算法可以大大降低负功率值出现的概率，极大地改善 Freeman 分解中体散射分量过高估计的问题。

13）Arii 分解

Arii 等（2012，2011）提出一种自适应的、不基于反射对称或方位对称假设的目标分解理论，该理论提出的体散射模型如下。

$$T_{\text{Vol}_{\text{Arii}}}(\theta_0, \sigma_\theta) = \frac{1}{2}(T_\alpha + T_\beta + T_\gamma) \tag{5.79}$$

其中：

$$\begin{aligned} T_\alpha &= \begin{bmatrix} 1 & 0 & 0 \\ 0 & 0.5 & 0 \\ 0 & 0 & 0.5 \end{bmatrix} \\ T_\beta &= \frac{\sigma_\theta}{4(\sigma_\theta + 1)} \begin{bmatrix} 0 & -\cos 2\theta_0 & \sin 2\theta_0 \\ -\cos 2\theta_0 & 0 & 0 \\ \sin 2\theta_0 & 0 & 0 \end{bmatrix} \\ T_\gamma &= \frac{\sigma_\theta(\sigma_\theta - 1)}{8(\sigma_\theta + 1)(\sigma_\theta + 2)} \begin{bmatrix} 0 & 0 & 0 \\ 0 & \cos 4\theta_0 & -\sin 4\theta_0 \\ 0 & -\sin 4\theta_0 & -\cos 4\theta_0 \end{bmatrix} \end{aligned} \tag{5.80}$$

式中，$\theta_0$ 和 $\sigma_\theta$ 分别表示概率最大的方位角和方位角的集中程度。去除体散射分量后，剩余分量如下：

$$T_{\text{remainder}} = \langle [T] \rangle - P_V [T_{\text{Vol}_{\text{Arii}}}(\theta_0, \sigma_\theta)] \tag{5.81}$$

在使剩余分量 $T_{\text{remainder}}$ 半正定的所有 $\theta_0$ 和 $\sigma_\theta$ 的组合中，使 $T_{\text{remainder}}$ 的迹最小或 $P_V$ 最大的参数组合被用来构建最终的体散射模型，然后对 $T_{\text{remainder}}$ 进行 Van Zyl 分解。

### 5.1.3　极化 SAR 图像相干斑滤波

1. 相干斑滤波理论

极化 SAR 数据与普通 SAR 数据相同，具有相干斑噪声。在对极化 SAR 数据处理前，一般需要先进行滤波去除相干斑噪声的影响。SAR 图像的相干斑是对接收到的连续脉冲相干处理的结果，反映了成像雷达对目标回波散射特性。在一定的分辨率范围内，当雷达照射目标表面时，返回的信号包含了散射体的反射波。散射体与雷达接收器间的距离随机变化，散射体每个接收信号的频率一致，但在相位上却不一致（Goodman，1976）。目标通常由许多随机分布的散射单元组成，其随机散射信号与发射信号间的干涉导致像素强度的变化。从地面-散射单元反射回来的全部信号是所有散射回波的矢量和，如图 5.4 所示。

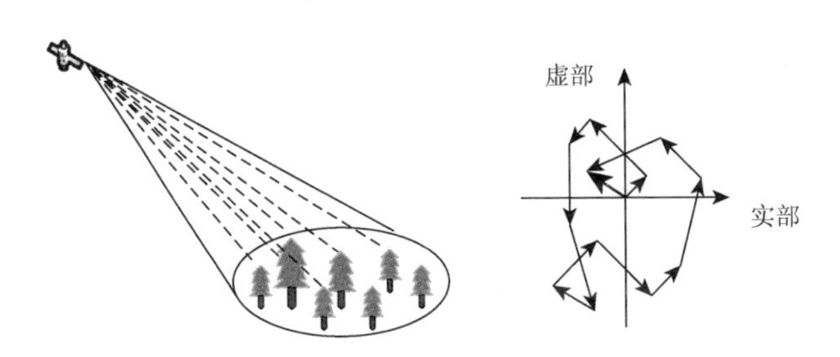


图 5.4　SAR 相干斑产生示意图

在极化 SAR 影像中，在同质区域的目标，像素表现出的明亮程度不均匀，其灰度值相应发生剧烈变化，表现为小颗粒，如图 5.5 所示。

图 5.5　极化 SAR 影像中的相干斑示意图

通常情况下，可认为一个地表的分辨单元内包含大量的散射体，那么单个分辨单元内容获得的雷达测量则是大量后向散射元的叠加和，如式（5.82）所示。

$$\sum_{i=1}^{M}(x_i + jy_i) = \sum_{i=1}^{M} x_i + j\sum_{i=1}^{M} y_i = x + jy \tag{5.82}$$

式中，$x_i + jy_i$ 是第 $i$ 个散射体信号值，符号“$j$”表示 $\sqrt{-1}$。

单极化 SAR 统计分布主要从单视 SAR 和多视 SAR 两个角度考虑。单视 SAR 图像的相干斑噪声模型均基于完全发育的乘性斑点噪声模型。Goodman（1976）提出完全发育的相干斑噪声须满足以下三个条件：①分辨单元内部存在许多散射体；②分辨单元的散射幅度和相位均是统计独立的；③分辨单元内部不同散射体的幅度都服从统一的统计分布，其相位服从均匀分布。高分辨率 SAR 图像中的城市区域常常会出现不完全发育的斑点噪声（于佳平，2014）。在 SAR 实际应用中，为了减小斑点噪声的影响，提高其均值估计，常采用多视处理对目标的多个独立样本采取平均非相干叠加的策略，即叠加时没有相位信息。关于单极化 SAR 特征量的概率密度函数如表 5.2 所示。

**表 5.2　SAR 特征量的概率密度函数**

| SAR 特征量 | 统计分布 | 概率密度函数 |
|---|---|---|
| 回波信号的 $I$、$Q$ 两路信号 $x_I = A\cos\varphi$, $x_Q = A\sin\varphi$ | 高斯分布 | $p_{x_I,x_Q}(x_I,x_Q) = \dfrac{1}{\pi\sigma}\exp\left(-\dfrac{x_I^2 + x_Q^2}{\sigma}\right)$ |
| 幅度 $A$ | 瑞利分布 | $p_A(A) = \begin{cases} \dfrac{A}{\sigma^2}\exp\left(-\dfrac{A}{2\sigma^2}\right), A \geqslant 0 \\ 0, 其他 \end{cases}$ |
| 强度（或功率）$I = A^2$ | 指数分布 | $p_I(I) = \begin{cases} \dfrac{1}{\sigma}\exp\left(-\dfrac{I}{\sigma}\right), I \geqslant 0 \\ 0, 其他 \end{cases}$ |
| 对数强度 $D = \ln I$ | Fisher-Tippett 分布 | $P(D) = \dfrac{e^D}{\sigma}\exp\left(-\dfrac{e^D}{\sigma}\right)$ |
| 多视处理后的强度 $I = \dfrac{1}{N}\sum_{i=1}^{N} I_i$ | Gamma 分布 | $p_I(I) = \dfrac{1}{\Gamma(L)}\left(\dfrac{L}{\sigma}\right)^L I^{L-1} e^{-LI/\sigma}, I \geqslant 0$ |
| 多视处理后的幅度 $A = \sqrt{I}$ | Chi 分布 | $p_A(A) = \dfrac{2L^L \cdot A^{2L-1} \cdot e^{-LA^2}}{\Gamma(L)}, A \geqslant 0$ |

极化散射矩阵中的 4 个元素分别对应一幅单极化 SAR 影像，其统计特征与单极化 SAR 统计特征是一样的。当 4 个通道通过数学变换构成矢量及矩阵时，其统计特征需要重新分析。由于不同分辨率下噪声发育情况及细节纹理表现不同，全

极化 SAR 影像的统计特性也是不同的。中低分辨率通常用高斯模型来描述，而高分辨率下的统计特征描述通常采用球不变随机矢量（spherically invariant random vector，SIRV）模型（郎丰铠，2014）。

多极化 SAR 数据分为单视和多视两种。单视的多极化 SAR 数据幅度和功率分别服从瑞利分布和指数分布。极化测量矢量 $k_{3L}=[S_{\mathrm{HH}}\quad \sqrt{2}S_{\mathrm{HV}}\quad S_{\mathrm{VV}}]^{\mathrm{T}}$ 服从多元复高斯分布。多视极化协方差矩阵 $\boldsymbol{C}$ 或极化相干矩阵 $\boldsymbol{T}$ 服从复 Wishart 分布。$L$ 个单视协方差矩阵非相干叠加取平均，可得到 $L$ 视协方差矩阵 $\boldsymbol{Z}$。多极化 SAR 特征量的主要概率密度函数如表 5.3 所示。分辨率较高的 SAR 影像具有丰富的纹理信息，其统计特征不再服从高斯模型，需要其他分布模型来替代，如 $K$ 分布、指数正态分布、Weibull 分布等。

**表 5.3　多极化 SAR 特征量的主要概率密度函数**

| SAR 特征量 | 统计分布 | 概率密度函数 |
|---|---|---|
| 极化测量矢量 | 多元零均值高斯分布 | $p(k)=\dfrac{1}{\pi^3\lvert\boldsymbol{C}\rvert}\exp(-k^{\mathrm{T}}\boldsymbol{C}^{-1}k)$ |
| 多视协方差矩阵 $\boldsymbol{Z}$ | 复 Wishart 分布 | $p(\boldsymbol{Z})=\dfrac{\lvert\boldsymbol{Z}\rvert^{L-d}\exp[-\mathrm{Tr}(\boldsymbol{C}^{-1}\boldsymbol{Z})]}{\lvert\boldsymbol{C}\rvert^{L}\,\Gamma_d(L)}$<br>$\Gamma_d(L)=\pi^{d(d-1)/2}\prod_{i=0}^{d-1}\Gamma(L-i)$ |
| 复散射系数、多视幅度、多视强度等极化参数 | $K$ 分布 | $p(\boldsymbol{Z})=2\lvert\boldsymbol{Z}\rvert^{L-d}\alpha_L^{\frac{\alpha_L+Ld}{2}}[\mathrm{Tr}(\boldsymbol{C}^{-1}\boldsymbol{Z})]^{\frac{\alpha_L-Ld}{2}}$<br>$\times K_{\alpha_L-Ld}(2\sqrt{\alpha_L\mathrm{Tr}(\boldsymbol{C}^{-1}\boldsymbol{Z})})$<br>$\alpha_L=\dfrac{Ld+1}{d+1}\alpha$ |

注：表中 $\boldsymbol{C}$ 是指协方差矩阵，$L$ 是视数，$d$ 是散射矢量 $\boldsymbol{s}$ 的维度；$K_v(\cdot)$ 是 $v$ 阶修正第二类贝塞尔函数，$\mathrm{Tr}(\cdot)$ 是求矩阵迹，$\alpha$ 表示目标的粗糙程度。

SAR 影像上完全发育相干斑是一种乘性噪声（Goodman，1976），它与信号密切相关，噪声往往随影像信号的变化而变化。对于乘性噪声，其模型可表示为

$$I(x,y)=R(x,y)\times F(x,y) \tag{5.83}$$

式中，$(x,y)$ 是单位空间方位向与距离向的坐标；$I(x,y)$ 是观测到的成像图像；$R(x,y)$ 是随机的地面目标的雷达散射特性；$F(x,y)$ 是相干斑噪声，其为一个均值为 1、具有 Gamma 分布的二阶平稳随机过程，$F(x,y)$ 的方差与等效视数有关。

当在同一像素覆盖的地物范围内不包含与其尺度相当的相应结构时，才能满足乘性噪声模型。常用的极化 SAR 相干斑模型是上述的乘性噪声模型。研究发现，极化 SAR 相干斑噪声不仅有乘性噪声，还存在加性噪声。Lopez-Martinez 和

Fabregas（2003）指出极化 SAR 协方差矩阵的非对角元素同时包含乘性噪声与加性噪声。

由于加性噪声是成像和传感系统中最常见的噪声且适用于加性噪声的滤波方法较多，所以有研究将乘性噪声改写为加性噪声（Argenti et al.，2013），模型如下：

$$I(x,y)=R(x,y)+N(x,y) \tag{5.84}$$

其中，$N(x,y)=R(x,y)[F(x,y)-1]$被视为加性噪声。乘性相干斑噪声变换为加性噪声的形式，主要通过同态滤波方法和非同态滤波方法。前者是直接对图像区进行对数变换（Dai et al.，2004；Deledalle et al.，2018；Xie et al.，2002），在变换后的图像上可以借助成熟的去除加性噪声的理论与技术，最后对处理结果进行指数变换获得最终结果；后者是在形式上将图像转换为信号与噪声相加，一般在小波域中展开（侯建华等，2016）。

2. 极化 SAR 相干斑滤波原则

单极化 SAR 图像相干斑滤波主要解决相干斑抑制与空间分辨率之间的矛盾。全极化 SAR 影像具有 4 个通道，含有丰富的极化信息，其相干斑滤波方法还应考虑极化通道间的关系，通常应遵循以下原则（Touzi and Lopes，1994）。

（1）相干斑滤波后图像应保持极化特征。对于协方差矩阵或相干矩阵中的各项元素采用类似多视处理的方式滤波，即对周围像素协方差矩阵或相干矩阵以同样的权重进行求取。

（2）滤波过程中尽可能避免不同极化通道间的相互干扰。协方差矩阵或相干矩阵中的各项元素应该在空间域独立进行滤波处理。

（3）滤波后图像能够保留地物目标的散射特征、边缘和点特征。滤波方法应该是自适应选择周围同质像素进行滤波。

3. 相干斑滤波结果评价

1）定性分析

定性分析主要是人起决定性作用。人通过视觉所能感受到 80%以上的外界信息，很多情况下需要目视判读影像的质量或目视解译处理结果。人眼判别对于极化 SAR 影像中目标的识别具有较好的准确性，可目测评估相干斑滤波效果，尤其是对同质区域的相干斑抑制程度及异质区域纹理特征的保持程度。

2）定量评价

定量评价是极化 SAR 相干斑抑制研究中的一项重要内容。为了进行科学的比较，相干斑抑制效果评价主要从图像去噪效果、图像极化信息的保持及图像的失真程度三个方面考查。其中，图像去噪效果包括相干斑滤波程度和边缘细节保持度。图像极化信息的保持是指在抑制相干斑的同时尽可能保持极化信息。图像的失真程度是指进行相干斑抑制的同时也应尽可能保持图像的真实性。针对上述评价效果考虑的要点，考虑到评价指数的一致性和相关性，本书选取等效视数（equivalent number of looks，ENL）、边缘保持指数（edge preserve index，EPI）、峰值信噪比（peak signal to noise ratio，PSNR）、无参考的空间域图像质量评价（blind referenceless image spatial quality evaluator，BRISQUE）（Mittal et al.，2012）、结构相似性（structural similarity，SSIM）、极化特征图和散射特性保持指数等评价指标对相干斑抑制效果进行定量评价。

（1）等效视数。

ENL 是一个评价相干斑滤波效果的经典指标，主要衡量均匀区域的相干斑噪声强度。ENL 越大，相干斑噪声的强度越弱，图像平滑效果越好。ENL 的公式如下：

$$\mathrm{ENL}=\frac{[E(I)]^2}{\mathrm{VAR}(I)} \tag{5.85}$$

式中，$I$ 是像素强度值；$E(I)$ 和 $\mathrm{VAR}(I)$ 分别是图像强度的均值和方差。

（2）边缘保持指数。

EPI 是通过邻域像元在滤波图像与原始图像的差值梯度比进行计算，用以衡量图像边缘保持性。EPI 可用式（5.86）表示。

$$\mathrm{EPI}=\frac{\sum|\hat{X}(i)-\hat{X}(j)|}{\sum|X(i)-X(j)|} \tag{5.86}$$

式中，$X$ 和 $\hat{X}$ 分别表示滤波前后的始图像。为了更好地适用于 SAR 图像，增加度量的稳定性，Feng 等（2011）提出了基于比值的边缘保持度量（edge preservation degree based on the ratio of average，EPD-ROA），表示如下：

$$\text{EPD-ROA}=\frac{\sum|\hat{X}(i)/\hat{X}(j)|}{\sum|X(i)/X(j)|} \tag{5.87}$$

EPD-ROA 主要用于评价具有乘性噪声的极化 SAR 影像保持边缘细节及纹理特征的特性，可分别计算沿水平方向的边缘保持度（EPDH）和沿垂直方向的边缘保持度（EPDV），该指数越接近 1，表示边缘保持效果越好。

（3）峰值信噪比。

PSNR 是一种全参考的图像质量评价指标，其单位为 dB，数值越大，表示失真越小，本章主要采用极化 SAR 影像滤波前后的 SPAN 图像分别作为参考图像和当前图像。PSNR 定义如下：

$$\text{PSNR} = 20\lg\left\{\frac{255}{\frac{1}{M \cdot N}\sum_{i=0}^{M-1}\sum_{j=0}^{N-1}[I_1(i,j) - I_0(i,j)]^2}\right\} \tag{5.88}$$

式中，$I_0$ 和 $I_1$ 分别表示滤波前后图像，大小为 $M \cdot N$。

（4）无参考的空间域图像质量评价。

BRISQUE 主要用于评价图像的整体质量和失真度，该方法不需要参考图像，主要通过计算图像的局部归一化亮度系数进行判断，近年来被广泛用于极化 SAR 影像相干斑滤波算法的性能评价（Torres et al.，2014；王爽等，2014），其定义如下：

$$f(x^{\cdot},\alpha,\sigma^2) = \frac{\alpha}{2\beta\Gamma\frac{1}{\alpha}}\exp\left[-\left(\frac{|x|}{\beta}\right)^2\right] \tag{5.89}$$

式中，$\alpha$ 为尺度；$\sigma$ 为方差；$\Gamma(\cdot)$ 为 Gamma 函数，$\Gamma(a) = \int_0^{\infty} t^{a-1}\mathrm{e}^{-t}\mathrm{d}t, a > 0$；$\beta = \delta\sqrt{[\Gamma(1/a)]/[\Gamma(3/a)]}$。BRISQUE 的取值范围为 0～100 的任意实数，值越小，说明图像的失真率越小，图像质量越高。

（5）结构相似性。

SSIM 主要用于计算两幅图像之间的相似程度。其公式如下：

$$\text{SSIM} = \frac{2\mu_1\mu_0 + C}{{\mu_1}^2 + {\mu_0}^2 + C} \tag{5.90}$$

式中，$\mu_1$ 和 $\mu_0$ 分别表示滤波后 $I_1$ 和滤波前 $I_0$ 的均值；$C$ 是避免分母为 0 的非零常数。

（6）极化特征图。

极化特征图可以用于比较滤波前后目标的极化信息保持能力（周晓光等，2008），滤波前后的极化特征图越相似，表明该滤波算法保持极化信息的能力越强，其实质是不同极化状态下的雷达收发天线产生的回波功率图，能够有效地表示目标极化散射特性。

$$P(\chi_r,\psi_r,\chi_t,\psi_t) = kJ(\chi_r,\psi_r)\boldsymbol{K}J(\chi_t,\psi_t) \tag{5.91}$$

式中，$J(\chi_t,\psi_t)$ 是发射电磁波的 Stokes 矢量；$J(\chi_r,\psi_r)$ 是接收电磁波的 Stokes 矢量；$(\chi,\psi)$ 是电磁波的极化几何参数，分别表示椭圆率角和椭圆方位角；$k$ 是天线有效面积及波抗阻相关参数；$\boldsymbol{K}$ 是目标的 Kennaugh 矩阵。

$$J(\chi_r,\psi_r) = \begin{pmatrix} 1 \\ \cos 2\chi_r \cos 2\psi_r \\ \cos 2\chi_r \sin 2\psi_r \\ \sin 2\chi_r \end{pmatrix} \tag{5.92}$$

$$J(\chi_t,\psi_t)=\begin{pmatrix}1\\ \cos 2\chi_t \cos 2\psi_t\\ \cos 2\chi_t \sin 2\psi_t\\ \sin 2\chi_t\end{pmatrix} \tag{5.93}$$

$$\boldsymbol{K}=\begin{pmatrix}A_0+B_0 & C & H & F\\ C & A_0+B & E & G\\ H & E & A_0-B & D\\ F & G & D & -A_0+B_0\end{pmatrix} \tag{5.94}$$

极化特征图是用三维图来描述不同极化组合下的雷达接收功率。当 $\chi_r=\chi_t$ 且 $\psi_r=\psi_t$ 时，此组合称为共极化，所得的极化特征图为共极化特征图，如图 5.6（a）所示；当 $\chi_r=-\chi_t$ 且 $\psi_r=\psi_t\pm\pi/2$ 时，此组合称为交叉极化，所得的极化特征图为交叉极化特征图，如图 5.6（b）所示。

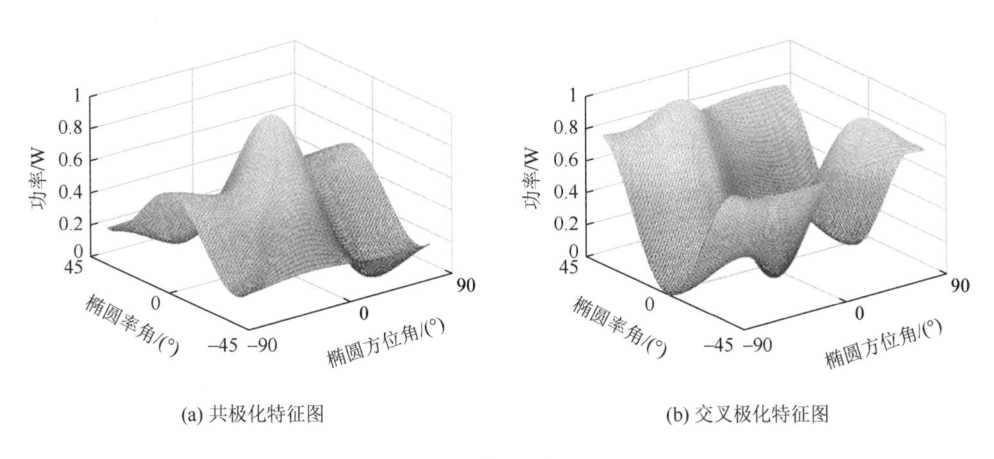


(a) 共极化特征图　(b) 交叉极化特征图

图 5.6　极化特征图

（7）散射特性保持指数。

为了定量分析滤波算法对极化信息的保持能力，欧阳群东等（2011）提出了应用滤波前后的表面散射、偶次散射和体散射功率值之差与原始功率值的比值平均值进行衡量。其定义如下：

$$r=\frac{P_1-P_0}{P_0} \tag{5.95}$$

式中，$P_1$ 和 $P_0$ 分别表示同类地物滤波前后的散射功率。$r$ 越小，说明滤波前后散射功率改变越小，极化散射信息保持效果越好。

# 5.2　多特征交叉迭代极化 SAR 相干斑双边滤波

在不同环境条件下，滩涂的雷达后向散射特征随地表覆盖类型的不同而表现不同（Lee et al.，2011），极化 SAR 观测到的散射特性会产生显著的差异，如牡蛎养殖场和泥滩的散射特性在分解结果上存在显著差异（Lee et al.，2006），相干斑滤波后保持的散射特征有助于滩涂信息的提取。双边滤波（bilateral filter，BF）在平滑噪声的同时，较好地保持了图像的区域信息，特别是对于邻域图像块，使得结构信息和像素信息结合，可以从不同角度多次考虑邻域图像块内的像素对待滤波像素的影响。针对极化 SAR 影像相干斑滤波难以将滩涂结构信息和散射特征同时保留的问题，提出了多特征交叉迭代极化 SAR 相干斑双边滤波方法，采用滩涂典型地物的显著散射特征扩展权重，将极化相似性和极化特征综合应用于极化 SAR 影像像元相似测度中。以江苏盐城滨海滩涂围垦区域的高分三号全极化 SAR 影像为数据源进行实验研究，并且与传统的相干斑滤波算法进行比较，研究结果表明该方法能够在抑制相干斑的同时较好地保留滨海滩涂的散射特征和边缘结构特征（江畅，2019）。

## 5.2.1　交叉迭代双边滤波

1. 双边滤波基本模型

双边滤波主要基于空间分布的高斯滤波函数，将刻画灰度相似度和空间邻近度的两个权重核非线性组合，从而考虑了中心像元与周围像元的邻近关系及灰度值差异，其模型定义如下：

$$\hat{I}(i) = \frac{1}{Z_{\mathrm{SC}}} \sum_{j \in N_i} \omega_{\mathrm{d}}(i, j) \cdot \omega_{\mathrm{r}}(i, j) \cdot I(i) \tag{5.96}$$

$$\omega_{\mathrm{d}}(i, j) = \exp\left\{-\frac{1}{2\sigma_{\mathrm{d}}^2} \| i - j \|_2^2\right\} \tag{5.97}$$

$$\omega_{\mathrm{r}}(i, j) = \exp\left\{-\frac{1}{2\sigma_{\mathrm{r}}^2} \| I(i), I(j) \|_2^2\right\} \tag{5.98}$$

$$Z_{\mathrm{SC}} = \sum_{j \in N_i} \omega_{\mathrm{d}}(i, j) \cdot \omega_{\mathrm{r}}(i, j) \tag{5.99}$$

式中，$\omega_{\mathrm{d}}$ 是基于灰度相似度的权重值；$\omega_{\mathrm{r}}$ 是基于空间邻近度的权重值；$\|\cdot\|_2$ 是 2-范数，代表欧氏距离；$Z_{\mathrm{SC}}$ 是权重值的归一化因子；$\sigma_{\mathrm{d}}$ 是高斯空间核的标准差，

惩罚边缘上有较大强度差异的像素，影响图像平滑的效果；$\sigma_r$ 是灰度相似性的标准差，影响图像缘保留效果；$N_i$ 是以位置 $i$ 为中心的滤波窗口；$I(i)$ 和 $\hat{I}(i)$ 分别是降噪前后图像中 $i$ 处像素的灰度值。

2. 交叉迭代双边滤波

针对极化 SAR 影像的双边滤波，空间相似性用像素位置欧氏距离表示，极化相似性则采用像素极化协方差矩阵的相似性描述，其公式如下：

$$\hat{C}_1 = \frac{1}{Z_{SC}} \sum_{j \in N_i} \omega_d(i,j) \cdot \omega_p(i,j) \cdot C_i \tag{5.100}$$

与式（5.96）相比，算法的滤波图像由像素灰度值变成了像素的协方差矩阵，极化域的权重值变成了 $\omega_p$，空间域权重没有变化。$\omega_p$ 仍采用高斯形式，即

$$\omega_p = \exp\left(-\frac{1}{2\sigma_p^2} d^2(C_i, C_j)\right) \tag{5.101}$$

式中，$d(C_i, C_j)$ 表示两个协方差矩阵之间的距离，描述了极化域内两个协方差矩阵的相似性。为了提高算法的相干斑抑制性能，Hondt 等（2013）使用了一种迭代的双边滤波（iterative bilateral filtering，IBF）算法，即

$$\hat{\boldsymbol{C}}_i^{i+1} = \frac{1}{Z_{SC}} \sum_{j \in N_i} \omega_d(i,j) \cdot \omega_p(i,j) \cdot \boldsymbol{C}_i^t \tag{5.102}$$

式中，$t$ 是迭代的次数；$\boldsymbol{C}_i^t$ 是经过 $t$ 次迭代后获得的协方差矩阵；$\hat{\boldsymbol{C}}_i^{i+1}$ 是第 $t+1$ 次迭代后得到的滤波结果。极化相干矩阵的公式则是把参数 $\boldsymbol{C}$ 矩阵换成 $\boldsymbol{T}$ 矩阵。

Alonso-González 等（2013）提出了应用于极化 SAR 的交叉双边滤波（cross bilateral filter，CBF）算法，该算法通过迭代得到权重，以减轻相干斑噪声影响降噪过程中的相似性度量，进而提升权重计算的准确性。每一次的迭代滤波对象都是原始的协方差矩阵，但是在计算权重值的时候是采用上一次迭代之后的结果。

$$\omega_d = \frac{1}{1 + \| i, j \|_2^2 / (2\sigma_d^2)} \tag{5.103}$$

$$\omega_p = \frac{1}{1 + d^2(C_x, C_y) / (2\sigma_p^2)} \tag{5.104}$$

采用修正后的 Wishart 距离来度量协方差矩阵之间的相似性，即对于 $d(C_i, C_j)$，公式改为

$$d(C_i, C_j) = \sum_{k=1}^{d} \left[ \frac{(C_i^{kk})^2 + (C_j^{kk})^2}{(C_i^{kk})(C_j^{kk})} \right] - 2d \tag{5.105}$$

式中，$d$ 是矩阵的维数；$C^{kk}$ 是协方差矩阵中的主对角元素。由于交叉双边滤波需

要参考图像，具有一定的局限性，Chang 等（2010）提出了一种无须参考图像的自交叉双边滤波（self-cross bilateral filter，SBF）算法。

### 5.2.2　多特征交叉迭代极化 SAR 双边滤波

1. 参考特征选择

本部分引入类间类内距离比值，分析滩涂围垦区域的典型地物的极化特征。当类内距离最小时，表明类内紧密度最大；当类间距离最大时，则表明类间离散度最大。由于滨海滩涂围垦区域一般都为养殖塘，所以本实验中选择了适宜于养殖塘和盐沼植被两种典型湿地类型的参考特征。对该地区的极化 SAR 影像进行 Refined Lee 滤波，按照 Freeman 分解和 *H*/*A*/Alpha 分解分别提取 Refined Lee 滤波前后极化 SAR 影像的 12 个极化特征，如表 5.4 所示，选择典型湿地类型样本区域，计算极化特征所对应的类间距离（Sb）和类内距离（Sw）以及它们的比值。

**表 5.4　评价指标结果**

| 极化特征 | 滤波前 | | | 滤波后 | | |
|---|---|---|---|---|---|---|
| | 类间距离（Sb） | 类内距离（Sw） | Sb/Sw | 类间距离（Sb） | 类内距离（Sw） | Sb/Sw |
| 散射角（Alpha） | 0.415 | 0.302 | 1.374 | 0.470 | 0.380 | 1.238 |
| 反熵（*A*） | 0.240 | 0.271 | 0.887 | 0.302 | 0.219 | 1.379 |
| 极化散射对称（PA） | 0.223 | 0.387 | 0.575 | 0.316 | 0.363 | 0.869 |
| 极化熵（*H*） | 0.178 | 0.406 | 0.439 | 0.391 | 0.308 | 1.269 |
| 双次反射特征值相对差异（SERD） | 0.231 | 0.370 | 0.624 | 0.280 | 0.302 | 0.927 |
| 单次反射特征值相对差异（DERD） | 0.350 | 0.355 | 0.986 | 0.485 | 0.414 | 1.173 |
| 香农熵（SE） | 0.756 | 0.460 | **1.642** | 0.791 | 0.513 | **1.540** |
| 消隐脉冲高度（PH） | 0.221 | 0.430 | 0.511 | 0.399 | 0.355 | 1.126 |
| 雷达植被指数（RVI） | 0.267 | 0.390 | 0.686 | 0.410 | 0.370 | 1.093 |
| 偶次散射（Freeman_Dbl） | 0.376 | 0.325 | 1.157 | 0.458 | 0.346 | 1.325 |
| 奇次散射（Freeman_Odd） | 0.233 | 0.313 | 0.744 | 0.209 | 0.304 | 0.689 |
| 体散射（Freeman_Vol） | 0.322 | 0.322 | 0.999 | 0.252 | 0.213 | 1.183 |

注：表中各极化特征对应 Sb/Sw 的最大值用加黑字体表示。

由表 5.4 可知，滤波前类间类内距离比值比较大的四个特征分别是 SE、Alpha、

Freeman_Dbl 和 Freeman_Vol，滤波后分别是 SE、$A$、Freeman_Dbl 和 $H$。其中，滤波前后得到 SE 图像如图 5.7 所示。

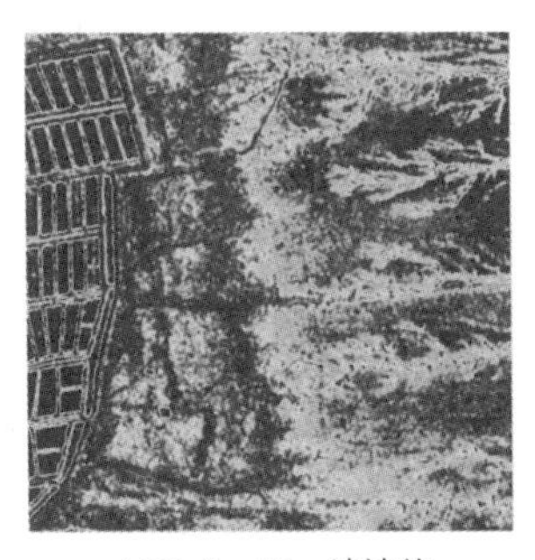
(a) Refined Lee滤波前

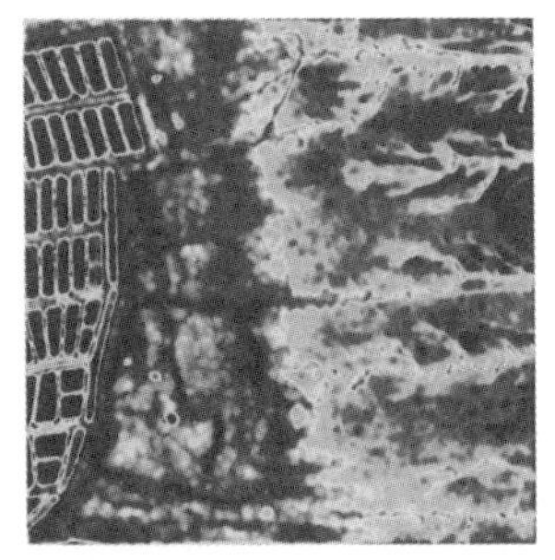
(b) Refined Lee滤波后

图 5.7　滩涂围垦区域香农熵图

由图 5.7 可见，SE 在滤波前后变化不大，与表 5.4 的结果一致。因此，针对滨海滩涂围垦区域，本节滤波方法选用的参考特征为 SE。

2. 权重设置

1）空间域权重

不同的空间域权重对极化 SAR 图像的相干斑抑制的效果是不同的。当 $\sigma_{\mathrm{d}}$ 比较小时，虽然可以较好地保持图像的细节信息，但是得到的图像相干斑抑制效果并不好；当 $\sigma_{\mathrm{d}}$ 比较大时，虽然可以有效地抑制同质区域的噪声，但是会使邻域像元在异质区域拥有较大的权值，使细节信息变得模糊。因此，最优的 $\sigma_{\mathrm{d}}$ 参数的设定应该是能够自适应滤波窗口同质性情况。

在本节中，采用基尼指数自动调节参数的方法，根据基尼指数 $G$ 值的变化来自动调节 $\sigma_{\mathrm{d}}$ 参数。对于尺寸为 $N$ 的滤波窗口，窗口内目标图像的同质性程度越低，即混合像元的纯度越低，基尼指数 $G$ 越大，$\sigma_{\mathrm{d}}$ 的取值越小，反之，$\sigma_{\mathrm{d}}$ 的取值越大。因此，根据 $G_x$ 与 $\sigma_{\mathrm{d}}$ 的关系，本章将其映射关系定义如下。

$$\sigma_{\mathrm{d}} = \frac{G_{x\max} - G_{x\min}}{G_x - G_{x\min} + \varepsilon} \tag{5.106}$$

式中，$G_{x\min}$ 和 $G_{x\max}$ 分别表示 $G_x$ 的最小值和最大值；$\varepsilon$ 为极小值，使得 $G_x = G_{x\min}$ 时等式有意义。空间域的权重公式如下：

$$\omega_{\mathrm{d}}(i,j) = \mathrm{e}^{-\frac{\|i-j\|_2^2}{2\sigma_{\mathrm{d}}^2}} \tag{5.107}$$

式中，$\omega_{\mathrm{d}}$ 为空间域的权重。

2）特征权重

由 5.1.3 节介绍的极化 SAR 滤波原则可知，传统的双边滤波算法直接应用于极化 SAR 相干斑滤波中仅能满足前两条准则，并没有满足第三条准则，选取或加权邻近的像元，利用散射类型相似的像元进行滤波处理。因此，特征权重公式如下：

$$\omega_{\mathrm{p}}(l,m)=\mathrm{e}^{-\frac{G(i,j)^2+G(i+m,j+l)^2}{2\sigma_{\mathrm{p}}^2}} \tag{5.108}$$

式中，$\sigma_{\mathrm{p}}$ 表示特征测度的标准差。

### 3. 多特征迭代交叉双边滤波

在交叉双边滤波算法的基础上，这里对双边滤波的原权重核进行扩展，根据极化 SAR 影像数据的特征，结合前面的实验结果，提出自适应于窗口同质性程度变化的多特征自交叉双边滤波算法（multifeature self-cross bilateral filter，MSBF）。该算法的主要思想是基于同质区域的判定，引入多特征相似度，可以表达如下：

$$F(i,j)=\begin{cases}\dfrac{\sum\limits_{p=i-r}^{i+r}\sum\limits_{q=j-s}^{j+s}\omega_{\mathrm{d}}(i,j)\omega_{\mathrm{p}}(i,j,l,m)G(i+l,j+m)}{\sum\limits_{p=i-r}^{i+r}\sum\limits_{q=j-s}^{j+s}\omega_{\mathrm{d}}(i,j)\omega_{\mathrm{p}}(i,j,l,m)} & G(i,j)\in\Omega_1\\ G(i,j) & G(i,j)\in\Omega_2\end{cases} \tag{5.109}$$

式中，$\Omega_1$ 为同质区域；$\Omega_2$ 为异质区域；$\omega_{\mathrm{d}}$ 为空间距离权重；$\omega_{\mathrm{p}}$ 为特征权重；$G$ 为极化 SAR 影像上各个像元的极化相干矩阵。

综上所述，改进后的双边滤波器实现步骤如下。

（1）将原始极化 SAR 数据散射矩阵进行变换，获得极化相干矩阵 $\boldsymbol{T}$ 和 SPAN 图像。

（2）对步骤（1）中的极化相干斑矩阵进行极化分解，选择对应用对象提取效果显著的特征，将其作为参考图像。本节以滩涂围垦区域提取为目的，根据 $H/A/$Alpha 分解得到的香农熵，得到原始图像像元散射类型的参考图像。

（3）计算 SPAN 数据各像元的基尼指数，筛选出异质区域。

（4）计算非异质区域内像元与周边窗口内像元的空间距离相似度、极化相似度和特征相似度，获取权重值。

（5）计算待滤波像元数据的相干矩阵。

（6）判断是否遍历整幅影像，若完成遍历，则计算 SPAN 数据，返回步骤（3），否则，返回步骤（4）对下一个待估像素继续执行。

（7）获得滤波后极化SAR影像。

### 5.2.3　滨海滩涂区域实验结果与分析

1. 实验数据描述

为了检验算法的有效性，选取江苏省盐城沿海滩涂围垦区域进行实验研究。实验数据采用2017年我国星载高分三号获取的盐城滩涂区域C波段全极化单视图像（图5.8），距离向、方位向分辨率分别为4.75m、2.24m。该研究区域包含的地物有养殖塘、盐沼植被和海域。

图5.8　高分三号数据Pauli合成图像

2. 港口区域图像平滑参数设置分析

由5.2.1节可知，双边滤波在极化SAR中应用的关键在于权重的计算。权重一般通过空间域和极化域中像元间的距离来计算。为了分析权重中标准差参数对滤波效果的影像，本节采用的数据是高分三号获取的盐城大丰港影像，实验区域的Pauli合成图像如图5.9（a）所示。在实验研究中，改变窗口尺寸$w$，空间高斯核函数标准差$\sigma_d$和Pauli合成图像灰度相似性标准差$\sigma_r$，得到了不同的结果，如图5.9所示。

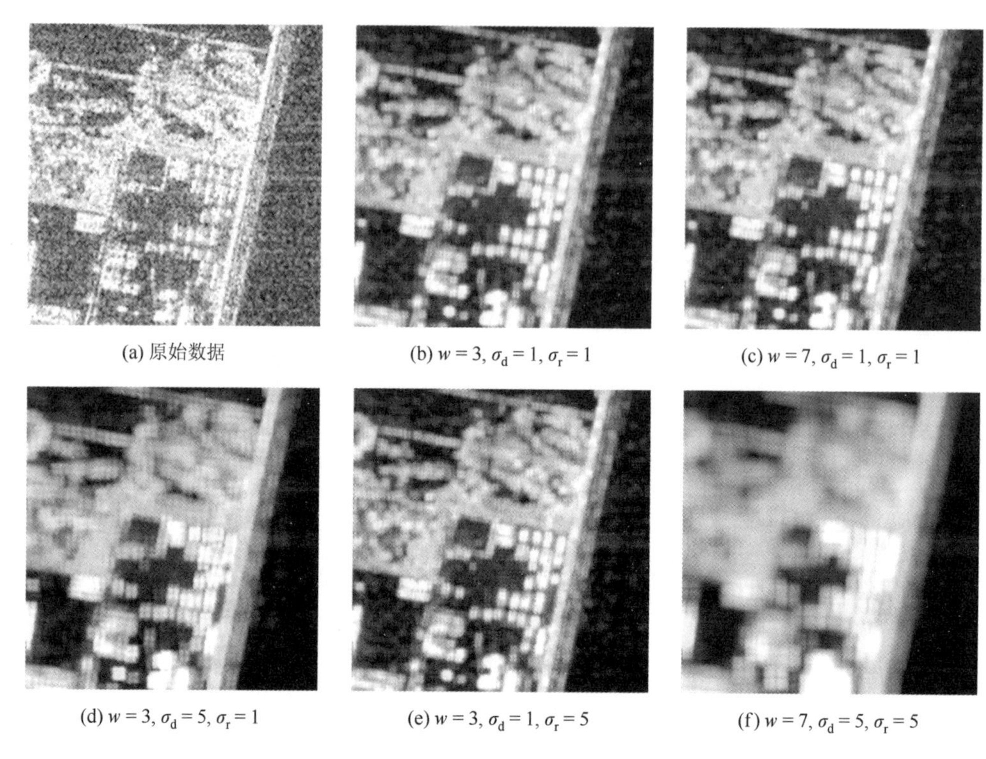

(a) 原始数据　(b) $w = 3, \sigma_d = 1, \sigma_r = 1$　(c) $w = 7, \sigma_d = 1, \sigma_r = 1$

(d) $w = 3, \sigma_d = 5, \sigma_r = 1$　(e) $w = 3, \sigma_d = 1, \sigma_r = 5$　(f) $w = 7, \sigma_d = 5, \sigma_r = 5$

图 5.9　标准差变化实验结果

由图 5.9（b）和图 5.9（d）可见，当$\sigma_r$和$w$不发生改变，$\sigma_d$从 1 增至 5，滤波后的港口结构边缘逐渐模糊。相比$\sigma_d$对滤波图像的影响，$\sigma_r$和$w$对滤波图像的影响相对小，如图 5.9（c）和图 5.9（e）所示。为了定量评价不同参数下的相干斑滤波效果，选用 ENL、SSIM 和 BRISQUE 从相干斑抑制、结构特征保持及失真程度三个方面进行比较，结果如表 5.5 所示。表 5.5 中的方法 b～f 分别对应图 5.9（b）～（f）中不同参数的双边滤波方法。

**表 5.5　双边滤波不同参数下的相干斑滤波评价指标**

| 方法 | ENL | SSIM | BRISQUE |
| --- | --- | --- | --- |
| b | 11.4610 | **0.6701** | **22.7051** |
| c | 11.4780 | 0.6698 | 22.4978 |
| d | 31.0890 | 0.4023 | 43.7202 |
| e | 11.4920 | 0.6490 | 23.2275 |
| f | **164.1591** | 0.2081 | 44.0124 |

注：表中各相干斑滤波评价指标的最优值用加黑字体表示。

由表 5.5 可见，方法 f 中相干斑滤波 ENL 值最大，其相干斑抑制能力最强，但 SSIM 的值最低，说明其对边缘细节保持不够；BRISQUE 值最大说明图像失真程度较大，这与图 5.9（f）的目视评价效果是一致的。相比其他设置的参数，方法 b 的 SSIM 和 BRISQUE 的值最优，说明其边缘保持细节能力最强。

由上面实验结果可以看到，$\sigma_d$ 的变化对于双边滤波抑制相干斑的效果具有较大影响。为了进一步分析 $\sigma_d$ 对于双边滤波效果的影响程度，下面分别探讨 $\sigma_d$ 与 ENL 和 SSIM 的关系。这里设 $w$ 为 3，$\sigma_r$ 为 1，研究结果如图 5.10 和图 5.11 所示。

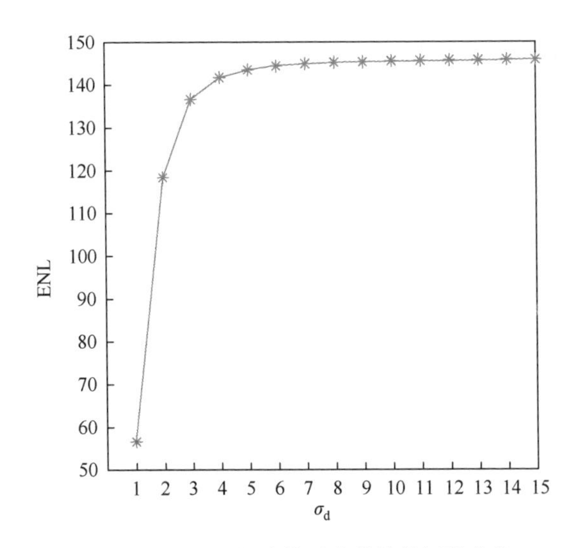


图 5.10　不同平滑参数对应的等效视数曲线

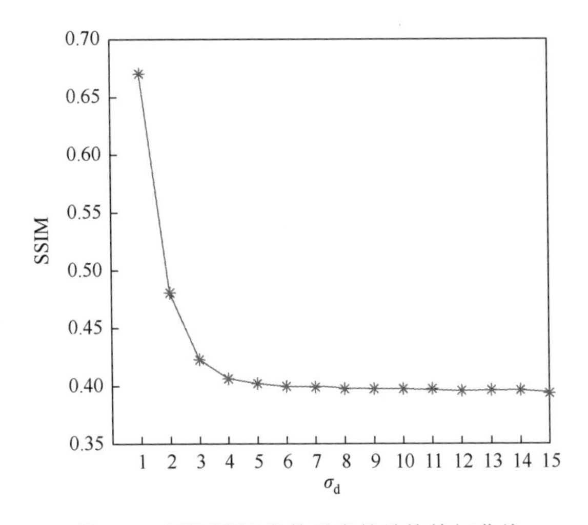


图 5.11　不同平滑参数对应的结构特征曲线

由图 5.10 和图 5.11 可以看出，ENL 值随 $\sigma_d$ 的增大而增大，其中 $\sigma_d$ 由 1 增长到 3 时，ENL 值变化最大，从 $\sigma_d$ 达到 5 后，ENL 值增长趋于平缓且增幅较小。SSIM 值整体趋势是下降的，当 $\sigma_d$ 达到 5 后就趋于平缓。由评价指标定义可知，ENL 与 EPI 值越大，相干斑抑制效果和结构特征保留效果越好。因此，设定平滑参数是双边滤波算法优化的关键，自适应调节空间测度可明显提高双边滤波对于极化 SAR 相干斑抑制效果。

3. *滨海滩涂相干斑滤波结果分析*

将 MSBF 滤波方法的相干斑滤波结果分别与 Refined Lee 滤波、IDAN 滤波、Lee-sigma 滤波的结果进行比较。Refined Lee 滤波采用 7×7 的滑动窗口进行估计，IDAN 滤波的区域扩展所能包含的最大像素个数设为 50。为了比较不同参数特征相似性对于本章算法的影响程度，MSBF-S 滤波仅采用了极化相似性，MSBF-SE 滤波采用的是香农熵的特征相似性和极化相似性，MSBF-SED 滤波采用的是偶次散射特征和香农熵的特征相似性及极化相似性。

图 5.12 显示了滩涂围垦区域高分三号数据使用不同算法的滤波结果。Refined Lee 滤波在一定程度上抑制了噪声，但这一方法中的窗口方向选择的问题，导致

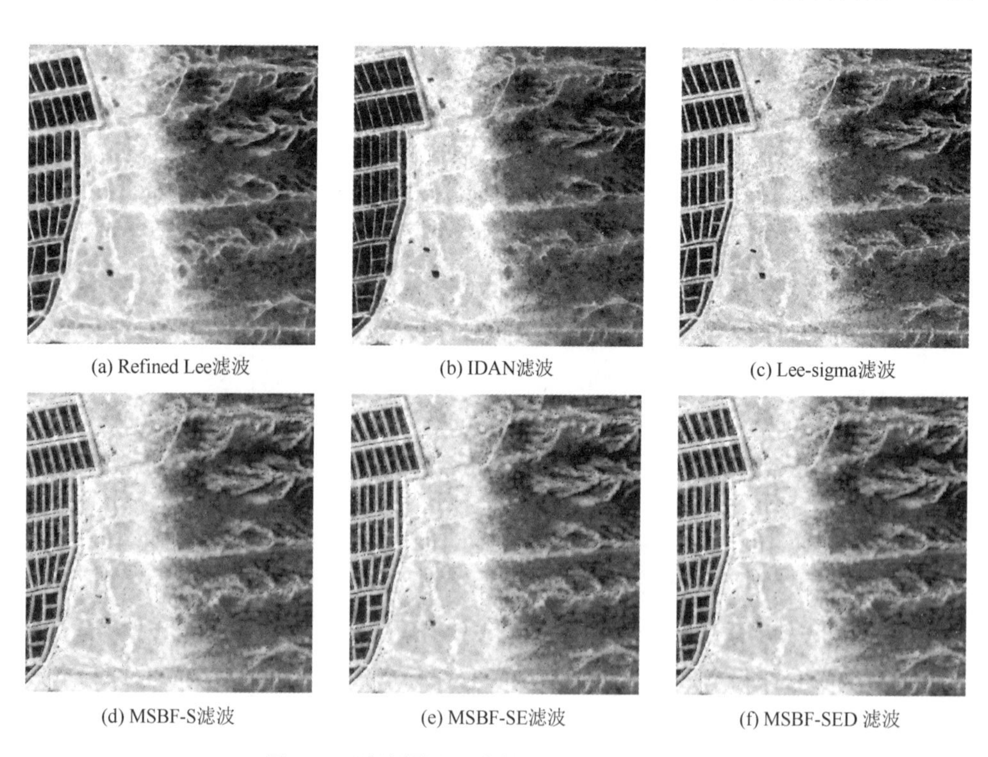

(a) Refined Lee滤波　(b) IDAN滤波　(c) Lee-sigma滤波

(d) MSBF-S滤波　(e) MSBF-SE滤波　(f) MSBF-SED 滤波

图 5.12　滩涂围垦区域高分三号数据滤波结果

去噪后的影像在盐沼植被区域产生了斑块效应，在养殖塘边缘有小幅的模糊，并且边缘目标的模糊较为严重。相比 Refined Lee 滤波，Lee-sigma 滤波后的图像中养殖塘的边缘比较清晰，但从盐沼植被向海域过渡的区域存在斑点噪声。相比其他三种滤波方法，本节算法都具有较好的相干斑抑制效果和边缘保持特性，其原因在于引入了基尼指数筛选异质性区域，成功检测到目标并保留了它们的原始值以便准确地保留具有相似结构的像元，从而避免了边缘的模糊，多特征的相似测度能够很好地表征像素间真实值关系。

如表 5.6 所示，使用的客观评价指标选择 ENL、EPDH、EPDV、PSNR 和 SSIM。ENL 表示图像的平滑程度，其值越大平滑程度越高。

**表 5.6　采用高分三号数据不同滤波算法的定量评价**

| 评价指标 | Refined Lee | IDAN | Lee-sigma | MSBF-S | MSBF-SE | MSBF-SED |
|---|---|---|---|---|---|---|
| ENL | 25.0236 | 24.2675 | 10.2997 | 26.1929 | 27.8252 | **27.8253** |
| EPDH | 0.4402 | 0.3960 | 0.4791 | 0.5248 | **0.5970** | **0.5970** |
| EPDV | 0.6514 | 0.6460 | 0.6994 | 0.8994 | **0.9941** | **0.9941** |
| PSNR | 6.3781 | **8.2037** | 3.9037 | 6.3086 | 6.0521 | 6.0526 |
| SSIM | 0.6196 | 0.1839 | **0.8174** | 0.2251 | 0.2144 | 0.2144 |

由表 5.6 可见，相比其他三种方法，本节方法都具有较高的 ENL 值，说明相干斑抑制效果良好，其中 MSBF-SE 和 MSBF-SED 优于 MSBF-S，这是由于前两种方法中加入了特征相似性。而 MSBF-SE 和 MSBF-SED 的相干斑抑制效果相差不多，说明偶次散射的特征相似性对于本算法影响不大。此外，本节方法的 EPDH 和 EPDV 值高于其他三种方法，其中 MSBF-SE 和 MSBF-SED 的效果最好，但二者之间没有差异，同样说明了偶次散射的特征相似性对本节方法影响不大。本节比较的滤波方法中，IDAN 滤波结果的 PSNR 值最高，说明该滤波方法失真最小。Lee-sigma 滤波结果的 SSIM 值最高，说明该方法结构相似性保留得最好。综合上述分析，基于双边滤波的本节方法在具有相干斑抑制能力的同时较好地保持了滨海滩涂围垦区域的边缘细节特征。

为了进一步评价相干斑滤波算法对影像边缘的保持能力，使用 Canny 算子对不同方法滤波结果进行边缘信息检测，结果如图 5.13 所示。

由于噪声抑制的作用，这些伪边缘在 Refined Lee 滤波及 Boxcar 滤波处理后的影像中较小，但同时丢失许多边缘信息和点目标。如图 5.13（a）和图 5.13（b）显示出滤波结果的边缘信息得到较好的保留，但是一些目标仍然被模糊了，如养殖塘堤岸。由图 5.13（c）可以看出，Canny 算子很好地检测到了原始图像的边缘

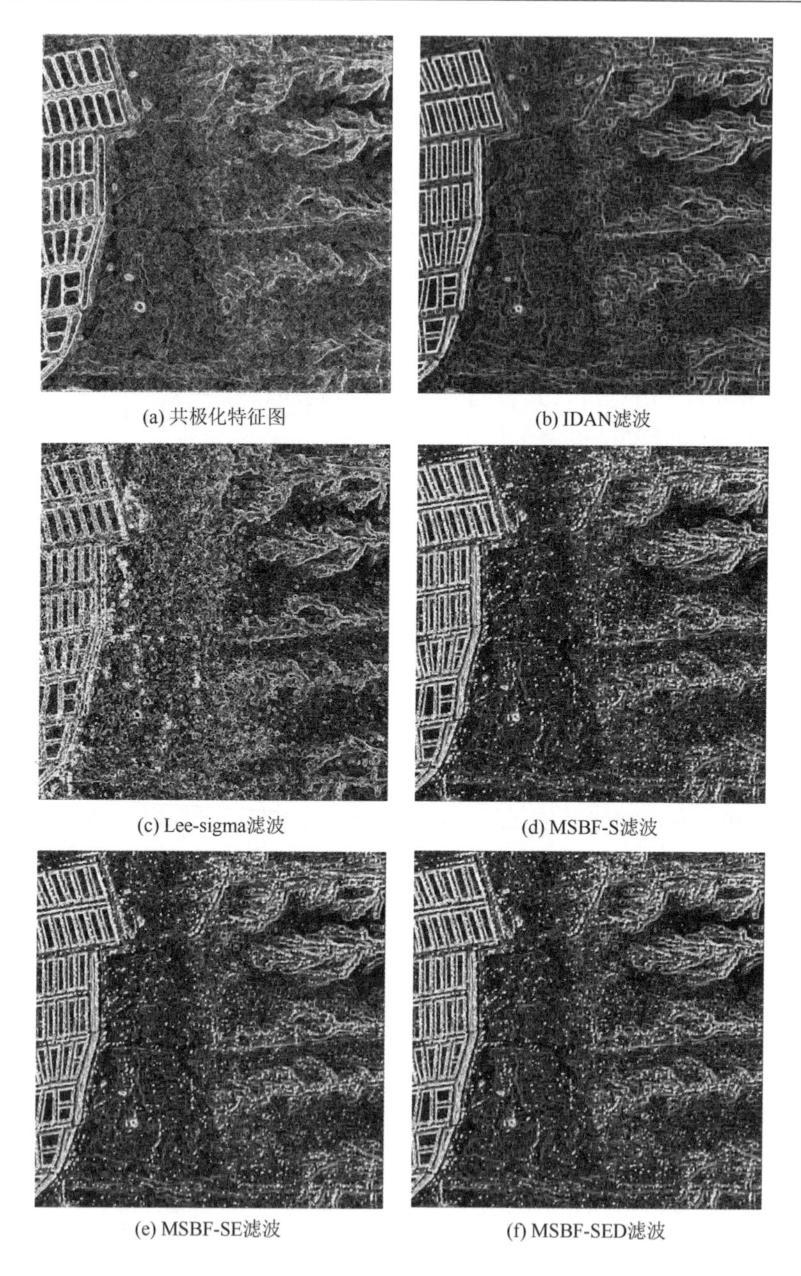


图 5.13　滩涂围垦区域高分三号数据滤波结果边缘检测结果

信息，但受噪声影响，同质区域出现了许多细微的边缘。本节算法显示出其在滩涂围垦区域细节保持方面的优势，特别是对养殖塘堤岸的保留；但在盐沼植被和海洋区域受到颗粒状噪声的影响，会存在一些碎小的边缘。

4. 滨海滩涂围垦区域散射特征保持分析

为了进一步分析相干斑滤波算法对于散射特征的保持特性，本节选择滤波后数据中的围垦区域做极化特征图。图 5.14 是原始数据中围垦区域的极化特征图。图 5.15 和图 5.16 分别是滤波后图像中围垦区域共极化和交叉极化特征图。

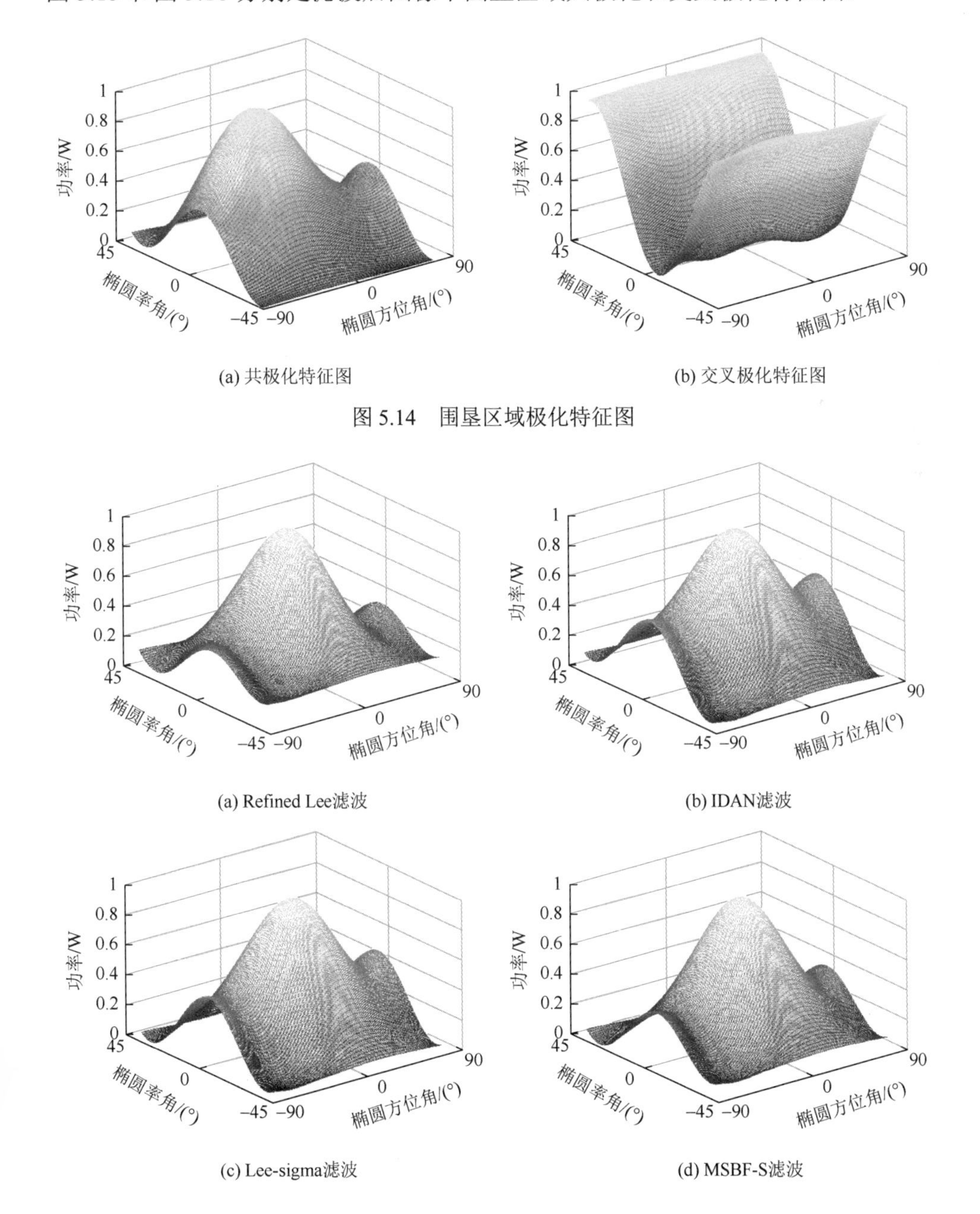


(a) 共极化特征图

(b) 交叉极化特征图

图 5.14　围垦区域极化特征图

(a) Refined Lee滤波

(b) IDAN滤波

(c) Lee-sigma滤波

(d) MSBF-S滤波

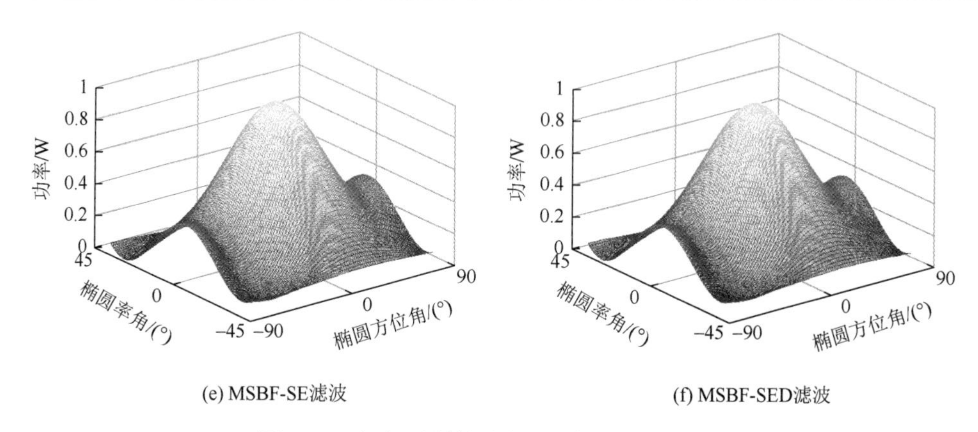


(e) MSBF-SE滤波　　(f) MSBF-SED滤波

图 5.15　高分三号数据围垦区域共极化特征图

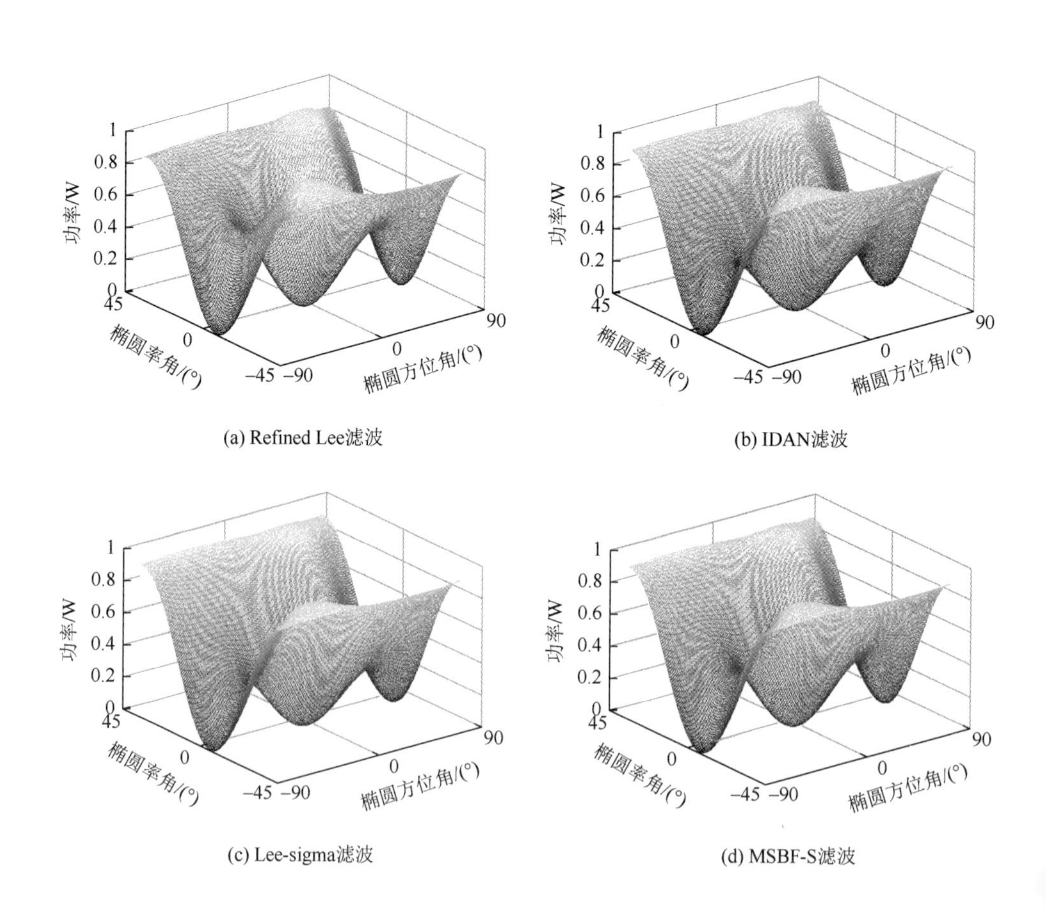


(a) Refined Lee滤波　　(b) IDAN滤波

(c) Lee-sigma滤波　　(d) MSBF-S滤波

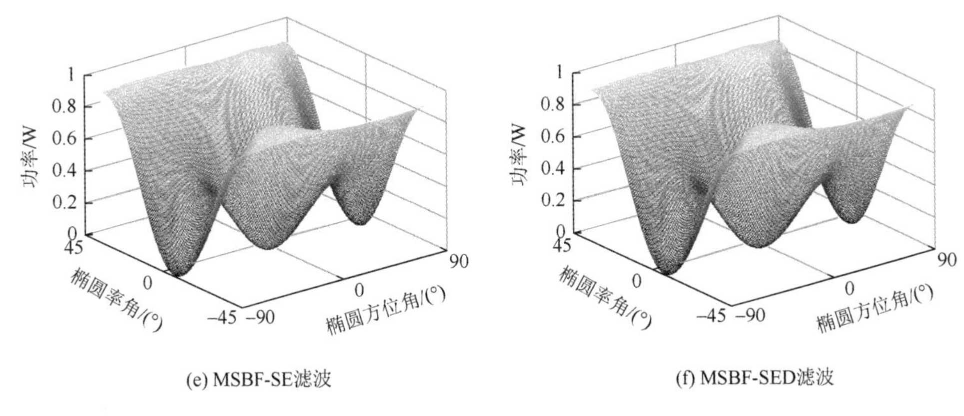


(e) MSBF-SE滤波　　(f) MSBF-SED滤波

图 5.16　高分三号数据围垦区域交叉极化特征图

从围垦区域的极化特征图可以看出，滤波处理后的共极化与交叉极化的 3D 曲线基本与原始数据的相符合，说明该滤波方法能够保持原数据中围垦区域的散射特征。

在不同环境条件下，滨海滩涂的雷达后向散射特征随地表覆盖类型的不同而表现不同。本章根据滨海滩涂典型地物的散射特征和结构特征，提出了一种面向滨海滩涂信息提取的多特征交叉迭代极化 SAR 影像相干斑滤波算法。研究结论如下。

（1）针对养殖塘和盐沼植被两种典型地物，通过比较 Refined 滤波前后的类间类内距离比值，从待选极化特征中选择参考特征。实验研究结果表明：滤波前类间类内距离比值比较大的四个特征分别是 SE、Alpha、Freeman_Dbl 和 Freeman_Vol，滤波后比值较大的特征分别是 SE、$A$、Freeman_Dbl 和 $H$，其中 SE 适宜作为参考特征。

（2）选择滨海滩涂港口区域人工地物为研究对象，通过改变窗口尺寸、空间高斯核函数标准差和 Pauli 合成图像灰度相似性标准差，比较分析了双边滤波中参数设置的效果。实验结果表明：空间高斯核函数标准差变化对于双边滤波相干斑抑制效果影响较大，随着空间高斯核函数标准差的增大，双边滤波相干斑抑制能力逐渐增强，而结构特征保持逐渐降低。

（3）提出了基于多特征交叉迭代相干斑滤波算法，通过基尼指数将像元分为异质性和同质性两类，将极化相似性和地物极化散射特征综合应用于极化 SAR 影像像元相似测度中。以江苏盐城大丰区域的高分三号影像进行了验证研究，比较了 Refined Lee 滤波、IDAN 滤波和 Lee-sigma 滤波等相干斑滤波算法。实验结果表明，提出的滤波方法效果良好，较好地保留了极化 SAR 的散射特征和边缘结构特征。

## 5.3 面向对象 RF-SFS 算法的极化散射特征集优化与分类

滨海开发带生态用地后向散射情况复杂，当提取的极化特征较多时，难以选取对分类结果贡献大的特征参数，加大了建模难度，且单个决策树算法在训练过程中容易出现过度拟合现象，需要剪枝等人工干预才能得到比较简洁的分类树。随机森林（random forest，RF）是近些年机器学习领域发展起来的一种性能优越的分类器，是对决策树进行自由组合得到的，该算法在克服单个决策树不足的同时，无须人工剪枝也不会出现过度拟合现象，提高了模型训练效率，预测效果较好。随机森林算法提供了变量重要性的计算方法，但是怎样根据重要性定量选取最优参数还需要进一步考虑。基于此，本章提出一种基于面向对象 RF-SFS 算法的极化 SAR 图像分类方法。首先介绍决策树算法的基本原理，然后对随机森林及其相关概念和基本原理进行阐述，并推导了基于袋外数据（out-of-bag，OOB）泛化误差估计的特征参数重要性计算方法。针对提取的众多极化特征参数，根据它们重要性值的大小，采用序列前向选择（sequential forward selection，SFS）算法进行特征集优化。将该算法得到的最优特征子集用于滨海开发带生态用地的分类中，验证方法在滨海地区的适用性和有效性。

### 5.3.1 随机森林模型

1. 决策树算法

决策树是一种依托于决策抉择而建立起来的树，实现简单且应用广泛（Safavian and Landgrebe，1991）。通过训练数据构建决策树，可以高效地对未知数据进行分类。在遥感图像分类领域，决策树算法是指通过对训练数据集进行归纳总结及学习形成一系列的规则集合，并根据生成的规则集合将遥感影像数据的像元或者像元组归类的方法。在利用决策树算法对遥感图像进行分类时，主要包括样本训练和分类两个过程。前者通过训练样本进行归纳学习，生成以决策树形式表示的分类规则集，实际上就是从一些无规则的训练样本中挖掘出规则，并以决策树的形式表示；而分类过程则是使用得到的分类规则集对未分类数据即验证样本进行分类，并评价其精度的过程，实际上就是使用决策树形式的规则对未知样本集进行归类的过程。图 5.17 为利用决策树算法对样本进行训练和分类的流程图。

决策树的构建过程是一个递归过程，需要确定停止条件，否则过程不会停止。当以下条件中的任一个成立时，决策树停止构建：一是当每个子节点的样本属于同一类型时停止构建树，这样会使得树的节点过多，导致过度拟合；二是当前节点中的样本数低于最小阈值，则停止构建树，将每一类比例最大时对应的分类作为当前叶节点的分类。

决策树过度拟合现象往往是因为构建的树太“茂盛”，即节点过多，需要通过裁剪的方法去除一些不必要的枝叶。裁剪枝叶（prune tree）的操作对决策树分类精度的影响很大，主要有两种裁剪方法：前置裁剪和后置裁剪。前置裁剪就是在构建决策树的过程中提前停止。这种方法会将分节点的条件设置得非常苛刻，导致构建的决策树很小，无法达到最优。因此实际应用中不采用该方法裁剪决策树。后置裁剪就是在决策树构建好以后才开始裁剪，有两种方法，一种方法是用单一叶节点代替整个子树，叶节点的分类采用子树中最主要的分类类别；另一种方法是将一个子树完全替代另一个子树。由于所有节点计算后才开始裁剪，因此后置裁剪虽然精度较高，但是计算效率较低。

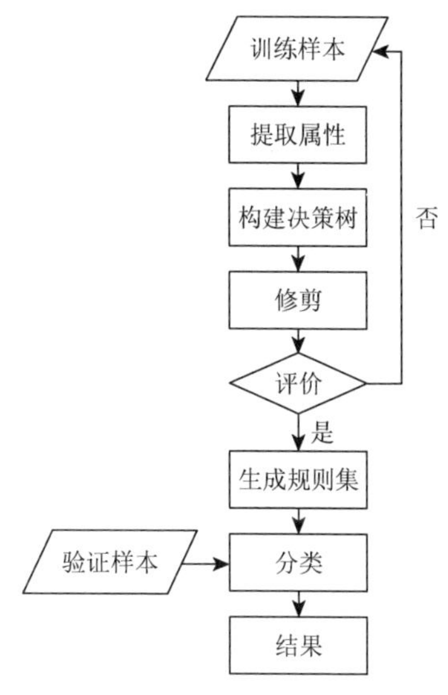


图 5.17　利用决策树进行训练和分类的流程图

在遥感影像分类中，与常规方法相比，决策树主要具有以下几个优点：

（1）实现简单，构建的决策树结构清晰，易于理解，利用构建好的决策树进行分类时运行速度快，准确度较高。

（2）不需要假设先验概率分布，灵活性和鲁棒性更好。因此，当遥感数据的空间分布比较复杂，或多源数据具有不同的统计分布和尺度时，决策树算法可以获得比较理想的分类结果。

但是决策树算法也存在一些缺点：

（1）算法受内存大小限制，难于处理大训练集，对样本的训练时间较长。

（2）为了处理大数据集或连续变量的种种改进算法（离散化、取样）不仅增加了计算量，而且降低了分类的准确性。

（3）当类别太多时，预测结果的准确性大大降低。

（4）对于训练样本具有较好的泛化能力，但是对于验证样本未必有较好的泛化能力，即可能发生过度拟合现象。

基于以上决策树算法存在的问题，目前比较理想的一种解决办法是采用随机森林算法。下面将对这种算法展开阐述。

2. 随机森林的概念及基本原理

随机森林是近些年发展起来的一种机器学习模型（Breiman，2001）。该模型的理论基础是决策树，是对决策树进行组合得到的，即在变量和数据的使用上进行随机化，生成很多决策树分类模型 $[h(X,\theta_k),k=1,2,3,\cdots]$ ，每棵树之间是没有关联的，其中参数集 $\theta_k$ 为独立同分布的随机向量，在自变量 $X$ 给定时，每个决策树分类模型都采用投票的方法产生最优的结果。当原始数据进入随机森林后，每棵决策树都对其进行分类，最后取所有树中出现频率最高的分类结果作为最终结果。

随机森林的生成步骤具体如下：

（1）采用自助法（bootstrap）有放回地从原始训练数据集中随机抽取 $k$ 个自助样本集，利用这 $k$ 个样本集构建 $k$ 棵决策树。在这一过程，每次未被抽取的样本组成 $k$ 个袋外数据。

（2）设有 $N$ 个特征，则在每一棵树的每个节点处随机抽取 $n$ 个特征（$n \leqslant N$），通过计算每个特征蕴含的信息量，选择一个分类能力最强的特征进行分裂，这样决策树的某一个叶子节点要么是无法继续分裂的，要么里面的所有样本都指向同一个分类。

（3）每棵树都不进行剪枝，使其最大限度地生长。

（4）所有决策树组成随机森林，随机森林构建后，将新的样本输入分类器中，对于每个样本每棵决策树都对其类别进行投票，分类结果按决策树投票数决定。

由此可见，随机森林模型的实质是将多个决策树合并在一起，是对决策树算法的一种改进。每棵树的建立依赖于一个独立抽取的样本集且具有相同的分布，分类误差取决于树与树之间的相关性及每棵树的分类能力。特征选择采用随机方法分裂每个节点，对不同情况下产生的误差进行比较。选择特征的数目取决于内在估计误差、分类能力和相关性等。每一棵树的分类能力可能有限，但在随机组合大量的决策树后，通过统计每一棵树的分类结果后选择最可能的分类。

随机森林模型之所以近几年被广泛用于分类和回归问题，其主要原因是它具有以下几个优势：

（1）决策树算法都需要人工剪枝，而随机森林算法由于在采样过程中的两个随机性，无须剪枝也不会出现过度拟合。

（2）训练速度快，可以对特征变量的重要性进行定量评估。

（3）能够处理高维数据，且无须预先进行数据降维处理，有较强的数据集适应能力。

（4）既可以处理离散数据，也可以处理连续数据，且无须对数据进行规范化。

#### 3. 随机森林的泛化误差及 OOB 估计

机器学习的性能可以通过泛化误差表达，泛化误差越小，则学习性能越好，反之则性能越差（Bylander，2002；Rodriguez-Galiano et al.，2012）。泛化误差即分类器对训练集之外数据的误分率。

对于给定的分类器 $h_1(X),h_2(X),\cdots,h_k(X)$，定义样本点（X, Y）的边缘函数（margin function）为

$$\mathrm{mg}(X,Y)=\mathrm{av}_k I[h_k(X)=Y]-\max_{j\neq y}\mathrm{av}_k I[h_k(X)=j] \tag{5.110}$$

式中，$X$ 为输入向量；$Y$ 为对应的输出；$\mathrm{av}_k I(\cdot)$ 为对 $N$ 个分类器求平均。边缘函数 $\mathrm{mg}(X,Y)$ 衡量了决策树集合将样本分对的平均票数与将其分错的平均票数之差，$\mathrm{mg}(X,Y)>0$ 表明这个样本被该组决策树分类正确，否则被分错，$\mathrm{mg}(X,Y)$ 越大，表明决策树集合对这个样本的分类性能越好。

决策树集合的泛化误差定义为

$$\mathrm{PE}^*=P_{X,Y}[\mathrm{mg}(X,Y)<0] \tag{5.111}$$

随着决策树数量的增加，对于所有的序列 $\theta_1,\theta_2,\cdots,\theta_k$，泛化误差 $\mathrm{PE}^*$ 收敛于

$$P_{X,Y}\left\{P_\theta[h(X,\theta)=Y]-\max_{j\neq Y}P_\theta[h(X,\theta)=j]<0\right\} \tag{5.112}$$

随机森林对于（X, Y）的边缘函数为

$$\mathrm{mr}(X,Y)=P_\theta[h(x,\theta)=Y]-\max_{j\neq Y}P_\theta[h(X,\theta)=j] \tag{5.113}$$

随机森林的分类强度定义为

$$S=E_{X,Y}[\mathrm{mr}(X,Y)] \tag{5.114}$$

随机森林中单棵树的分类强度 $S$ 越大，则该随机森林的分类性能越好。

随机森林泛化误差的上界为

$$\mathrm{PE}^*\leqslant\bar{\rho}(1-S^2)/S^2 \tag{5.115}$$

式中，$\bar{\rho}$ 表示决策树之间的相关度。树之间的相关度越大，则说明随机森林的分类性能越差。

在随机森林模型中每次约有 1/3 的样本不会出现在所采集的样本集合中，即这 1/3 的样本没有参与决策树的构建，可以将这一部分数据称为 OOB，使用这些数据来估计模型的性能称为 OOB 估计。实验表明 OOB 误差率是随机森林泛化误差的一个无偏估计，OOB 误差估计是一种可以取代测试集的误差估计方法。由于每次从原始训练集中抽取的自助样本都是随机的，每次抽取的样本（袋内数据）和未抽取的样本（袋外数据）都是独立同分布的，因此用袋外数据来验证由袋内数据训练出的决策树的泛化误差是合理的。每棵决策树都可以得到一个 OOB 误差估计，将森林中所有树的 OOB 误差估计取平均，可得到随机森林的泛化误差估计。

#### 4. 特征参数重要性

随机森林在模型训练的过程中可以计算每个变量的重要性（Breiman，2001）。

这里介绍两种基本的计算变量重要性的方法：基于 Gini 指数的计算方法和基于 OOB 误差的计算方法。

（1）基于 Gini 指数的计算方法。节点 $t$ 处，Gini 指数定义如下：

$$G(t)=1-\sum_{k=1}^{C}p^2(k\mid t) \tag{5.116}$$

式中，$C$ 为类别数目；$p(k\mid t)$ 代表节点 $t$ 中属于类别 $k$ 的样本所占的比例。Gini 指数可以衡量各节点的样本纯度。节点 $t$ 上的 Gini 指数的下降量等于该节点的 Gini 指数值减去该节点分裂后产生的两个子节点上 Gini 指数的总和。计算以变量 $X_j$ 为分裂节点的 Gini 指数在随机森林中下降量的均值 $\overline{\Delta_J}$，以此作为衡量每个变量重要性的依据。

（2）基于 OOB 误差的计算方法。用 OOB 误差估计可以估算单个特征的重要性，其主要思想是当一个特征 $f$ 被随机白噪声取代后，随机森林泛化误差增大的幅度可用来表示该特征的重要性。假设有自助样本 $b=1, 2, \cdots, B$，变量 $X_j$ 的基于 OOB 误差的重要性度量 $\overline{D_j}$ 计算过程如下：

①找到 $b=1$ 时的袋外数据 $L_b^{\mathrm{OOB}}$；

②用树 $T_b$ 对 $L_b^{\mathrm{OOB}}$ 进行分类，并记录正确分类数 $R_b^{\mathrm{OOB}}$；

③对于变量 $X_j, j=1,2,\cdots,N$，对 $R_b^{\mathrm{OOB}}$ 中的 $X_j$ 的值进行扰动，扰动后的数据集记为 $L_{bj}^{\mathrm{OOB}}$，然后使用树 $T_b$ 对 $L_{bj}^{\mathrm{OOB}}$ 进行分类，并记录正确分类数 $R_{bj}^{\mathrm{OOB}}$；

④对于 $b=2, 3, \cdots, B$，重复以上①～③步；

⑤变量 $X_j$ 的基于 OOB 误差的变量重要性计算公式如下：

$$\bar{D}_J=\frac{1}{B}\sum_{i=1}^{B}(R_b^{\mathrm{OOB}}-R_{bj}^{\mathrm{OOB}}) \tag{5.117}$$

在遥感图像分类中，可以利用以上步骤计算每个特征参数的重要性，定量评价每个特征对于分类结果的重要性，并且以此为依据进行特征的选择（Genuer et al.，2010）。本章采用基于 OOB 误差的方法来计算极化特征参数在分类中的重要性，而如何根据特征参数重要性的大小选择最优的特征集则是接下来需要考虑的问题。

### 5.3.2　基于 RF-SFS 的特征集优化

#### 1. 特征集优化及常用方法

特征集优化也称为特征子集选择或特征选择（feature subset selection，FSS），是指从已有的 $N$ 个特征中选择 $n$ 个（$n\leqslant N$）特征使得指定的指标最优化，目的是从原始特征中选择出一些最有效特征以降低数据维度，使得学习算法性能提高

(Kira and Rendell，1992)。根据算法在进行特征选择时所采用的搜索策略，可以把特征选择算法分为采用完全搜索的特征选择算法、采用启发式搜索的特征选择算法和采用随机搜索的特征选择算法。采用完全搜索的特征选择算法是指对特征空间进行穷举搜索，搜索出来的特征集对于样本集是最优的，这类算法又包括广度优先搜索、分支限界搜索、定向搜索和最优优先搜索四类。该类特征选择算法的时间复杂度和计算量随着特征维数的增加呈指数递增，因此该类方法虽然简单却难以在实际应用中推广。采用启发式搜索的特征选择算法包括朴素序列特征选择、序列前向选择、序列后向选择、双向搜索、增 L 去 R 选择算法、序列浮动选择等几种方法，这类算法属于一种贪心算法，时间复杂度和计算量较低，但可能会陷入局部最优解。采用随机搜索的特征选择算法属于一种近似算法，能找到问题的近似最优解，这类方法包括随机产生序列选择算法、模拟退火算法和遗传算法等。当特征数目较多时，这类算法耗费的时间较多且有些实验结果难以重现。

2. RF-SFS 算法及实现

本章针对从 20 种极化分解算法中提取出的众多极化特征参数（表 5.7），在利用随机森林模型建模的过程中计算它们的重要性，并根据重要性值的大小对这些特征参数从高到低进行排序并以此进行特征集优化。在特征集优化的过程中，采用序列前向选择算法。该算法的总体思路：原始特征集设为 $F$，当前特征集设为 $X$，$X$ 包含 $n$ 个特征，对于每一个未选入 $X$ 的特征 $f_i$（即 $F$ 减去 $X$ 中剩下的特征）计算将其引入特征集 $X$ 后进行分类取得的分类总体精度，最后根据每次计算的分类总体精度选择最优的极化特征参数，即选择分类总体精度最高时对应的特征子集作为最优解，此时对应的极化参数个数最少、分类正确率最高。因为是采用序列前向选择算法计算所有特征集合下的分类总体精度，选取分类精度最高时对应的特征集，因此不会陷入局部最优解。采用 RF-SFS 算法进行散射特征集优化的流程如图 5.18 所示。

**表 5.7　本章采用的 20 种极化分解算法及提取的极化特征参数**

| 分解算法 | 极化分解参数 | | |
| --- | --- | --- | --- |
| Pauli | Pauli_a | Pauli_b | Pauli_c |
| Krogager | Krogager_Ks | Krogager_Kd | Krogager_Kh |
| Huynen | Huynen_T11 | Huynen_T22 | Huynen_T33 |
| Barnes1 | Barnes1_T11 | Barnes1_T22 | Barnes1_T33 |
| Barnes2 | Barnes2_T11 | Barnes2_T22 | Barnes2_T33 |
| Holm1 | Holm1_T11 | Holm1_T22 | Holm1_T33 |
| Holm2 | Holm2_T11 | Holm1_T22 | Holm2_T33 |

续表

| 分解算法 | 极化分解参数 | | |
| --- | --- | --- | --- |
| Van Zyl3 | Van Zyl3_Vol | Van Zyl3_Odd | Van Zyl3_Dbl |
| Cloude | Cloude_T11 | Cloude_T22 | Cloude_T33 |
| *H*/*A*/Alpha | *H*/*A*/A_T11 | *H*/*A*/A_T22 | *H*/*A*/A_T33 |
| | Entropy | Anisotropy | Shannon Entropy |
| | DERD | Polarization Asymmetry | Polarization_Fraction |
| | SERD | Radar Vegetation Index | Anisotropy12 |
| | Pedestal Height | Alpha（$\bar{\alpha}, \alpha1, \alpha2, \alpha3$） | Anisotropy_Lüneburg |
| | Pseudo Probabilities（$p1, p2, p3$） | | |
| Freeman2 | Freeman2_Vol | Freeman2_Ground | |
| Freeman3 | Freeman_Vol | Freeman_Odd | Freeman_ Dbl |
| Yamaguchi3 | Yamaguchi3_Vol | Yamaguchi3_Odd | Yamaguchi3_Dbl |
| Yamaguchi4 | Yamaguchi4_Vol | Yamaguchi4_Odd | Yamaguchi4_Dbl |
| | Yamaguchi4_Hlx | | |
| Neumann | Neumann_delta_mod | Neumann_delta_pha | Neumann_ tau |
| Touzi | TSVM_alpha_s | TSVM_alpha_s1 | TSVM_alpha_s2 |
| | TSVM_alpha_s3 | TSVM_tau_m | TSVM_tau_m1 |
| | TSVM_tau_m2 | TSVM_tau_m3 | TSVM_phi_s1 |
| | TSVM_phi_s2 | TSVM_phi_s3 | TSVM_phi_s |
| | TSVM_psi1 | TSVM_psi2 | TSVM_psi3 |
| | TSVM_psi | | |
| An_Yang3 | An_Yang3_Vol | An_Yang3_Odd | An_Yang3_Dbl |
| An_Yang4 | An_Yang4_Vol | An_Yang4_Odd | An_Yang4_Dbl |
| | An_Yang4_Hlx | | |
| Arii3_NNED | Arii3_NNED_Vol | Arii3_NNED_Odd | Arii3_NNED_Dbl |
| Arii3_ANNED | Arii3_ANNED_Vol | Arii3_ANNED_Odd | Arii3_ANNED_Dbl |

### 5.3.3 面向对象 RF-SFS 分类算法

通过对以上理论和算法的深入学习与分析，本章提出一种基于面向对象 RF-SFS 算法的特征集优化和分类方法，该方法的具体实现流程如图 5.19 所示，具体步骤如下：

（1）对极化 SAR 数据进行滤波等预处理。

（2）采用 20 种极化分解算法对滤波后的相干矩阵进行极化分解。在极化分解时，利用 20 种分解算法分解出 93 个极化分解特征。这里矩阵特征用的是三个散射矩阵元素——S11、S12 和 S22，每一组矩阵元素所包含的信息是一样的，代表了极化 SAR 图像中的所有信息，因此这里用的三个矩阵元素与 6 个相干矩阵元素具有同样的意义。综上，极化分解特征与散射矩阵特征共有 96 个。

（3）面向对象的多尺度分割。

（4）以对象为基本单位，随机选取训练样本。

（5）利用式（5.117）计算训练样本的所有极化特征参数重要性。

（6）根据特征参数重要性值的大小对其进行排序。

（7）采用图 5.18 中的 RF-SFS 算法进行特征集优化，得到特征参数最少、分类精度最高的特征子集。

（8）设置合适的参数，对选择出的最优极化特征集进行基于面向对象随机森林模型的分类。

（9）利用验证样本计算分类的精度。

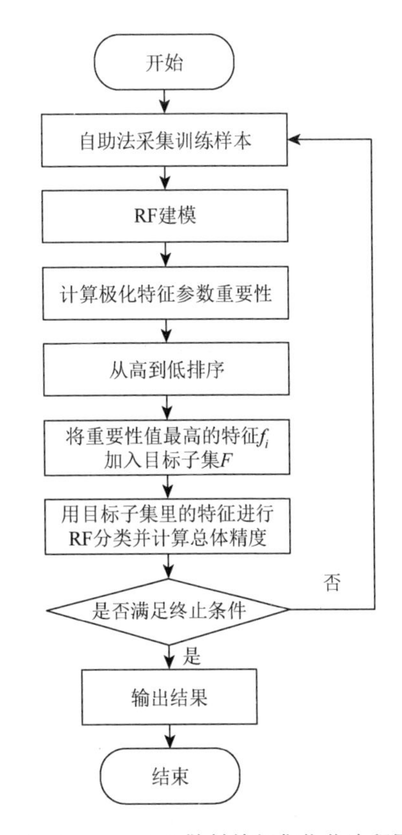


图 5.18　RF-SFS 散射特征集优化流程图

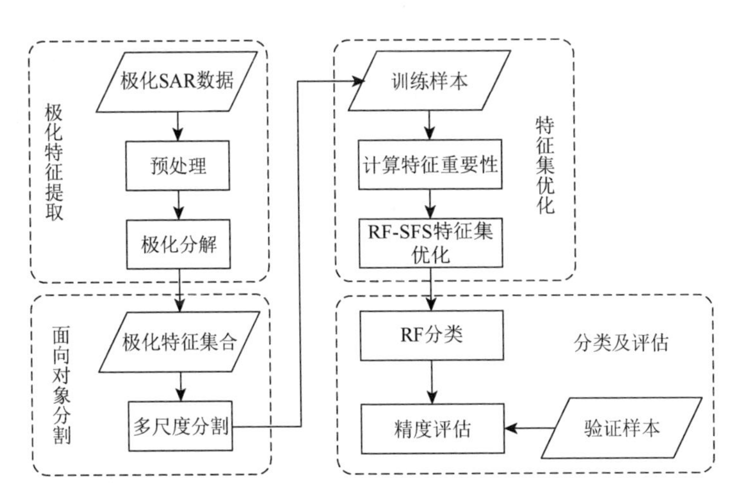


图 5.19　面向对象 RF-SFS 算法实现流程

### 5.3.4　滨海开发带生态用地分类结果与分析

1. 图像预处理及样本点设置

实验采用 L 波段 ALOS PALSAR 全极化数据，截取滨海开发带部分典型区域为研究区，如图 5.20 所示。所选研究区域的地表覆盖类型有鱼塘、水浇地、芦苇与盐蒿、米草、水田、河流、道路、沙地、海水等。之所以把芦苇和盐蒿归为一类是因为这两种地类的散射特征比较接近且极化 SAR 数据的分辨率有限，因此这两种生态用地在极化 SAR 图像上很难区分，这里视为一种混合用地类型。对极化 SAR 数据进行地形矫正、地理编码、多视和 Refined Lee 滤波等预处理。采集一定数目的样本，一部分用于随机森林模型构建，一部分用于分类结果的定量分析，具体样本点的设置如表 5.8 所示。

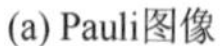

(a) Pauli图像

(b) 散射强度图

图 5.20　研究区域

**表 5.8　样本点设置**

| 地类 | 训练样本 | 验证样本 | 总计 |
|---|---|---|---|
| 鱼塘 | 5383 | 3027 | 8410 |
| 水浇地 | 1909 | 1024 | 2933 |

续表

| 地类 | 训练样本 | 验证样本 | 总计 |
| --- | --- | --- | --- |
| 芦苇与盐蒿 | 4654 | 3021 | 7675 |
| 米草 | 2658 | 1486 | 4144 |
| 水田 | 2542 | 1324 | 3866 |
| 河流 | 1599 | 876 | 2475 |
| 道路 | 1049 | 654 | 1703 |
| 沙地 | 1996 | 1022 | 3018 |
| 海水 | 6864 | 3873 | 10737 |
| 总计 | 28654 | 16307 | 44961 |

2. 极化参数重要性分析及选择

利用式（5.117）计算 96 个极化特征参数的重要性，如表 5.9 所示，并将重要性的值按照降序排列，如图 5.21 所示。不难看出，排在前 20 的极化特征参数中，散射矩阵元素有三个：S11、S12、S22，基于 *H*/*A*/Alpha 分解的特征参数有五个，分别是 Entropy_shannon、Entropy、Lambda、*H*/*A*/A_T11 和 Pedestal Height，基于 Yamaguchi3 分解的参数有两个：Yamaguchi3_Dbl 和 Yamaguchi3_Odd，基于 Van Zyl3 分解的特征参数有两个：Van Zyl3_Dbl 和 Van Zyl3_Vol，基于 Krogager 分解的参数有两个：Krogager_Kd 和 Krogager_Ks，以上这些分解算法分解出的参数占据前 20 个比较重要的特征参数总数的 70%左右，说明了这几种分解算法相较于其他分解算法，在滨海开发带生态用地分类方面有着明显的优势。

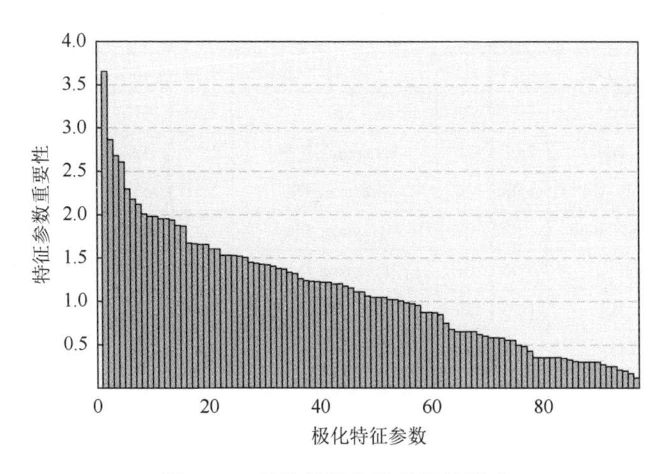


图 5.21　极化特征参数重要性排序

从表 5.9 和图 5.21 可以看出每个参数重要性的大小及哪些参数对于实验结果较为重要，但是不同个数的变量参与分类时会产生不同的精度，选取多少个极化特征参数才能使得模型的预测结果最准确是接下来需要解决的问题。针对表 5.9 中列出的 96 个极化参数构成的特征集，根据每个特征重要性值的大小，采用 RF-SFS 算法进行特征集优化，具体做法是每次将重要性值最大的特征加入目标特征子集，利用目标特征子集合中的特征进行分类和总体分类精度计算，逐次迭代。参与分类的极化特征参数个数与分类总体精度的关系如图 5.22 所示。从图 5.22 可以看出，对于重要性排在前 9 的特征参数，每增加一个，分类精度都有大幅度的提升。增加至 9 个以后，分类精度变化速度减缓，当增加到 23 个时，分类精度达到最高，为 87.29%，之后再增加特征参数的个数，总体精度变化不大，甚至当特征参数的个数达到 38 个以后，分类精度有小幅的降低，与 23 个特征参数参与分类时的精度相比，下降了 2.5%左右，且随着参与分类的特征参数增多，计算量会越来越大。这说明，当太多的极化特征参数参与分类时，除了加重了运算负担以外，特征之间的信息冗余会降低分类的效果。因此，接下来的分类就基于重要性排序中前 23 个极化特征参数进行。这样一方面保证了分类结果的精度，另一方面也避免了特征之间信息的冗余。

**表 5.9　采用的极化特征及其重要性**

| 序号 | 特征 | IM | 序号 | 特征 | IM | 序号 | 特征 | IM |
|---|---|---|---|---|---|---|---|---|
| 1 | S22 | 3.65 | 18 | An_Yang3_Vol | 1.66 | 35 | An_Yang4_Odd | 1.32 |
| 2 | Barnes2_T22 | 2.87 | 19 | Pedestal Height | 1.66 | 36 | Neumann_delta_pha | 1.26 |
| 3 | Entropy_shannon | 2.68 | 20 | Freeman_Vol | 1.61 | 37 | Arii3_NNED_Dbl | 1.24 |
| 4 | S11 | 2.61 | 21 | Alpha | 1.61 | 38 | Arii3_ANNED_Dbl | 1.24 |
| 5 | Barnes1_T22 | 2.3 | 22 | Yamaguchi4_Dbl | 1.54 | 39 | TSVM_psi2 | 1.23 |
| 6 | Yamaguchi3_Dbl | 2.18 | 23 | Cloude_T11 | 1.54 | 40 | An_Yang3_Dbl | 1.22 |
| 7 | Entropy | 2.12 | 24 | p1 | 1.53 | 41 | Holm1_T11 | 1.22 |
| 8 | Van Zyl3_Dbl | 2.01 | 25 | Yamaguchi3_Vol | 1.52 | 42 | Anisotropy_Lüneburg | 1.21 |
| 9 | Arii3_NNED_Vol | 1.98 | 26 | Freeman_Dbl | 1.51 | 43 | Anisotropy12 | 1.21 |
| 10 | Neumann_delta_mod | 1.98 | 27 | Huynen_T11 | 1.45 | 44 | p2 | 1.18 |
| 11 | Lambda | 1.96 | 28 | Freeman_Odd | 1.44 | 45 | Arii3_ANNED_Odd | 1.16 |
| 12 | Van Zyl3_Vol | 1.96 | 29 | Van Zyl3_Odd | 1.43 | 46 | Yamaguchi4_Vol | 1.12 |
| 13 | *H*/*A*/A_T11 | 1.94 | 30 | Serd | 1.42 | 47 | Polarization_Fraction | 1.12 |
| 14 | Krogager_Kd | 1.88 | 31 | Arii3_ANNED_Vol | 1.41 | 48 | RVI | 1.07 |
| 15 | S12 | 1.87 | 32 | Freeman2__Vol | 1.38 | 49 | Arii3_NNED_Odd | 1.05 |
| 16 | Krogager_Ks | 1.68 | 33 | Holm2_T11 | 1.37 | 50 | An_Yang3_Odd | 1.05 |
| 17 | Yamaguchi3_Odd | 1.67 | 34 | An_Yang4_Dbl | 1.34 | 51 | p3 | 1.05 |

续表

| 序号 | 特征 | IM | 序号 | 特征 | IM | 序号 | 特征 | IM |
|---|---|---|---|---|---|---|---|---|
| 52 | Yamaguchi4_Odd | 1.02 | 67 | Barnes1_T11 | 0.66 | 82 | Pauli_a | 0.36 |
| 53 | Freeman2_Ground | 1.02 | 68 | Pauli_T33 | 0.62 | 83 | *H*/*A*/A_T33 | 0.35 |
| 54 | Barnes2_T33 | 1.01 | 69 | Neumann_tau | 0.61 | 84 | An_Yang4_Hlx | 0.33 |
| 55 | TSVM_alpha_s | 0.99 | 70 | TSVM_phi_s2 | 0.59 | 85 | TSVM_psi3 | 0.31 |
| 56 | *H*/*A*/A_T22 | 0.98 | 71 | Cloude_T22 | 0.59 | 86 | TSVM_tau_m2 | 0.3 |
| 57 | Derd | 0.96 | 72 | Barnes2_T11 | 0.58 | 87 | Yamaguchi4_Hlx | 0.3 |
| 58 | An_Yang4_Vol | 0.88 | 73 | Holm2_T22 | 0.56 | 88 | Holm1_T33 | 0.3 |
| 59 | Barnes1_T33 | 0.88 | 74 | Huynen_T22 | 0.56 | 89 | Pauli_b | 0.3 |
| 60 | Polarization Asymetry | 0.87 | 75 | TSVM_phi_s1 | 0.5 | 90 | Cloude_T33 | 0.27 |
| 61 | Anisotropy | 0.85 | 76 | Holm1_T22 | 0.49 | 91 | Holm2_T33 | 0.25 |
| 62 | $\alpha 1$ | 0.75 | 77 | TSVM_phi_s | 0.43 | 92 | Huynen_T33 | 0.23 |
| 63 | TSVM_alpha_s1 | 0.68 | 78 | TSVM_tau_m1 | 0.36 | 93 | TSVM_alpha_s3 | 0.21 |
| 64 | TSVM_psi1 | 0.66 | 79 | TSVM_tau_m | 0.36 | 94 | Krogager_Kh | 0.2 |
| 65 | TSVM_psi | 0.66 | 80 | TSVM_alpha_s2 | 0.36 | 95 | TSVM_tau_m3 | 0.17 |
| 66 | $\alpha 2$ | 0.66 | 81 | $\alpha 3$ | 0.36 | 96 | TSVM_phi_s3 | 0.12 |

注：IM 代表极化特征参数的重要性（importance）。

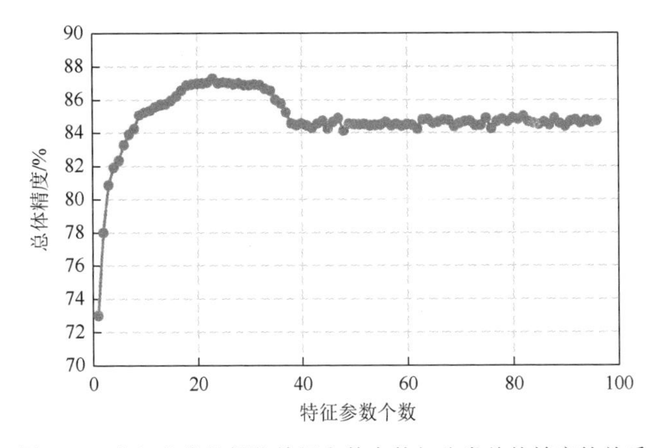


图 5.22　参与分类的极化特征参数个数与分类总体精度的关系

3. 分类结果

本章分别采用以下三种算法对研究区域进行了对比实验：①本章所提的面向对象 RF-SFS 算法；②无人工干预的 QUEST 决策树算法；③进行人工剪枝的 QUEST 决策树算法。在方法②中没有人工设置树深，任决策树自由生长，然后对极化 SAR 图像进行分类，在方法③中，为了防止决策树无限生长造成的过度拟合，设置树深为 5，以上方法的分类结果如图 5.23 所示。另外，还分别计算了三个分类结果的用户精度（UA）、生产者精度（PA）、总体精度（OA）和 Kappa 系数来进行定量分析，如表 5.10～表 5.12 所示。

(a) 本章所提的面向对象 RF-SFS算法

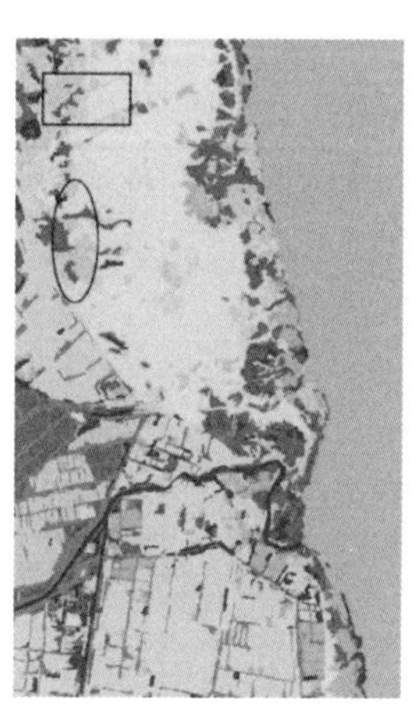

(b) 无人工干预的QUEST 决策树算法

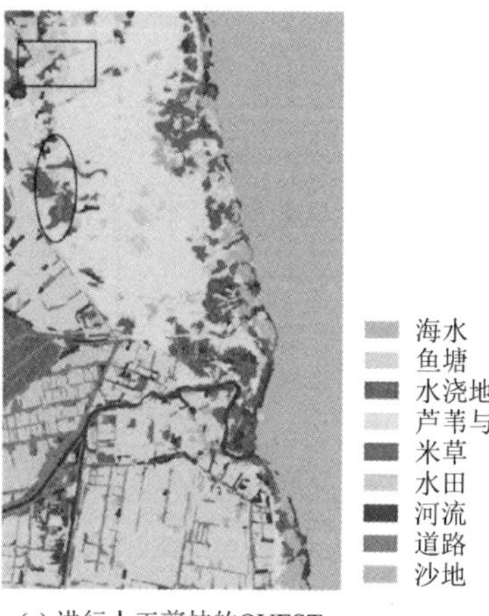


(c) 进行人工剪枝的QUEST 决策树算法

图 5.23　分类结果

**表 5.10　本章所提的面向对象 RF-SFS 算法得到的分类精度**

| 地类 | 鱼塘 | 水浇地 | 芦苇与盐蒿 | 米草 | 水田 | 河流 | 道路 | 沙地 | 海水 | 总计 | **UA/%** |
|---|---|---|---|---|---|---|---|---|---|---|---|
| 鱼塘 | 2543 | 0 | 70 | 0 | 45 | 101 | 0 | 0 | 268 | 3027 | 84.01 |
| 水浇地 | 0 | 900 | 0 | 41 | 83 | 0 | 0 | 0 | 0 | 1024 | 87.89 |
| 芦苇与盐蒿 | 0 | 98 | 2534 | 182 | 120 | 0 | 0 | 87 | 0 | 3021 | 83.88 |
| 米草 | 0 | 0 | 138 | 1261 | 87 | 0 | 0 | 0 | 0 | 1486 | 84.86 |
| 水田 | 0 | 103 | 47 | 45 | 1129 | 0 | 0 | 0 | 0 | 1324 | 85.27 |
| 河流 | 99 | 0 | 0 | 0 | 0 | 734 | 0 | 0 | 43 | 876 | 83.79 |
| 道路 | 0 | 23 | 0 | 32 | 0 | 0 | 574 | 25 | 0 | 654 | 87.77 |
| 沙地 | 0 | 35 | 30 | 0 | 0 | 0 | 54 | 903 | 0 | 1022 | 88.36 |
| 海水 | 158 | 0 | 0 | 0 | 0 | 59 | 0 | 0 | 3656 | 3873 | 94.40 |
| 总计 | 2800 | 1159 | 2819 | 1561 | 1464 | 894 | 628 | 1015 | 3967 | 16307 | |
| **PA/%** | 90.82 | 77.65 | 89.89 | 80.78 | 77.12 | 82.10 | 91.40 | 88.97 | 92.16 | | |
| **OA/%** | | 87.29 | | | **Kappa 系数** | | | | 0.8503 | | |

注：表中分类方法的精度评价指标使用加黑字体表示。

表 5.11　无人工干预的 QUEST 决策树算法得到的分类精度

| 地类 | 鱼塘 | 水浇地 | 芦苇与盐蒿 | 米草 | 水田 | 河流 | 道路 | 沙地 | 海水 | 总计 | **UA/%** |
|---|---|---|---|---|---|---|---|---|---|---|---|
| 鱼塘 | 2076 | 0 | 109 | 0 | 86 | 151 | 0 | 0 | 605 | 3027 | 68.58 |
| 水浇地 | 0 | 772 | 0 | 63 | 189 | 0 | 0 | 0 | 0 | 1024 | 75.39 |
| 芦苇与盐蒿 | 0 | 105 | 2204 | 226 | 403 | 0 | 0 | 83 | 0 | 3021 | 72.96 |
| 米草 | 0 | 119 | 198 | 912 | 257 | 0 | 0 | 0 | 0 | 1486 | 61.37 |
| 水田 | 0 | 255 | 58 | 50 | 961 | 0 | 0 | 0 | 0 | 1324 | 72.58 |
| 河流 | 299 | 0 | 0 | 0 | 0 | 494 | 0 | 0 | 83 | 876 | 56.39 |
| 道路 | 0 | 49 | 0 | 0 | 0 | 0 | 516 | 89 | 0 | 654 | 78.90 |
| 沙地 | 0 | 53 | 61 | 0 | 0 | 0 | 62 | 846 | 0 | 1022 | 82.78 |
| 海水 | 223 | 0 | 0 | 0 | 0 | 138 | 0 | 0 | 3512 | 3873 | 90.68 |
| 总计 | 2598 | 1353 | 2630 | 1251 | 1896 | 783 | 578 | 1018 | 4200 | 16307 | |
| **PA/%** | 79.91 | 57.06 | 83.80 | 72.90 | 50.69 | 63.09 | 89.27 | 83.10 | 83.62 | | |
| **OA/%** | | 75.38 | | | **Kappa 系数** | | | | 0.7103 | | |

注：表中分类方法的精度评价指标使用加黑字体表示。

表 5.12　进行人工剪枝的 QUEST 决策树算法得到的分类精度

| 地类 | 鱼塘 | 水浇地 | 芦苇与盐蒿 | 米草 | 水田 | 河流 | 道路 | 沙地 | 海水 | 总计 | **UA/%** |
|---|---|---|---|---|---|---|---|---|---|---|---|
| 鱼塘 | 2413 | 0 | 88 | 0 | 50 | 146 | 0 | 0 | 330 | 3027 | 79.72 |
| 水浇地 | 0 | 809 | 0 | 65 | 150 | 0 | 0 | 0 | 0 | 1024 | 79.00 |
| 芦苇与盐蒿 | 0 | 96 | 2490 | 239 | 111 | 0 | 0 | 85 | 0 | 3021 | 82.42 |
| 米草 | 0 | 105 | 129 | 1199 | 53 | 0 | 0 | 0 | 0 | 1486 | 80.69 |
| 水田 | 0 | 110 | 46 | 51 | 1117 | 0 | 0 | 0 | 0 | 1324 | 84.37 |
| 河流 | 132 | 0 | 0 | 0 | 0 | 684 | 0 | 0 | 60 | 876 | 78.08 |
| 道路 | 0 | 43 | 0 | 0 | 0 | 0 | 534 | 77 | 0 | 654 | 81.65 |
| 沙地 | 0 | 42 | 35 | 0 | 0 | 0 | 32 | 913 | 0 | 1022 | 89.33 |
| 海水 | 219 | 0 | 0 | 0 | 0 | 109 | 0 | 0 | 3545 | 3873 | 91.53 |
| 总计 | 2764 | 1205 | 2788 | 1554 | 1481 | 939 | 566 | 1075 | 3935 | 16307 | |
| **PA/%** | 87.30 | 67.14 | 89.31 | 77.16 | 75.42 | 72.84 | 94.35 | 84.93 | 90.09 | | |
| **OA/%** | | 84.04 | | | **Kappa 系数** | | | | 0.8123 | | |

注：表中分类方法的精度评价指标使用加黑字体表示。

从总体上看，采用面向对象 RF-SFS 算法比未进行人工剪枝的面向对象 QUEST 决策树算法得到的分类结果总体精度提高了 11%以上，Kappa 系数提高 0.14。如图 5.23 中方框区域所示，采用未经人工剪枝的 QUEST 决策树算法时，盐蒿区域有部分零星地块被分成了水田和鱼塘，且有一块米草区域未能正确分离出来，这几种生态用地的分类精度均低于本章所提算法的分类精度。且椭圆区域内的米草也没有被完全识别出来，大部分被误分为盐蒿，离海水较近的部分米草也被误分为了水浇地。而以上生态用地在采用本章算法时都能得到比较好的分类效果，如图 5.23（a）所示，米草的用户精度为 84.86%，生产者精度为 80.78%；水浇地的用户精度为 87.89%，生产者精度为 77.65%。而采用 QUEST 决策树算法时，当未进行人工剪枝时，如图 5.23（b）所示，两者的用户精度分别为 61.37% 和 75.39%，比本章所提算法分别降低 23.49%和 12.5%；两者的生产者精度分别为 72.90%和 57.06%，比本章所提算法均有大幅降低趋势。当对 QUEST 决策树进行人工剪枝时，如图 5.23（c）所示，米草的用户精度和生产者精度分别为 80.69% 和 77.16%，水浇地的用户精度和生产者精度分别为 79.00%和 67.14%，均比未进行人工剪枝操作的算法有所提高，但是仍然低于本章所提算法得到的精度。且通过比较发现，未进行人工剪枝的方法得到的结果中，有部分鱼塘被误分为了海水，部分水田区域被误分为水浇地，如图 5.23（b）所示。通过人工剪枝后，这几种生态用地被误分的情况虽然有所改善，但是相较于本章所提算法，仍有小块区域被误分，精度仍然低于本章所提算法，如图 5.23（c）和表 5.12 所示。由此可见，面向对象 RF-SFS 算法不仅在极化特征集优化方面具有一定的优势，且在建模过程中无须过多的人工干预即可达到较高的分类精度。

4. 小结

本节首先对决策树和随机森林算法进行了详细的研究，单个决策树在建模过程中需要人工剪枝，否则容易出现过度拟合现象，随机森林则不会出现以上情况，因此本章采用该方法进行建模；然后研究分析了序列前向选择算法，该算法可用于从原始特征集中选择出一些最有效特征以达到降低数据维度、提高分类器性能的目的。基于此，本章提出一种随机森林模型与序列前向选择算法相结合的特征集优化与极化 SAR 图像分类方法，即 RF-SFS 算法。通过实验对比分析，可以得出以下结论。

（1）该算法可以在随机森林模型构建过程中计算各个极化参数的重要性，并利用序列前向选择算法根据重要性值的大小筛选适用于江苏滨海开发带生态用地的最优极化特征参数，在提高分类精度的同时，为合理优化特征集提供定量参考；

（2）散射矩阵元素以及从 $H/A$/Alpha 分解、Yamaguchi3 分解、Van Zyl3 分解和 Krogager 分解四种分解算法得到的极化参数相较于其他分解参数而言，对分类结果的贡献更显著；

（3）面向对象 RF-SFS 算法与面向对象 QUEST 决策树算法相比，前者无须人工干预即可得到比较高的分类精度。

## 5.4　融合极化散射特征与光谱特征的滨海开发带生态用地分类

随着遥感传感器硬件技术的不断发展，光学图像的空间分辨率越来越高，光谱信息越来越丰富，对地物细节的刻画也越来越准确，但仍会受到天气、空气湿度、光线等因素的影响。微波遥感，尤其是雷达遥感可以弥补光学遥感在这些方面的不足。同时，随着多极化和全极化传感器的发展，雷达图像的极化特性也被越来越多地应用到了地球表面各类地物的探测中。现有研究证明了光学图像和普通 SAR 图像在地表测量中的互补性，但是极化 SAR 图像与光学图像两者间互补性的研究还处于起步阶段，尤其在滨海地区的应用实例还鲜有出现。基于此，本节将 ALOS PALSAR 全极化图像与 ALOS 光学图像进行决策级融合，并用于滨海开发带生态用地的分类研究中。通过实验研究分别比较仅利用光学图像、仅利用极化 SAR 图像及融合了光学和极化 SAR 图像进行分类的精度，以此验证极化散射信息与光谱信息的互补性以及决策级融合方法的有效性。此外，分别采用面向对象 QUEST 决策树和面向对象 RF-SFS 算法对融合数据进行分类及对比分析（陈媛媛，2016）。

### 5.4.1　特征参数提取

1. 极化特征参数提取

除了三个散射矩阵元素，本节还从对分类结果贡献较大的 $H/\alpha$ 分解、Yamaguchi3 分解、Van Zyl3 分解和 Krogager 分解这四种分解算法中提取出 13 个特征参数：$H$、Alpha、$A$、Lambda、Yamaguchi3_Odd、Yamaguchi3_Dbl、Yamaguchi3_Vol、Van Zyl3_Odd、Van Zyl3_Dbl、Van Zyl3_Vol、Krogager_Ks、Krogager_Kd、Krogager_Kh。以上每个极化特征参数的含义如表 5.13 所示。

**表 5.13　采用的散射特征参数及其含义**

| 参数 | 含义 |
| --- | --- |
| $H$ | 散射熵，表示目标散射的随机性或无序程度 |
| Alpha | 散射角，反映了目标的散射特性，具有旋转不变性 |
| $A$ | 各向异性度，反映的是 $H/\alpha$ 分解中两个较弱散射机制之间的关系 |
| Lambda | 平均散射强度 |
| Yamaguchi3_Odd | 奇次散射分量 |
| Yamaguchi3_Dbl | 偶次散射分量 |

续表

| 参数 | 含义 |
| --- | --- |
| Yamaguchi3_Vol | 体散射分量 |
| Van Zyl3_Odd | 奇次散射分量 |
| Van Zyl3_Dbl | 偶次散射分量 |
| Van Zyl3_Vol | 体散射分量 |
| Krogager_Ks | 奇次散射，代表平面、球面、角反射器等散射体 |
| Krogager_Kd | 偶次散射，代表倾斜二面角 |
| Krogager_Kh | 右螺旋体散射，代表右螺旋机制的散射体 |

2. 光学图像植被参数提取

1）ALOS 多光谱图像特性

本节研究采用的光学影像为 ALOS 多光谱（AVNIR-2）和全色影像（PRISM），由于 ALOS 全色影像具有较高的空间分辨率，且 ALOS 多光谱影像的蓝、绿、红波段及近红外波段对水体和植被较为敏感，因而该传感器主要用于陆地和沿海地表观测，为区域环境监测提供土地覆盖图和土地利用分类图。所采用的 AVNIR-2 和 PRISM 基本参数及其各波段的特征如表 5.14 所示。本节保留了多光谱的 4 个波段信息及全色影像，如图 5.24 所示。

**表 5.14　ALOS 多光谱和全色图像参数**

| 产品规格 | PRISM | AVNIR-2 | 特点 |
| --- | --- | --- | --- |
| 分辨率 | 2.5m | 10m | 全色数据纹理清晰，反差适中，分辨率高；多光谱数据光谱信息丰富，色彩真实 |
| 波段数 | 1 | 4 | 4 个波段可以满足不同的应用需求 |
| 幅宽 | 35km×70km | 70km×70km | 每次过境扫描范围广 |
| 波长 | 0.52～0.77μm | 蓝：0.42～0.50μm | 对水体有透射能力，能够区分土壤和植被及人造地物类型 |
| | | 绿：0.52～0.60μm | 能够区分植被类型和评估作物长势 |
| | | 红：0.61～0.69μm | 处于叶绿素吸收区域，用于观测道路、裸露土壤、植被种类效果；探测不同植物的叶绿素吸收 |
| | | 近红外：0.76～0.89μm | 用于估算生物数量，水体制图；可以从植被中区分出水体，分辨潮湿土壤 |

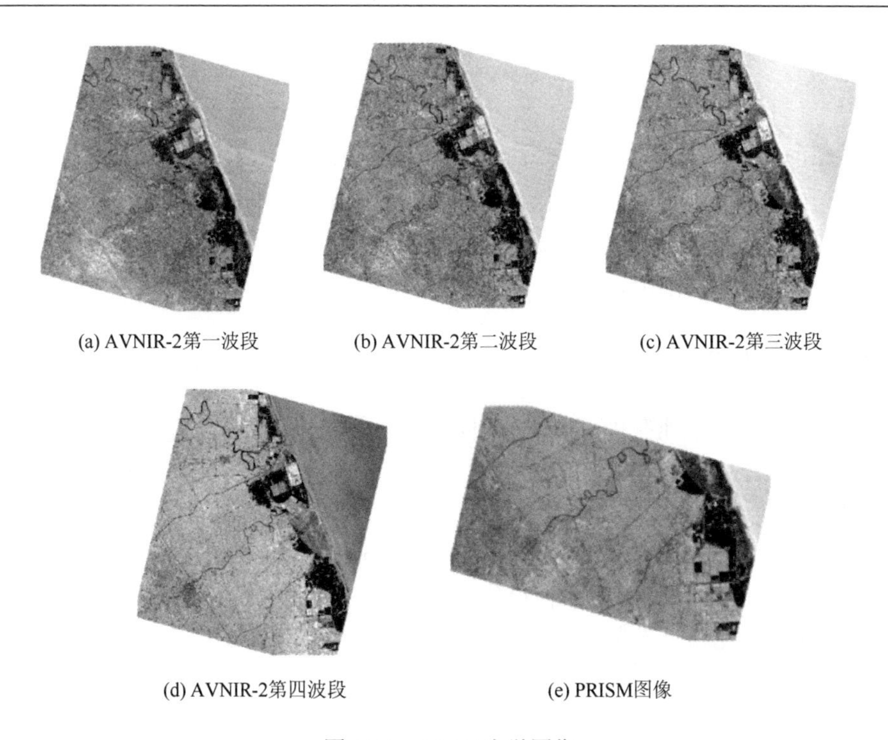


图 5.24 ALOS 光学图像

2）归一化植被指数提取

归一化植被指数（normalized differential vegetation index，NDVI），也称为生物量指标变化，广泛用于光学图像的植被和水体提取中（Roderick et al.，1996），公式如下：

$$\mathrm{NDVI}=\frac{\mathrm{NIR}-R}{\mathrm{NIR}+R} \tag{5.118}$$

式中，NIR 和 $R$ 分别代表近红外波段和红波段的反射率。NDVI 是植被生长状态及植被覆盖度的最佳表示因子，与植被的蒸腾作用、太阳光的截取、光合作用及地表净初级生产力等密切相关。NDVI 值的波动范围为[−1, 1]，当其值为负值时，表示地面覆盖为云、水、雪等，对可见光高反射；当其值为 0 时，表示为岩石或裸地等，此时 NIR 和 $R$ 近似相等；当其值为正值时，表示地表由植被覆盖且随覆盖度增大而增大。

3）归一化差分水体指数提取

归一化差分水体指数（normalized difference water index，NDWI），是一个用于提取影像中水体信息的参数（McFeeters，1996）。该参数公式如下：

$$\mathrm{NDWI}=\frac{G-\mathrm{NIR}}{G+\mathrm{NIR}} \tag{5.119}$$

式中，$G$ 和 NIR 分别代表绿波段和近红外波段的反射率。NDWI 的使用存在一定的局限性，当影像中有较多的建筑物时，该参数对水体的表达效果不太理想。由于本节的研究范围为盐城大丰滨海开发带及其邻近区域，建筑物较少，可以用该参数来提取影像中的河流、鱼塘、海水等水体。

3. 典型生态用地特性分析

为了分析生态用地在极化 SAR 图像和光学图像上的特性，以盐蒿和芦苇为典型用地类型，分别选取两种生态用地的样本点各 100 个，分析它们在各参数空间的分布规律，结果如图 5.25 所示。

利用极化特征参数提取部分介绍的 $H/A/$Alpha 分解、Yamaguchi3 分解、Van Zyl3 分解和 Krogager 分解这四种极化分解算法对极化 SAR 图像进行分解，用每种算法得到的极化特征参数构成不同的三维空间。如图 5.25（a）所示，在散射熵

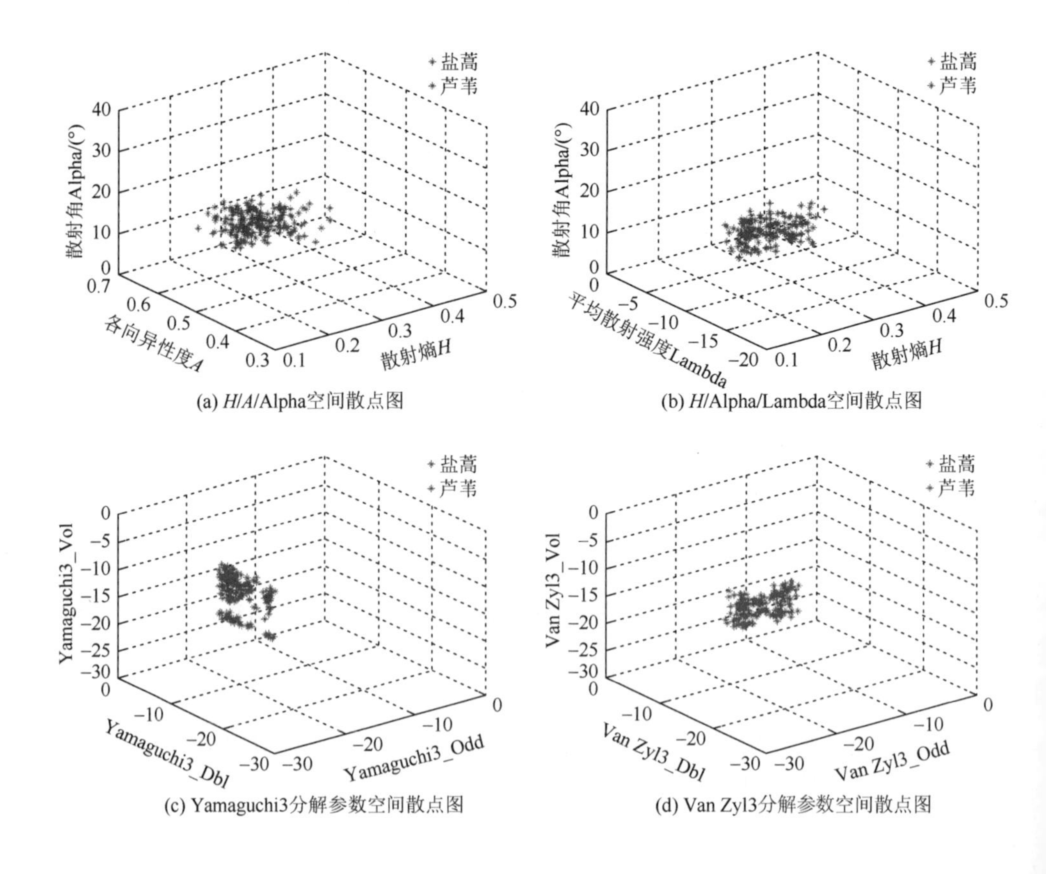

(a) $H/A/$Alpha空间散点图　(b) $H/$Alpha/Lambda空间散点图

(c) Yamaguchi3分解参数空间散点图　(d) Van Zyl3分解参数空间散点图

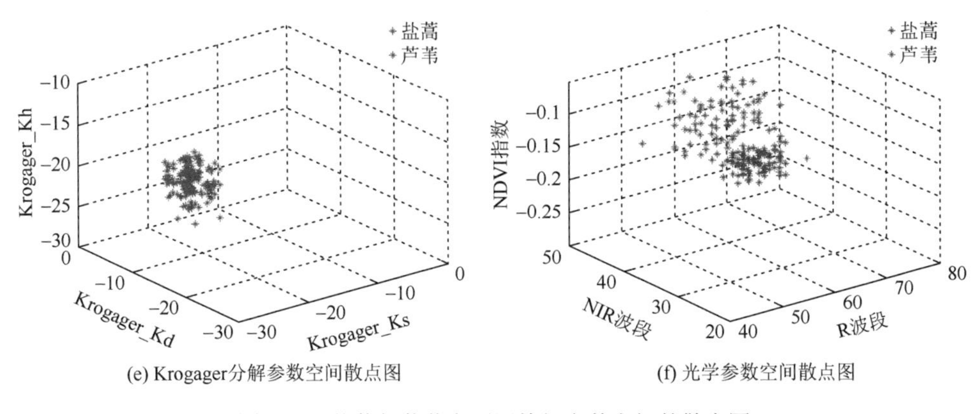

(e) Krogager分解参数空间散点图　(f) 光学参数空间散点图

图 5.25　盐蒿与芦苇在不同特征参数空间的散点图

*H*、各向异性度 *A* 以及散射角 Alpha 构成的三维空间中，盐蒿和芦苇这两种生态用地的样本点超过一半重叠在一起；而将平均散射信息引入后，它们仍然无法进行区分，如图 5.25（b）所示。在 Yamaguchi3 分解、Van Zyl3 分解及 Krogager 分解三种算法得到的极化特征参数构成的三维空间中，两种生态用地的样本点均有大部分的重叠，如图 5.25（c）～（e）所示。上面结果仅利用极化特征参数无法对盐蒿和芦苇这两种生态用地类型进行有效区分，说明两者的极化散射特性很相似。而由光学特征参数 NDVI 指数、NIR 波段值和 R 波段值构成的三维空间中，盐蒿与芦苇的分布呈现明显的差异，重叠区域很少，这说明通过以上三个参数可以将二者有效区分开来，如图 5.25（f）所示。通过以上分析表明，对于散射特性相似的生态用地，仅通过极化 SAR 图像很难对其准确区分，而在光学图像上却可以很容易区分开来。因此，本节将高空间分辨率的光学图像与极化 SAR 图像融合用于滨海开发带生态用地的精细分类。

### 5.4.2　融合极化散射特征与光谱特征的分类方法

综合利用极化散射特征与光学特征对江苏滨海开发带进行分类，分别采用面向对象 QUEST 决策树与面向对象 RF-SFS 算法对 ALOS PALSAR 数据和 ALOS 光学数据进行处理，具体算法实现流程如图 5.26 所示。在极化 SAR 图像的预处理中，具体包括地形矫正、地理编码、多视和 Refined Lee 滤波等。多视处理依然采用方位向和距离向 1∶6 的比例，采用 3×3 窗口大小进行 Refined Lee 滤波。在极化分解中，分别采用上面介绍的 *H*/*A*/Alpha、Yamaguchi3、Van Zyl3 及 Krogager 四种分解算法，提取出 *H*、*A*、Alpha、Lambda、Yamaguchi3_Vol、Yamaguchi3_Dbl、Yamaguchi3_Odd、Van Zyl3_Odd、Van Zyl3_Dbl、Van Zyl3_Vol、Krogager_Ks、Krogager_Kd、Krogager_Kh 13 个极化参数，加上三个散射矩阵元素——S11、S12、

S22，一共 16 个极化参数，将这些特征参数组合成的多波段图像与 ALOS 全色影像进行配准，误差控制在 1 个像元。

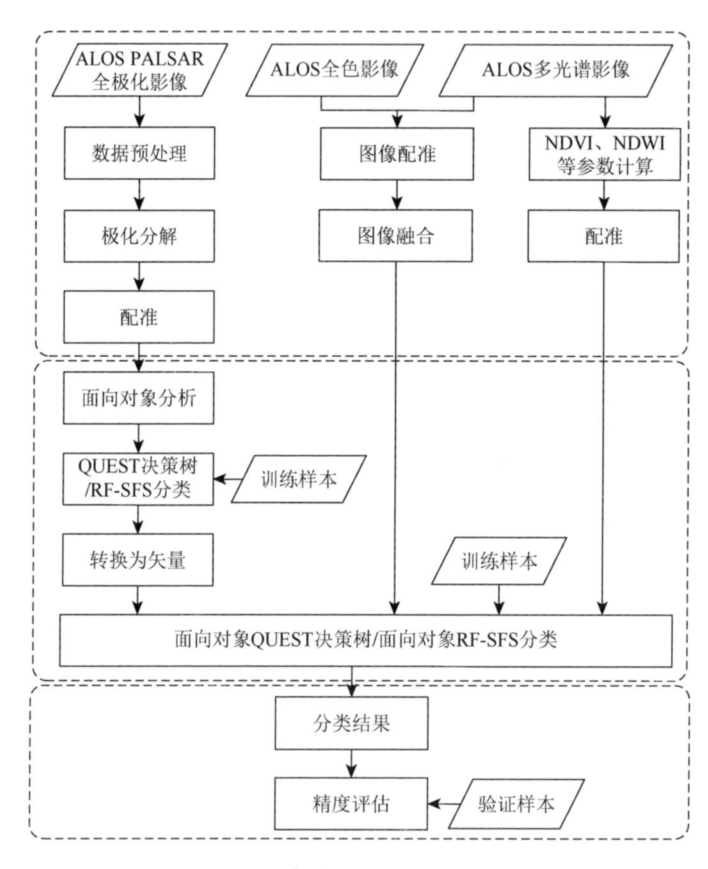


图 5.26　融合极化散射特征与光谱特征进行分类的流程

虽然 ALOS 多光谱与全色影像是同一颗卫星同时成像获取的，但是 ALOS 卫星图像系统几何校正模型的缺陷，造成两幅图像的同名地物间存在明显的错位现象，因而首先需要对多光谱和全色影像进行配准，配准精度达到亚像元级。然后采用 Gram-Schmidt 正交化算法（简称 GS 算法）将配准后的多光谱影像与全色影像进行融合，在提高图像空间分辨率的同时保持比较丰富的光谱信息。另外，利用融合前的多光谱影像计算 NDVI 及 NDWI 指数，并将这两个指数影像与全色影像配准，配准误差控制在 0.5 个像元。

由于采用的极化 SAR 影像与 ALOS 光学影像空间分辨率差异较大，为了保证在综合利用光谱信息和极化信息的前提下空间信息不损失，这里并未将光学影像进行重采样，而是采用分层处理的策略。第一层基于 ALOS PALSAR 全极化影像，只有 Pauli RGB 图像参与多尺度分割，分割尺度为 15，形状参数和紧致度都为 0.5 时分割效果最好。然后对 $H/A/$Alpha、Yamaguchi3、Van Zyl3 和 Krogager 四种分解算法分解的 13 个参数和 3 个散射矩阵元素进行面向对象的分析，并基于 QUEST 决策树或者 RF-SFS 模型进行分类，该分类结果转化为矢量数据作为专题层参与到光学遥感图像的分类中。第二层基于 ALOS 光学融合影像，NDVI 与 NDWI 指数只参与分类，不参与分割。通过对比实验研究发现，当分割尺度（scale）为 120、形状参数（shape）为 0.1、紧致度（com）为 0.5 时，光学融合图像的分割效果最好，结果如图 5.27 所示。

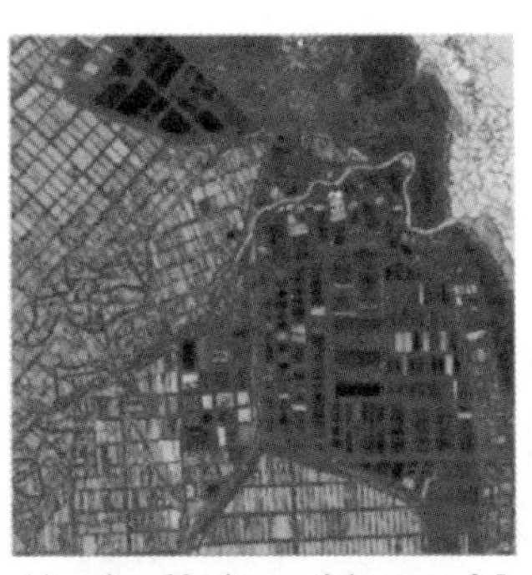
(a) scale = 80, shape = 0.1, com = 0.5

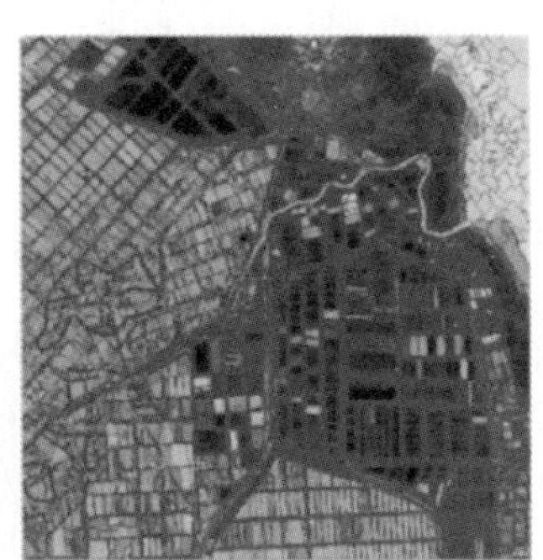
(b) scale = 100, shape = 0.1, com = 0.5

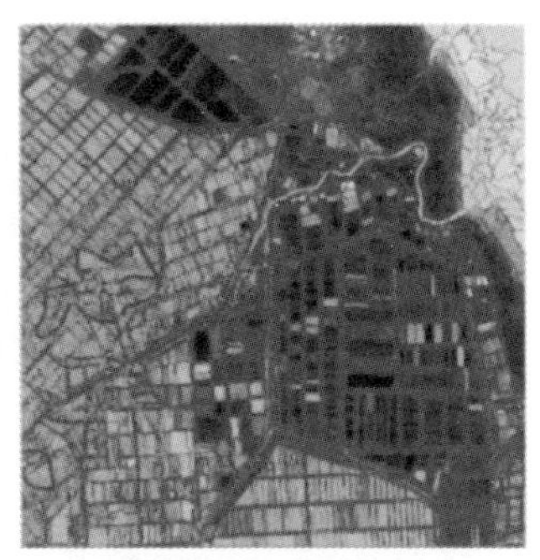
(c) scale = 120, shape = 0.1, com = 0.5

(d) scale = 120, shape = 0.1, com = 0.1

(e) scale = 120, shape = 0.5, com = 0.5

(f) scale = 120, shape = 0.7, com = 0.7

图 5.27　光学图像分割尺度的选择

### 5.4.3　研究区概况及实验数据

选择江苏滨海开发带盐城大丰典型区为研究区域，如图 5.28 所示，该研究区域地处我国滨海海陆交替作用界面，包括一定范围的陆地表面、潮间带（滩涂）及一定范围的浅海海域，是国家级自然保护区与自然生态敏感脆弱区交互区域、海岸淤蚀共同作用地带、沿海开发建设集中分布区域之一，属于沿海经济发展“低谷地带”，是沿海经济发展的高潜力区，具有很强的典型性与代表性。

图 5.28　研究区域的地理位置

盐城大丰区在江苏省东部沿海，地处 32°56′N～33°36′N，120°13′E～120°56′E，位于我国沿海、沿江、沿陇海线生产力布局主轴线的交会区域，南部毗邻我国最大的经济中心——上海，是长江三角洲的重要组成部分。土地资源较为丰富，后备资源得天独厚，耕地面积 195 万亩[①]，人均耕地 2.6 亩，土地后备资源 118 万亩，其中沿海滩涂面积 116 万亩，拥有海岸线 112km，由于潮水的逐年自然东迁，沿海滩涂土地资源以每年 1 万亩的速度增长。临海地带人口密度低，开发空间较大。海岸类型多样，自然景观独特，拥有国家级麋鹿自然保护区，多处可建深水海港。海洋生物资源种类多、数量大，是海洋资源富集区域之一。大丰具有独特的地理位置和资源优势，是我国沿海中部地区极具发展潜力的区域之一，是长三角经济发展的重要增长极。随着我国沿海发展战略深入实施，进一步凸显了大丰在沿海地区的战略位势，经济结构不断优化，传统产业优化升级，新兴产业发展迅速，服务业、旅游业发展加快。大丰未来发展的战略定位是区域性国际航运中心、新

① 1 亩≈666.67m$^2$。

能源和临港产业基地、农业和海洋特色产业基地、重要的旅游和生态功能区。大丰拥有湿地保护区、风景旅游区、自然保护区、海洋保护区、可再生能源区、港口开发等工业建设区、高标准现代农业区、土地综合整治项目区等多类型资源开发与保护区域。综上所述，大丰地区不仅是研究我国城镇化、工业化快速发展背景下陆地与海洋圈层界面复合地理单元生态用地数量、质量变化剧烈的典型区域之一，也是研究人类活动、经济发展、政策驱动导致资源开发对生态系统影响复杂和所面临生态问题复杂的典型区域。本节选择大丰湿地保护区及周边的不同类型区域作为典型研究区域，该研究区域的主要生态用地类型有河流、海水、米草、芦苇、盐蒿、沙地、水田、鱼塘、盐场、草地、旱地、水浇地和道路共计 13 小类。

研究采用的遥感数据主要是日本的先进对地观测卫星 ALOS（Advanced Land Observing Satellite）采集的 PALSAR 全极化数据和光学数据。该卫星于 2006 年 1 月 24 日发射，是 JERS-1 与 ADEOS 的后继星，为太阳同步卫星，轨道高度为 691.65km，倾角为 98.16°。该卫星采用了先进的陆地观测技术，能够获取全球高分辨率陆地观测数据，主要用于测绘、区域环境监测、灾害监测及资源调查等领域。ALOS 卫星搭载三个传感器：全色遥感立体测绘仪（PRISM）、先进可见光与近红外辐射计-2（AVNIR-2）及合成孔径雷达（PALSAR）。其中，PRISM 可提供 2.5m 分辨率的全色影像，主要用于数字高程测绘；AVNIR-2 可提供 10m 分辨率的多光谱数据，用于精确陆地观测；PALSAR 是工作于 L 波段的主动式微波传感器，提供高分辨率、扫描式合成孔径雷达、极化三种观测模式的数据，不受云层、天气和昼夜的影响，因而可用于全天时全天候陆地观测。本节研究使用的 ALOS PALSAR 数据成像时间为 2009 年 4 月，极化方式有 HH、HV、VH 和 VV，数据类型为单视复数据，空间分辨率为 3.6m×9.4m，使用的 ALOS 全色和多光谱数据的成像时间为 2008 年 5 月。此外，研究还选取了 2.62m 分辨率的 QuickBird 影像和 5m 分辨率的 RapidEye 影像以及 Google Earth 影像作为目视解译辅助数据。

除了以上介绍的遥感数据，本节研究还参考了研究区域的一些地理数据和统计数据，包括 30m 分辨率的 ASTER GDEMV2 高程数据（中国科学院计算机网络信息中心地理空间数据云平台提供）、行政区划图、道路图、水系图、第二次全国土地调查数据、海洋部门如全国海岸带和海涂资源综合调查、我国近海海洋综合调查与评价等数据资料、统计部门［县、乡（镇）、村］社会经济统计数据、环保部门生态保护与建设数据等，以及气候、水文等相关资料。

实验研究中还进行了两次野外调研，在典型区开展了多个观测样点设置，采用 GPS 手段确定样本点及一些图斑的位置，记录样本点及图斑的覆被类型等。图 5.29 展示了野外调查时拍摄的几种典型生态用地类型的照片。

(a) 草地　(b) 河流　(c) 沙地　(d) 水田
(e) 水浇地　(f) 芦苇　(g) 旱地　(h) 鱼塘

图 5.29　几种典型生态用地类型的照片

## 5.4.4　实验结果与分析

1. 样本点设置

实验采用滨海开发带盐城大丰的 L 波段 ALOS PALSAR 全极化数据，截取部分典型区域为研究区。无论是采用面向对象 QUEST 决策树算法，还是面向对象 RF-SFS 算法，都需要利用训练样本对分类器进行训练，利用验证样本对分类结果进行定量分析。由于极化 SAR 图像和光学图像空间分辨率不同，因而样本点的设置也有所不同。在光学图像中设置 226672 个样本点作为训练样本和验证样本，其中训练样本 124642 个，验证样本 102030 个，如表 5.15 所示。在极化 SAR 数据的处理中，由于数据空间分辨率比光学图像低很多，因而样本点的设置也比较少，共设置 14730 个样本点，其中 8398 个训练样本，6332 个验证样本，如表 5.16 所示。在融合了光学图像和极化 SAR 图像进行分类的实验研究中，样本点的总数与仅有光学图像分类时的总数相同，只是将农田细分为水浇地和水田两种生态用地类型并分别设置样本，如表 5.17 所示。

**表 5.15　光学图像样本点设置**

| 地类 | 训练样本 | 验证样本 |
| --- | --- | --- |
| 海水 | 15321 | 13013 |
| 鱼塘 | 13987 | 12206 |
| 农田 | 23525 | 20127 |
| 芦苇 | 11236 | 9005 |

续表

| 地类 | 训练样本 | 验证样本 |
| --- | --- | --- |
| 米草 | 9917 | 7803 |
| 盐蒿 | 10328 | 8187 |
| 河流 | 10207 | 8025 |
| 道路 | 9903 | 6939 |
| 沙地 | 11097 | 9002 |
| 盐场 | 9121 | 7723 |
| 总计 | 124642 | 102030 |

**表 5.16　极化 SAR 图像样本点设置**

| 地类 | 训练样本 | 验证样本 |
| --- | --- | --- |
| 海水 | 902 | 673 |
| 鱼塘 | 1156 | 848 |
| 水浇地 | 1135 | 887 |
| 芦苇与盐蒿 | 963 | 775 |
| 米草 | 778 | 507 |
| 水田 | 1076 | 928 |
| 河流 | 802 | 693 |
| 道路 | 789 | 515 |
| 沙地 | 797 | 506 |
| 总计 | 8398 | 6332 |

**表 5.17　综合光学和极化 SAR 的样本点设置**

| 地类 | 训练样本 | 验证样本 |
| --- | --- | --- |
| 海水 | 15321 | 13013 |
| 鱼塘 | 13987 | 12206 |
| 水浇地 | 10253 | 9328 |
| 水田 | 13272 | 10799 |
| 芦苇 | 11236 | 9005 |
| 米草 | 9917 | 7803 |
| 盐蒿 | 10328 | 8187 |
| 河流 | 10207 | 8025 |
| 道路 | 9903 | 6939 |
| 沙地 | 11097 | 9002 |
| 盐场 | 9121 | 7723 |
| 总计 | 124642 | 102030 |

### 2. 面向对象分析及 QUEST 决策树建立

采用经过人工剪枝的面向对象 QUEST 决策树算法对全极化 SAR 影像、ALOS 光学影像及融合图像分别进行分类比较。首先采用面向对象 QUEST 决策树算法对光学图像进行分类。在建立 QUEST 决策树时主要用到各波段亮度值、几何特征、上下文关系等。如图 5.30 所示，从建立的 QUEST 决策树可以看出，利用 ALOS 光学遥感影像可以将研究区域分为海水、河流、鱼塘、沙地、道路、盐场、盐蒿、米草、芦苇和农田 10 种生态类型。但由于一些生态地物类型的光谱特性比较接近，仅仅依靠光学图像的波段值及提取的两个光学参数很难将这些地类分出来，如沙地和盐场、芦苇和农田、海水和河流。因而必须借助一些几何空间信息才能将它们很好地区分开，如利用分割对象到海洋的距离（*D*）可以将沙地和盐场分开。相较于盐场，沙地离海洋的距离更近，同理也可以将芦苇与农田分开。此外，利用长宽比（*L*/*W*）可以将海水与河流这两类水体分开，这是由于河流分割后的对象比较狭长，长宽比的值要大于海水分割后对象的值。

如 5.3.1 节所述，对全极化 SAR 影像进行面向对象的 QUEST 决策树构建和分类时，将从 *H*/*A*/Alpha 分解、Yamaguchi3 分解、Van Zyl3 和 Krogager 分解中提取出的 13 个极化参数及 3 个散射矩阵元素组合成一个 16 波段的图像，多尺度分割在 Pauli RGB 图像上进行。通过面向对象的分析，可以对极化 SAR 数据的训练样本采用 QUEST 决策树算法建立分类树，如图 5.31 所示。从图 5.31 中可看出，在利用面向对象 QUEST 决策树对极化 SAR 图像进行分类时，需要借助于形状指数（shape index）才能将海水和河流这两种地类分开，且由于极化 SAR 图像分辨率不高，芦苇与盐蒿较难区分。

总之，综合极化 SAR 图像及光学图像各自的优势，可以将二者在决策级进行融合。其关键之处在于将极化 SAR 图像分类结果转化为矢量数据，作为专题层参与到光学图像的分类中，二者在决策级进行融合并按照图 5.30 中的光学图像分类决策树进行二次分类。融合极化 SAR 图像和光学图像后可以将研究区域分为 11 种生态用地类型，如海水、河流、鱼塘、水浇地、水田、盐场、沙地、道路、芦苇、盐蒿、米草，因此二者的结合既可以将极化 SAR 图像无法区分的芦苇和盐蒿分离开，还可以将光学图像中无法进一步区分的农田细分为水田及水浇地。

### 3. 基于面向对象 RF-SFS 模型的特征分析

为了定量比较光学和极化参数的重要性，本节研究采用面向对象 RF-SFS 算法对 ALOS PALSAR 极化图像和 ALOS 光学图像进行分析。首先需要对高分辨率的 ALOS 光学影像进行重采样。采用三次卷积法将 ALOS 全色影像、多光谱影像及计算得到的 NDVI 和 NDWI 指数等重采样到与极化 SAR 影像的空间分辨率一

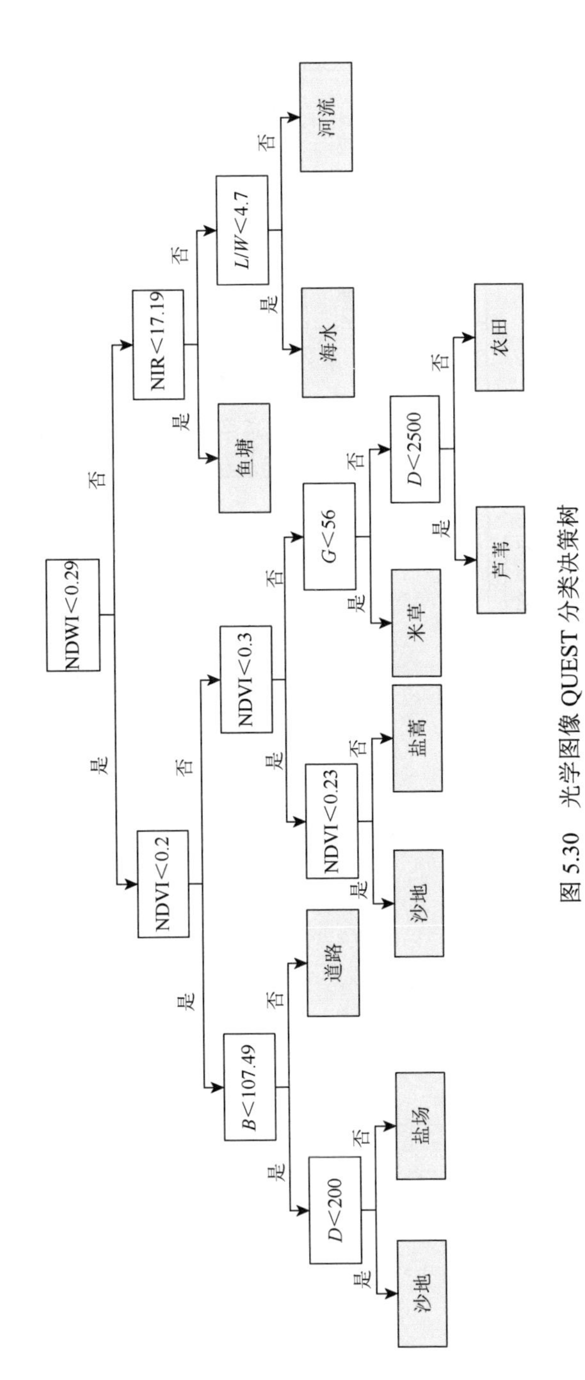


图5.30　光学图像QUEST分类决策树

B、G和NIR分别指AVNIR-2影像蓝波段、绿波段和近红外波段的反射率；D表示分割对象到海洋的距离；L/W表示长宽比

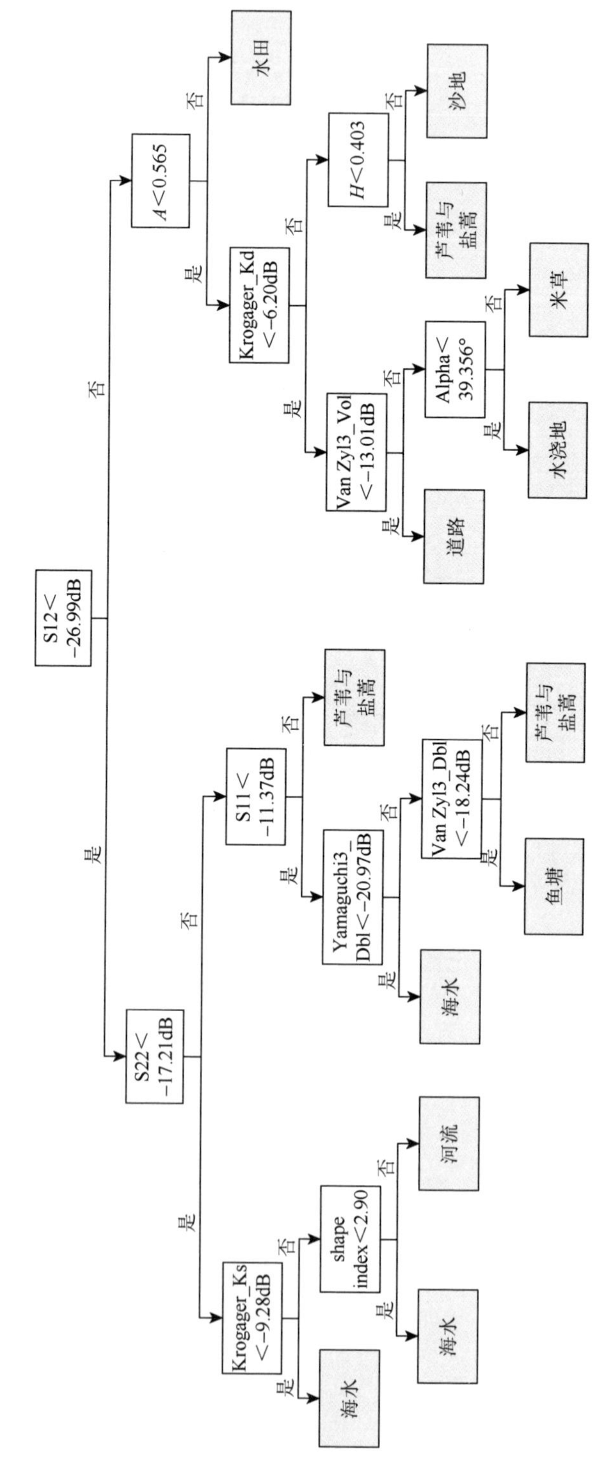


图 5.31　极化 SAR 图像 QUEST 分类决策树

样，然后与16个极化SAR特征参数一起组成一个多波段数据，计算各个波段的重要性。由图5.32可以看出，光学参数与极化特征参数的重要性按照从大到小分别为NDVI、NDWI、S22、AVNIR_NIR、S11、AVNIR_G、Panchromatic、Yamaguchi3_Dbl、AVNIR_B、AVNIR_R、entropy、Van Zyl3_Dbl、Lambda、Van Zyl3_Vol、Krogager_Kd、S12、Krogager_Ks、Yamaguchi3_Odd、Alpha、Yamaguchi3_Vol、Van Zyl3_Odd、Anisotropy（A）、Krogager_Kh。

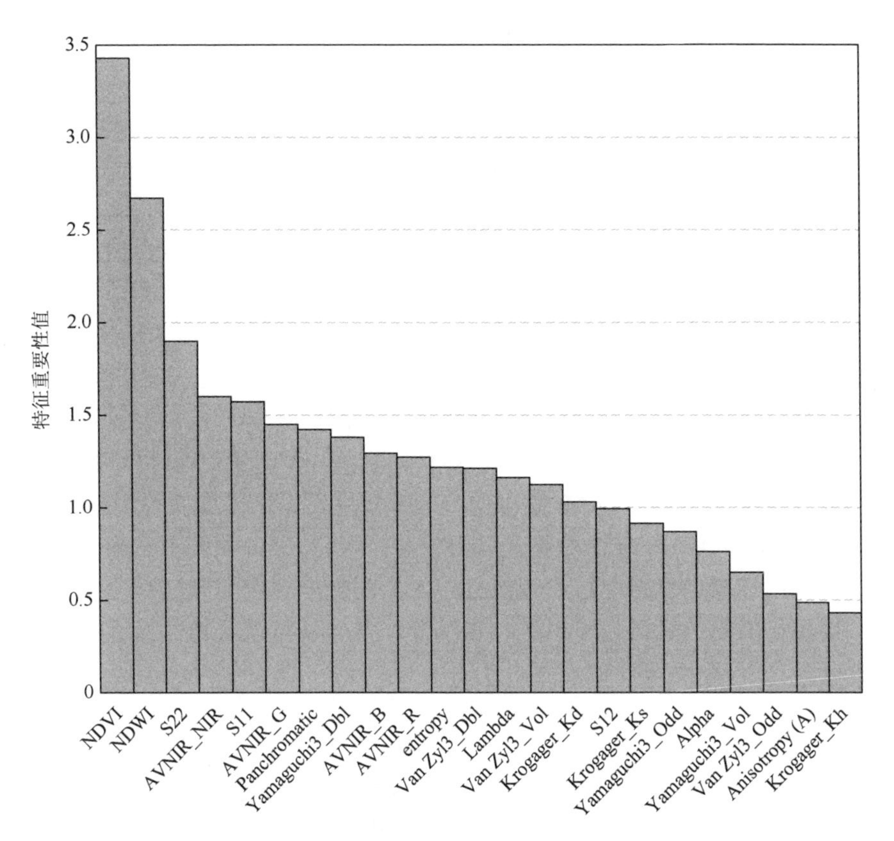


图5.32　各参数重要性大小按降序排列

4. 研究结果与分析

本节实验比较了采用面向对象QUEST决策树算法对光学图像和极化SAR图像分别进行分类时的结果，并分别对ALOS光学图像和ALOS PALSAR全极化图像在采用面向对象QUEST决策树和面向对象RF-SFS算法时的分类结果进行了对比分析。

由图5.33、表5.18和表5.19可以看出，当采用面向对象QUEST决策树算法分别对极化 ALOS PALSAR 全极化影像和 ALOS 光学影像进行分类时，极化 SAR 数据分类结果中水浇地、芦苇与盐蒿、水田等地类比较整齐，但是鱼塘中有些小块区域被误分为了海水，导致部分鱼塘区域看起来比较零碎，这种目视效果与影像的空间分辨率和面向对象分割时尺度的选择有关。而对 ALOS 多光谱和全色融合影像进行分类时，得到的分类结果在视觉效果上比较好，地类边界非常清晰，对象比较整齐。此外，如图 5.33（a）所示，在极化 SAR 图像分类结果中不同农作物的农田可以根据散射特性的不同进一步分为水浇地和水田，但由于图像分辨率比较低，导致芦苇与盐蒿无法正确区分。而光学图像分类结果中，仅仅利用光谱信息，很难将农田中的水浇地和水田区分开来，如图 5.33（b）所示，但是由于芦苇与盐蒿具有不同光谱特性，利用光学影像可以很好地将这两种地类区分开来。另外，极化 SAR 图像很难将沙地与海水分开，而在光学图像的分类结果中，沙地可以准确地分出来。在光学图像中，部分农田区域有一些高亮的点状目标，分类结果中把该类目标分为了沙地，通过与 Google Earth 上的高分影像进行对比发现，该类目标是房屋，由于屋顶对信号的反射，在光学图像上呈现与沙地比较类似的光谱信息，导致这部分区域被分为沙地。从精度上来看，对极化 SAR 图像采用面向对象 QUEST 决策树方法进行分类时，总体精度为 82.03%，Kappa 系数为 0.8013，而光学图像分类结果的总体精度为 89.10%，Kappa 系数为 0.8787。这说明单从总体精度和 Kappa 系数上看，ALOS 光学图像得到的分类结果优于 ALOS 极化 SAR 图像的分类结果，这与极化 SAR 图像的空间分辨率比光学图像低有关。但是 ALOS 极化 SAR 数据和 ALOS 光学数据又各有优势，极化 SAR 图像中无法区分的芦苇与盐蒿，利用光谱信息可以很好地区分出来，而光学图像中无法进一步区分的农田在利用极化散射信息时也可以进一步细分，且可以将散射特性接近的沙地和盐场区分开。

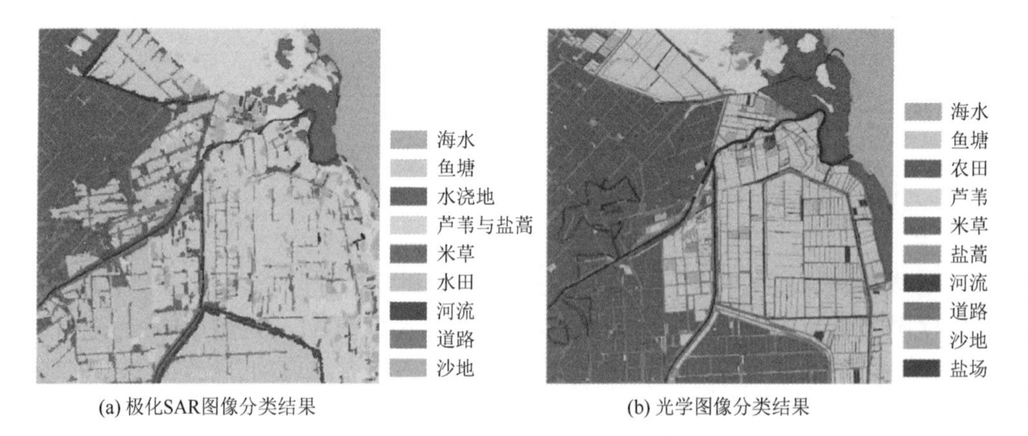


(a) 极化SAR图像分类结果　　(b) 光学图像分类结果

图 5.33　面向对象 QUEST 决策树方法分类结果

图 5.34 中两种算法得到的结果与图 5.33（a）相比，分类精度都有所提高，采用面向对象 QUEST 决策树算法对融合图像进行分类得到的总精度为 91.26%，Kappa 系数为 0.9044，如表 5.20 所示；采用面向对象 RF-SFS 算法对融合图像进行分类得到的总精度为 91.57%，Kappa 系数为 0.9077，如表 5.21 所示。当仅利用极化散射信息进行分类时，可以将研究区分为 9 类；当仅利用 ALOS 光学信息分类时，可以将研究区域分为 10 类。而融合极化 SAR 和 ALOS 光学图像进行分类时则可以分为 11 类，既可以将极化 SAR 图像中无法区分的盐场与沙地、芦苇与盐蒿准确分出来，也可以将光学图像中无法区分的水浇地和水田区分出来，实现了滩涂湿地的精细分类。实验研究结果也再次验证了面向对象 RF-SFS 算法较面向对象 QUEST 决策树算法不仅在特征选择上更加直观，而且在精度上也有一定的提高。

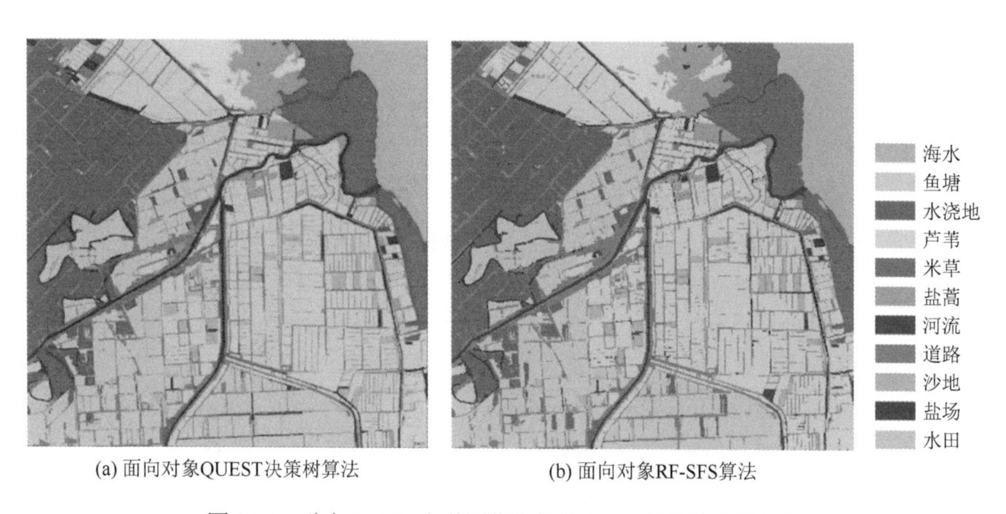


(a) 面向对象QUEST决策树算法　　(b) 面向对象RF-SFS算法

图 5.34　融合 ALOS 光学图像和极化 SAR 图像的分类结果

**表 5.18　基于面向对象 QUEST 决策树的极化 SAR 图像分类精度**

| 地类 | 海水 | 鱼塘 | 水浇地 | 芦苇与盐蒿 | 米草 | 水田 | 河流 | 道路 | 沙地 | 总计 | UA/% |
|---|---|---|---|---|---|---|---|---|---|---|---|
| 海水 | 563 | 48 | 0 | 0 | 0 | 0 | 62 | 0 | 0 | 673 | 83.66 |
| 鱼塘 | 128 | 667 | 0 | 25 | 0 | 18 | 10 | 0 | 0 | 848 | 78.66 |
| 水浇地 | 0 | 0 | 713 | 0 | 66 | 88 | 0 | 20 | 0 | 887 | 80.38 |
| 芦苇与盐蒿 | 0 | 0 | 14 | 634 | 74 | 31 | 0 | 0 | 22 | 775 | 81.81 |
| 米草 | 0 | 0 | 0 | 59 | 430 | 18 | 0 | 0 | 0 | 507 | 84.81 |
| 水田 | 0 | 0 | 67 | 38 | 63 | 760 | 0 | 0 | 0 | 928 | 81.90 |
| 河流 | 33 | 72 | 0 | 0 | 0 | 0 | 588 | 0 | 0 | 693 | 84.85 |

续表

| 地类 | 海水 | 鱼塘 | 水浇地 | 芦苇与盐蒿 | 米草 | 水田 | 河流 | 道路 | 沙地 | 总计 | **UA/%** |
|---|---|---|---|---|---|---|---|---|---|---|---|
| 道路 | 0 | 0 | 42 | 0 | 0 | 47 | 0 | 401 | 25 | 515 | 77.86 |
| 沙地 | 0 | 0 | 0 | 52 | 0 | 0 | 0 | 16 | 438 | 506 | 86.56 |
| 总计 | 724 | 787 | 836 | 808 | 633 | 962 | 660 | 437 | 485 | 6332 | |
| **PA/%** | 77.76 | 84.75 | 85.29 | 78.47 | 67.93 | 79.00 | 89.09 | 91.76 | 90.31 | | |
| **OA/%** | | 82.03 | | | **Kappa 系数** | | | | 0.8013 | | |

注：表中分类方法的精度评价指标使用加黑字体表示。

**表 5.19　基于面向对象 QUEST 决策树的光学图像分类精度**

| 地类 | 海水 | 鱼塘 | 农田 | 芦苇 | 米草 | 盐蒿 | 河流 | 道路 | 沙地 | 盐场 | 总计 | **UA/%** |
|---|---|---|---|---|---|---|---|---|---|---|---|---|
| 海水 | 12719 | 0 | 0 | 0 | 0 | 0 | 294 | 0 | 0 | 0 | 13013 | 97.74 |
| 鱼塘 | 389 | 10997 | 0 | 253 | 0 | 0 | 567 | 0 | 0 | 0 | 12206 | 90.10 |
| 农田 | 0 | 0 | 17753 | 0 | 385 | 403 | 0 | 457 | 878 | 251 | 20127 | 88.20 |
| 芦苇 | 0 | 0 | 0 | 7769 | 0 | 1236 | 0 | 0 | 0 | 0 | 9005 | 86.27 |
| 米草 | 0 | 0 | 0 | 792 | 6872 | 139 | 0 | 0 | 0 | 0 | 7803 | 88.07 |
| 盐蒿 | 0 | 0 | 0 | 588 | 254 | 7126 | 0 | 0 | 0 | 219 | 8187 | 87.04 |
| 河流 | 0 | 685 | 0 | 0 | 0 | 0 | 7340 | 0 | 0 | 0 | 8025 | 91.46 |
| 道路 | 0 | 0 | 576 | 0 | 0 | 0 | 0 | 6106 | 257 | 0 | 6939 | 88.00 |
| 沙地 | 0 | 0 | 798 | 0 | 291 | 356 | 0 | 0 | 7557 | 0 | 9002 | 83.39 |
| 盐场 | 0 | 0 | 351 | 0 | 0 | 0 | 0 | 0 | 698 | 6674 | 7723 | 86.42 |
| 总计 | 13108 | 11682 | 19478 | 9402 | 7802 | 9260 | 8201 | 6563 | 9390 | 7144 | 102030 | |
| **PA/%** | 97.03 | 94.14 | 91.14 | 82.63 | 88.08 | 76.95 | 89.50 | 93.04 | 80.48 | 93.42 | | |
| **OA/%** | | | 89.10 | | | **Kappa 系数** | | | | 0.8787 | | |

注：表中分类方法的精度评价指标使用加黑字体表示。

**表 5.20　基于面向对象 QUEST 决策树的融合图像分类精度**

| 地类 | 海水 | 鱼塘 | 水浇地 | 水田 | 芦苇 | 米草 | 盐蒿 | 河流 | 道路 | 沙地 | 盐场 | 总计 | **UA/%** |
|---|---|---|---|---|---|---|---|---|---|---|---|---|---|
| 海水 | 12719 | 0 | 0 | 0 | 0 | 0 | 0 | 294 | 0 | 0 | 0 | 13013 | 97.74 |
| 鱼塘 | 387 | 10997 | 0 | 0 | 253 | 0 | 0 | 567 | 0 | 0 | 0 | 12206 | 90.10 |
| 水浇地 | 0 | 0 | 8120 | 654 | 0 | 0 | 189 | 0 | 108 | 257 | 0 | 9328 | 87.05 |
| 水田 | 0 | 0 | 704 | 9549 | 0 | 198 | 0 | 0 | 139 | 209 | 0 | 10799 | 88.42 |
| 芦苇 | 0 | 0 | 0 | 0 | 8040 | 0 | 965 | 0 | 0 | 0 | 0 | 9005 | 89.28 |
| 米草 | 0 | 0 | 0 | 0 | 703 | 6992 | 108 | 0 | 0 | 0 | 0 | 7803 | 89.61 |
| 盐蒿 | 0 | 0 | 0 | 0 | 497 | 198 | 7305 | 0 | 0 | 0 | 187 | 8187 | 89.23 |

续表

| 地类 | 海水 | 鱼塘 | 水浇地 | 水田 | 芦苇 | 米草 | 盐蒿 | 河流 | 道路 | 沙地 | 盐场 | 总计 | **UA/%** |
|---|---|---|---|---|---|---|---|---|---|---|---|---|---|
| 河流 | 0 | 496 | 0 | 0 | 0 | 0 | 0 | 7529 | 0 | 0 | 0 | 8025 | 93.82 |
| 道路 | 0 | 0 | 0 | 0 | 0 | 0 | 0 | 0 | 6682 | 257 | 0 | 6939 | 96.30 |
| 沙地 | 0 | 0 | 0 | 0 | 0 | 287 | 306 | 0 | 0 | 8409 | 0 | 9002 | 93.41 |
| 盐场 | 0 | 0 | 251 | 0 | 0 | 0 | 0 | 0 | 0 | 697 | 6675 | 7623 | 87.72 |
| 总计 | 13106 | 11493 | 9075 | 10203 | 9493 | 7675 | 8873 | 8390 | 6929 | 9829 | 6962 | 101928 | |
| **PA/%** | 97.03 | 95.68 | 89.48 | 93.59 | 84.69 | 91.10 | 82.33 | 89.74 | 96.44 | 85.55 | 97.31 | | |
| **OA/%** | | | 91.26 | | | | | | **Kappa 系数** | | | 0.9044 | |

注：表中分类方法的精度评价指标使用加黑字体表示。

**表 5.21　基于面向对象 RF-SFS 算法的融合图像分类精度**

| 地类 | 海水 | 鱼塘 | 水浇地 | 水田 | 芦苇 | 米草 | 盐蒿 | 河流 | 道路 | 沙地 | 盐场 | 总计 | **UA/%** |
|---|---|---|---|---|---|---|---|---|---|---|---|---|---|
| 海水 | 13013 | 0 | 0 | 0 | 0 | 0 | 0 | 0 | 0 | 0 | 0 | 13013 | 100 |
| 鱼塘 | 387 | 11113 | 0 | 0 | 253 | 0 | 0 | 453 | 0 | 0 | 0 | 12206 | 91.05 |
| 水浇地 | 0 | 0 | 7922 | 852 | 0 | 0 | 189 | 0 | 108 | 257 | 0 | 9328 | 84.93 |
| 水田 | 0 | 0 | 549 | 9704 | 0 | 198 | 0 | 0 | 139 | 209 | 0 | 10799 | 89.86 |
| 芦苇 | 0 | 0 | 0 | 0 | 7923 | 0 | 1082 | 0 | 0 | 0 | 0 | 9005 | 87.98 |
| 米草 | 0 | 0 | 0 | 0 | 1026 | 6669 | 108 | 0 | 0 | 0 | 0 | 7803 | 85.47 |
| 盐蒿 | 0 | 0 | 0 | 0 | 290 | 198 | 7512 | 0 | 0 | 0 | 187 | 8187 | 91.76 |
| 河流 | 0 | 496 | 0 | 0 | 0 | 0 | 0 | 7529 | 0 | 0 | 0 | 8025 | 93.82 |
| 道路 | 0 | 0 | 0 | 0 | 0 | 0 | 0 | 0 | 6323 | 616 | 0 | 6939 | 91.12 |
| 沙地 | 0 | 0 | 0 | 0 | 0 | 0 | 306 | 0 | 0 | 8696 | 0 | 9002 | 96.60 |
| 盐场 | 0 | 0 | 0 | 0 | 0 | 0 | 0 | 0 | 0 | 697 | 7026 | 7723 | 90.98 |
| 总计 | 13400 | 11609 | 8471 | 10556 | 9492 | 7065 | 9197 | 7982 | 6570 | 10475 | 7213 | 102030 | |
| **PA/%** | 97.11 | 95.73 | 93.52 | 91.93 | 83.47 | 94.39 | 81.68 | 94.32 | 96.24 | 83.02 | 97.41 | | |
| **OA/%** | | | 91.57 | | | | | | **Kappa 系数** | | | 0.9077 | |

注：表中分类方法的精度评价指标使用加黑字体表示。

通过上述对比实验研究结果可知，融合极化特征与光谱特征进行分类时，可以将两种数据源各自的优势结合起来。与仅利用光学图像进行分类的结果相比，可以区分出光谱信息相似而散射信息不同的生态类型，如水田和水浇地；与仅利用极化 SAR 图像进行分类的结果相比，光学图像的高空间分辨率和光谱信息又可以将芦苇与盐蒿、沙地与盐场准确区分开，这样实现了滩涂湿地的精细分类，验证了决策级融合方法在滨海开发带生态用地分类中的有效性。

## 参 考 文 献


陈媛媛. 2016. 基于极化 SAR 的滨海开发带生态用地散射特征提取与分类方法研究. 南京：河海大学.

付海强，汪长城，朱建军，等. 2015. Neumann 分解理论在极化 SAR 植被分类中的应用. 武汉大学学报（信息科学版），40（5）：607-611.

侯建华，陈稳，刘欣达，等. 2016. 基于异质性分类的小波域 SAR 图像去斑. 光电工程，43（2）：55-61.

江畅. 2019. 滨海滩涂全极化 SAR 影像相干斑滤波方法研究. 南京：河海大学.

郎丰铠. 2014. 极化 SAR 影像滤波及分割方法研究. 武汉：武汉大学.

李贺. 2012. 面向对象的 PolSAR 图像典型地物提取关键技术研究. 郑州：解放军信息工程大学.

欧阳群东，巫兆聪，彭检贵. 2011. 一种改进的精制极化 Lee 滤波算法. 测绘科学，36（5）：136-138.

王爽，于佳平，刘坤侯，等. 2014. 基于双边滤波的极化 SAR 相干斑抑制. 雷达学报，3（1）：35-44.

于佳平. 2014. 基于核函数的极化 SAR 相干斑抑制研究. 西安：西安电子科技大学.

周晓光，匡纲要，万建伟. 2008. 多极化 SAR 图像斑点抑制综述. 中国图象图形学报，13（3）：377-385.

Ainsworth T L，Cloude S R，Lee J S. 2002. Eigenvector analysis of polarimetric SAR data//IEEE International Geoscience and Remote Sensing Symposium. Toronto，Canada：626-628.

Allain S，Ferro-Famil L，Pottier E. 2006. A polarimetric classification from PolSAR data using SERD/DERD parameters//EUSAR 2006. Dresden，Germany：16-18.

Alonso-González A，López-Martínez C，Salembier P，et al. 2013. Bilateral distance based filtering for polarimetric SAR data. Remote Sensing，5（11）：5620-5641.

An W，Cui Y，Yang J. 2010. Three-component model-based decomposition for polarimetric SAR data. IEEE Transactions on Geoscience and Remote Sensing，48（6）：2732-2739.

Argenti F，Lapini A，Bianchi T，et al. 2013. A tutorial on speckle reduction in synthetic aperture radar images. IEEE Geoscience and Remote Sensing Magazine，1（3）：6-35.

Arii M，Van Zyl J J，Kim Y. 2011. Adaptive model-based decomposition of polarimetric SAR covariance matrices. IEEE Transactions on Geoscience and Remote Sensing，49（3）：1104-1113.

Arii M，Van Zyl J J，Kim Y. 2012. Improvement of adaptive-model based decomposition with polarization orientation compensation//2012 IEEE International Geoscience and Remote Sensing Symposium. Munich，Germany：95-98.

Bahrami A，Sahebi M R，Zouj M J V，et al. 2009. Statistical and separability properties of the polarimetry SAR matrix elements//SPIE Europe Remote Sensing. International Society for Optics and Photonics.

Barnes R M. 1988. Roll invariant decompositions for the polarization covariance matrix. Polarimetry Technology Workshop，Redstone Arsenal，USA.

Boerner W M，Brand H，Cram L A，et al. 1988. Direct and inverse methods in radar polarimetry. Springer Science and Business Media.

Boerner W M，El-Arini M B，Chan C Y，et al. 1981. Polarization dependence in electromagnetic inverse problems. IEEE Transactions on Antennas and Propagation，29（2）：262-271.

Breiman L. 2001. Random forests. Machine Learning，45（1）：5-32.

Bylander T. 2002. Estimating generalization error on two-class datasets using out-of-bag estimates. Machine Learning，48（1）：287-297.

Cameron W L，Leung L K. 1990. Feature motivated polarization scattering matrix decomposition//IEEE International Conference on Radar. Arlington，USA：549-557.

Cameron W L，Leung L K. 1992. Identification of elemental polarimetric scatterer responses in high-resolution SAR and SAR signature measurements//International Workshop on Radar Polarimetry：196-205.

Cameron W L，Rais H. 2006. Conservative polarimetric scatterers and their role in incorrect extensions of the cameron decomposition. IEEE Transactions on Geoscience and Remote Sensing，44（12）：3506-3516.

Cameron W L，Youssef N N，Leung L K. 1996. Simulated polarimetric signatures of primitive geometrical shapes. IEEE Transactions on Geoscience and Remote Sensing，34（3）：793-803.

Chang J，Inoue K，Urahama K. 2010. Bootstrap denoising of images with self-cross bilateral filter. IEICE Technical Report，109：73-78.

Cloude S R. 1985. Target decomposition theorems in radar scattering. Electronics Letters，21（1）：22-24.

Cloude S R. 1986. Group theory and polarisation algebra. Optik，75（1）：26-36.

Cloude S R，Papathanassiou K，Hajnsek I. 2000. An eigenvector method for the extraction of surface parameters in polarmetric SAR//CEOS SAR Workshop. Toulouse，France：693-698.

Cloude S R，Pottier E. 1995. Concept of polarization entropy in optical scattering. Optical Engineering，34（6）：1599-1610.

Cloude S R，Pottier E. 1997. An entropy based classification scheme for land applications of polarimetric SAR. IEEE Transactions on Geoscience and Remote Sensing，35（1）：68-78.

Cui Y，Yamaguchi Y，Yang J，et al. 2014. On complete model-based decomposition of polarimetric SAR coherency matrix data. IEEE Transactions on Geoscience and Remote Sensing，52（4）：1991-2001.

Dai M，Peng C，Chan A K，et al. 2004. Bayesian wavelet shrinkage with edge detection for SAR image despeckling. IEEE Transactions on Geoscience and Remote Sensing，42（8）：1642-1648.

Deledalle C，Denis L，Tupin F，et al. 2018. Speckle reduction in PolSAR by multi-channel variance stabilization and Gaussian denoising：MuLoG//EUSAR 2018. 12th European Conference on Synthetic Aperture Radar：1-5.

Durden S L，Van Zyl J J，Zebker H A. 1990. The unpolarized component in polarimetric radar observations of forested areas. IEEE Transactions on Geoscience and Remote Sensing，28（2）：268-271.

Feng H X，Hou B A，Gong M G. 2011. SAR image despeckling based on local homogeneous-region segmentation by using pixel-relativity measurement. IEEE Transactions on Geoscience and Remote Sensing，49（7）：2724-2737.

Freeman A. 2007. Fitting a two-component scattering model to polarimetric SAR data from forests. IEEE Transactions on Geoscience and Remote Sensing，45（8）：2583-2592.

Freeman A，Durden S L. 1993. Three-component scattering model to describe polarimetric SAR data// SPIE Conference on Radar Polarimetry. San Diego，USA：213-224.

Freeman A，Durden S L. 1998. A three-component scattering model for polarimetric SAR data. IEEE Transactions on Geoscience and Remote Sensing，36（3）：963-973.

Genuer R，Poggi J M，Tuleau-Malot C. 2010. Variable selection using random forests. Pattern Recognition Letters，31（14）：2225-2236.

Goodman J W. 1976. Some fundamental properties of speckle. Journal of the Optical Society of America，66（11）：1145-1150.

Holm W A，Barnes R M. 1988. On radar polarization mixed target state decomposition techniques//Proceedings of the 1988 IEEE National Radar Conference：249-254.

Hondt O D，Guillaso S，Hellwich O. 2013. Iterative bilateral filtering of polarimetric SAR data. IEEE Journal of Selected Topics in Applied Earth Observations and Remote Sensing，6（3）：1628-1639.

Huynen J R. 1970. Phenomenological theory of radar targets. Delft：Delft University of Technology.

Huynen J R. 1982. A revisitation of the phenomenological approach with applications to radar target decomposition. Illinois Univ at Chicago Circle Communications Lab.

Huynen J R. 1990. Stokes matrix parameters and their interpretation in terms of physical target properties// Conference on Polarimetry：Radar，Infrared，Visible，Ultraviolet，and X-Ray. Huntsville，USA：195-207.

Kira K，Rendell L A. 1992. The feature selection problem：Traditional methods and a new algorithm// AAAI. San Jose，USA：129-134.

Kostinski A B，Boerner W M. 1986. On foundations of radar polarimetry. IEEE Transactions on Antennas and Propagation，34（12）：1395-1404.

Krogager E. 1990. New decomposition of the radar target scattering matrix. Electronics Letters，26（18）：1525-1527.

Krogager E. 1993. Aspects of polarimetric radar imaging. Denmark：Danish Defence Research Establishment.

Lee H，Chae H，Cho S J. 2011. Radar backscattering of intertidal mudflats observed by Radarsat-1 SAR images and ground-based scatterometer experiments. IEEE Transactions on Geoscience and Remote Sensing，49（5）：1701-1711.

Lee J S，Ainsworth T L，Kelly J P，et al. 2008. Evaluation and bias removal of multilook effect on entropy/alpha/anisotropy in polarimetric SAR decomposition. IEEE Transactions on Geoscience and Remote Sensing，46（10）：3039-3052.

Lee J S，Pottier E. 2009. Polarimetric radar imaging：From basics to applications. Boca Raton：CRC Press.

Lee S K，Hong S H，Kim S W，et al. 2006. Polarimetric features of oyster farm observed by AIRSAR and JERS-1. IEEE Transactions on Geoscience and Remote Sensing，44（10）：2728-2735.

Lopez-Martinez C，Fabregas X. 2003. Polarimetric SAR speckle noise model. IEEE Transactions on Geoscience and Remote Sensing，41（10）：2232-2242.

Lüneburg E. 1995. Principles of radar polarimetry. IEICE Transactions on Electronics，78（10）：1139-1145.

Lüneburg E. 1997. Radar polarimetry：A revision of basic concepts//Direct and Inverse Electromagnetic Scattering. Addison-Wesley，Longman，U.K：257-273.

McFeeters S K. 1996. The use of the normalized difference water index（NDWI）in the delineation of open water features. International Journal of Remote Sensing，17（7）：1425-1432.

Mittal A，Moorthy A K，Bovik A C. 2012. No-reference image quality assessment in the spatial domain. IEEE Transactions on Image Processing，21（12）：4695-4708.

Neumann M，Ferro-Famil L，Pottier E. 2009. A general model-based polarimetric decomposition scheme for vegetated areas//Science and Applications of SAR Polarimetry and Polarimetric Interferometry PolInSAR 2009：39.

Réfrégier P，Morio J. 2006. Shannon entropy of partially polarized and partially coherent light with Gaussian fluctuations. JOSA A，23（12）：3036-3044.

Roderick M，Smith R，Cridland S. 1996. The precision of the NDVI derived from AVHRR observations. Remote Sensing of Environment，56（1）：57-65.

Rodriguez-Galiano V F，Ghimire B，Rogan J，et al. 2012. An assessment of the effectiveness of a random forest classifier for land-cover classification. ISPRS Journal of Photogrammetry and Remote Sensing，67：93-104.

Safavian S R，Landgrebe D. 1991. A survey of decision tree classifier methodology. IEEE Transactions on Systems，Man，and Cybernetics，21（3）：660-674.

Torres L，Sant'Anna S J S，da Costa Freitas C，et al. 2014. Speckle reduction in polarimetric SAR imagery with stochastic distances and nonlocal means. Pattern Recognition，47（1）：141-157.

Touzi R. 2005. A unified model for decomposition of coherent and partially coherent target scattering using polarimetric SARs// Proceedings. 2005 IEEE International Geoscience and Remote Sensing Symposium. Seoul，Republic of

Korea：4844-4847.

Touzi R. 2007. Target scattering decomposition in terms of roll-invariant target parameters. IEEE Transactions on Geoscience and Remote Sensing，45（1）：73-84.

Touzi R，Deschamps A，Rother G. 2009. Phase of target scattering for wetland characterization using polarimetric C-band SAR. IEEE Transactions on Geoscience and Remote Sensing，47（9）：3241-3261.

Touzi R，Lopes A. 1994. The principle of speckle filtering in polarimetric SAR imagery. IEEE Transactions on Geoscience and Remote Sensing，32（5）：1110-1114.

Touzi R，Omari K，Sleep B. 2014. Combination of target scattering decomposition with the optimum degree of polarization for improved classification of boreal peatlands in the Athabasca region// 2014 IEEE Geoscience and Remote Sensing Symposium. Quebec，Canada：1013-1016.

Van Zyl J J. 1993. Application of Cloude's target decomposition theorem to polarimetric imaging radar data// SPIE Conference on Radar Polarimetry. San Diego，USA：184-191.

Van Zyl J J，Arii M，Kim Y. 2011. Model-based decomposition of polarimetric SAR covariance matrices constrained for nonnegative eigenvalues. IEEE Transactions on Geoscience and Remote Sensing，49（9）：3452-3459.

Van Zyl J J，Kim Y，Arii M. 2008. Requirements for Model-based Polarimetric Decompositions// 2008 IEEE International Geoscience and Remote Sensing Symposium. Boston：V-417-V-420.

Wang C，Yu W，Wang R，et al. 2014. Comparison of nonnegative eigenvalue decompositions with and without reflection symmetry assumptions. IEEE Transactions on Geoscience and Remote Sensing，52（4）：2278-2287.

Xie H，Pierce L E，Ulaby F T. 2002. SAR speckle reduction using wavelet denoising and Markov random field modeling. IEEE Transactions on Geoscience and Remote Sensing，40（10）：2196-2212.

Yamaguchi Y，Moriyama T，Ishido M，et al. 2005. Four-component scattering model for polarimetric SAR image decomposition. IEEE Transactions on Geoscience and Remote Sensing，43（8）：1699-1706.

Yamaguchi Y，Sato A，Boerner W M，et al. 2011. Four-component scattering power decomposition with rotation of coherency matrix. IEEE Transactions on Geoscience and Remote Sensing，49（6）：2251-2258.

Yamaguchi Y，Singh G，Cui Y，et al. 2013. Comparison of model-based four-component scattering power decompositions// 4th Asia-Pacific Conference on Synthetic Aperture Radar（APSAR）. Tsukuba，Japan：92-95.

Yamaguchi Y，Singh G，Park S E，et al. 2012. Scattering power decomoosition using fully polarimetric information// IEEE International Geoscience and Remote Sensing Symposium（IGARSS）. Munich，Germany：91-94.

Yamaguchi Y，Yajima Y，Yamada H. 2006. A four-component decomposition of POLSAR images based on the coherency matrix. IEEE Geoscience and Remote Sensing Letters，3（3）：292-296.

Yang J，Peng Y N，Yamaguchi Y，et al. 2006. On Huynen's decomposition of a Kennaugh matrix. IEEE Geoscience and Remote Sensing Letters，3（3）：369-372.

# 第 6 章　海洋重力测量

## 6.1　引　　言

地球重力场反映了地球系统的物质分布、运动和变化状态，重力数据是现代地球科学解决人类面临的资源、环境和灾害等紧迫课题及国防安全的重要战略数据。确定地球重力场的精细结构及其时间变化是现代大地测量、固体地球物理学的主要科学目标之一。高精度、高分辨率的地球重力场信息在国家经济建设、军事和国防建设及大地测量、地球物理、海洋学、地球动力学等相关地球科学领域具有重要作用。

海洋重力测量是在海上测定重力加速度的工作。按照施测的区域可分为海底重力测量（沉箱法和潜水法）、海面（船载）重力测量、海洋航空重力测量和卫星测高等技术手段（赵建虎，2017）。海底重力测量与陆地重力测量类似，将重力仪安装在浅海底固定地点或潜水器上，用遥测装置进行测量。海面重力测量是将仪器安装在航行的船上，在计划航线上进行连续观测。海洋航空重力测量可方便迅速地进行大面积测量，对海洋重力测量数据的获取具有重要作用。航空重力测量是以飞机为载体，综合应用重力传感器、GPS、测高和测姿设备测定近地空间重力加速度的技术。与地面重力测量相比，航空重力测量不仅快速经济，而且能够在一些难以开展地面重力测量的特殊区域如沙漠、冰川、沼泽、高山、海洋等进行作业（孙中苗等，2004）。卫星测高技术也可以进行海洋重力数据的获取，其原理是利用卫星上装载的雷达测高仪以一定的脉冲重复频率向地球表面发射调制后的压缩脉冲，经海面反射后，由接收机接收返回的脉冲，并测量发射脉冲的时刻与接受脉冲的时刻的时间差，根据此时间差及返回的波形，可以测量出卫星到海面的距离（翟国君等，2002）。卫星测高技术极大地丰富了海洋重力数据的获取方法，填补了占全球 71%的海洋的重力测量空白。卫星重力测量的发展尽管只有几十年的时间，但是其研究和应用领域几乎遍及与海洋高度有关的各个方面。特别是近几年，随着卫星测量资料的不断补充和积累，以及新的数据处理方法的发展，卫星重力测量的应用领域进一步拓宽和深化。

海洋重力测量是大地测量、海洋测绘和地球物理的重要研究内容，本章主要介绍海洋船载、航空、卫星重力测量方法和海洋重力相关应用。

## 6.2　海洋重力测量方法

目前探测海洋重力场信息的技术手段主要有船载重力测量、航空重力测量、卫星重力测量和卫星测高等测量技术。尽管卫星重力测量技术能够以较高的精度测定全球重力场，但受卫星任务本身设计的局限和重力场随高度增加迅速衰减的特点，其只能测定地球重力场的中长波分量（周旭华，2008）。卫星测高技术虽然能以数千米的分辨率反演全球海域重力场，但由其推算的海域重力信息的精度和分辨率仍与船载重力测量、航空重力测量方式获取的数据有一定的差距。此外，受近海陆地地形、岛屿、潮汐和其他地球物理因素的影响，雷达测高脉冲反射波形受到污染，导致测高数据在近海区域质量较差（Roscher et al.，2017；Wu et al.，2019；Meloni et al.，2019）。船载海洋重力测量是目前获取高精度海洋重力场信息最有效的方式，既适用于宽阔海域的深水区测量，也可用于近岸和岛礁周边海区测量。对于海陆交界的滩涂地带及其浅水区域，卫星测高技术很难获取高精度的观测量，实施地面重力测量和船载海洋重力测量也较为困难。航空重力测量则可以快速、大面积地获取这些困难区域分布均匀、精度良好的高频重力场信息。同时，航空重力测量能够快速、机动地在一些难以开展船载重力测量的特殊区域如滩涂、岛礁周边等进行作业（孙中苗等，2004）。因此，综合运用地面重力测量、船载海洋重力测量、航空重力测量、卫星测高和卫星重力测量技术，仍将是今后相当长时间内获取全频谱精细全球重力场信息的有效技术途径（吴怿昊等，2016）。

在海洋区域，我国至今只初步完成了覆盖第一岛链海区的海洋重力场精密探测，其他海域的重力场资料还相当匮乏。最近几年，随着国家海洋强国战略的推进，国家陆海测绘基准建设等大型军民融合工程陆续展开，我军海战场环境的建设步伐明显加快，国家相关部门正在开展和规划我国近海及邻近海域大规模的船载海洋重力测量和航空重力测量工作。可见，海空重力测量技术在我国的实际需求较大，开展海空重力测量技术研究对于国民经济和国防现代化建设都具有重要的现实意义（刘敏等，2017）。

地球上任一质点都受到两个力的作用：一是地球所有质量对该质点的引力；二是质点随地球以等角速度绕固定轴旋转而产生的惯性离心力，引力和离心力的合力称为重力。重力测量中往往把重力加速度称作重力，因此重力测量实际上是测定重力加速度的数值。重力（即重力加速度）的量纲为 $cm/s^2$，这种单位称为伽（Gal），千分之一伽称为毫伽（mGal），千分之一毫伽称为微伽（μGal）。

用于测定地球重力场场强要素的仪器称为重力仪。按其测量目的来分类，在某一点上测量该点绝对重力值的仪器称为绝对重力仪；用来测定两点之间重力差的仪器称为相对重力仪。用于海洋表面和海底测定重力值的仪器统称为海洋重力仪。海洋重力仪是在不断运动的海洋上进行重力测量的，和陆地重力仪在作业的环境上有着本质的不同（赵建虎，2017）。海洋重力仪在实施测量时，对测量成果会产生影响的因素有海洋重力仪本身结构、材料及加工工艺等，海洋重力仪工作时的外部环境，以及地球自转等。

海洋重力测量中使用的重力仪可以是任何一种类型的弹性系统，如弦线重力仪等。测定原理和陆地重力仪完全一样，所不同的是为了适应海上工作条件，在重力仪中采取一些措施或加一些设备来消除或改正各种扰动加速度的影响，并且采用自动记录。海洋重力测量起始于 20 世纪 20 年代，经历了三个发展阶段。第一阶段使用的是海洋摆仪。1923 年，荷兰科学家费宁梅内斯首次成功地在潜水艇上使用摆仪对海域重力进行测量。1937 年，布朗对其进行改进，消除了二阶水平加速度和垂直加速度的影响，测量精度提高了 5～15mGal。但是摆仪存在操作复杂、测量效率低、费用高等缺陷，走航式海洋重力仪逐渐发展起来。海洋重力仪发展的第二个阶段是摆杆型海洋重力仪，它促成了重力测量由水下的、离散点测量到水面的、连续线测量的转变，代表性的仪器为德国格拉夫阿斯卡尼亚公司生产的GSS2型海洋重力仪和美国拉科斯特-隆贝格公司生产的L&R（LaCoste & Romberg）型海洋重力仪，同时我国也研制出 ZYZY 型摆杆型海洋重力仪，该海洋重力仪存在交叉耦合效应。海洋重力仪发展的第三阶段是轴对称型海洋重力仪，它不受水平加速度的影响，也从根本上消除了交叉耦合效应。轴对称型海洋重力仪的精度、分辨率及可靠性优势明显，正逐步取代摆杆型海洋重力仪，代表型仪器为德国生产的 KSS30 型海洋重力仪和美国生产的 BGM-3 型海洋重力仪。下面列举出几种目前常用的海洋重力仪。

#### 1. GSS2 型海洋重力仪

GSS2 重力仪传感器内部原理结构如图 6.1 所示，主要部件包括上测量弹簧、下测量弹簧、主弹簧、步进电机、摆杆、电位器、光电池、光源等。

其工作原理是当重力加速度发生变化时，摆杆克服主弹簧的扭力偏离水平平衡位置，其角度为 $\beta$；与此同时，位于摆杆末端的光电池因离开水平位置导致正负极受到的光照量不同而产生了电势差。电势差将作为偏差信号输出给电子检测控制系统进行比例积分（proportional integral，PI）计算，电子检测控制系统根据计算的值控制步进电机提升或下降下测量弹簧，使摆杆恢复到水平平衡位置；相应地，下测量弹簧上的电位器位置也产生了变化，其中心轴头的分压就是重力加速度值。简言之，就是用摆杆上角度传感器的值作为依据，不断调节摆杆位置，并将摆杆位置传感器输出的值作为重力值。值得一提的是，由于在船上作业，会受到波浪等干扰加速度的影响，GSS2 在设计的时候将摆杆置于强磁场当中，受到

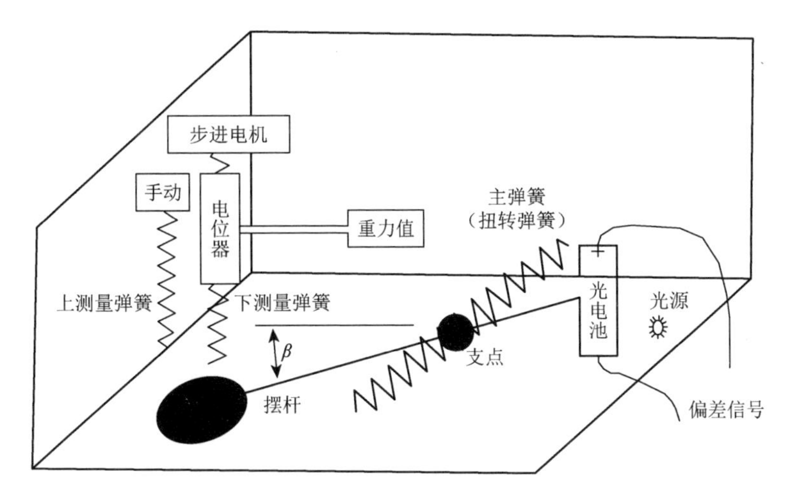


图6.1　GSS2重力仪传感器内部原理结构图（许幼成，2011）

的阻尼非常大。因此，摆杆只对低频变化的重力值非常敏感而对高频干扰反应则非常迟钝，这也正是海洋重力传感器的独特之处。该重力仪测程范围为7000mGal，足够适用于整个地球表面。

2. L&R系列海洋重力仪

该系列是最有代表性的海/空重力仪，目前用户数最多，已出厂100多套。大约1955年，L&R仪器首次安装在潜艇上用于海洋重力测量，当时称为"常平架重力仪"，采用黄铜制成的空气阻尼器和96 TPI（threads per inch，每英寸螺旋数）测量螺旋。1965年出厂了第一台稳定平台式重力仪，随后将空气阻尼器由黄铜改成铝，更好地防止了阻尼器内部长霉。1968年更换了杠杆系统，将测量螺旋从96 TPI升级到184 TPI，使仪器测程从12000mGal增加到20000mGal，满足了全球范围重力测量需求。1972年前后，自动读数器由机械伺服计算升级到电子计数，增加了数据采集系统，并采用磁带代替纸图记录。1981～1987年生产了三套直线型重力仪。它们不受震动影响，无须减震装置，但造价高，而且出厂后仪器的漂移需要很长时间才能稳定，因此未得到推广。1984年首次安装了电容式位置指示器（capacitive position indicator，CPI）系统，极大地减少了人工干预。1990年采用了SEASYS数字控制系统，SEASYS 1.12软件每10秒记录一次数据。1995年采用的SEASYS 2.0软件以1秒间隔记录未滤波数据，SEASYS 2.1改进了弹簧张力绝对编码器，使弹簧张力旋钮速率增加到每分钟600个计数单位。2002年出厂了Ⅱ型L&R海/空重力仪［图6.2（a)］，其采用与新型机械陀螺兼容的固态光纤陀螺，允许较高的平台增益以保证较快响应时间和较小的误差。采用铷振荡器提供稳定时间基准，并提供GPS接口，计算实时厄特弗斯改正和实现时间同步。2007

年左右推出了交钥匙式III型航空重力仪［图 6.2（b）］。与II型相比，总体上没有多大改进，只是通过四周加固更适合航空应用。其突出特点是可提供更可靠的航空重力数据处理软件。该软件可在野外处理获得测线重力异常和布格异常，以此可快速识别数据质量问题和可能的系统故障，也可及时处置作业过程中产生的问题。2010 年以来，推出了最新的IV型航空重力仪［图 6.2（c）］。它是III型的升级版本，专为航空应用设计。我国先后引进了 10 多套 L&R 海/空重力仪，多数是II型重力仪。

(a) II型　　(b) III型　　(c) IV型

图 6.2　L&R 海/空重力仪

3. KSS 型海洋重力仪

KSS 系列是德国生产的海洋重力仪。1957 后，德国格拉夫阿斯卡尼亚公司采用增加阻尼方式改进了 GS11 和 GS15 型陆地重力仪，将其安装在稳定平台上以在船上进行测量。1962 年该公司对重力仪的弹性系统作了刚性强化，增大了阻尼，建立了反馈回路滤波系统，在读数系统中加大了伺服控制装置，将改进后的重力仪命名为 GSS2 型。1976 年，GSS2 型重力仪进行了抗干扰能力、稳定性、连续工作时间、自动化处理等 20 余处改进，命名为 GSS20。GSS20 重力传感器及其控制装置 GE20、陀螺稳定平台及其附属设备 KT20/KE20、数据采集系统 DE20 等组成的系统称为 KSS5 型海洋重力仪。

KSS30 型海洋重力仪是继 KSS5 型之后推出的一种轴对称型海洋重力仪，它具有精度高、重量轻、抗风浪强、自动化程度高、体积小等优点。KSS31 是新型的高性能海/空重力仪（图 6.3），主要包括安装有重力传感器（KT31）的陀螺稳定平台及数据采集和控制系统两部分。特点之一是高精度，采用直线型技术和最高精度的机械结构及软件控制电路，使重力数据不受交叉耦合误差影响，采用转弯操纵程序，使测线转弯后在较短恢复时间内获得最好的测量精度；特点之二是易操作和易维护，通过键盘、电脑和互联网连接可自由编程，标准组件更换后无须调整，系统连续自检测并可打印输出状态，破损安全运行在逻辑上避免了破损情况下的系统毁坏；特点之三是如果能够给系统提供合适的导航数据，可联机预处理厄特弗斯改正、空间改正、布格改正等。KSS31 的测程为 10000mGal，漂移小于 3mGal/月，精度为 0.5～2mGal。

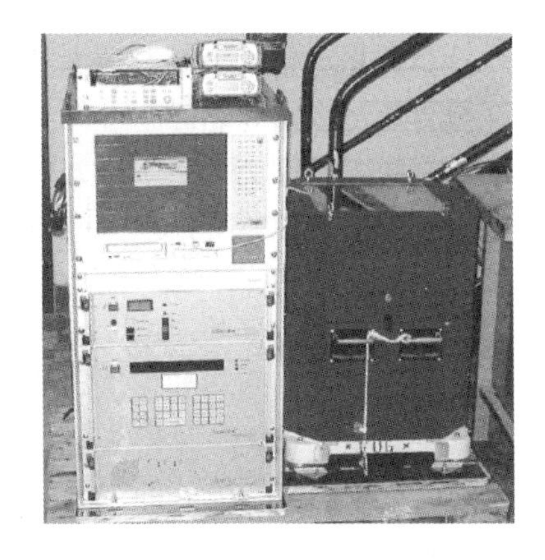

图 6.3　KSS31 型海/空重力仪（孙中苗等，2013）

## 6.3　船载重力测量

船载重力测量是指以船舶等运动平台为实验载体，综合使用海空重力仪、GPS 等设备测量海洋重力场信息的观测方式（李晓斌和刘寅彪，2010；Cai et al.，2013）。船载重力测量是获取海洋重力场信息较为有效的方式，尤其是在近海岸区域。

海洋重力测量可以分为三个发展阶段。1923 年，费宁-梅内斯用摆仪在潜艇上成功地进行了一次海上测量，摆仪是海洋重力测量发展的第一阶段，其初期测量精度较低。摆仪操作复杂、计算烦琐、测量时间长、效率低且费用高，所以很快又被取代。摆杆型海洋重力仪是完成由水下到水面、由离散点测量到连续性测量这一历史性演变的仪器，也是海洋重力仪发展的第二阶段。摆杆型海洋重力仪存在的主要问题是交叉耦合效应引起的误差较大，可达 5～40mGal。因此，这类重力仪通常带有附加装置，用于测量作用在重力仪传感器上的扰动加速度，并由专用的交叉耦合效应改正计算机直接计算出改正值。即使如此，交叉耦合效应改正误差仍然是摆杆型海洋重力仪的主要误差源（黄谟涛等，2009）。不受交叉耦合效应误差影响的轴对称型海洋重力仪就是在这种情况下应运而生的。轴对称型海洋重力仪不受水平加速度的影响，从根本上消除了交叉耦合效应的影响，在恶劣海况下也能正常工作，是海洋重力仪的一个重大突破。这类仪器被称为第三代海洋重力仪。此外，国外还有不少研究机构通过测量弦的谐振频率得到重力变化，研制出了振弦海洋重力仪。经过几十年的发展，海洋重力测量已经取得了相当大的进步，新型的观测仪器和定位手段已经使当今的海洋重力测量精度提高到一定的水平。

为提高海洋重力测量数据的质量，多年来世界各国海洋重力测量工作者就海洋重力观测数据处理问题进行了大量的研究工作。Strang（1983）最早提出应用最小二乘配置进行交叉点平差处理海洋重力观测资料。Wessel 和 Watts（1988）在全面分析和评价全球海洋重力测量数据精度的基础上，提出利用交叉点不符值信息推算不同航次的零点漂移改正数。黄谟涛和管铮（1999）进一步讨论了海洋重力测量中的交叉点平差问题，提出了自检校测线网平差方法，后来又提出了海洋重力测量误差补偿两步处理法，这些新的理论和方法的推广应用对提高海洋重力测量精度有重要意义。

船载重力测量方式的显著特点是测量船受到海浪、航行速度、海风等扰动因素的影响，使重力仪始终处于运动状态，作用在海洋重力仪弹性系统上的除了重力以外，还有许多因为船的运动而引起的扰动力，这些扰动力必须在重力的观测值中予以消除。这些扰动影响归纳起来主要有以下四个方面。

1. 水平加速度影响

这是波浪或气流起伏以及机器振动等因素引起测量船在水平方向上的周期性振动对重力观测值的影响。针对上述影响，海洋重力仪在设计时一般就采取措施，使仪器中感应重力的部件只能在垂直方向上移动，使仪器本身对水平加速度的直接影响不敏感。

2. 垂直加速度影响

海浪起伏或机器振动引起测量船在垂直方向上的周期性振动对重力观测值的影响。这种干扰垂直加速度比实际重力加速度变化大得多，而且频率非常高，海洋重力仪总是采用强阻尼的方法来抑制垂直加速度影响，使用通过磁场、空气、黏滞性液体等物理方式，将重力仪传感器置于强阻尼中。

3. 交叉耦合效应影响

当测量船所受的水平加速度和垂直加速度出现频率一样而相位不同时，安装在稳定平台上的摆杆式重力仪中水平加速度和垂直加速度发生交叉耦合效应（cross coupling effect，简称 cc 效应）。交叉耦合效应产生的误差在一个波浪周期内不能消除。摆杆式重力仪通常配置专用的 cc 效应改正计算机，在稳定平台或重力仪外壳上装有水平加速度计，实时测量出水平加速度并由计算机及时合成交叉耦合加速度，直接对重力仪读数进行改正，不需要另行计算。

4. 厄特弗斯效应影响

当测量船在一条东西向的测线上测量重力时，由东向西航行时所测得的重力值总是大于由西向东所测得的重力值，这是科氏力附加作用造成的。测量船向东航行时的速度加在地球自转速度上使离心力增加，就出现所测量重力比实际重力小的情况；测量船向西航行时情况则相反，所测重力比实际重力大。将科氏力对于安装在测量船上的重力仪所施加的影响称为厄特弗斯效应，可表示为

$$\delta g_{\mathrm{E}} = 2wV\sin A\cos\varphi + \frac{V^2}{R} \tag{6.1}$$

式中，$\delta g_{\mathrm{E}}$ 为厄特弗斯改正值；$w$ 为地球自转角速度；$V$ 为测量船的航速；$A$ 为测量船的航向角；$\varphi$ 为测点的地理纬度；$R$ 为地球平均半径。当船速以节（1 节 = 1.852km/h）为单位时，式（6.1）还可写成

$$\delta g_{\mathrm{E}} = 7.05V\cos\varphi\sin A + 0.004V^2 \tag{6.2}$$

基于式（6.2）计算厄特弗斯改正值以毫伽为单位，当船速小于 10 节时，式（6.2）中第二项将小于 0.5mGal，如精度要求低于 1mGal 时，此项可以省略。

## 6.4　航空重力测量

航空重力测量是以飞机为载体，综合应用重力仪、惯性导航系统和定位系统测定空中重力加速度的重力测量方法（孙中苗，2004）。目前 GT-2A 航空重力仪的测量精度可以达到 1～2mGal，空间分辨率达到 3～5km。相比于卫星重力测量，航空重力测量可提供空间分辨率更高的数据，用于恢复重力场中短波信号。相比于地面重力测量，航空重力测量具备高效率、低成本的优势，不受地面环境的影响，在高山和荒漠地区仍然可以获取空间分布均匀的重力观测资料（Mueller and Mayer-Guerr，2005）。同时在海域观测中，航空重力测量可以弥补卫星测高数据在沿海区域和极地浮冰区域观测精度较低的不足（Hwang et al.，2006；Brozena et al.，1990）；相比于船载重力测量不受海上波浪的影响，具有更高的作业效率。在大地测量方面，航空重力测量可用于填补地面施测困难地区重力资料的空白，对已有的重力观测资料进行加密；其高分辨率高精度的重力测量结果可用于精化局部大地水准面（Novák et al.，2003）。由于不受地面环境的影响，航空重力测量在陆海重力基准、高程基准的统一方面具有独特优势（吴怿昊和罗志才，2016）。

与其他观测技术相同，航空重力测量的发展主要依赖于硬件设备的革新和数据处理方法的改进。在航空重力测量早期发展中，测量精度的最大影响因素是载体垂向加速度的误差（Lacoste，1967）。20 世纪 90 年代，随着 GPS 技术的广泛应用，在航空重力中取代了气压测高仪和多普勒测速雷达，载体位置、速度和加速度的测量精度得到显著提高，至此航空重力测量精度可以达到 2～3mGal。目前，GPS 的定位、测速的精度已经能够满足航空重力测量结果精度达到 1mGal 的要求（Abdelmoula，2001；周波阳等，2016），因此平台式航空重力的测量精度更加依

赖于航空重力仪的性能。目前 L&R 航空重力仪的测量精度可以达到 2～3mGal（Hwang et al.，2006；Glennie et al.，2000）。此外，目前知名的航空重力仪包括中国研制的 CHAGS（孙中苗，2004）、俄罗斯研制的 GT-1A（Gabell，2004）和美国研制的 TAGS（欧阳永忠，2013）。2008 年，俄罗斯研制出 GT-2A 航空重力仪（图 6.4），在 GT-1A 的基础上提高了动态测量范围，能够适用于更复杂的测量环境。该重力仪标称精度均为 2mGal 左右，测量分辨率最高可达 2km。

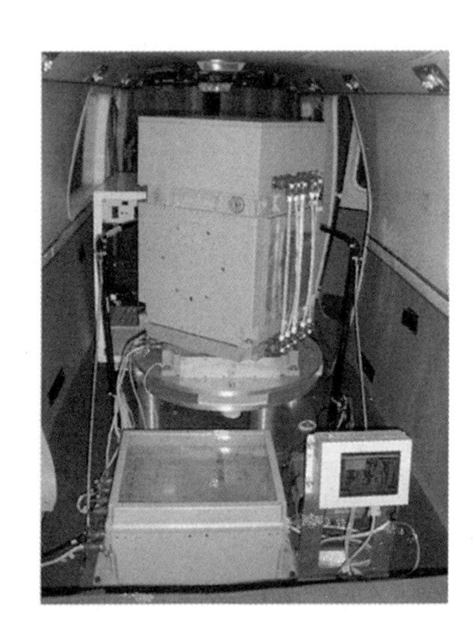

图 6.4　GT-2A 航空重力仪

航空重力观测数据中重力信号只在低频部分占优而在高频部分则完全被噪声湮没，所以提取重力信号的关键技术是设计有效的低通滤波器。航空重力信号提取采用的传统滤波器是低通滤波器和高斯滤波器。Childers 等（1999）采用快速傅里叶变换（FFT）法基于频率域设计滤波器提取重力信号，相比于传统滤波器结果精度得到提高。商用软件 GTGRAV 是解算航空重力测量数据较常用的软件。GTGRAV 软件在处理 GT 航空重力测量系统的观测数据时采用了 Kalman 滤波，可以通过实测数据对重力仪输出时间延迟、尺度因子、安装角度误差等仪器参数进行估计。Bolotin 和 Doroshin（2011）、王静波等（2012）、郑崴和张贵宾（2016）分别提出了利用 Kalman 滤波处理 GT-1A 观测数据的方法，各自设计了状态方程和观测方程。王静波等（2012）、郑崴和张贵宾（2016）解算的结果与 GTGRAV 软件处理结果基本一致。Bolotin 和 Doroshin（2011）、郑崴和张贵宾（2016）的研究表明，将重力信号视为平稳随机过程序列，并采用自适应算法得到的结果精度更高。

航空重力测量获得的是航线高度上的重力信号，但地球物理和大地测量领域的许多应用都需要地形表面或大地水准面上的重力观测值，因此将航线上的航空重力测量观测值向下延拓，是航空重力测量数据处理的主要内容之一。目前常用的向下延拓方法包括最小二乘配置法、点质量法、泊松积分迭代法和 FFT 法。王兴涛等（2004）对各种延拓方法进行了比较，分别将各种方法延拓到地面的重力结果与地面重力观测数据进行比较，其差值的统计结果表明正则化方法的延拓结果最优。此外，在航空重力数据处理细节方面的研究成果包括：汪海洪等（2016）在准惯性系下提取重力信号，避免了经典方法中没有顾及垂线偏差的近似处理，从理论上完善了航空重力测量数据处理方法；黄谟涛等（2015）比较了不同时期、不同形式的厄特弗斯改正公式，通过理论分析和数值计算给出了严密的改正公式。

以平台式航空标量重力测量系统为例，其组成部分为重力传感器、GPS 接收机和三轴惯性平台。其中重力传感器安装在固定回转式平台上，可以输出传感器中心受到的比力在垂向上的分量。比力为载体相对惯性空间的绝对加速度和重力加速度之和。GPS 接收机输出 GPS 观测文件，一般与地面基站的 GPS 观测数据结合，用于解算载体的位置、速度，通过对垂向速度进行差分可以进一步得到载体的垂向加速度。三轴惯性平台通过三个陀螺仪测量载体的姿态角，反馈给平台调节系统，维持平台始终处于水平位置，确保重力传感器输出比力的垂向分量。

航空重力测量的原理如下，由牛顿第二运动定律，作用于单位质点的比力 $\boldsymbol{f}^i$、载体运动加速度 $\ddot{\boldsymbol{r}}^i$ 和引力加速度 $\boldsymbol{G}^i$ 之间有如下关系（黑体代表矢量），如图 6.5 所示。

$$\boldsymbol{f}^i = \ddot{\boldsymbol{r}}^i - \boldsymbol{G}^i \tag{6.3}$$

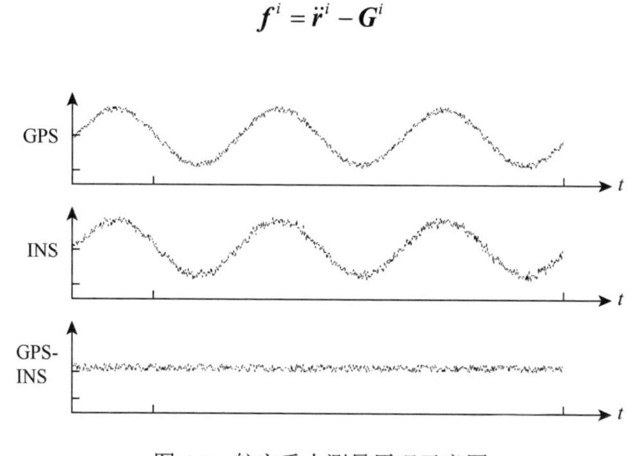


图 6.5　航空重力测量原理示意图

而牛顿第二运动定律只在惯性系中适用，式（6.3）中 $i$ 代表的是惯性坐标系。设质点在惯性系 $i$ 和地固系 $e$ 中的位置分别为 $\boldsymbol{r}^i$ 与 $\boldsymbol{r}^e$，则两者关系为

$$\boldsymbol{r}^e = \boldsymbol{R}_i^e \boldsymbol{r}^i \tag{6.4}$$

式中，$\boldsymbol{R}_i^e$ 为从 $i$ 系到 $e$ 系的坐标转换矩阵，将式（6.4）对时间求导可以得到：

$$\dot{\boldsymbol{r}}^e = \boldsymbol{R}_i^e \dot{\boldsymbol{r}}^i + \dot{\boldsymbol{R}}_i^e \boldsymbol{r}^i = \boldsymbol{R}_i^e (\dot{\boldsymbol{r}}^i + \boldsymbol{\Omega}_{ei}^i \boldsymbol{r}^i) \tag{6.5}$$

式（6.5）中的 $\boldsymbol{\Omega}_{ei}^i$ 为反对称矩阵，代表 $e$ 系相对于 $i$ 系的运动角速度。载体相对于地球的速度用 $\boldsymbol{v}^e$ 表示，即 $\boldsymbol{v}^e = \dot{\boldsymbol{r}}^e$，$\boldsymbol{v}^e$ 在当地水平坐标系 $l$ 中表示为

$$\boldsymbol{v}^l = R_e^l \boldsymbol{v}^e \tag{6.6}$$

结合式（6.5）和式（6.6）容易得到：

$$\boldsymbol{v}^l = \boldsymbol{R}_e^l \boldsymbol{R}_i^e (\dot{\boldsymbol{r}}^i + \boldsymbol{\Omega}_{ei}^i \boldsymbol{r}^i) = \boldsymbol{R}_e^l (\dot{\boldsymbol{r}}^i - \boldsymbol{\Omega}_{ei}^i \boldsymbol{r}) \tag{6.7}$$

故有

$$\dot{\boldsymbol{r}}^i = \boldsymbol{R}_l^i \boldsymbol{v}^l + \boldsymbol{\Omega}_{ie}^i \boldsymbol{r}^i \tag{6.8}$$

从而，

$$\ddot{\boldsymbol{r}}^i = \boldsymbol{R}_l^i (\dot{\boldsymbol{v}}^l + \boldsymbol{\Omega}_{il}^l \boldsymbol{v}^l) + \boldsymbol{\Omega}_{ie}^i \dot{\boldsymbol{r}}^i \tag{6.9}$$

由于 $\boldsymbol{\Omega}_{ie}^i$ 量级很小，因此可以忽略最后一项，式（6.9）在 $l$ 系中有

$$\boldsymbol{f}^l = \boldsymbol{R}_i^l \boldsymbol{f}^i = \boldsymbol{R}_i^l (\ddot{\boldsymbol{r}}^i - \boldsymbol{G}^i) \tag{6.10}$$

将式（6.9）代入式（6.10）得

$$\boldsymbol{f}^l = \dot{\boldsymbol{v}}^l + (\boldsymbol{\Omega}_{ie}^l + \boldsymbol{\Omega}_{el}^l)\boldsymbol{v}^l + \boldsymbol{R}_i^l \boldsymbol{\Omega}_{ie}^i \dot{\boldsymbol{r}}^i - \boldsymbol{R}_i^l \boldsymbol{G}^i \tag{6.11}$$

结合相似变换 $\boldsymbol{R}_i^l \boldsymbol{\Omega}_{ie}^i \boldsymbol{R}_l^i = \boldsymbol{\Omega}_{ie}^l$ 及式（6.11）可得

$$\boldsymbol{f}^l = \dot{\boldsymbol{v}}^l + (2\boldsymbol{\Omega}_{ie}^l + \boldsymbol{\Omega}_{el}^l)\boldsymbol{v}^l - \boldsymbol{R}_i^l (\boldsymbol{G}^i - \boldsymbol{\Omega}_{ie}^i \boldsymbol{\Omega}_{ie}^i \boldsymbol{r}^i) \tag{6.12}$$

而重力是地球引力和离心力的合力，即有

$$\boldsymbol{g}^i = (\boldsymbol{G}^i - \boldsymbol{\Omega}_{ie}^i \boldsymbol{\Omega}_{ie}^i \boldsymbol{r}^i) \tag{6.13}$$

所以：

$$\boldsymbol{f}^l = \dot{\boldsymbol{v}}^l + (2\boldsymbol{\Omega}_{ie}^l + \boldsymbol{\Omega}_{el}^l)\boldsymbol{v}^l - \boldsymbol{R}_i^l \boldsymbol{g}^i = \dot{\boldsymbol{v}}^l + (2\boldsymbol{\Omega}_{ie}^l + \boldsymbol{\Omega}_{el}^l)\boldsymbol{v}^l - \boldsymbol{g}^l \tag{6.14}$$

式（6.14）即是惯性系统下的比力方程，式中 $(2\boldsymbol{\Omega}_{ie}^l + \boldsymbol{\Omega}_{el}^l)\boldsymbol{v}^l$ 称为科里奥利加速度，$\dot{\boldsymbol{v}}^l$ 为载体运动加速度，而重力矢量 $\boldsymbol{g}^l$ 可以由正常重力矢量 $\boldsymbol{\gamma}^l$ 与重力扰动矢量 $\delta\boldsymbol{g}^l$ 之和来表示，由此可得出航空矢量重力测量的基本模型：

$$\delta\boldsymbol{g}^l = \dot{\boldsymbol{v}}^l - \boldsymbol{f}^l + (2\boldsymbol{\Omega}_{ie}^l + \boldsymbol{\Omega}_{el}^l)\boldsymbol{v}^l - \boldsymbol{\gamma}^l \tag{6.15}$$

展开为分量形式有

$$\begin{cases} \delta\boldsymbol{g}_{\mathrm{N}} = \dot{\boldsymbol{v}}_{\mathrm{N}} - \boldsymbol{f}_{\mathrm{N}} + \left(\dfrac{\boldsymbol{v}_{\mathrm{E}}}{N+h} + 2w\cos\varphi\right)\tan\varphi \boldsymbol{v}_{\mathrm{E}} + \dfrac{\boldsymbol{v}_{\mathrm{N}}\boldsymbol{v}_{\mathrm{U}}}{M+h} \\ \delta\boldsymbol{g}_{\mathrm{E}} = \dot{\boldsymbol{v}}_{\mathrm{E}} - \boldsymbol{f}_{\mathrm{E}} + \left(\dfrac{\boldsymbol{v}_{\mathrm{E}}}{N+h} + 2w\cos\varphi\right)(\boldsymbol{v}_{\mathrm{U}} - \boldsymbol{v}_{\mathrm{N}}\tan\varphi) \\ \delta\boldsymbol{g}_{\mathrm{U}} = \dot{\boldsymbol{v}}_{\mathrm{U}} - \boldsymbol{f}_{\mathrm{U}} - \left[\left(\dfrac{\boldsymbol{v}_{\mathrm{E}}}{N+h} + 2w\cos\varphi\right)\boldsymbol{v}_{\mathrm{E}} + \dfrac{\boldsymbol{v}_{\mathrm{N}}^2}{M+h}\right] - \boldsymbol{\gamma}_{\mathrm{U}} \end{cases} \tag{6.16}$$

式中，下标 N、E、U 分别表示当地水平坐标系中的北、东、天方向；$w$ 为地球

自转角速度；$\varphi$ 为地理纬度；$h$ 为大地高；$\boldsymbol{\gamma}_{\mathrm{U}}$ 为测线上的正常重力值；$N$、$M$ 分别为卯酉圈与子午圈的曲率半径，计算公式为

$$\begin{cases} N = \dfrac{a}{\sqrt{1-e^2\sin^2\varphi}} \\ M = \dfrac{a(1-e^2)}{(\sqrt{1-e^2\sin^2\varphi})^3} \end{cases} \tag{6.17}$$

式中，$a$ 为参考椭球的长半径；$e$ 为第一偏心率。

由式（6.16）可得到航空标量重力测量的数学模型：

$$\boldsymbol{g}_{\mathrm{U}} = \dot{\boldsymbol{v}}_{\mathrm{U}} - \boldsymbol{f}_{\mathrm{U}} - \left[\left(\frac{\boldsymbol{v}_{\mathrm{E}}}{N+h} + 2w\cos\varphi\right)\boldsymbol{v}_{\mathrm{E}} + \frac{\boldsymbol{v}_{\mathrm{N}}^2}{M+h}\right] \tag{6.18}$$

式中，$\left(\dfrac{\boldsymbol{v}_{\mathrm{E}}}{N+h} + 2w\cos\varphi\right)\boldsymbol{v}_{\mathrm{E}} + \dfrac{\boldsymbol{v}_{\mathrm{N}}^2}{M+h}$ 为厄特弗斯改正。

航空重力测量输出的原始观测数据包括重力仪观测的比力数据、GPS 观测数据和载体姿态数据。由 GPS 观测数据容易解算得到载体的位置和速度信息，并将其作为起算数据。则重力扰动可以表示为

$$\delta g = f_3 - f_0 + g_0 - g_n - \dot{v}_n + \delta g_{\mathrm{E}} + \delta g_{\mathrm{H}} + \delta g_{\mathrm{A}} + \delta g_{\mathrm{D}} \tag{6.19}$$

式中，$f_3$ 为重力仪输出的垂向比力观测值；$f_0$ 为地面参考点上重力仪的观测值；$g_0$ 为地面参考点上的绝对重力值；$g_n$ 为观测点的正常重力；$\dot{v}_n$ 为载体垂向速度；$\delta g_{\mathrm{E}}$ 为厄特弗斯改正；$\delta g_{\mathrm{H}}$ 为水平加速度改正；$\delta g_{\mathrm{A}}$ 为偏心改正；$\delta g_{\mathrm{D}}$ 为零漂改正。其中，比力观测值和载体垂向加速度的量级达到几万毫伽，包含大量的高频噪声，所以两者的差值加上各项改正的结果还需要经过低通滤波才能得到重力扰动信号，常用的滤波方法包括有限脉冲响应（finite impulse response，FIR）滤波、无限脉冲响应（infinite impulse response，IIR）滤波和 Kalman 滤波。

空间一点的重力扰动是该点绝对重力与正常重力的差值，所以无论是航空重力数据还是地面重力数据，由绝对重力值计算重力扰动都需要进行正常重力改正。正常重力是正常参考椭球对球外一点引力与该点离心力的合力，由于正常椭球属于均质旋转椭球，所以正常重力只与计算点的纬度、高度和参考椭球的参数相关。

厄特弗斯改正是由于测量载体相对地球运动，重力传感器受到附加的离心力作用而需要做出的一项改正。在实际测量过程中，三轴惯性平台并不能保持处于严格水平状态，而是会有小角度的倾斜。此时，重力仪输出的比力数据中包含水平加速度的分量，因此需要进行水平加速度改正。载体上 GPS 天线相位中心与重力传感器中心不在同一位置。在飞行过程中，载体不可避免地产生俯仰和横滚运动，此时重力传感器中心与 GPS 天线相位中心由于处于不同位置，其速度和加速度也存在差异，因此要进行偏心改正。重力仪在同一测点上不同时间的观测值存

在差异，这被认为是由重力仪的零点漂移造成的。上述的正常重力改正、厄特弗斯改正、水平加速度改正、偏心改正和零漂改正都有相应的模型公式进行改正（宛家宽，2017）。

航空重力测量结果沿测线分布，在施测过程中载体无法保持在同一高程面上，为了后续进行格网化和延拓处理，需要将航空重力数据归算至同一高程面。一般航空重力测量中会设计相交的主、副测线，交叉点上的主、副测线测量结果的不符值反映出航空重力测量的系统误差，采用交叉点数据进行测线网平差可以削弱系统误差的影响。航空重力测量中数据采集频率较高，沿测线方向观测数据分布密集；在非测线方向上，受到测线间距的制约，观测数据的分布较为稀疏。为了方便测量成果的存储、表达，同时便于重力场建模等方面的应用，有必要对航空重力数据进行格网化处理。在航空重力数据向下延拓解算局部重力场或是采用航空重力数据反演地质构造等应用中，一般需要计算地形质量的影响，对航空重力数据进行地形改正。综上所述，航空重力数据的归算包括将航空重力数归算至同一高程面、交叉点平差、重力数据格网化和地形改正，是对航空重力测量结果进行表达和应用的预处理过程。图 6.6 给出了数据预处理及空中重力扰动向下延拓的流程图。将航空重力测量结果向下延拓到地面可以与地面观测数据进行比较，进而评价航空重力测量外符合精度。

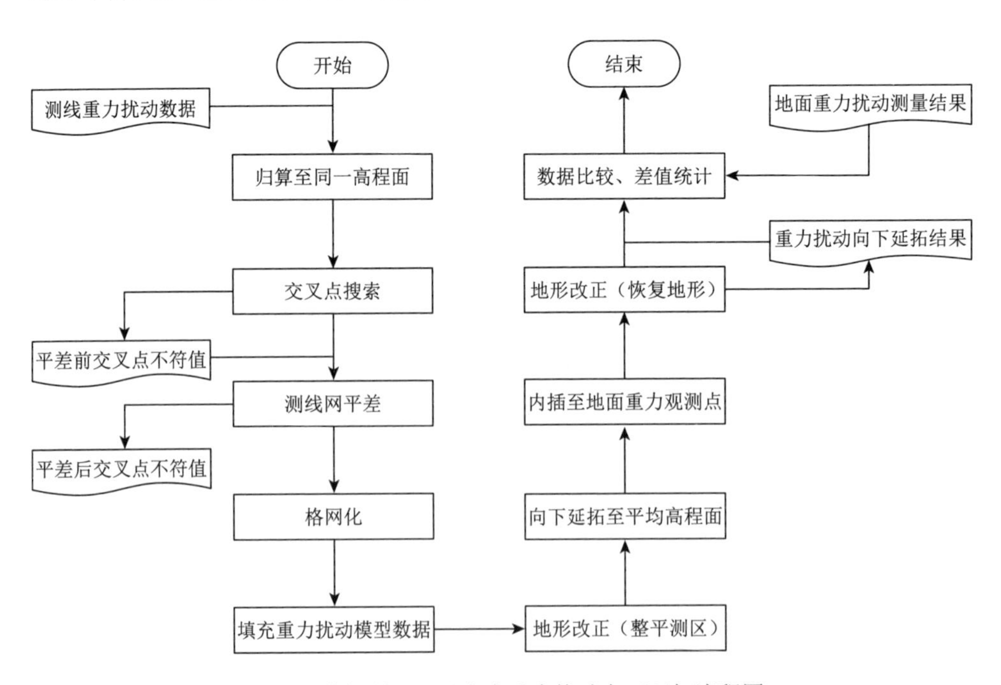


图 6.6　数据预处理及空中重力扰动向下延拓流程图

## 6.5　卫星重力测量

1957 年第一颗人造地球卫星发射成功拉开了人类进入卫星和航天技术时代的序幕，卫星大地测量应运而生，为了测定和描述卫星运行轨道，苏、美两国形成了最初的地心坐标系地面框架，点位精度大致为米级水平。随后应用卫星大地测量方法开始了精化地面基准站地心坐标的步骤，随着卫星定轨精度的提高（主要采用卫星激光测距技术），地面站的地心坐标得以改进，并且利用甚长基线干涉测量（very long baseline interferometry，VLBI）技术可以改进地面地心系框架的尺度。20 世纪 70 年代美国海军建立的多普勒导航卫星系统开始了高精度卫星定位时代，这一系统的应用加速了上述定轨和确定地面站地心坐标之间迭代式精化过程，使定轨精度达到米级，地面站精度达到分米级。这一过程一个重要的“副产品”是得到一系列不断精化的地球重力场模型，是物理大地测量学家利用卫星轨道数据推算求解低阶地球重力场位系数的结果，卫星轨道主要受地球重力场影响，反过来，由轨道数据又可确定地球重力场，由此诞生了卫星重力探测理论和技术，形成了卫星重力学的学科分支（李飞，2008）。

从 2000 年开始，专门用于测量地球重力场的卫星相继发射。首先是 2000 年 7 月 15 日发射的 CHAllenging Minisatellite Payload（CHAMP）重力卫星。CHAMP 卫星在平均高度约为 460km 圆形近极轨道上运行，但是随着时间推移，卫星轨道高度逐渐降低，直至 2010 年 9 月 19 日最终在大气层中燃烧掉。该计划致力于研究地球磁场、地球重力场及通过无线电掩星技术研究大气层。CHAMP 卫星是第一颗采用高低卫-卫跟踪技术的卫星，它装载有 GPS 接收机和三轴加速度仪，利用星载 GPS 接收机进行卫星的精密定轨，同时由星载加速度计直接测量卫星的非保守力摄动。由于高低卫-卫跟踪模式数据对长波段和中波段分量的重力场变化敏感，CHAMP 卫星显著改善了地球重力场模型中长波部分的结果。CHAMP 卫星数据已被不同机构用于计算重力场模型，如 ITG-CHAMP01、AIUB-CHAMP03S、EIGEN-CHAMP05S 等。2002 年 3 月 17 日美国国家航空航天局（National Aeronautics and Space Administration，NASA）发射了 Gravity Recovery and Climate Experiment（GRACE）卫星。与 CHAMP 计划相比，GRACE 计划的主要目标是提供在中长波部分精度更高的静态和时变地球重力场信息。GRACE 主要搭载的设备有 GPS 接收机、三轴加速度计、K 波段微波仪等。虽然 CHAMP 和 GRACE 计划能够提供高精度的重力场中长波分量，但无法求解重力场的短波分量。为解决这一问题，欧洲航天局（European Space Agency，ESA）推出了 Gravity field and steady-state Ocean Circulation Explorer（GOCE）卫星计划。这项始于 20 世纪 90 年代初的计划，经过几次推迟后，于 2009 年 3 月 17 日发射卫星升空。卫星运行在一个约 255km

高度的太阳同步轨道上，轨道倾角为 96.7°，这样就造成了两极有球冠半径约为 6.7°的空白区域。由于如此低的轨道高度，卫星遭受大量的空气阻力，卫星轨道迅速衰减。为了补偿大气阻力，GOCE 卫星配备了电离子推进器。GOCE 卫星携带一个高精度的重力梯度仪，通过重力梯度数据可以实现高精度高分辨率的地球的静态重力场建模。与 CHAMP 和 GRACE 相比，GOCE 卫星能够反演更高精度和空间分辨率重力场模型。在 100km 的波长范围内，其确定重力场的精度 1～2mGal，大地水准面精度优于 1cm。随着卫星重力技术的发展，国内外学者不断改善数据预处理的策略与方法，使得卫星载荷观测数据的精度得以大幅度提升，重力场模型的分辨率和精度显著提高。图 6.7 展示了现有的一些静态重力场模型的精度（通过与超高阶重力场模型 EIGEN-6C4 的大地水准面高比较）。

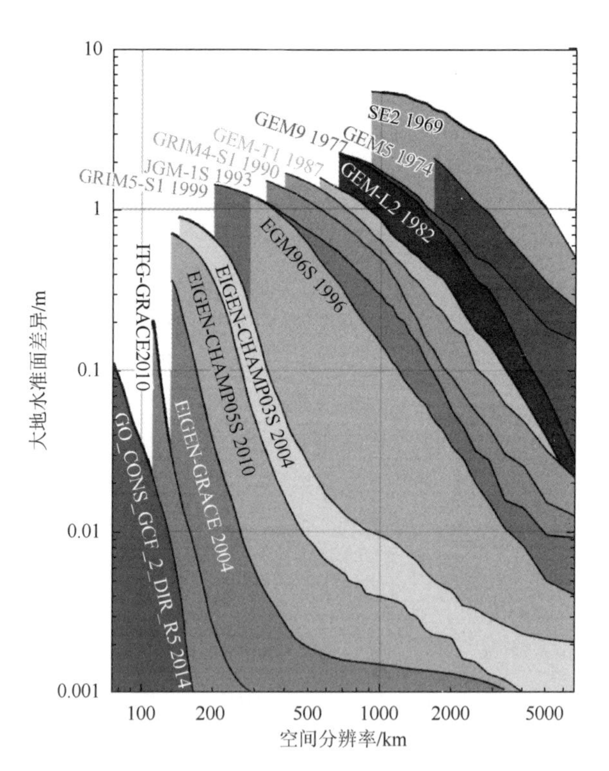


图 6.7　静态重力场模型与超高阶重力场模型（EIGEN-6C4）的大地水准面高差异
［引自国际地球重力场模型中心（ICGEM）］

## 6.5.1　GRACE 卫星重力测量

2002 年 3 月 17 日成功发射的 GRACE 重力卫星计划是由 NASA 和德国航空航天中心（Deutsches Zentrum für Luft-und Raumfahrt，简称 DLR）联合开发，旨

在获取高精度地球重力场的中长波分量及全球重力场的时变特征。GRACE 卫星计划实施设计的运行时间为 5 年，但从 2002 年发射以来持续运行到 2017 年。基于地球质量变化与重力场变化的关系，利用 GRACE 中长波时变重力场可在一定尺度上反演地表质量重新分布，可用于探测大气和电离层环境，监测地球系统水质量迁移现象，如地表、地下水的迁移，冰盖和全球海平面变化，研究浅海与深海海流等。GRACE 卫星轨道采用近极圆轨道设计，轨道倾角 89.0°，偏心率小于 0.005，轨道初始高度约 500km。GRACE 卫星采用高低卫-卫跟踪模式（satellite-to-satellite tracking in the high-low model，SST-hl）和低低卫-卫跟踪模式（satellite-to-satellite tracking in the low-low model，SST-ll）组合技术模式，两星同轨相距约 220km。所谓高低卫-卫跟踪模式，即利用搭载在重力卫星上的高频全球导航定位系统（global navigation satellite system，GNSS）接收机，获取高精度的卫星轨道数据，最终由卫星轨道摄动确定地球重力场模型。高低卫-卫跟踪技术的测量模式如图 6.8 所示。低低卫-卫跟踪模式通过搭载在两颗卫星上的星间测距系统，获取两颗卫星的星间距离及其变化率，这种测量模式对地表质量变化异常敏感，可以同时确定静态重力场模型和时变重力场模型，如图 6.9 所示。两个低轨卫星通过星载 GPS 接收机准确确定其轨道位置利用 K 波段测距（K-band ranging，KBR）系统连续观测两星间的距离变率，由此得到地球重力场的空间变率。卫星还携带了三轴加速度计以获取卫星所受的非保守力摄动，装载了恒星敏感器，用于精密测量 GRACE 卫星的姿态。由于采用星载 GPS 和加速度计等高精度定轨和非保守力测定技术，以及高精度 K 波段测距，由 GRACE 数据反演构建的地球重力场模型，在几百公里和更大空间尺度上，要显著优于此前的卫星重力场模型。目前 GRACE 可提供阶次为 60、时间分辨率为 1 个月甚至 10 天的地球重力场模型时变序列。研究表

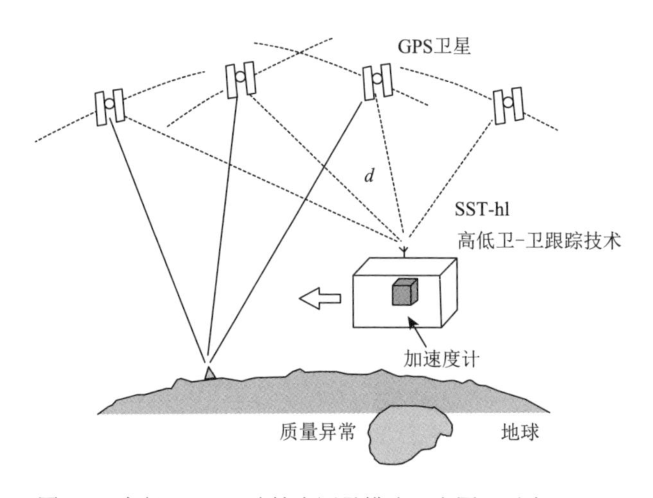


图 6.8　高低卫-卫跟踪技术测量模式示意图（引自 ESA）

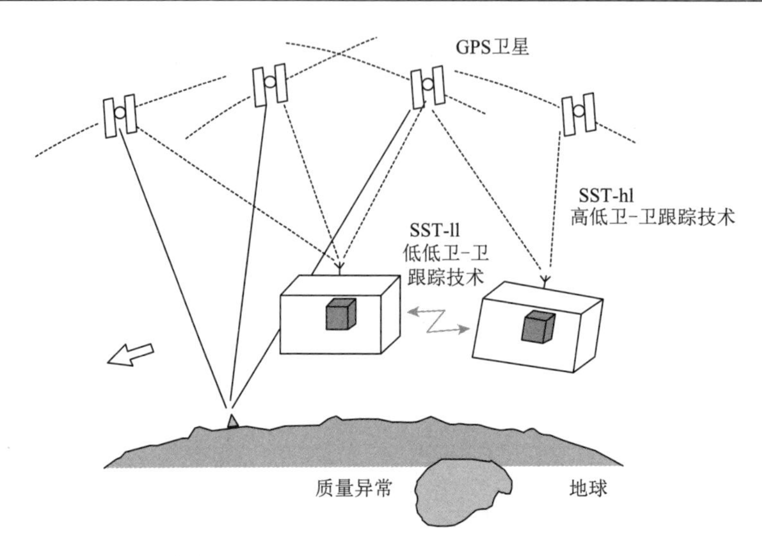


图 6.9　低低卫-卫跟踪技术测量模式示意图（引自 ESA）

明，利用 30 天的 GRACE 数据解算的重力场模型可达到以前 30 年资料累积才能达到的精度（Tapley et al.，2004）。

目前，已公布的重力场模型主要采用动力法确定，即通过精密定轨过程积分卫星轨道，解变分方程，解带有重力场未知参数的观测方程，实现重力场位系数与精密轨道的同时确定。此外，作为卫星最为关键的观测数据，并未直接与重力场模型位系数建立关联，而是与观测结果一起参与平差。通过 KBR 高精度的约束条件提高解的稳定性和重力场恢复的精度（Tapley et al.，2005）。总的来说，卫星跟踪卫星观测技术突破了卫星地面跟踪及卫星对地观测技术的局限性，实现了全新的重力探测模式，大大提升了重力场模型长波部分的精度，相比以前的卫星重力模型的精度有了近两个量级的提高，充分体现了新一代卫星重力任务的优越性。

由于 GRACE 卫星计划的巨大成功，GRACE-FO（GRACE follow-on）卫星于 2018 年 5 月 22 日发射，继续对地球时变重力场进行监测（Kornfeld et al.，2019）。GRACE-FO 的原始数据是一系列显示两颗卫星相距多远的测量值。两颗 GRACE-FO 卫星在环绕地球的轨道上相互跟随，相距约 220km。它们不断地相互发送微波信号以测量它们之间的距离，两个卫星之间的测距精度可以达到 1μm。根据两颗卫星之间的距离测量，可用于恢复地球重力场。GRACE-FO 卫星同时搭载了激光测距干涉计（laser ranging interferometer，LRI），有望将卫星间测距精度提高 20 倍，从而提供更高反演精度、更高时空分辨率的重力场数据。该卫星将继续对全球重力场的变化进行监测，在地下水储量、河流湖泊、土壤湿度及冰川冰盖质量变化等方面将得到更加深入的应用。国内外的专家学者已经利用 GRACE-FO 的数据进行了地球磁场的建模、极地海冰质量变化及全球陆地水储量变化等方面的研究。

## 6.5.2　GOCE 卫星重力测量

重力梯度张量能反映重力位水准面的曲率和力线弯曲，更能敏感地反映出地球重力场的短波变化，是研究精细结构地球重力场的重要技术手段，其代表为 ESA 发射的 GOCE 重力卫星。卫星重力梯度测量（satellite gravity gradiometry，SGG）技术的关键是要解决安置在卫星上重力梯度仪的灵敏度、稳定性和精度等问题。由于卫星重力梯度仪的研制精度达不到要求和运载火箭故障问题，GOCE 任务一再被推迟，直到 2009 年 3 月 17 日才在俄罗斯的普列谢茨克发射场成功发射。

GOCE 卫星（图 6.10）轨道设计为太阳同步晨昏轨道，初始轨道高度约为 280km，轨道倾角为 96.7°，偏心率小于 0.001，计划运行时间为 20 个月。GOCE 装载有高精度的静电重力梯度仪，测量带宽内精度为 3.2mE，并采用了与 SST-hl 技术相结合的测量模式。SGG 技术的基本原理是利用低轨卫星内一个或多个固定基线（大约 0.5m）上的差分加速度计来测定三个互相垂直方向重力梯度张量的各个分量，即测出加速度计检验质量之间的空中三向重力加速度差值。测量信号反映了重力加速度分量的梯度，即重力位的二阶导数，基本原理如图 6.11 所示。SGG 测量的引力位二阶导数在一定程度上可以有效补偿重力场信号随卫星高度上升而产生的衰减，能够以高精度测定重力场的中短波长部分信息，而 SST-hl 技术能够高精度恢复重力场的长波部分信息，两者结合可以实现厘米级大地水准面求解的目标。

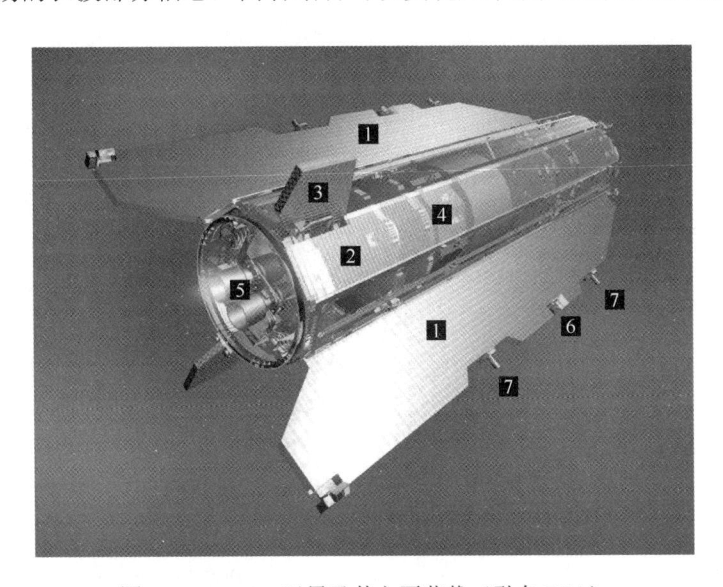


图 6.10　GOCE 卫星及其主要荷载（引自 ESA）

1-固定太阳能阵列机翼；2-安装在星体上的太阳能板；3-尾鳍稳定装置；4-梯度仪；5-离子推进器装置；6-S 波段天线；7-GPS-GLONASS 天线

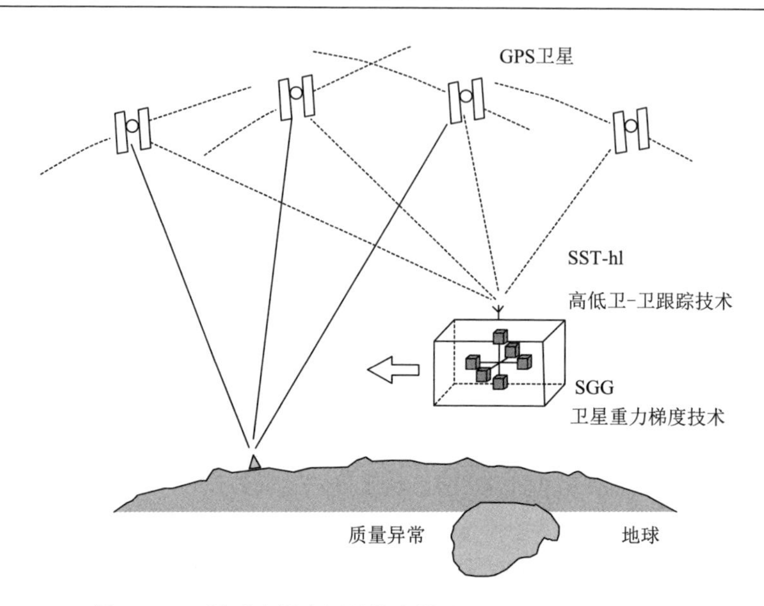


图 6.11　卫星重力梯度测量技术模式示意图（引自 ESA）

GOCE 任务的科学目标是建立全球高精度高分辨率的地球重力场模型和大地水准面模型（预期大地水准面精度为 1～2cm，重力异常精度为 1mGal，相应空间分辨率优于 100km），以用于 GPS 大地高到正高转换，以及全球高程系统的统一研究、地球内部构造及其变化研究、大洋环流和海平面变化研究及大气研究等。

利用重力梯度数据确定地球重力场模型在理论上归结为求解卫星重力梯度边值问题（罗志才，1996）。卫星重力梯度张量观测值共 5 个独立分量，根据单分量则可建立相应的单定边值问题，也可根据多个分量的组合组成超定边值问题。从解算方法来看，利用重力梯度数据确定地球重力场模型主要围绕直接法、时域法（time-wise，TW）和空域法（space-wise，SW）展开。直接法处理 GOCE 数据时，首先分别利用卫-卫跟踪数据和梯度数据建立各自的法方程组，然后对两类法方程组矩阵进行加权处理，再添加正则化条件对加权的法方程组进行求解，从而得到球谐系数。时域法和空域法最简单的区别是将观测值看作时间还是位置的函数。时域法是将观测值看作沿卫星轨道的时间序列，利用地球引力位的轨道根数表示，建立重力梯度观测值与位系数的函数关系，从而求得地球引力位系数。如果在时间域内直接求解位系数，则为时间域时域法（time-wise in the time domain，TWTD），通常称为时域最小二乘法；也可将梯度观测值时间序列作傅里叶分析转换到频域内，得到集总系数（lumped coefficients），重力场位系数与 LC 系数呈线性关系，进而解法方程可恢复重力场，这种方法称为频率域时域法（time-wise in the frequency domain，TWFD），通常也称为半解析法（semi-analytical，SA）。空域法是将观测值看作卫星轨道位置的函数，如果直接采用卫星沿轨观测值建立观测方程，利用经典最小二乘方法求解重力场位系数，称为空域最小二乘法；也可将观测值归算到平均轨道球面上，并通过插值的方法内插得到均匀球面格网值，采用球谐分析方法或者最小二乘配置法（least-square collocation，LSC）解算重力场位系数。

GOCE 卫星提供了前所未有的高精度全球重力观测数据，图 6.12 给出了由直接法、时域法和空域法得到多代重力场模型大地水准面累积误差。目前，GOCE 直接解重力场模型已发布六代，将其简称为 DIR R1、DIR R2、DIR R3、DIR R4、DIR R5、DIR R6；GOCE 时域解重力场模型已发布 7 代，将其简称为 TIM R1、TIM R2、TIM R3、TIM R4、TIM R5、TIM R6、TIM R6e；GOCE 空域解重力场模型已发布 4 代，将其简称为 SPW R1、SPW R2、SPW R4、SPW R5。每一代模型都采用了当时能够获得全部 GOCE 数据，在求解第四代模型时，采用了 33 个月的 GOCE 数据，而在求解第五、六代解时，采用了全部的 48 个月的数据。此外，对于直接解的重力场模型，第四代解是以第三代解作为先验模型，对观测值方程进行了 8.3～125.0mHz 的带通滤波，所有的观测值方程都是根据先验模型估计的标准差来定权，为了克服极地数据的缺失导致的方程不稳定，在 2～180 阶中引入了 GRACE 重力数据，并采用了 GRACE/LAGEOS 的数据，对 200 阶以上的法方程采用了 Kaula 正则化。第五代解相对于第四代解使用了更多的 GOCE 重力梯度数据，其先验模型为第四代解。第六代解的先验模型为第五代解，相比于第五代解，其使用了重新轨道校正后的 GOCE 重力梯度数据，对观测值方程进行了 0～125.0mHz 的低通滤波，还使用了卫星激光测距（satellite laser ranging，SLR）

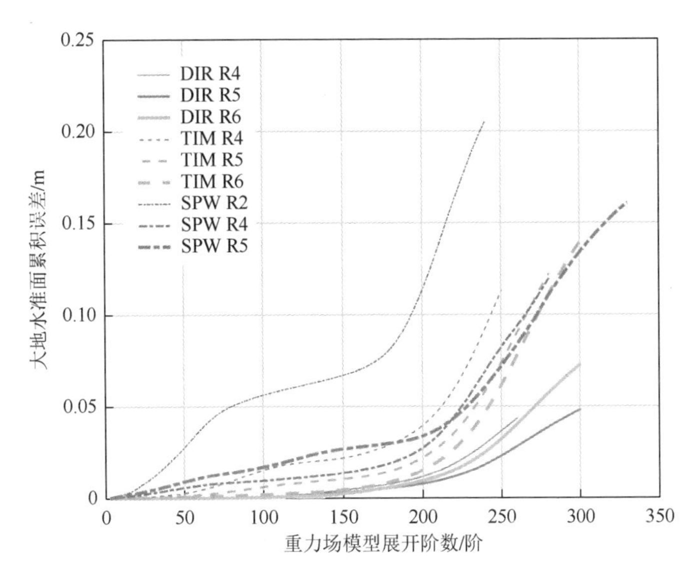


图 6.12　最新的三代直接解（实线）、时域解（长虚线）和空域解（点虚线）的 GOCE 重力场模型的大地水准面累积误差

的数据求解低阶系数。在时域解模型中，除了 GOCE 数据的不同，不同代的模型解算方法差别不大。从图中可以看到直接法求解的模型精度最高，且随着重力数据不断累积和数据处理方法的改善，重力场模型的空间分辨率和精度也在不断提高。

卫星重力梯度观测数据的预处理是实现卫星计划预期科学目标的关键环节之一。数据产品分为 Level 0、Level 1a、Level 1b、Level 2 和 Level 3 数据。Level 0 是卫星原始观测数据，由 GOCE 卫星地面控制部门负责接收并处理转换为可供科学研究使用的 Level 1a 和 Level 1b 数据。Level 2 数据包括轨道和地球重力场相关科学产品。Level 3 数据是为不同科学领域的研究需要而由 Level 2 产品导出的应用产品，可直接用于固体地球物理学、海洋环流、冰盖动力学、大地测量学与海平面变化等领域的研究。卫星重力梯度观测数据的预处理是指对 Level 1a 和 Level 1b 的处理，以期获得能供相关科学研究使用的卫星梯度数据。ESA GOCE 卫星任务高级数据处理部门（High-level Processing Facility，HPF）下属分布在欧洲的代尔夫特工业大学、慕尼黑工业大学、荷兰国家航空和航天研究所及哥本哈根大学，由四个研究小组组成，全面负责 GOCE 卫星重力梯度测量数据的预处理工作，相应的数据预处理流程如图 6.13 所示。

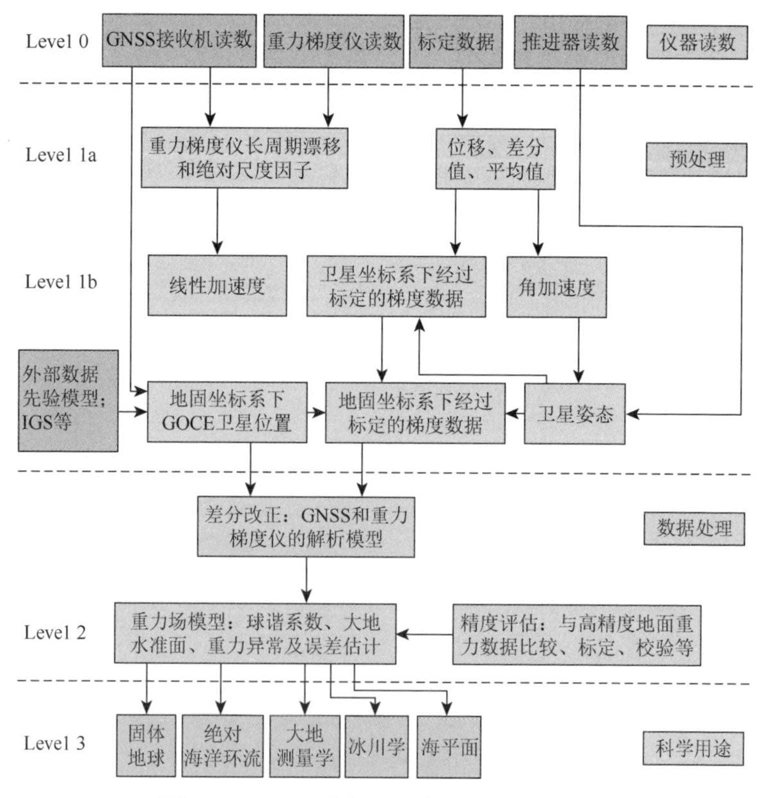


图 6.13　GOCE 数据处理流程（引自 ESA）

# 6.6　海洋重力数据处理及应用

## 6.6.1　海洋重力数据预处理

海洋重力数据预处理主要包括重力基点比对、重力仪滞后效应校正和重力仪零点漂移改正。

### 1. 重力基点比对

为了控制重力仪的零点漂移和测点观测误差的积累，同时将测点的相对重力值传递为绝对重力值，在每一次作业开始前和结束后，都必须将海洋重力仪置于重力基准点附近进行测量比对。重力基准点需与 1985 年国家重力基本网系统进行联测，联测精度要求不低于 0.3mGal。重力基点比对计算公式如下。

1）重力仪与重力基点之间纬度差改正公式

根据重力基点比对时量取的重力仪到重力基点的距离和方位角，计算两者在南北向的距离 $d_{\mathrm{B}}$，之后求纬度差改正 $\delta g_{\mathrm{B}}$。有

$$\delta g_{\mathrm{B}} = 4.741636224(0.01060488\sin B\cos B - 0.0000234\sin 2B\cos 2B)\Delta B \quad (6.20)$$

式中，$B$ 为重力仪所在的纬度，$\Delta B = d_{\mathrm{B}} / 30$。

2）重力读数 $S$ 归算到重力基点高程面的改正公式为

$$\begin{aligned} S_{\mathrm{J}} &= S_{\mathrm{Z}} - 0.3086h_{\mathrm{JZ}} \\ h_{\mathrm{JZ}} &= h_{\mathrm{J}} - (h_{\mathrm{l}} + h_{\mathrm{r}})/2 + h_{\mathrm{Z}} \end{aligned} \quad (6.21)$$

式中，$h_{\mathrm{J}}$ 为码头基点 $P$ 到水面的高度；$h_{\mathrm{l}}$ 为重力仪安装位置到水面的高度；$h_{\mathrm{r}}$ 为船右舷甲板面到水面的高度；$h_{\mathrm{Z}}$ 为重力仪重心到甲板面的高度；$h_{\mathrm{JZ}}$ 为重力仪重心到重力基点高程面的高度；$S_{\mathrm{Z}}$ 为比对重力基点时重力仪读数值；$S_{\mathrm{J}}$ 为归算到重力基点高程面的重力仪读数。

### 2. 重力仪滞后效应校正

为减弱扰动加速度的影响，海洋重力仪的灵敏系统均采用了强阻尼措施，因而会产生仪器滞后现象，即在某一时刻所读取的重力观测值，不是当时测量船所在位置的重力值，而是之前某一时刻的重力感应值。因此，必须消除滞后影响，使重力仪读数值正确对应于某一时刻的地理坐标。每台仪器的滞后时间都不一样，使用前必须在实验室内进行重复测试估计该仪器的滞后时间常数。

### 3. 重力仪零点漂移改正

零点漂移是重力仪固有的一个缺点，是海洋重力仪主要部件的老化及其他部

分衰弱而引起重力仪起始读数的零位不断改变。但是，只要其变化幅度不大，且有一定的规律性，就可对相应的读数进行零点漂移改正。关于零点漂移的改正一般采用两种方法：图解法和解析法。图解法因为费时又不便实现自动化处理，目前很少使用，解析法公式如下。

设测量船分别在开始和结束时刻在基点 $A$ 和 $B$ 进行比对观测。记 $\Delta g$ 为两个基点绝对重力值的差值。重力仪在基点 $A$ 和 $B$ 上的比对读数分别为 $S'_A$、$S'_B$，其重力差值为 $\Delta g' = K(S'_B - S'_A)$，$K$ 为重力仪格值，比对的相应时间分别为 $t_A$、$t_B$，记 $\Delta t$ 为二者之差，则测量的零点漂移变化率为

$$C = \frac{\Delta g - \Delta g'}{\Delta t} \tag{6.22}$$

式中，$C$ 为零点漂移变化率；$\Delta g$ 为两基点绝对重力值之差；$\Delta g'$ 为在两基点上重力测量值之差；$\Delta t$ 为重力仪比对时间之差。

设在两次比对期间完成的各个重力测点的观测日期和时间，与比对基点 $A$ 时刻的日期和时间之间的时间差依次为 $\Delta t_1, \Delta t_2, \cdots, \Delta t_n$，则各个重力测点的零点漂移改正值可按线性分配规律计算为 $C \cdot \Delta t_i (i = 1, 2, \cdots, n)$，经零点漂移改正后的各个重力值则为

$$g_i = g'_i + \delta g_K \cdot \Delta t_i \tag{6.23}$$

式中，$\delta g_K = C \cdot \Delta t_i$；$g'_i = K \cdot S_i$，$g'_i$ 代表重力仪在第 $i$ 个测点上的重力读数值。

为了满足相关科学的研究，海洋重力数据需要进行相应归算，主要如下。

（1）深度改正。如果重力值是在潜水艇上测得的，则必须将此观测重力值归算到海水面上。这种归算由两部分改正数组成，一部分是由潜水艇离海水面的深度（即负高度）引起的重力变化，可用空间改正公式计算；另一部分是由海水质量产生的引力影响。海水层质量的引力采用层间改正公式计算，深度改正为

$$\Delta g_h = -0.2225h \tag{6.24}$$

式中，$\Delta g_h$ 为由深度引起的重力改正值；$h$ 为重力仪所在的深度。若重力值是在海面船上测得的，则无此项改正。

（2）海深改正。根据式（6.23）可求得海水面上的重力值，但还需施加另一个改正，此改正数等于厚度为海面观测点到海底的距离，密度为地壳平均密度和海水密度之差的一个无限平面厚层质量的引力。它也是按层间改正公式计算的，即

$$\Delta g_H = 0.068H \tag{6.25}$$

式中，$\Delta g_H$ 为海深改正值；$H$ 为观测点海的深度。

综上所述，海洋重力数据的预处理流程如图 6.14 所示。

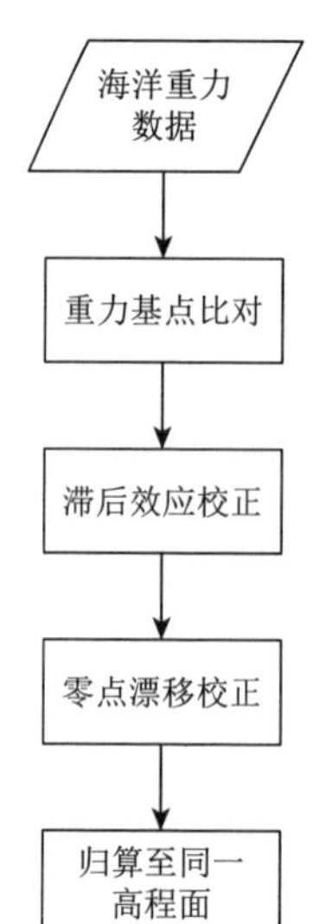


图 6.14　海洋重力数据预处理流程图

### 6.6.2　海洋重力异常

在完成海洋重力数据预处理后，可计算海洋重力异常用于相关科学研究，包括测点绝对重力值、海洋空间重力异常、海洋布格重力异常的计算。

1. 测点绝对重力值

测点绝对重力值计算公式为

$$g = g_0 + K(S - S_0) + \delta g_E + \delta g_K + \delta g_C \tag{6.26}$$

式中，$g$ 为测点的绝对重力值；$g_0$ 为重力基点的绝对重力值；$K$ 为重力仪格值；$S$ 为测点处重力仪读数（经滞后改正）；$S_0$ 为重力基点处的重力仪读数（经重力基点比对纬度差改正和高程面归算）；$\delta g_E$ 为厄特弗斯改正值；$\delta g_K$ 为重力仪零点漂移改正值；$\delta g_C$ 为测量船吃水改正值。

2. 海洋空间重力异常

海洋空间重力异常可表示为

$$\Delta g_F = g + 0.3086(h'' + h') - r_0 \tag{6.27}$$

式中，$\Delta g_F$ 为海洋空间重力异常；$g$ 为测点的绝对重力值；$h''$ 为重力仪相对于瞬时海平面的高度；$h'$ 为瞬时海面到大地水准面的高度；$r_0$ 为重力测点所对应的正常重力值。

3. 海洋布格重力异常

海洋布格重力异常的严密计算公式为

$$\Delta g_B = \Delta g_F + 0.0419(\sigma - \sigma_0)h - 0.041\sigma_0 h' \tag{6.28}$$

式中，$\Delta g_B$ 为布格重力异常；$\Delta g_F$ 为空间重力异常；$h$ 为由平均海面起算的测点水深；$h'$ 为瞬时海面至平均海面的高度；$\sigma$ 为地壳平均密度，一般取 $2.67g/cm^3$；$\sigma_0$ 为海水密度，取为 $1.03g/cm^3$。

### 6.6.3　海洋重力数据的应用

1. 陆海统一重力大地水准面的确定

陆海统一重力大地水准面的确定在建立全球和区域性测绘垂直基准、海陆垂直基准的统一、远距离高程控制和传递、陆海与岛屿高程高精度连接等诸多方面中均有重要作用（Filmer et al.，2018）。考虑到不同的观测手段所获取的重力信息在时空分布、精度水平、频谱范围上有所差异，高分辨率陆海统一重力大地水准面需基于多源数据融合求解。

以欧洲北海区域为例，采用径向基函数方法研究融合卫星重力场模型、陆地重力、船测重力、航空重力和多代卫星测高数据求解高精度高分辨率陆海统一的大地水准面模型。上述模型在荷兰、比利时、德国和英国部分区域的精度分别达到 1.1cm、2.8cm、2.9cm 和 4.1cm。船载重力及卫星测高数据这两类观测数据在海洋重力场的确定中存在互补性。一方面，测高数据的使用填补了船载重力测量的空白区，扩大海域重力场数据的覆盖范围；另一方面，由于船载重力测量的相对精度及分辨率较高，使用船载数据可提高海域重力场的精度和空间分辨率。特别是在近海区域，沿海陆地地形、岛屿、潮汐、地球物理因素和仪器硬件响应等的影响造成雷达测高脉冲的反射波形不规则，使得该区域卫星测高数据的精度下降。在上述区域，船载重力测量受到上述因素的影响较小，是卫星测高数据的一种有效的补充。计算卫星测高和船测数据分别对重力大地水准面的贡献，测高数据的贡献主要集中在船载测量数据空白区域，如英国东南海域区域及北海东北部区域，其量级达到分米级。在上述区域，卫星测高数据起主导作用。表 6.1 显示了基于不同数据解算的大地水准面的外部检核结果。相比于仅使用陆地重力异常、船载重力异常、航空重力扰动数据构建的大地水准面模型，引入测高数据可提高模型精度。特别是在海域地区（采用欧洲重力大地水准面 EGG08 作为外部检核数据），模型的精度提高了约 2.7cm；而在荷兰、比利时及英国区域，其精度分别提高了约 0.6cm、0.4cm 和 0.3cm。船载重力数据的贡献集中在测高数据误差较大的近海岸区域及部分开阔海域区域。相比于仅使用陆地重力异常、航空重力扰动和测高数据构建的大地水准面模型，引入船载重力数据亦可提高模型精度。在海域地区，大地水准面的精度提高了约 2.8cm；而在荷兰、比利时及英国区域，其精度分别提高了约 0.7cm、0.8cm 和 1.4cm。总体而言，卫星测高与船载重力测量在海域重力场的确定中存在互补性，联合两类观测量可以提高重力场的建模精度（吴怿昊和罗志才，2016）。

**表 6.1　基于不同数据解算的大地水准面的外部检核结果**　（单位：cm）

| | 陆地＋船载＋航空＋测高 | 陆地＋船载＋航空 | 陆地＋航空＋测高 |
|---|---|---|---|
| 荷兰 | 1.4 | 2.0 | 2.1 |
| 比利时 | 2.8 | 3.2 | 3.6 |
| 英国 | 4.1 | 4.4 | 5.5 |
| EGG08 | 5.4 | 8.1 | 8.2 |

2. 海岸带重力场模型的精确重构

海岸带是海洋系统与陆地系统相连接的地带，是与人类生存和发展关系最为密切的独立环境体系。海岸带重力场的精细结构是现代大地测量学、海洋测绘和固体地球物理学等学科的重要科学目标之一，且对于沿海区域面临的气候变化、海平面上升、生态环境破坏等紧迫课题具有重要的科学意义（Rio et al.，2011，2014）。然而，海岸带重力场重构是现有研究的难点问题之一。首先，海岸带多为浅海区域且存在滩涂及岛礁，易存在数据空白；其次，受陆地地形、岛屿和其他地球物理因素的影响，使得测高数据在近海区域质量较差；最后，由多种测量方式获取的数据空间分布不规则，数据特性、噪声水平和频谱特性差异较大，不同观测技术获取的重力场信息的坐标基准和重力基准可能不一致，也可能存在系统偏差或尺度误差（Hipkin et al.，2014；Wu et al.，2019）。

随着航空重力测量技术的发展，为获取高精度海岸带重力场信息提供了新的途径。航空重力测量可以实现均匀覆盖陆海区域且无缝的重力测量，能缓和海岸带重力场重建的困难。本节以澳大利亚维多利亚州吉普斯兰岛海岸带为例，量化航空重力数据对于海岸带重力场重构的贡献。该区域的数据分布见图 6.15，航空重力测量沿测线方向的平均间距约为 1km，测线与测线之间的平均间距为 10km，覆盖区域包括 1/3 陆地区域和 2/3 陆地区域，航空重力测量的精度水平优于 1mGal。

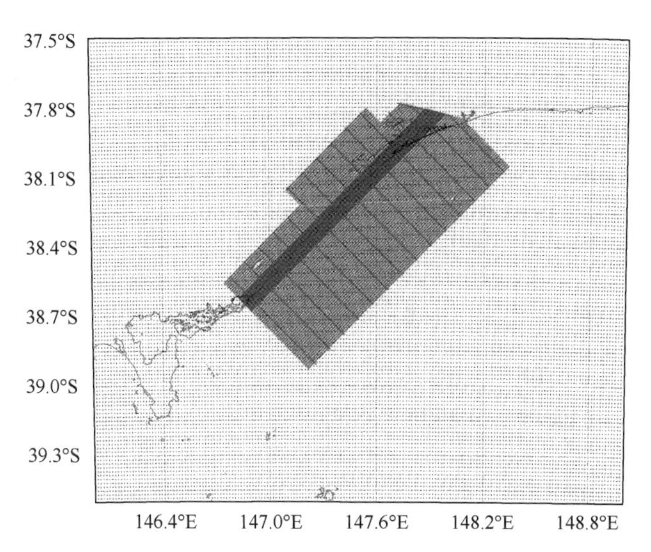


图 6.15　澳大利亚维多利亚州吉普斯兰岛重力数据分布

斜线表示航空重力的数据分布，分布在整个区域的点表示地面重力和测高重力的分布

图 6.16 显示了航空重力对于海岸带重力大地水准面重建的贡献，上述贡献可

达厘米量级，呈现出高频效应且较为明显的信号集中在海岸带附近。为了评价不同模型在海岸带的精度水平，采用基于 CryoSat-2、Jason-1 和 SARAL/AltiKa 数据提取的卫星测高大地水准面高进行检核，结果见图 6.17。其中，图 6.17（a）表示联合地面重力和航空重力求解的模型检核结果，图 6.17（b）表示仅基于地面重力求解的模型检核结果，图 6.17（c）为最新澳大利亚重力大地水准面模型 AGQG2017 的检核结果。从图中可以看出，联合航空重力求解的模型精度最高。统计结果表明，仅基于地面数据求解的模型精度为 2.8cm，AGQG2017 模型精度为 3.1cm，联合航空重力和地面重力数据求解的模型精度最高，达到 2.3cm。上述结果表明，联

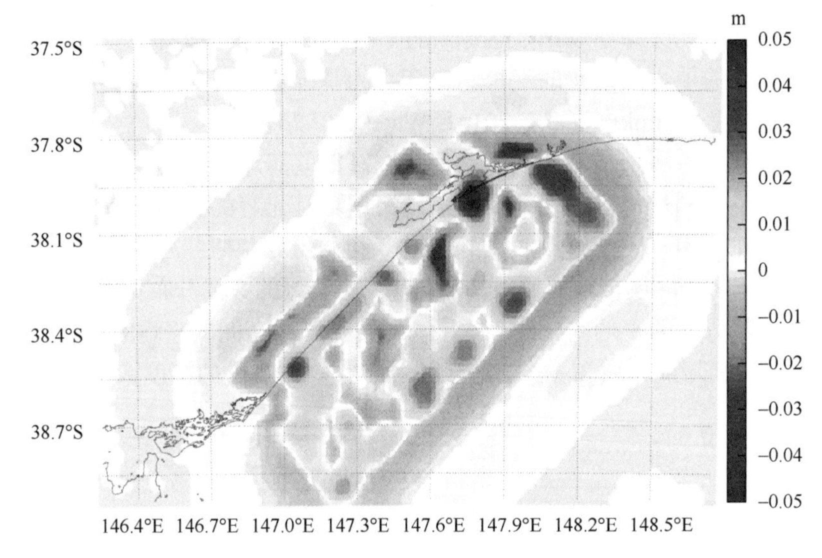


图 6.16　航空重力对于海岸带重力大地水准面重建的贡献

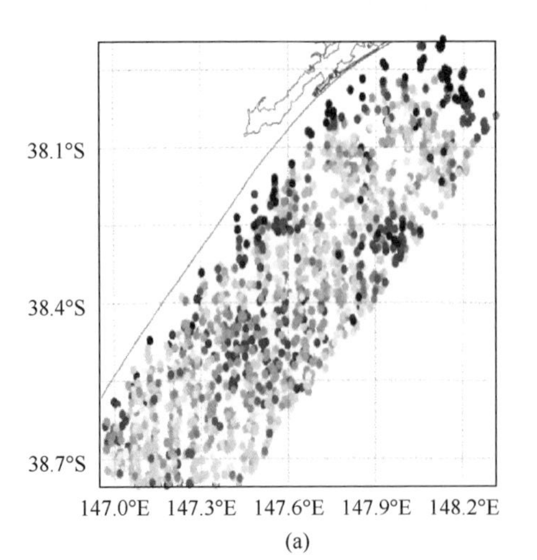

(a)

(b)

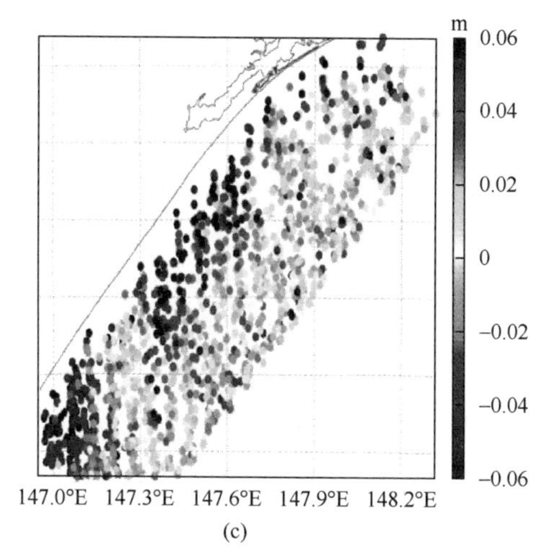


(c)

图6.17 基于CryoSat-2、Jason-1和SARAL/AltiKa数据对不同重力场模型的检核结果

合航空重力测量能缓和海岸带重力场建模的困难，有效地提高模型的精度水平。此外，新型测高数据（如CryoSat-2、Jason-1和SARAL/AltiKa数据）可作为外部控制数据，检核海岸带重力场模型的精度（Wu et al.，2019）。

3. 联合GOCE梯度张量重构陆海统一重力场模型

近年来，随着GOCE卫星的成功发射和运行，极大地提高了全球重力场的空间分辨率和精度水平，特别是在GOCE的测量带宽之内，即0.005～0.1Hz。GOCE卫星上搭载的重力梯度仪可测量重力位的二阶导数，即重力梯度数据，此外，基于GPS卫星卫-卫跟踪观测数据可以精确梯度观测数据的位置，并确定重力场的长波部分。一般而言，基于GOCE梯度数据恢复全球重力场时采用球谐函数，主要方法包括：直接解法、时域法和空域法三种方法。研究发现广泛使用的球谐函数在地形起伏较大、信号变化较强的区域可能不能完全恢复区域重力场信号（Eicker et al.，2013；Naeimi et al.，2015）。针对上述缺陷，国内外学者提出基于局部区域的GOCE梯度数据恢复区域重力场，从而更好地提取区域重力场的精细结构并减少模型的噪声水平（Wu et al.，2017a）。

本节以欧洲北海区域为例，研究融合GOCE梯度张量对于区域重力场建模的影响，计算中采用2011年全年的梯度数据。将仅基于重力数据和测高数据解算的模型记为TSAR [Terrestrial（T）+ Shipborne（S）+ Airborne（A）+ Radar altimetry（R）]；TSAR + $T_{xx}$ / $T_{yy}$ / $T_{zz}$ 表示联合单一分量的梯度数据解算的模型；TSAR + $T_{xx}+T_{yy}$、TSAR + $T_{xx}+T_{zz}$、TSAR + $T_{yy}+T_{zz}$ 和 TSAR + $T_{xx}+T_{yy}+T_{zz}$ 表示联合多分量梯度数据解算的模型。基于不同数据解算的模型的检核结果，算出联合单一分量的解得精度水平；结果表明，联合GOCE梯度数据能改善局部重力场模型，特别是在荷兰区域。联合$T_{xx}$、$T_{yy}$和$T_{zz}$求解模型时，其重力大地水准面和 GPS 水准数据差距的标准差（平均值）在荷兰区域分别下降了 0.3cm（1.3cm）、0.4cm（1.8cm）和 0.5cm（1.8cm）。此外，引入$T_{xx}$数据较小程度地改善了比利时北部区域的模型精度，其标准差（平均值）仅仅下降了 0.1cm（0.2cm）；相比而言，引入$T_{yy}/T_{zz}$对比利时区域模型精度的改善更为明显（尤其在比利时南部区域），其标准差下降了 0.2cm/0.3cm，平均值下降了 0.5cm/0.7cm。对比分析引入不同对角线分量建模的精度水平发现，联合$T_{zz}$分量解算的模型精度较高。联合两分量梯度求解可进一步提高解的精度。例如，在荷兰和比利时区域，$\text{TSAR}+T_{yy}+T_{zz}$的精度比$\text{TSAR}+T_{yy}$（$\text{TSAR}+T_{zz}$）分别高 0.2cm（0.1cm）和 0.3cm（0.2cm）。对比$\text{TSAR}+T_{xx}+T_{yy}$、$\text{TSAR}+T_{xx}+T_{zz}$和$\text{TSAR}+T_{yy}+T_{zz}$可知，$\text{TSAR}+T_{yy}+T_{zz}$的精度较高，这同样与单一分量的解的精度水平一致，即$\text{TSAR}+T_{yy}$/$\text{TSAR}+T_{zz}$的精度优于$\text{TSAR}+T_{xx}$。此外，联合三分量求解的模型$\text{TSAR}+T_{xx}+T_{yy}+T_{zz}$的精度优于$\text{TSAR}+T_{xx}+T_{yy}$/$\text{TSAR}+T_{xx}+T_{zz}$，与$\text{TSAR}+T_{yy}+T_{zz}$相当，其精度在荷兰（比利时）区域达到 1.2cm（1.3cm）。

类似地，未联合 GOCE 数据解算的模型（TSAR）和联合 GOCE 数据的模型之差反映了 GOCE 梯度数据的贡献。可以发现最明显的效应集中在荷兰区域，这也是引入 GOCE 梯度对于荷兰区域改善效应较为明显的原因，特别是对于重力大地水准面和 GPS 水准数据的平均偏差而言。尽管不同分量的梯度数据对于模型的贡献呈现类似的长波效应，但它们显示的形态及量级均有所差异。通过计算对比可知，$T_{xx}$的贡献要小于$T_{yy}/T_{zz}$的贡献，这一结果和联合单一分量的模型的精度水平一致，即$\text{TSAR}+T_{yy}$/$\text{TSAR}+T_{zz}$的精度优于$\text{TSAR}+T_{xx}$；另外，在三个分量之中，$T_{zz}$的贡献最大，这与$\text{TSAR}+T_{zz}$的精度较高的检核结果相一致。多分量的联合贡献进一步增强了 GOCE 数据引入的效应，其中，$T_{yy}+T_{zz}$和$T_{xx}+T_{yy}+T_{zz}$贡献的长波效应最为明显，且$\text{TSAR}+T_{yy}+T_{zz}$和$\text{TSAR}+T_{xx}+T_{yy}+T_{zz}$精度较高。值得一提的是，随着多分量的梯度数据的引入，重力大地水准面和 GPS 水准数据的平均偏差也在逐步缩小，而上述系统偏差主要源于全球重力场模型的误差、局部高程系统的偏差及地面重力数据的系统误差。表 6.2 的统计结果表明，在荷兰区域上述平均偏差由 3.7cm（TSAR）下降到 1.9cm（$\text{TSAR}+T_{zz}$），并进一步下降到 1.7cm（$\text{TSAR}+T_{xx}+T_{yy}+T_{zz}$），显示了融合全球统一参考框架和参考基准的 GOCE 数据可能可以凸显和校正局部区域重力数据和高程系统中的系统误差。

**表 6.2 基于不同数据解算的大地水准面的检核结果** （单位：cm）

| 模型 | 国家 | 平均值 | 标准差 |
|---|---|---|---|
| TSAR | 荷兰 | 3.7 | 1.8 |
| | 比利时 | –2.4 | 1.8 |

续表

| 模型 | 国家 | 平均值 | 标准差 |
|---|---|---|---|
| TSAR + $T_{xx}$ | 荷兰 | 2.4 | 1.5 |
| | 比利时 | −2.2 | 1.7 |
| TSAR + $T_{yy}$ | 荷兰 | 1.9 | 1.4 |
| | 比利时 | −1.9 | 1.6 |
| TSAR + $T_{zz}$ | 荷兰 | 1.9 | 1.3 |
| | 比利时 | −1.7 | 1.5 |
| TSAR + $T_{xx}$ + $T_{yy}$ | 荷兰 | 1.8 | 1.3 |
| | 比利时 | −1.6 | 1.4 |
| TSAR + $T_{xx}$ + $T_{zz}$ | 荷兰 | 1.8 | 1.2 |
| | 比利时 | −1.6 | 1.4 |
| TSAR + $T_{yy}$ + $T_{zz}$ | 荷兰 | 1.7 | 1.2 |
| | 比利时 | −1.5 | 1.3 |
| TSAR + $T_{xx}$ + $T_{yy}$ + $T_{zz}$ | 荷兰 | 1.7 | 1.2 |
| | 比利时 | −1.5 | 1.3 |

#### 4. 陆海基准统一

在大地测量学领域主要有两种高程系统，一种是基于参考椭球面的大地高系统，一种是有实际物理意义的正高系统。后者的确定通常基于地球重力等位面，即高程基准面，我国 1985 正高高程系统是基于 1952～1979 年青岛大港验潮站的数据定义的。然而，由于海面地形的影响，不同区域定义的高程基准不一致，有些区域之间的差异达到米级（Hai et al.，2002）。甚至在同一个国家，验潮站不同或者观测数据的时间不同也会导致高程基准相差分米量级（Luz et al.，2009）。

水准测量、海洋动态测量和三角高程测量可用于跨海高程基准统一。然而，传统的水准测量在海洋中不适用，而静力水准测量调平方法复杂，成本高且精度难以保证。海洋动态测量需要长期的潮汐观测数据，在很多情况下无法满足。三角高程测量受到大气折光的影响较大，对于长距离跨海高程传递测量的准确性也难以保证。因此，上述方法都很少用于长距离跨海高程基准统一。近些年，由于 GPS 技术的发展，使得 GPS 观测联合水准测量用于跨海高程基准统一成为可能。基于 GPS/水准测量数据可以拟合测区的大地水准面模型，并外推到未知高程系统。通常在该方法的使用过程中采用了全球重力场模型，可改善高程传递的精度。GPS/水准测量方法易于实现，并已得到广泛应用。然而，该方法的精度很大程度上取决于 GPS/水准数据的分布、重力场模型的精度和高程传递的距离。目前，基于 GPS/水准测量方法进行高程传递的精度达到分米级（Guo et al.，2005）。

高程基准统一的关键是确定不同高程基准之间的位势差。联合 GPS/水准数据和全球重力场模型也可确定局部高程基准的位势。然而，由于全球重力场模型只能准确反映重力场的中低频成分，该方法的精度仍处于分米水平。随着海洋重力场的精度和分辨率不断改善，不同高程基准之间的位势差可以精确确定。本节采用改进的位势差方法，假设陆地上的基准点与海岛上之间有一条虚拟的水准路线，同陆地位势差测量一样，虚拟水准路线上也有一系列的虚拟水准点来测量位差。通过两个虚拟测站之间的高程差及沿该路线上的重力观测值可计算不同高程基准之间的位势差，具体方法可见 Wu 等（2017b）。

本节以琼州海峡为例，研究基于位差法实现长距离跨海高程传递，如图 6.18 所示。图中，QG01～QG06 是位于广东省惠州市的实测 GPS 水准点，高程系统为 1985 国家高程基准；QH01～QH06 是位于海南的实测 GPS 水准点，高程系统为海南局部高程基准，该局部基准需要统一到 1985 国家高程基准。五角星形成的虚线表示不同的虚拟水准路线，五角星表示虚拟测站。为实现高程传递，分别以 QG03、QG05 和 QG06 点为起始点，基于位差法求解 QH01 和 QH06 两点在 1985 高程基准下的高程值，结果见表 6.3。结果表明，基于不同重力场模型实现高程传递的结果有差异，其中基于 EIGEN-6C4、EGM2008、EIGEN-6C 和 EIGEN-6C3STAT 传递得到 QH01 和 QH06 高程差的精度分别为 0.91cm、1.20cm、1.30cm 和 2.20cm。

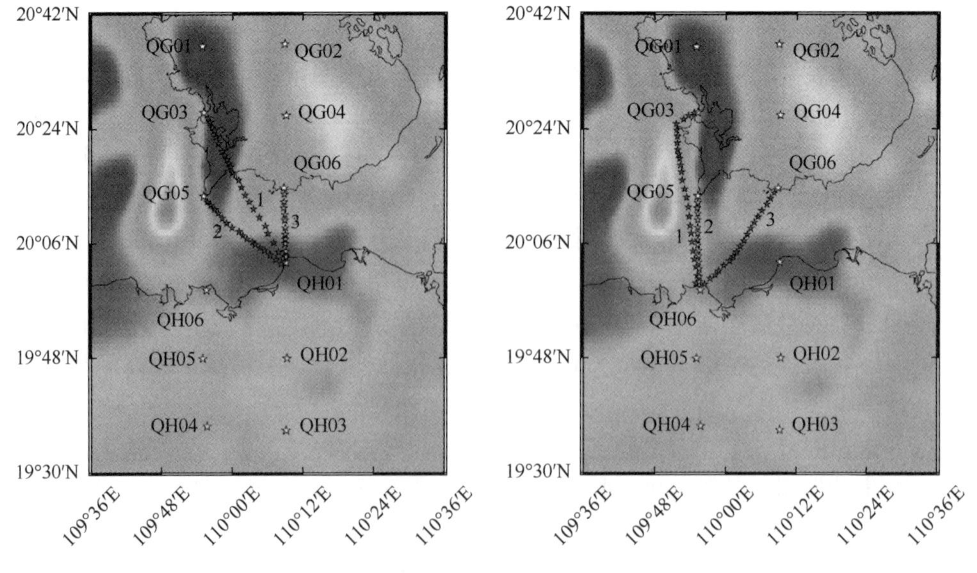


图 6.18　琼州海峡高程传递路线示意图

其中，基于 EIGEN-6C4、EGM2008 和 EIGEN-6C 传递得到的正高精度达到二等水准限差要求水平，而基于 EIGEN-6C3STAT 传递得到 QH01 和 QH06 高程差精度达到三等水准限差水平。

**表 6.3　基于不同重力场模型跨海高程传递的检核结果**　（单位：m）

| 模型 | 起始点 | QH06 和 QH01 计算高程差 | QH06 和 QH01 实测高程差 | 闭合差 | 二等水准限差 | 三等水准限差 |
|---|---|---|---|---|---|---|
| EGM2008 | QG03 | 26.3478 | 26.3358 | 0.0120 | 0.0199 | 0.0598 |
| | QG05 | 26.3478 | | 0.0120 | | |
| EIGEN-6C | QG03 | 26.3226 | | −0.0132 | | |
| | QG05 | 26.3226 | | −0.0132 | | |
| EIGEN-6C3STAT | QG03 | 26.3578 | | 0.0220 | | |
| | QG05 | 26.3578 | | 0.0220 | | |
| EIGEN-6C4 | QG03 | 26.3267 | | −0.0091 | | |
| | QG05 | 26.3267 | | −0.0091 | | |

### 5. 高分辨率海面地形模型重建

稳态海面地形（mean dynamic topography，MDT）反映了平均海平面（mean sea surface，MSS）和大地水准面之间的偏差，对于研究和理解气候模式、海洋热量传递、海水质量变迁、全球能量传输与交换以及海洋、陆地和大气之间的相互作用有重要的科学意义。GRACE 和 GOCE 重力卫星的相继发射使得全球重力场模型的空间分辨率和精度水平得到了大幅提高，联合卫星重力和卫星测高技术可以确定高精度全球稳态海面地形模型。

目前，全球海平面模型的空间分辨率为数公里，而基于纯卫星重力资料反演得到的全球重力场模型（global geopotential model，GGM）最大展开阶次约为 300 阶，对应的空间分辨率约为 60km。因此，直接联合平均海面和卫星重力场模型求解海面地形会产生严重的信号泄漏问题。为解决二者的空间分辨率不一致问题，大量学者采用滤波方法来获得统一尺度的海面地形。然而，滤波方法不可避免地造成了信号失真问题，尤其在海面地形起伏较大的区域和海岸带附近。此外，基于滤波方法也很难求解海面地形模型的误差信息。因此，如何解决由滤波处理带来的信号变形和泄漏问题，是获取高分辨率海面地形和地转流信号的关键。

Becker 等（2012）提出了基于最小二乘原理严格求解海面地形的算法，该方法利用平均海面和全球重力场模型建立海面地形重构的观测方程，并通过误差传播算法获得海面地形的最优估计。然而，现有研究指出基于线性多项式参数化海面地形并不一定是最优的选择，因此，本节利用 4 阶、16 阶、36 阶的勒让德函数（4P、16P 和 36P）基于最小二乘原理对海面地形模型进行参数化实验，以期研究海面地形参数化的适宜基函数类型。本节选择黑潮流域（28°N～38°N，142°E～152°E）作为实验区域，选用由法国空间研究中心发布的 CNES-CLS18 MDT（Mulet et al.，2021）模型进行参数化实验。该模型是联合 CNES-CLS15 MSS（Pujol et al.，2018）和 GOCO05s GGM（MayerGürr et al.，2015）基于最优滤波算法进行构建的，其模型时间尺度为 1993～2012 年，空间分辨率为 1/8°。此外，该模型还融合了测高海平面异常（sea level anomalies，SLA）和浮标数据增强细节信号。为获得 CNES-CLS18 MDT 模型的误差信息，Rio 等（2018）基于多元变量客观分析方法对 CNES-CLS18 MDT 模型误差进行了估计。图 6.19 为 CNES- CLS18 MDT 及其误差分布，可以看出该模型在研究区域内有约 1.6m 的波动，在黑潮附近（34°N～36°N）其波动达到 0.4m。此外，本书引入四个海面地形模型，即 SODA3（Carton et al.，2018）、ECMWF、ECCO2（Menemenlis et al.，2018）和 DTU15 MDT（Andersen et al.，2015）进行结果验证和交叉对比分析。

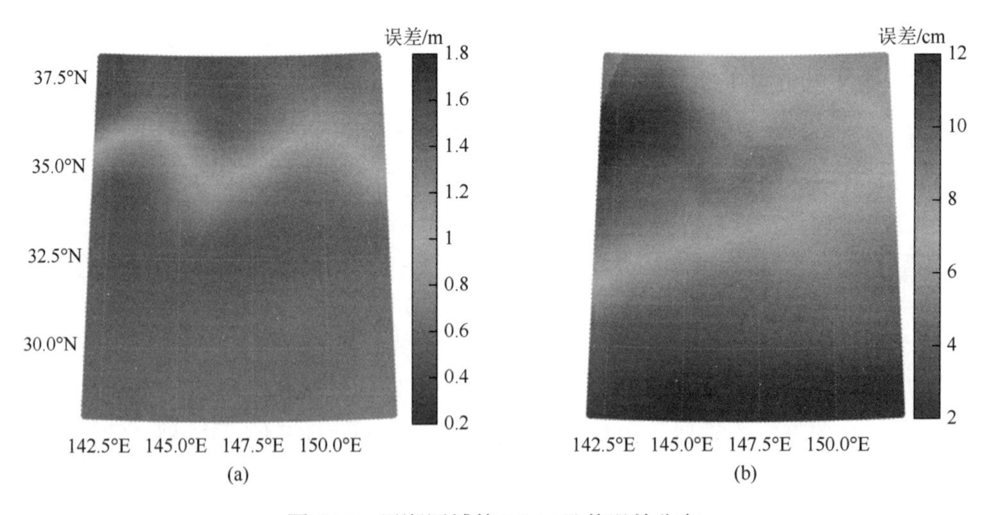


图 6.19　黑潮区域的 MDT 及其误差分布

本节分别使用 4P、16P 和 36P 进行参数化实验，其勒让德函数空间分辨率设为 1/4°。图 6.20 显示了三种勒让德函数的参数化结果与验证数据（即 SODA3、ECMWF、ECCO2、DTU15 MDT）之间的差值，并利用该差值的标准差（standard deviation，SD）来评价不同勒让德函数参数化海面地形的精度，结果见表 6.4。数值分析结果表明，与 4 阶、36 阶勒让德函数参数化结果相比，基于 16 阶勒让德函数求解海面地形与验证数据有更好的一致性，而基于 36 阶勒让德函数参数化海面地形的结果与验证数据的偏差较大。例如，基于 16 阶勒让德函数参数化结果与 ECMWF 差值的标准差为 1.79cm，而 4 阶与 36 阶勒让德函数求解海面地形的误差分别达到 2.67cm 和 3.00cm。

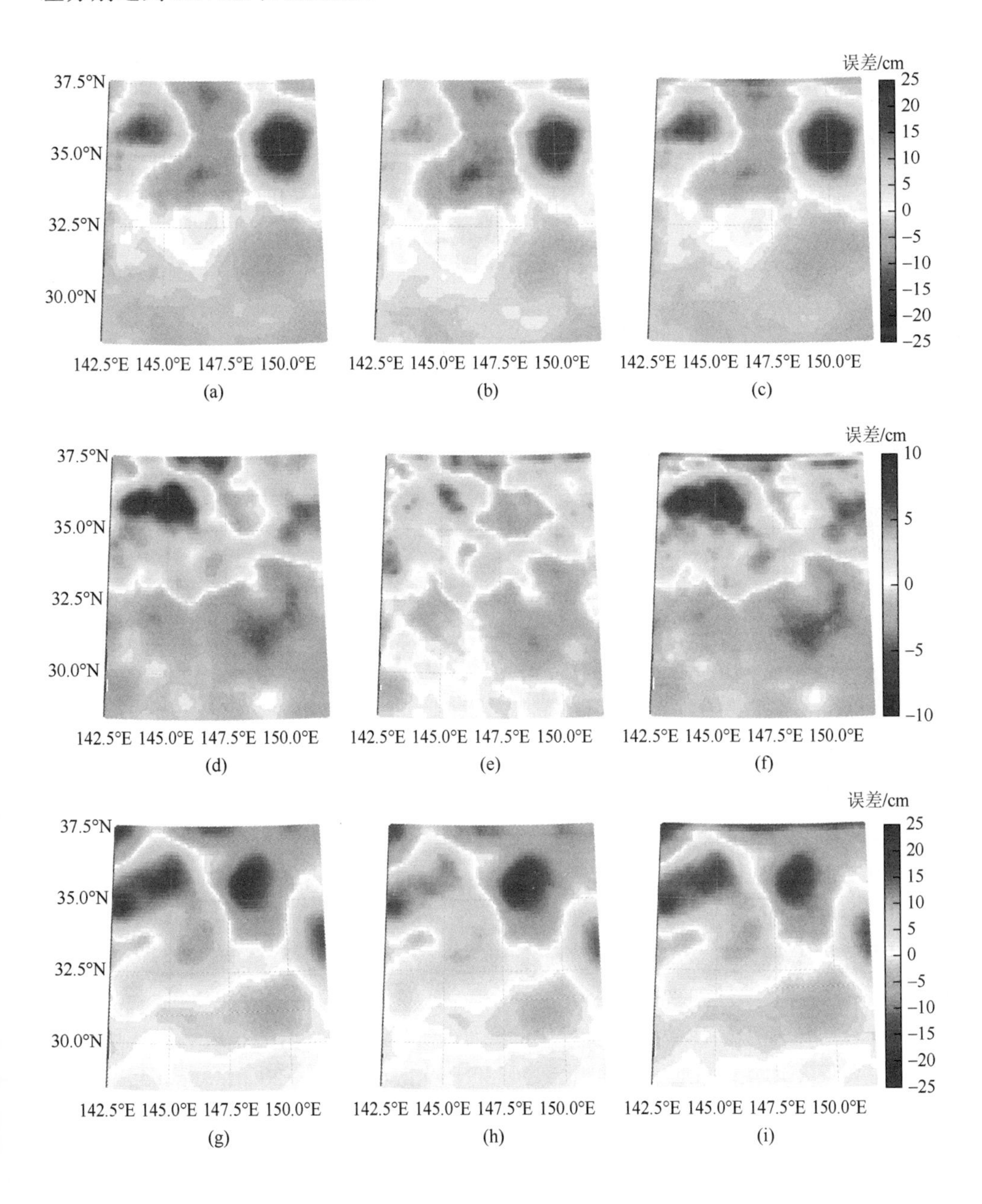

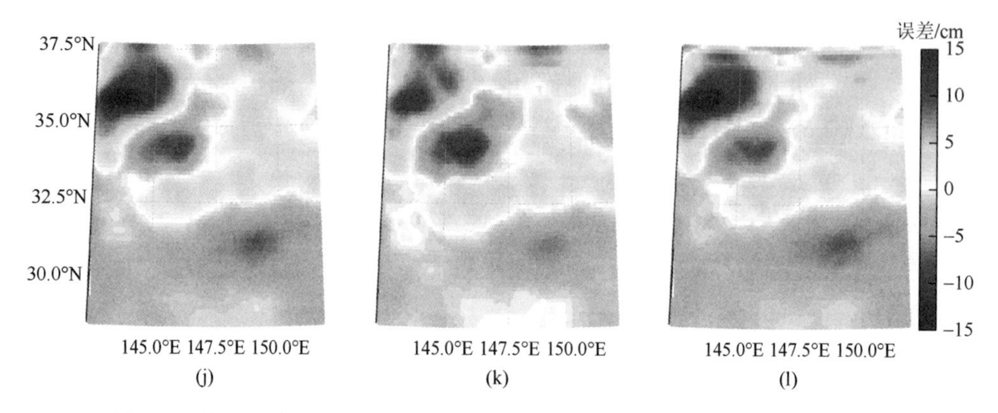


图 6.20 基于 4 阶、16 阶、36 阶勒让德函数求解的海面地形与海洋模型偏差

每行中从左到右为基于 4 阶、16 阶、36 阶勒让德函数求解海面地形的偏差，从上到下为参数化结果与 SODA3、ECMWF、ECCO2、DTU15 MDT 的偏差

**表 6.4 不同勒让德函数参数化的海面地形与验证数据对比的统计结果**

（单位：cm）

| 拉格朗日基函数（LBFs） | 标准差 | 最大值 | 最小值 |
|---|---|---|---|
| SODA3_4P | 5.81 | 22.10 | −10.72 |
| SODA3_16P | 5.14 | 19.46 | −13.19 |
| SODA3_36P | 5.93 | 21.74 | −13.03 |
| ECMWF_4P | 2.67 | 8.64 | −5.91 |
| ECMWF_16P | 1.79 | 5.93 | −5.17 |
| ECMWF_36P | 3.00 | 9.39 | −9.43 |
| ECCO2_4P | 6.59 | 17.38 | −18.60 |
| ECCO2_16P | 5.78 | 16.52 | −19.43 |
| ECCO2_36P | 6.30 | 17.52 | −20.74 |
| DTU15 MDT_4P | 3.93 | 16.14 | −8.52 |
| DTU15 MDT_16P | 3.45 | 13.10 | −8.68 |
| DTU15 MDT_36P | 4.11 | 17.81 | −8.25 |

通过对比基于勒让德函数参数化的海面地形与验证数据的差值可以发现，两者的主要偏差均集中在研究区域北部（33°N 以北），为 7～20cm（表 6.4），而基于不同勒让德函数求解的海面地形在南部区域的偏差较小，这说明海面地形变化对信号恢复有较大的影响。因此，本节给出了沿 36°N 和 145°E 附近的偏差剖线，如图 6.21 所示。当剖线穿过海面地形变化剧烈的区域时，相应偏差也迅速增大。与基于 4 阶、36 阶勒让德函数参数化海面地形的结果相比，基于 16 阶勒让德函

数的参数化结果在海面地形变化剧烈区域偏差更小。总体而言，基于 16 阶勒让德函数参数化海面地形的精度较高，特别是在海面地形起伏较大的区域。

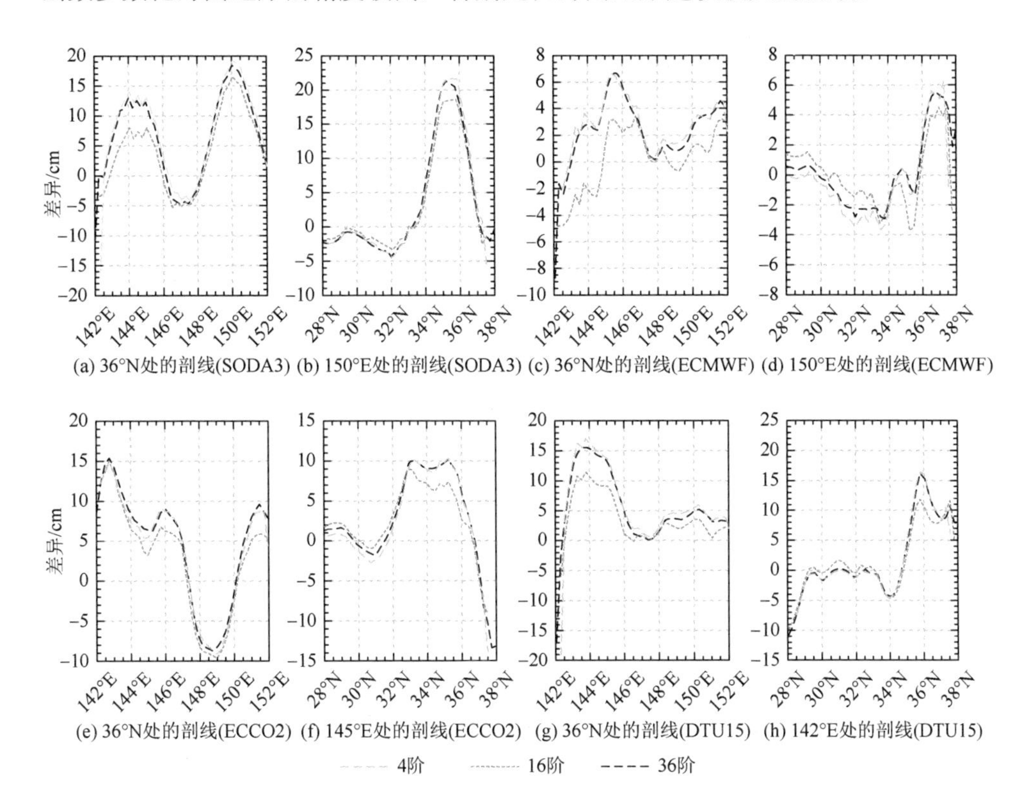


图 6.21　基于 4 阶、16 阶、36 阶勒让德函数求解的海面地形与海洋模型偏差的剖线图

此外，Rio 等（2011）提出了一种最优插值的方法求解 MDT，该方法顾及观测值之间的协方差，定权更加合理。该方法可以保留一些细节信号，在一定程度上可以缓解信号的泄漏和失真等问题，也可以给出估计的模型的误差。重力场模型和平均海平面模型的精度对于 MDT 重建有直接影响。GOCE 重力卫星搭载梯度重力仪，可以探测到更准确的重力信号。ESA 发布了六代 GOCE 重力场模型，且每一代重力场模型采用的 GOCE 重力梯度数据逐渐增多，GOCE 卫星的定轨精度也在不断提高，这些改进对于 MDT 的影响可以做进一步研究。基于此，本节在日本黑潮区域利用最优插值方法联合 DTU 系列的平均海平面模型和 GOCE 重力场模型，求解分辨率为 10′的 MDT 模型，并重点探讨重力场模型的发展对于 MDT 求解的影响。

本节利用第四、第五、第六代 GOCE 直接解模型 GO_CONS_GCF_2_DIR_R4、GO_CONS_GCF_2_DIR_R5、GO_CONS_GCF_2_DIR_R6（简称为 DIRR4、DIRR5、

DIRR6），以及第四、第五、第六代时域解模型 GO_CONS_GCF_2_TIM_R4、GO_CONS_GCF_2_TIM_R5、GO_CONS_GCF_2_TIM_R6（简称为 TIMR4、TIMR5、TIMR6）来探讨不同的重力场模型对于 MDT 建模的影响。并将 SODA、ORAS5、ECMWF 和 DTU18 MDT 的加权平均作为参考模型（记为 Ref_MDT）对结果进行比较验证。验证结果显示出微小的差异，但是模型之间的优劣难以评价。为了验证计算的 MDT 的可靠性，本书利用参考模型来对估计的 MDT 进行比较分析。分析结果显示，通过最优插值计算 MDT 与海洋模型的差异主要集中在海洋环流所在的区域。表 6.5 给出了这些差异图的统计结果，其中 DTU18DIRR6_MDT 与海洋模型的差异的标准差为 77.0mm，该标准差比 DTU18DIRR5_MDT 低 2.4mm，比 DTU18DIRR4_MDT 低 5.4mm，这表明重力场模型的发展能够改善 MDT 建模的结果。随着构建重力场模型的数据不断丰富，卫星的定位定轨精度不断提高，解算重力场模型的方法不断改进，分辨率和精度越来越高的重力场模型对于构建高精度高分辨率的 MDT 有着积极影响，特别是改善了 MDT 及其导出的地转流速度中的细节信号。基于时域解的结果 DTU18TIMR6_MDT 与海洋模型的差异的标准差比 DTU18TIMR5_MDT（DTU18TIMR4_MDT）低 0.5mm（5.7mm），这也证明了上述结论，即随着卫星重力数据的累积和改善，重力场模型精度的提高可以改善海面地形模型的建模精度，而且重力场模型的解算方法不会影响上述结论。

**表 6.5　估计的 MDT 与参考模型的差异的统计信息**　（单位：mm）

| 计算的 MDT | 最小值 | 最大值 | 标准差 |
|---|---|---|---|
| DTU18DIRR4_MDT | −434.6 | 292.6 | 82.4 |
| DTU18DIRR5_MDT | −389.1 | 284.8 | 79.4 |
| DTU18DIRR6_MDT | −383.3 | 270.2 | 77.0 |
| DTU18TIMR4_MDT | −446.6 | 281.1 | 83.2 |
| DTU18TIMR5_MDT | −402.5 | 272.7 | 78.0 |
| DTU18TIMR6_MDT | −376.6 | 269.2 | 77.5 |

## 参考文献

黄谟涛，管铮. 1999. 海洋重力测量网自检校平差. 测绘学报，2：152-161.

黄谟涛，宁津生，欧阳永忠，等. 2015. 航空重力测量厄特弗斯改正公式注记. 测绘学报，44（1）：6-12.

黄谟涛，欧阳永忠，陆秀平，等. 2009. L&R 海空重力仪测量误差补偿技术研究//北京：中国测绘学会第九次全国会员代表大会暨学会成立 50 周年纪念大会.

李飞. 2008. 利用 GRACE 数据研究大地水准面和重力异常. 西安：长安大学.

李晓斌，刘寅彪. 2010. 航空重力测量进展和应用. 中国矿业，s1：199-201.

刘敏，黄谟涛，欧阳永忠，等. 2017. 海空重力测量及应用技术研究进展与展望（一）：目的意义与技术体系. 海洋测绘，37（2）：1-5.
罗志才. 1996. 利用卫星重力梯度数据确定地球重力场的理论和方法. 武汉：武汉大学.
欧阳永忠. 2013. 海空重力测量数据处理关键技术研究. 武汉：武汉大学.
孙中苗. 2004. 航空重力测量理论、方法及应用研究. 郑州：解放军信息工程大学.
孙中苗，夏哲仁，石磐. 2004. 航空重力测量研究进展. 地球物理学进展，19（3）：492-496.
孙中苗，翟振和，李迎春. 2013. 航空重力仪发展现状和趋势. 地球物理学进展，28（1）：1-8.
宛家宽. 2017. GT-2A 航空重力数据处理方法研究. 武汉：武汉大学.
汪海洪，宁津生，罗志才. 2016. 一种改进的航空重力测量数据处理方法. 武汉大学学报 • 信息科学版，41（4）：511-515.
王静波，熊盛青，郭志宏，等. 2012. 航空重力数据 Kalman 滤波平滑技术应用研究. 地球物理学进展，27（4）：1717-1722.
王兴涛，夏哲仁，石磐，等. 2004. 航空重力测量数据向下延拓方法比较. 地球物理学报，47（6）：1017-1022.
吴怿昊，罗志才. 2016. 联合多代卫星测高和多源重力数据的局部大地水准面精化方法. 地球物理学报，59（5）：1596-1607.
吴怿昊，罗志才，周波阳. 2016. 基于泊松小波径向基函数融合多源数据的局部重力场建模. 地球物理学报，59(3)：852-864.
许幼成. 2011. 海洋重力仪精确测量研究及测控平台开发. 杭州：浙江大学.
翟国君，黄谟涛，欧阳永忠，等. 2002. 卫星测高原理及其应用. 海洋测绘，22（1）：57-62.
赵建虎. 2017. 现代海洋测绘. 上册. 武汉：武汉大学出版社.
郑崴，张贵宾. 2016. 自适应卡尔曼滤波在航空重力异常解算的应用研究. 地球物理学报，59（4）：1275-1283.
周波阳，罗志才，宁津生，等. 2016. 航空矢量重力测量中有限冲激响应低通数字滤波器的设计. 武汉大学学报 • 信息科学版，40（6）：772-778.
周旭华. 2008. 卫星重力测量与应用研究. 合肥：中国科学技术大学.
Abdelmoula F. 2001. New concepts for airborne gravity measurement. Aerospace Science and Technology，5（6）：413-424.
Andersen O B，Piccioni G，Knudsen P. 2015. The DTU15 mean sea surface and mean dynamic topography-focusing on arctic issues and development//the 2015 OSTST Meeting，Reston：19-23.
Becker S，Freiwald G，Losch M，et al. 2012. Rigorous fusion of gravity field，altimetry and stationary ocean models. Journal of Geodynamics，59：99-110.
Bolotin Y V，Doroshin D R. 2011. Adaptive filtering of airborne gravimetry data using hidden Markov models. Moscow University Mechanics Bulletin，66（3）：63-68.
Brozena J，Labrecque J，Peters M，et al. 1990. Airborne gravity measurement over sea-ice：The Western Weddell Sea. Geophysical Research Letters，17（11）：1941-1944.
Cai S，Zhang K，Wu M. 2013. Improving airborne strapdown vector gravimetry using stabilized horizontal components. Journal of Applied Geophysics，98：79-89.
Carton J A，Chepurin G A，Chen L. 2018. SODA3：A new ocean climate reanalysis. Journal of Climate，31：6967-6983.
Childers V A，Bell R E，Brozena J M. 1999. Airborne gravimetry：An investigation of filtering. Geophysics，64（1）：61-69.
Eicker A，Schall J，Kusche J. 2013. Regional gravity modeling from spaceborne data：Case studies with GOCE，Geophysical Journal International，196（3）：1431-1440.
Filmer M S，Hughes C W，Woodworth P L，et al. 2018. Comparisons between geodetic and oceanographic approaches to

estimate mean dynamic topography for vertical datum unification: evaluation at Australia tide gauge. Journal of Geodesy，92（12）：1413-1437.

Gabell A. 2004. The GT-1A mobile gravimeter. ASEG-PESA Airborne Gravity 2004 Workshop：55-62.

Glennie C L，Schwarz K P，Bruton A M，et al. 2000. A comparison of stable platform and strapdown airborne gravity. Journal of Geodesy，74（5）：383-389.

Guo J，Chang X，Yue Q. 2005. Study on curved surface fitting model using GPS and leveling in local area. Transactions of Nonferrous Metals Society of China，s1：148-152.

Hai J W，Qing W Z，Xin M，et al. 2002. The origin vertical shift of national height datum 1985 with respect to the geoidal surface. Acta Geodaetica Et Cartographic Sinica，31（3）：196-200.

Hipkin R G，Haines K，Beggan C，et al. 2014. The geoid EDIN2000 and mean sea surface topography around the British Isles. Geophysical Journal International，157（2）：565-577.

Hwang C，Guo J，Deng X，et al. 2006. Coastal gravity anomalies from retracked geosat/GM altimetry：Improvement，limitation and the role of airborne gravity data. Journal of Geodesy，80（4）：204-216.

Kornfeld R P，Arnold B W，Gross M A，et al. 2019. GRACE-FO：The gravity recovery and climate experiment follow-on mission. Journal of Spacecraft and Rockets，56（3）：931-951.

Lacoste L J B. 1967. Measurement of gravity at sea and in the air. Reviews of Geophysics，5（4）：477-526.

Luz R T，Heck B，Bosch W. 2009. Challenges and First Results Towards the Realization of a Consistent Height System in Brazil//Geodetic Reference Frames.

MayerGürr T，Pail R，Fecher R，et al. 2015. The Combined Satellite Gravity Field Model GOCO05S//EGU General Assembly Conference. EGU General Assembly Conference Abstracts.

Meloni M，Bouffard J，Doglioli A M，et al. 2019. Toward science-oriented validations of coastal altimetry：Application to the Ligurian Sea. Remote sensing of environment，224：275-288.

Menemenlis D，Campin J，Heimbach P，et al. 2018. ECCO2：High resolution global ocean and sea ice data synthesis. Mercator Ocean Quarterly Newsletter，31：13-21.

Mueller F，Mayer-Guerr T. 2005. Comparison of downward continuation methods of airborne gravimetry data. International Association of Geodesy Symposia，128：254-258.

Mulet S，Rio M H，Etienne H，et al. 2021. The new CNES-CLS18 global mean dynamic topography. Ocean Science，17（3）：789-808.

Naeimi M，Flury J，Brieden P. 2015. On the regularization of regional gravity field solutions in spherical radial base functions. Geophysical Journal International，202：1041-1053.

Novák P，Kern M，Schwarz K P，et al. 2003. On geoid determination from airborne gravity. Journal of Geodesy，76（9-10）：510-522.

Pujol M I，Schaeffer P，Faugère Y，et al. 2018. Gauging the improvement of recent mean sea surface models：A new approach for identifying and quantifying their errors. Journal of Geophysical Research：Oceans，123（8）：5889-5911.

Rio M H，Guinehut S，Larnicol G. 2011. New CNES-CLS09 global mean dynamic topography computed from the combination of GRACE data，altimetry，and in situ measurements. Journal of Geophysical Research Atmospheres，116：C07018.

Rio M H，Mulet S，Picot N. 2014. Beyond GOCE for the ocean circulation estimate：Synergetic use of altimetry，gravimetry，and in situ data provides new insight into geostrophic and Ekman currents. Geophysical Research Letters，41：8918-8925.

Roscher R，Uebbing B，Kusche J. 2017. STAR：Spatio-temporal altimeter waveform retracking using sparse representation and conditional random fields. Remote Sensing of Environment，201：148-164.

Strang G L. 1983. Gravity Survey of the North Sea. Marine Geodesy，6（2）：167-182.

Tapley B，Ries J，Bettadpur S，et al. 2005. GGM02：An improved Earth gravity field model from GRACE. Journal of Geodesy，79（8）：467-478.

Tapley B D，Bettadpur S，Watkins M，et al. 2004. The gravity recovery and climate experiment：Mission overview and early results. Geophysical Research Letters，31（9）：L09607.

Wessel P，Watts A B. 1988. On the accuracy of marine gravity measurements. Journal of Geophysical Research，93（B1）：393-413.

Wu Y，Abulaitijiang A，Featherstone W E，et al. 2019. Coastal gravity field refinement by combining airborne and ground-based data. Journal of Geodesy，93（12）：2569-2584.

Wu Y，Luo Z，Mei X，et al. 2017b. Normal Height Connection across Seas by the Geopotential-Difference Method：Case Study in Qiongzhou Strait，China. Journal of Surveying Engineering，143（2）：05016011.

Wu Y，Zhou H，Zhong B，et al. 2017a. Regional gravity field recovery using the GOCE gravity gradient tensor and heterogeneous gravimetry and altimetry data. Journal of Geophysical Research：Solid Earth，122（8）：6928-6952.

# 第 7 章　卫星测高技术与海潮模型的建立

## 7.1　概　　况

### 7.1.1　国内外研究现状

目前全球海面监测的主要技术手段是采用星载雷达高度计。雷达高度计是一种主动式的微波遥感器，主要用于获取海面高度、有效波高和后向散射系数。此外，还可以进一步用于海洋重力异常、大地水准面、海面地形、海底地形、海洋潮汐、风浪和海洋动力学的研究。卫星雷达测高利用卫星上装载的微波雷达测高计（又称为高度计），实时测量卫星至海面的高度、有效波高和后向散射系数，并通过数据处理和分析，进行大地测量学、地球物理学和海洋动力学等研究。在卫星端，通过借助 GNSS 定位等方式可以精确地获知卫星轨道及其相对参考椭球的位置（如 WGS-84），而在海平面附近，通过计算卫星轨道高度与雷达回波距离的差异可以精确获取水面、河流或冰盖的绝对高度，但通常需要针对大气散射和表面反射等影响进行误差校正。

雷达测高测量的原理是由 Kaula（1970）在威廉斯敦研讨会上提出，当时首要目标是地球形状的测量，受限于技术手段，McGoogan 等（1974）开展的第一次星载测量的误差达到了 100m。但是该项技术所展示出来的应用前景得到了大量关注和持续的改进。20 世纪 70 年代，美国和欧洲开展了一系列早期测高任务，如 Skylab（1973 年）、GEOS-3（1975 年 4 月～1978 年 12 月）和 Seasat（1978 年 6～10 月）。其中，GEOS-3 任务尝试利用信号压缩技术发射长脉冲以降低接收信号的噪声水平，其平均测量精度可达 25cm，使得对主要海洋洋流及其涡流场的监测成为可能。Seasat 任务采用脉冲压缩技术，进一步将测量精度提高到约 5cm。此后，所有的卫星雷达测高任务都采用了脉冲压缩技术进行海面高监测。随着测高计测量精度的不断提升及卫星定轨道技术的不断成熟，雷达测高技术为大地测量学、海洋学、地球物理学、冰川学和大陆水文学等领域的研究提供了宝贵的海洋数据资料。

NASA、ESA、美国海军和法国航天局（CNES）受到 Seasat 任务的启发开展了一系列后续任务：Geosat、ERS-1 及 ERS-2。同时，NASA 和 CNES 开始共同执行 TOPEX/Poseidon 任务。美国海军大地测量卫星 Geosat 于 1985 年 3 月 12 日发射升空，但直到1986年11月8日才开始执行为期18个月的海洋大地水准面测量任务。ERS-1于1994年4月10日至1995年3月25日期间测量并获得了类似的数据集。在借助GRACE和GOCE任务进行星载重力测量之前，这两个测高卫星获取的数据集得到了有史以来最精确的海洋大地水准面和海底地形模型。Geosat是20世纪80年代唯一在轨的雷达高度计卫星，并监视了著名的1987年厄尔尼诺（El Nino）现象及其海平面异常，该任务以优于5cm的平均测量精度获取了涡流变化数据，但由于没有搭载微波辐射计，因此无法对对流层延迟进行校正。此外，俄罗斯于1985年启动了卫星测高任务GEOIK，用于获得地球的参考系统和重力场模型（EP-90）。1984～1996年，俄罗斯共发射了10颗GEOIK卫星，所有卫星均搭载9.5GHz雷达高度计和星载大地测量仪器（包括多普勒系统、无线电测距系统、光信号闪光系统和激光角反射器）。同时，TOPEX/Poseidon科学工作组定期在美洲及欧洲召开雷达测高会议，并共同探讨后续任务计划。鉴于雷达测高技术的巨大潜力，他们提出了高精度、低倾角、短重复周期的任务概念，其监测重点是大规模海洋环流，并提供对中尺度涡旋的监测。为了尽可能地降低测量误差，TOPEX/Poseidon任务的飞行高度增加到了1336km，还使用了第二个高度计频率（C波段，5.3GHz）来校正电离层延迟，并增加了微波辐射计（18GHz）以消除对流层延迟的影响。欧洲航天局的ERS-2卫星于1995年4月21日发射升空，ERS-1和ERS-2两颗卫星获取了近20年的测量数据，为大气、陆地、海洋、冰川监测等诸多地球观测技术的实现和发展打下了基础。此外，Geosat Follow-on卫星于1998年2月10日发射升空，其17天的重复运行轨道与Geosat的相同，其任务是向美国海军提供实时海洋地形数据。继ERS和TOPEX/ Poseidon任务之后，欧洲航天局又发射了Jason-1（2001年12月7日）和Envisat（2002年3月1日）。其中Envisat是有史以来最复杂的地球观测系统，其装备了十种地球观测设备以进行精密测高任务，包括一个双频雷达高度计，分别工作在Ku波段（13.6GHz）和S波段（3.2GHz）。而Jason-1具有与TOPEX/Poseidon相同的测量精度，但是Jason-1是微型卫星，相较TOPEX/Poseidon具有低成本和低功耗的特点。Jason-2卫星于2008年6月8日发射，其运行轨道与前序任务TOPEX/Poseidon和Jason-1的运行轨道相同。Jason-2投入运行后，Jason-1转移到了新轨道继续运行，并与Jason-2保持5天时间的距离以提高时空分辨率。此后Jason-3后继任务卫星于2016年1月成功发射入轨，其核心载荷与Jason-2卫星相同。2006年3月，超过500名专家学者在威尼斯举行了“雷达测高仪的15年进步”专题研讨会，参会专家学者经过讨论一致认为需要建立一个雷达测高连续观测系统来充分利用新一代测高设备并对海洋状态的监测/预报技术提供必要支持。

2005年10月8日，欧洲航天局发射了CryoSat测高卫星以对极地冰冻圈进行监测，然而由于运载火箭发生故障，卫星在入轨前失踪导致任务失败。为了弥补测高卫星在极地区域的数据缺失问题，欧洲航天局于 2010 年 4 月 8 日又发射了 CryoSat-2 卫星，其基本设计与 CryoSat 卫星一致，但增强了卫星运行及数据处理性能，成本也有所降低，任务的目的在于验证全球变暖导致的北极海冰减少及明确南极和格陵兰冰盖对全球海平面上升的贡献。CryoSat-2 的卫星轨道可以覆盖到南北纬 88°，且搭载了最新一代的雷达高度计——合成孔径干涉雷达高度计（SIRAL）。相较传统高度计，它包含三种测量模式：低分辨率模式（low resolution mode，LRM）、合成孔径雷达（synthetic aperture radar，SAR）测量模式和合成孔径雷达干涉（interferometric synthetic aperture radar，InSAR）测量模式。LRM 模式使用传统的脉冲有限测量模式，主要对内陆冰盖进行探测；SAR 测量模式得益于最新的合成孔径雷达处理技术，其沿轨道方向分辨率约为 300m，能够有效处理来自海面和浮冰表面的不同回波进而得到海冰干舷高度和海冰厚度；InSAR 测量模式利用两幅天线接收回波间的相位差来进行干涉测高，主要用于冰川和冰盖边缘区域的测量。2013 年 2 月 25 日，法国及印度合作发射了 SARAL 海洋探测卫星，其上搭载了世界上首台 Ka 频段（35.75GHz）雷达高度计，主要任务是执行精密重复的全球海面高、有效波高和风速等的观测，研究中尺度海洋变化、观测近海海域、内陆水域及大陆冰盖表面。与在 Ku 波段工作的高度计相比，该 Ka 波段受电离层的影响更小，并且在垂直分辨率、回波的时间去相关、空间分辨率和范围噪声方面具有更高的性能。它的主要缺点是 Ka 波段信号会受到雨水的干扰。此外，欧洲航天局与欧洲气象卫星应用组织（EUMETSAT）合作研发的 Sentinel-3 系列卫星，主要用于海面地形、海面和陆地表面温度监测，并分别于 2016 年 2 月 16 日和 2018 年 4 月 25 日成功发射 Sentinel-3A/3B 卫星，后续还计划发射 Sentinel- 3C/3D 卫星。Sentinel-3A/3B 卫星上搭载了双频合成孔径雷达高度计，分别工作在 Ku 波段和 C 波段，是由 CryoSat-2 卫星上的 SIRAL 改进而来。此外，Sentinel-6A（Jason-CS）已于 2020 年 11 月成功发射，Sentinel-6B 卫星（预计将于 2025 年发射）和 SWOT 卫星（预计 2022 年 11 月发射）等测高卫星也将陆续发射升空。届时，一个混合不同雷达测高计的海面连续监测系统将会被建立起来，这将会大大丰富地面监测资料并对海洋状态的监测及预报提供支撑。

与国外的卫星测高研究相比，国内的相关研究起步于 20 世纪 90 年代。1995 年，中国科学院国家空间科学中心研制出我国第一台机载雷达高度计，其测高精度为 15cm，有效波高的测量精度为 0.5m。2002 年发射的神舟四号飞船上搭载了“多模态微波遥感器”，这是我国第一个星载微波遥感器，包括雷达高度计、微波散射计和微波辐射计，其中的雷达高度计测高精度为 10cm，有效波高的测量精度为 0.5m，后向散射系数的测量精度为 1dB。2011 年 8 月 16 日，我国首颗海洋动力环境卫星 HY-2A 成功发射。它是我国第一颗海洋动力环境卫星，其主要使命是监测和调查海洋环境，获得包括海面风场、浪高、海流、海面温度等多种海洋动力环境数据。HY-2A 雷达高度计是一个双频雷达高度计，分别工作在 Ku 波段（13.58GHz）和 C 波段（5.25GHz），有效波高测量精度为 0.5m。2018 年 10 月 25 日我国又发射 HY-2B 卫星以取代服役 7 年的 HY-2A 卫星，其主要技术指标与 HY-2A 基本相同。此外，HY-2C 与 HY-2D 已经分别于 2020 年 9 月和 2021 年 5 月成功发射升空。HY-2C 卫星与已在轨运行的 HY-2B 及后续发射的 HY-2D 组成我国首个海洋动力环境卫星星座，大幅提高了我国海洋动力环境要素全球观测覆盖能力和时效性。卫星获取的海风、海浪、海流等海洋动力环境信息可进一步满足海洋业务需求并兼顾气象、减灾、水利等其他行业的应用需求，为国民经济建设和国防建设、海洋科学研究、全球气候变化提供实测数据。

## 7.1.2　卫星测高基本原理

### 1. 传统卫星高度计基本原理

卫星测高计基于主动式微波遥感（雷达）技术，其主要目的是测量从卫星到海面的距离 $R$（图 7.1）。考虑到地球大气层和海面的物理特性，最适合卫星测高的频率范围为 2～18GHz，其中包括 S 波段（1.55～4.20GHz）、C 波段（4.20～5.75GHz）、X 波段（5.75～10.9GHz）和 Ku 波段（10.9～22.0GHz）。在这段频率范围内，海面的灰体辐射非常微弱，而海水的反射率很高，便于区分雷达回波和

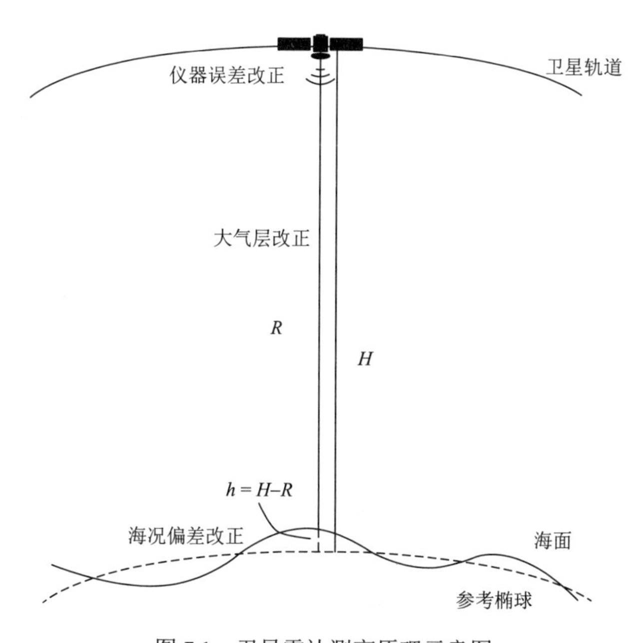


图 7.1　卫星雷达测高原理示意图

自然辐射。在高于 18GHz 的频率下，大气衰减迅速增加，从而降低了到达海面的发射信号和高度计接收的反射信号的功率；而在较低的频率下，雷达信号会更容易受到电离层及来自通信、导航等民用和军用电磁辐射源的干扰。

传统雷达高度计测距时向海面发送功率恒定的微波辐射短脉冲，当脉冲与粗糙的海面相互作用后有一部分回波信号反射回高度计。通过测量该脉冲信号的往返时间（$t$）可以估算出卫星到平均海平面的距离 $R$。

$$R = \hat{R} - \sum_j \Delta R_j \tag{7.1}$$

其中，$\hat{R} = ct/2$，为忽略 $\Delta R_j$ 各种折射影响的星地距离，$c$ 为光速；$\Delta R_j$ 为对电离层、对流层以及海–气界面偏差的改正。所有改正量均为正数，如果未在数据处理过程中对相关偏差进行改正，将会高估星地距离。在测量过程中，通常利用星载 GNSS 将卫星轨道归算至参考椭球坐标系中（如 WGS-84），然后将距离测量值转换为相对于参考椭球的海面高度 $h$。

$$\begin{aligned} h &= H - R \\ &= H - \hat{R} + \sum_j \Delta R_j \end{aligned} \tag{7.2}$$

式中，$H$ 为卫星大地高。

1）波束有限测量

如图 7.2 所示，半径为 $D$ 的圆形孔径的角分辨率 $\theta_r$ 的计算公式为

$$\sin\theta_r = 1.22\lambda / D \tag{7.3}$$

其中，$\lambda$ 为雷达信号波长，则测高计雷达通过波束有限方式发射的脉冲在海面形成的辐照范围直径 $D_s$ 为

$$D_s = 2H\sin\theta_r \cong 2.44H\frac{\lambda}{D} \tag{7.4}$$

假设测高卫星轨道高度为 800km 并搭载有直径为 1m 的 Ku 波段雷达（波长 22mm），则该雷达脉冲在海面形成的辐照直径约为 43km，无法消除重力波对海面的影响（10km 尺度），这将极大影响雷达的测高精度。目前已经发射升空的测高卫星其雷达天线直径一般为 1～1.2m，均采用脉冲压缩技术（全去斜）来提高雷达测量的空间分辨率问题。

2）脉冲有限测量

假设海洋表面是完全平坦的散射表面。雷达发出一个尖锐脉冲，其持续时间约为 3ns，对应于 0.3GHz 带宽。实际上，为了减少发射机的峰值输出，雷达会发出调幅的线性调频脉冲，其幅度要更低但脉冲时间会更长。当雷达信号到达海面后经反射返回，雷达天线接收到返回信号并利用滤波器将信号卷积以重建脉冲信

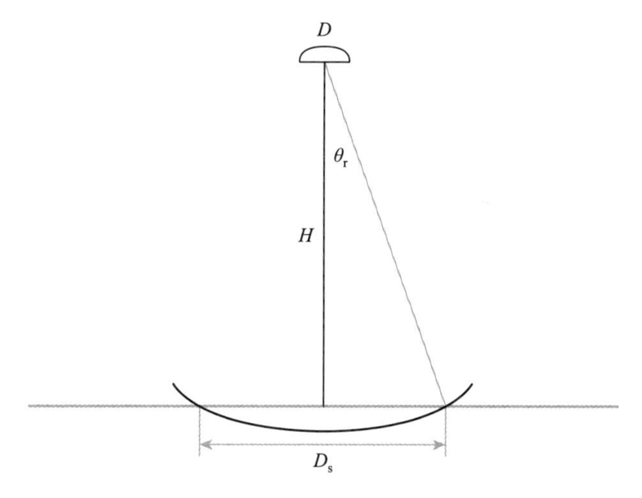


图 7.2　波束有限的足迹尺寸

号。图 7.3 说明了脉冲信号如何与平坦的海面相互作用。设在脉冲有限模式下，脉冲信号长度为$l_p = ct_p / 2$，当球形波前的前沿首先撞击海洋表面时，足迹形状仅为一个点；随后信号继续传播，直到波形的后沿到达海面。将脉冲有限的足迹半径$r_p$定义为脉冲的后沿抵达海洋表面时脉冲前沿在海洋表面的辐照半径。

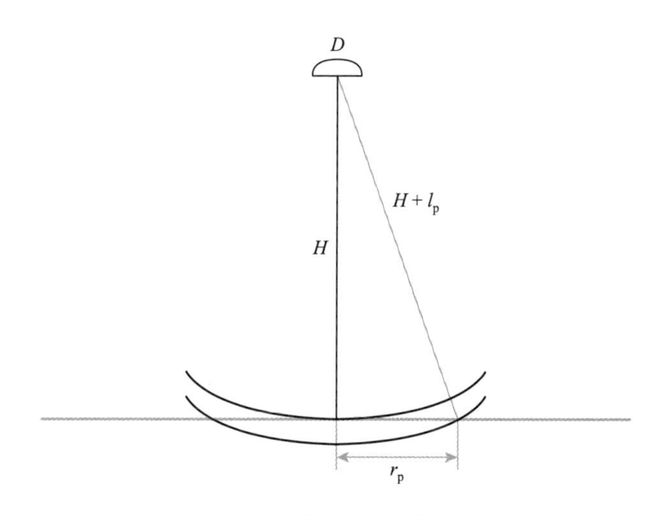


图 7.3　脉冲有限示意图

如图 7.3 所示，依据勾股定理可以得到脉冲有限模式下脉冲信号足迹边缘的半径。

$$H^2 + r_p^2 = (H + l_p)^2 = H^2 + l_p^2 + 2Hl_p \tag{7.5}$$

式中，$r_\mathrm{p}$ 为脉冲前沿的辐照半径。由于 $l_\mathrm{p}$ 相较 $H$ 足够小，因此式（7.5）可改写为

$$r_\mathrm{p} = (2Hl_\mathrm{p})^{1/2} = (Hct_\mathrm{p})^{1/2} \tag{7.6}$$

因此，当脉冲时间为 3ns 时其海面足迹直径约为 1.7km。该足迹辐照范围远小于波束宽度，因此使用脉冲有限模式足以恢复尺度 10km 最优的重力场信息。

图 7.4 显示了利用脉冲有限模式发射的脉冲信号到达海面时的足迹变化。左起第二列表示脉冲沿天底方向以球形波传播至海洋表面并随时间发生反向散射。左起第三列表示脉冲到达海面并返回过程中的全部辐照范围。使用图 7.4 所示足迹的时间演变可以计算出脉冲的功率与时间的关系，其功率谱的组成主要包括三部分：背景噪声（平坦区域）、脉冲前缘到达海面至脉冲后缘到达海面形成的上升沿、脉冲后缘形成的下降沿。当脉冲信号的时间长度为 $t_\mathrm{p}$ 时，脉冲信号的辐照面积与时间的关系为

$$S(t) = \begin{cases} 0 & t < t_0 \\ \pi r^2(t) & t_0 < t < t_0 + t_\mathrm{p} \\ \pi[r^2(t) - r^2(t - t_\mathrm{p})] & t > t_0 + t_\mathrm{p} \end{cases} \tag{7.7}$$

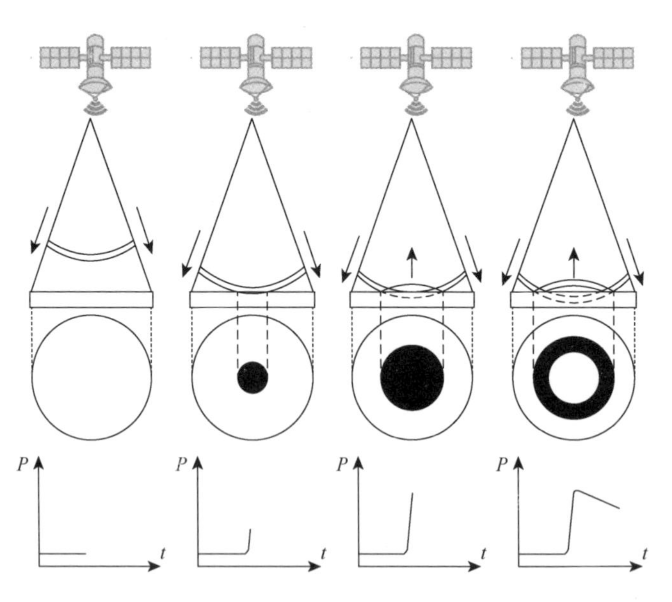


图 7.4　脉冲有限模式信号在海面的足迹变化

将式（7.4）代入式（7.7），并将功率峰值归一化处理，可以得到回波功率与时间的关系。

$$P(t)=\begin{cases}0 & t<t_0\\ \dfrac{(t-t_0)}{t_p} & t_0<t<t_0+t_p\\ 1 & t>t_0+t_p\end{cases} \tag{7.8}$$

依据式（7.6），当脉冲后缘到达海面后其辐照面积回波随时间保持恒定，则其回波功率应当恒定。但事实上，回波功率会根据雷达在海面上的照射方式而随时间逐渐减小。此外，单脉冲回波包含接收功率噪声，跟踪相当困难，为了降低回波波形的噪声，通常是对一定时间内的单脉冲回波取平均。平均后的回波波形是由高度计记录的平均返回功率的时间序列，主要由三部分组成：仪器热噪声、上升沿和下降沿。由上升沿半功率点可以得到卫星到海面的高度；由回波上升沿的斜率可以得到有效波高；由回波的幅度可以得到后向散射系数，进一步可以得到风速；从回波的后沿可以提取出天线的误指向角。

### 2. 基于 SAR 的新型卫星高度计基本原理

常规的雷达高度计主要采用脉冲有限模式进行星下点测量，其沿轨空间分辨率一般为 2～10km。此外，它们的卫星轨道间距较宽（Jason-2 卫星轨道间距为 150km），在进行中尺度海面地形监测时需要通过多源测高数据融合算法对高度计星下点测高数据进行二维重建，这会给模型引入额外误差。近年来，随着测高数据的累积及融合算法的不断优化，在开阔海域已经可以获得优于 2′空间分辨率的平均海平面模型。然而，受限于传统高度计的空间分辨率问题，对中尺度海洋信号、海岸带附近及内陆水体的监测变得极为困难。因此急需一种新型雷达测高计以改善空间分辨率，并提高沿轨测量精度。

基于合成孔径雷达技术，Raney 于 1998 年中提出了延迟/多普勒测高计（delay/Doppler altimeter）或 SAR 模式测高计，并在理论上证明了其精度和空间分辨能力均优于传统的脉冲有限技术。2010 年，CryoSat-2 卫星首次搭载了这一新型测高计——合成孔径干涉雷达高度计并提供三种测高模式：LRM（传统测量模式）、SAR 模式和 InSAR 模式。此后，Sentinel-3 系列卫星也搭载了延迟/多普勒测高计（SRAL）。其主要原理是利用卫星沿轨道方向（方位角）运动引起的多普勒效应来提高空间分辨率（约 300m）。此外，由于在每一个空间分辨率单元中独立观测数量较 LRM 更多，因此可以更好地解决斑点噪声问题。

在 CryoSat-2 任务中，SIRAL 在时域内发射一个含有 64 个 Ku 波段脉冲的突发脉冲，每 50ms（20Hz 频率）有四个连续突发脉冲形成一个雷达周期，脉冲发出后约 5ms 雷达天线可以接收到相应的海面反射信号。表 7.1 提供了 SIRAL 具体参数。与 LRM 一样，每个接收到的脉冲都包含来自其足迹内海面的响应信息，

LRM 和 SAR 模式之间的主要区别在于同一突发脉冲中的 64 个脉冲是相关的，延迟/多普勒技术会对每个突发脉冲进行相干的处理。然后，对每个突发脉冲的 64 个脉冲进行快速傅里叶变换，生成 64 个相应的多普勒波束。多普勒波束在沿轨道方向上实行波束有限模式，同时在跨轨道方向上保持脉冲有限模式，这意味着 SIRAL 的沿轨空间跟踪分辨率得到提高（CryoSat-2 中沿轨分辨率为 300m 左右），而在跨轨道方向上其空间分辨率与传统测量模式相同。

**表 7.1　CryoSat-2 卫星 SIRAL 参数**

| 参数 | 数值 |
|---|---|
| 脉冲重复频率 | 18.181kHz |
| 突发脉冲频率 | 85.7Hz |
| 跟踪周期持续时间 | 47.17ns |
| 跟踪周期内突发脉冲数量 | 4 |
| 天线波束宽度 | 1.095°沿轨<br>1.22°跨轨 |
| 沿轨分辨率（SAR 模式） | 约 300m |
| 跨轨分辨率（波束有限模式） | 1.6km |

图 7.5 显示了 LRM 与 SAR 模式的足迹对比，其中右图 $\Delta x$ 为沿轨足迹宽度。与 LRM 类似，SAR 模式的回波功率与时间的函数仍然分为三个部分：脉冲的上升沿到达之前的时间，上升沿和下降沿到达时间之间的时间，以及下降沿到达之后的时间。将第二个部分的辐照范围近似为一个宽度是 $\Delta x$ 、长度是前缘半径两倍的矩形，将第三段近似为两个宽度是 $\Delta x$ 、长度等于前缘脉冲半径和后缘脉冲半径之差的矩形，则回波功率与时间的函数为

$$P(t)=\begin{cases}0 & t<t_0\\ 2Wr(t) & t_0<t<t_0+t_\mathrm{p}\\ 2W[r(t)-r(t-t_\mathrm{p})] & t>t_0+t_\mathrm{p}\end{cases} \tag{7.9}$$

将式（7.6）代入式（7.9），并将峰值功率归一化可得

$$P(t)=\begin{cases}0 & t'<0\\ \left(\dfrac{t'}{t_\mathrm{p}}\right)^{1/2} & 0<t'<t_\mathrm{p}\\ \left(\dfrac{t'}{t_\mathrm{p}}\right)^{1/2}-\left(\dfrac{(t'-t_\mathrm{p})}{t_\mathrm{p}}\right)^{1/2} & t'>t_\mathrm{p}\end{cases} \tag{7.10}$$

其中，$t'=t-t_0$ 为脉冲前缘的到达时间。SAR 高度计的功率谱随时间变化函数与传统高度计的大不相同，如图 7.6 所示。在前沿，回波功率随时间的平方根增加。

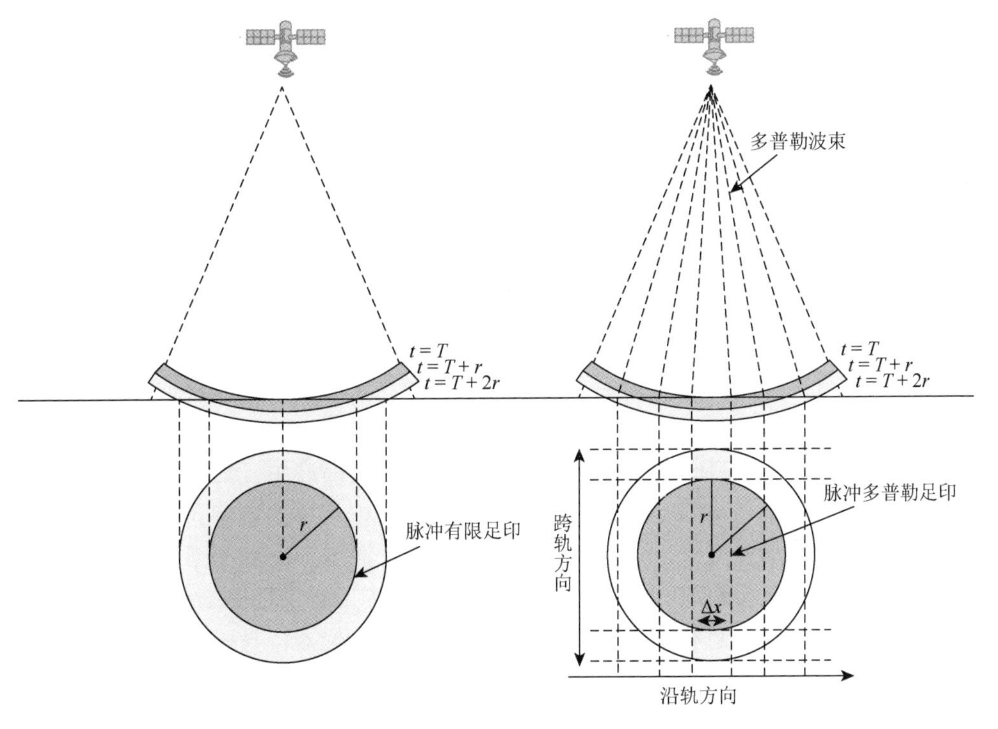


图 7.5　LRM 与 SAR 模式的足迹对比

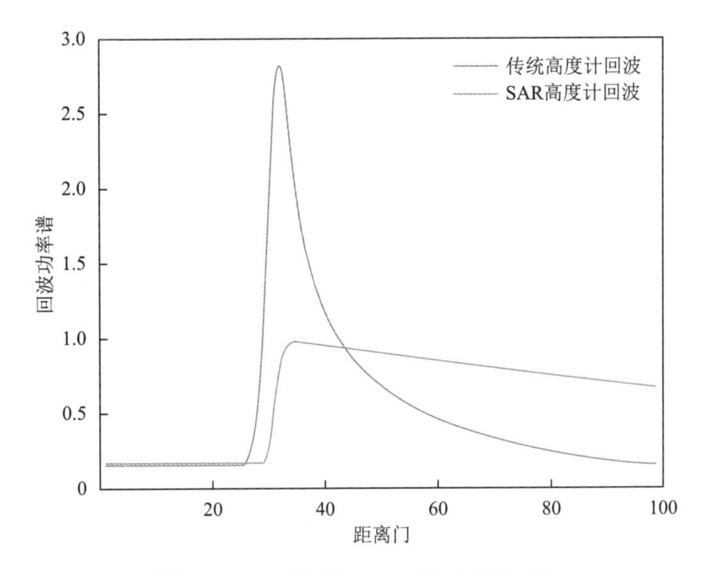


图 7.6　SAR 模式与 LRM 的功率谱对比

主要区别在于后沿，SAR 模式的脉冲回波功率随时间的平方根而减小，而在 LRM 中后沿回波功率随时间均匀衰减，直到脉冲半径接近脉冲足迹半径为止。对于海洋测高，利用 SAR 模式进行海面测高具有两个巨大优势。第一，因为突发脉冲中所有的 64 个波形都被相干地累加到单个孔径中，所以 SAR 高度计的累加信号是常规脉冲限制高度计的 64 倍。因此可以降低雷达高度计的脉冲发射功率，这有利于降低雷达高度计甚至测高卫星的制造成本（Raney，1998）。第二，SAR 模式中脉冲波形具有更复杂的特征，有利于精确确定脉冲信号到达海面的时刻，提高测距精度。

## 7.2 卫星测高误差改正

雷达信号由卫星天线发射后，在到达地球表面之前会受到各种地球物理现象的影响，进而导致测量误差，其量级最高可达米级。首先，当雷达脉冲信号及其回波穿过大气层时，其传播时间会受到大气折射影响而产生延迟，主要包括高层大气（电离层）中电离粒子及低层大气（对流层）中水汽的影响。其次，雷达高度计发射的脉冲信号在海面的反射特性主要取决于海况，在测高卫星工作时其星下点处的海况偏差会对测高精度造成影响。因此，为了提供精确的距离测量结果，必须对这些物理现象进行相应改正。此外，由高度计仪器自身引入的误差，是卫星测高随机误差的主要来源。本节介绍了雷达测高测量中的主要误差源及误差改正方法。

### 7.2.1 海况偏差改正

雷达高度计的距离测量是基于测量高度计天线发射的脉冲从海面反射的回波信号。当脉冲信号到达海面时，海面的运动导致其沿各个方向散射，而回波信号主要由局部垂直于卫星方向的海面（镜面）反射并到达测高卫星的接收天线。而海洋表面波的非线性、非高斯和倾斜的性质导致高度计回波接收到的海面镜面高度的中值和被测量海平面的平均高度之间存在差异，这将导致测量得到的海面高（sea surface height，SSH）出现距离偏斜度偏差。此外，由于波谷的曲率半径大于波峰的曲率半径，因此波谷的单位面积后向散射功率大于波峰的，这导致观测到的平均海面高较真实海面高降低了几十厘米，这种效应称为电磁偏压，理论上其是电磁脉冲频率和海况的函数。同时，脉冲回波信号的接收及信号处理也会受到海况影响。

通常将上述三种偏差称为海况偏差（sea surface bias，SSB），为了获得准确的海平面高度测量结果，应对这些影响进行建模改正。由于 SSB 不是白噪声，它可能具有类似于海洋动态尺度的空间尺度。事实上，目前主要的 SSB 改正模型大多来自经验或数值分析模型，它们将 SSB 改正模型表示为风速和有效波高（significant wave height，SWH）的函数。SSB 改正是一种依赖于高度计特性的经验性修正，目前还不能从理论模型中推导出来，也无法独立于要修正的高度计测量进行计算。因此，每个卫星测高任务都必须对 SSB 改正进行经验调整，有时必须在数据处理算法发生重大变化后进行更新。然而，由于 Jason 系列卫星的仪器设计和处理技术的连续性，所有相关测高任务的 SSB 改正具有较好的一致性。

海况偏差改正模型主要可以分为理论模型和经验模型。自 Yaplee 等首次对 SSB 偏差进行改正实验以来，许多学者试图联合电磁偏差和偏斜度偏差进行理论模型建模。然而，经过对比验证发现，早期的经验模型改正精度较理论模型更高，这表明对 SSB 偏差建模的理论方法还需要更多地改进，同时也表明 SSB 偏差在不同高度计之间有很大的差异。越来越多的学者使用由高度计测量数据反演的其他参数进行 SSB 建模研究（谱峰周期、谱宽参数、峰值幅度、提取、波龄等）。此外，针对 SSB 所涉及的海面波浪非线性运动的时空特征进行深入研究可以更好地对改正模型进行改进。同时，对于 SSB 偏差的理论研究还有助于加深对海面复杂运动过程的理解，并为调整经验模型的参数化提供了关键输入。自 T/P 卫星发射以来，基于卫星的经验 SSB 估计已被成功应用于实际测高任务，在特定的任务中会给出 SSB 与 SWH 和风速的二维函数关系映射表。多年来，众多学者对 SSB 模型的统计建模方法、海面高数据中 SSB 信号的提取方法、改进的海况描述方法等方面进行了分析和改进，以更好地描述 SSB 的变化，并利用 SSB 的函数方程（风速和 SWH 的线性、多项式和二次函数）建立了多参数经验公式。随着越来越多的卫星数据积累，Gaspar 和 Florens 证明了基于 SSH 差异的参数模型不是 SSB 的真正最小二乘近似，他们开发并改进了一种基于核平滑的非参数估计技术，该技术针对风速和 SWH 的规则二维网格数据提供对应的 SSB 参数。为了使误差最小化，通常使用在同一地点不同时间测得的 SSH 差异作为数据集进行计算。

为了消除已知的大地水准面信号及在误差中占主导的轨道误差，必须使用 SSH 差异来计算 SSB 模型。但是这种方法的缺陷在于它只能对相对 SSB 进行改正，而不能进行绝对的零偏移校正。目前，基于卫星测高技术获得的 MSS 模型已经具有足够的精度，而在海面高度异常中的残留大地水准面信号可以忽略不计，这给直接从 SSH 数据中获取 SSB 信息创造了条件。借助最新的地球物理校正模型和 MSS 模型可以构建高精度 SSB 模型。

目前的 SSB 经验模型仅使用 SWH 和风速数据作为建模数据。而 Millet 等的研究表明，使用瞬时海面上的额外信息（如波浪年龄、波浪总体发展程度和长波浪坡度变化）可以更好地应对海面变化对测距产生的影响，从而降低 SSB 模型的不确定性。为了获得这些信息作为建模的附加输入，Kumar 和 Millet 建议使用操作波模型输出。Tran 等的研究表明，当使用简单的附加参数［如来自数值波模型的平均波周期（Tm）］建立三维全局 SSB 模型时，可以在局部区域获得显著改善，并且可以减少约 7.5%的高度计测距误差。未来，专门用于海况监测的新卫星的发射将对定向波谱信息进行测量，这可以进一步改善 SSB 模型的性能。

在过去的几十年中，科学家已经在地球物理校正领域取得重大改进，但是在 SSB 的理论和经验模型领域，如何进一步改善高度计的误差仍是一项重要挑战。在新一代的高度计陆续发射的背景下（如 SAR 模式测高卫星或宽幅地形干涉仪），由于其脉冲信号的各向异性，相较传统的高度计可能会增加各向同性足迹的复杂性，因此对于 SSB 的改正仍将是一个重大挑战。

### 7.2.2　大气传播效应校正

为了达到预期的距离测量精度，必须考虑大气对雷达高度计脉冲信号传播的影响。考虑到大气层的成分特点及电离特征，主要将大气层影响分为电离层部分和对流层部分。电离层为距离地表 60km 以上的大气，其中的原子和空气分子受到太阳高能辐射的影响而完全电离。对流层则位于大气层底部，主要由中性气体组成，但其气体分子成分更加复杂，时空分布的变化更加剧烈。对流层部分的影响又可以分为干燥气体的影响及水汽影响。因此本节主要对上述三项大气校正进行了讨论。

1. 电离层改正

电离层位于距离地表 60～2000km 的高空大气中，自由电子的存在使得电离层介质可以对雷达信号产生折射或散射效应。因此，需要对电离层的影响进行精确校正才能达到厘米级的测距精度。目前，大多数测高任务（T/P、Jason-1、Envisat、Jason-2 和 Jason-3）上飞行的雷达高度计都工作在两个不同的频率上，以利用电离层折射的频率依赖性来改正电离层影响并进行距离测量。

通常电离层校正根据测高计两个频率之间距离测量的差异计算必要的改正，并可以将其应用于 SSB 估算中。对于在 Ku 频段（约 13.6GHz）和 C 频段（TOPEX 和 Jason 为 5.3GHz）工作的高度计，双频电离层校正可以表示为

$$\text{Iono\_corr} = \frac{f_{\mathrm{C}}^2}{f_{\mathrm{Ku}}^2 - f_{\mathrm{C}}^2}[(R_{\mathrm{C}} - \mathrm{SSB}_{\mathrm{C}}) - (R_{\mathrm{Ku}} - \mathrm{SSB}_{\mathrm{Ku}})] \tag{7.11}$$

式中，$f$ 为雷达频率；$R_{\mathrm{C}}$、$R_{\mathrm{Ku}}$ 分别为工作在 C/Ku 波段的高度计测得的距离。由于在次要信道上的距离测量值比在主 Ku 波段中测量的噪声要大得多，因此通常使用沿轨道低通滤波器来平滑双频电离层校正。对于单频高度计的测高卫星（即 Geosat、GFO、ERS-1、ERS-2 和 CryoSat-2），则一般使用电离层模型来对其进行

改正。目前单频高度计的距离改正主要依赖于美国喷气实验室（Jet Propulsion Laboratory，JPL）提供的基于 GPS 反演的全球电离层格网（global ionosphere maps，GIM）模型。实际上，自 1998 年以来，JPL 就已经开始利用全球地面 GPS 观测网的双频观测数据来监测电离层 TEC 的全球分布。对于 1998 年以前的雷达高度计，一般使用全球气候模型如美国国家海洋和大气管理局（National Oceanic and Atmospheric Administration，NOAA）电离层气候模型 2009（NIC09）进行改正。此外，虽然 SARAL/AltiKa 高度计是单频高度计，但由于其在 Ka 波段工作，其受电离层的影响比 Ku 波段高度计小至约 1/7，因此几乎可以忽略这种校正。

### 2. 对流层静力学延迟改正

对流层延迟可以分为静力学延迟（hydrostatic delay，HD）和对流层湿延迟（wet delay，WD）。静力学延迟是由折射率的非双极分量引起的，湿延迟是由水汽折射率的偶极子分量引起的。这两个延迟是天顶方向最小的，且都与高度角的正弦成反比。静力学延迟在对流层中的占比为 90%左右，其分布可以通过建模进行估计消除；对流层湿延迟中的水汽虽然仅占对流层气体分子的 10%左右，但其时空分布十分复杂，对流层中的一些极端天气现象如暴雨、冰雹等都与其有关。

静力学延迟在对流层大气中较为恒定，且会对卫星高度计造成约−2.3m 的测距误差。其改正方程可表示为

$$\mathrm{Dry\_Tropo} = -2.277 \cdot P_{\mathrm{atm}}[1 + 0.0026 \cdot \cos(2 \cdot \mathrm{LAT})] \tag{7.12}$$

式中，$P_{\mathrm{atm}}$ 是以毫巴（mbar）为单位的地表大气压力；LAT 是纬度；$\mathrm{Dry\_Tropo}$ 是以毫米（mm）为单位的静力学延迟改正量。

目前尚无直接测量星下点地面气压的方法，但可以通过全球大气模型分析得到估算产品。例如，欧洲中期天气预报中心（European Centre for Medium-range Weather Forecasts，ECMWF）可以提供时间分辨率为 6h、空间分辨率为 0.25°的分层气压场产品。但由于 ECMWF 的 6h 时间分辨率无法准确估计大气压力变化的昼夜和半昼间分量，因此对对流层静力学延迟的改正还需要使用与逆气压改正相同的方法从 ECMWF 压力场中去除昼夜和半昼间信号。此外 ERA 提供的全球大气再分析产品也可以估计干燥大气的校正量，使用此改正参数可大大减少 ERS 和 T/P 等较旧任务的升降轨之间的差异。

### 3. 对流层湿延迟改正

对流层湿延迟主要取决于大气中水汽的累积量，在微观尺度上取决于液态水的累积量

$$\mathrm{WTC} = \mathrm{PD}_{\mathrm{vap}} + \mathrm{PD}_{\mathrm{liq}} \tag{7.13}$$

根据水汽折射率及热力学定律计算，由水汽（$PD_{vap}$）和液态水（$PD_{liq}$）引起的路径延迟表示为

$$PD_{vap} = \beta'_{vap}\int_0^R \frac{\rho_{vap}}{T(z)}dz \tag{7.14}$$

其中，$z$ 为大地高；$T$ 为大气层温度（$K$）；$\rho_{vap}$ 为水汽密度（$g/cm^3$）；$\beta'_{vap} = 1720.6K \cdot cm^3/g$；$R$ 为积分高度，且

$$PD_{liq} = 1.6\int_0^R \rho_{lip}dz = 1.6CLWC \tag{7.15}$$

其中，$\rho_{lip}$ 为液态水密度；CLWC 为积分云液态水总量。需要注意的是，液态水造成的路径延迟一般小于 5mm，因此在计算中可以忽略。

对比全球水汽的地理分布与海面气温的分布可以看出，在海洋上，热带辐合带（intertropical convergence zone，ITCZ）上空的水汽振幅从几毫米到 40cm 不等，全球平均值约为 15cm。对于高于 60°的纬度地区（南北极）以及南美西部和南非地区，其对流层水汽改正量标准差很小。图 7.7 显示了不同纬度地区一年中水汽改正量的变化。在热带地区，对流层水汽改正的平均值约为 25cm 且具有季节变化性。在 20°N～40°N 的纬度上具有明显的季节性变化，北方冬季的最小值（15cm）与夏季的最大值（25cm）相差约 10cm。

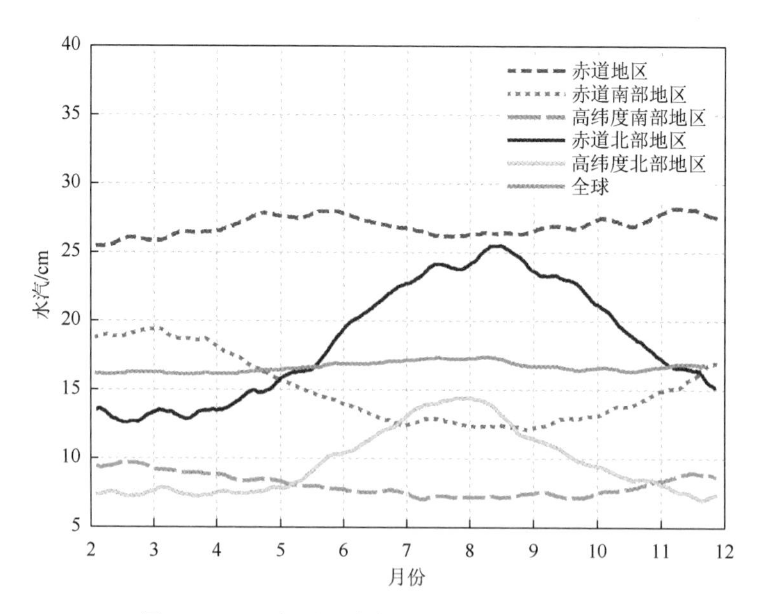


图 7.7　2015 年不同纬度地区的平均水汽变化量

通过与 ECMWF 提供的对流层湿延迟改正产品进行比较，可以评估微波辐射计在海洋上的探测性能。这里使用两者偏差的统计数据及星轨交叉点处 SSH 差异

的统计数据进行比较，通过对 2015 年 SARAL/AltiKa 和 Jason-2 辐射计差异的计算可以发现，大部分偏差集中在±1cm 之间。此外，可以通过仪器校准和交叉校准方案来对比不同测高任务之间的微小偏差。利用三频辐射计（如 Jason-2）得到的湿延迟改正比使用双频辐射计（如 SARAL/AltiKa）得到的湿延迟改正显示出更大的对比度。这两种辐射计均会低估热带地区的湿延迟改正量，而会高估中纬度地区（30°～60°）的改正量。在热带地区，Jason-2 的湿延迟改正较 SARAL/AltiKa 得更高，特别是在无云地区，如南美西部和南非。而在这些天空晴朗的地区，Jason-2 上的 18.7GHz 辐射计显示出更高的准确性。在测高卫星进行地面监测时使用辐射计进行湿延迟改正较 ECMWF 等模型产品对测高系统的性能有显著改善，其反演得到的 SSH 方差减少了大约 2cm$^2$（10%～20%的改善）。

未来的雷达高度计技术的各种功能着重于进一步提高 SSH 的精度和空间分辨率，这推动了对高空间分辨率（1～50km）湿对流层改正模型（wet tropospheric correction，WTC）的需求。实际上，Jason-CS 辐射计有望在当前的三个低频信道上增加 90GHz、130GHz 和 166GHz 信道。此策略有两个好处：这些额外的频率可以捕获较小的时空变化，并且将改善沿海地区、云区和非海洋表面（如内陆水域）的性能。云区检测是对 WTC 自身质量及雷达高度计性能的潜在改进，因为水滴直接影响高度计波形的形状。对流现象可能对测得的亮温产生很大的影响，但潜在的大小只有几公里。此外，可以使用自然灵活的估计方法［如一维变分（1D-VAR）方法］来提高 WTC 精度。使用 ECMWF 分析配置文件作为先验输入，将观测到的亮温度（brightness temperature，BT）用作收敛系统中的约束。最后的迭代结果可以更好地解释观测结果的大气廓线。由于 1D-VAR 不依赖于学习数据集，因此它具有灵活性并且可以将相同的方法应用于所有地表类型。

## 7.3　海潮模型的确定

### 7.3.1　引言

海洋潮汐是一种重要的自然现象，对地球物理学和海洋学的研究有着重要影响。近年来，随着大地测量学的发展及应用，对海潮信息的精确性要求变得越来越高。在地球自转研究领域，需要精确计算有海潮造成的总耗散量，但在 20 世纪六七十年代，仅能利用卫星轨道和地月激光测距等数据进行间接估计。得益于卫星测高技术的发展，目前计算得到的全球海潮模型已经可以满足相应的精度要求。而在大地测量领域，为了研究固体潮和海潮负荷等课题，需要使用精确的海洋潮汐模型进行去噪，但目前现代海洋技术仍缺乏精确的海洋潮汐模型。在海洋声层析成像领域，可以根据表面高度的梯度来计算潮汐，但这仍需要更高精度的全球海潮模型。此外，针对潮汐的发源、传播及消散过程等研究仍然是尚待解决的问题，同样需要精确的海潮模型作为支撑。更重要的是，近年来最紧迫的需求来自使用卫星高度计来监测由海洋环流引起的海面坡度变化，而海面的潮汐变化占海面变化的80%以上。因此，为了基于卫星高度计实现高精度海洋环流的监测，必须将海潮信号从高度计信号中去除。以上研究领域对高质量海潮预测模型的需求促使海潮模型建模理论和方法的发展，尤其是利用 T/P 等一系列卫星测高任务研究潮汐分析和建模方法。

20 世纪中叶，大多数针对全球海潮模型的研究都使用了数学物理理论方法，并致力于通过解析或半解析的方法来构造理想的偏微分方程。这些研究对海洋潮汐，尤其是对大西洋潮汐变化具有重要的参考价值。到了 20 世纪 60 年代和 70 年代，理论分析方法已被数值分析方法所取代，但受限于地球物理及流体动力学理论的不完善，针对海潮模型的研究进入到了瓶颈期。自 1992 年以来，随着卫星测高技术的不断发展和应用，针对海潮模型的研究进入“卫星测高”时代。利用卫星高度计获取海潮信息极大地促进了全球海潮模型研究的发展，利用 T/P 及其后续任务 Jason-1 至 Jason-3，以及本书中所述的补充卫星任务，为海潮研究提供了新的数据获取手段。

卫星高度计本质上是在海洋中充当验潮站的角色，尽管其高度测量精度及采样率没有验潮站那么理想，但其全球覆盖的能力是传统验潮站无法企及的。此外，通过海洋斜压潮及在海洋数据融合的研究，大大促进了大地测量学与自然海洋学之间的交叉融合。随着卫星测高数据的不断积累，目前在开阔海域中的全球海潮模型精度已经可以达到 1cm 左右。此外，对于海洋斜压潮的建模及预测也越来越得到专家学者的重视。

### 7.3.2　海潮模型的建立

通常可以利用球谐分析或响应函数对海潮进行数学建模。在球谐分析中，海潮潮位高 $\xi(x,t)$ 可以表示为

$$\xi(x,t)=\sum_{k=1,\mathrm{Nc}}A_k(x)\cos[\omega_k t+V_k-G_k(x)] \tag{7.16}$$

其中，$x$、$t$ 分别为海潮潮位高的位置及时刻；$k$ 为海潮分量；Nc 为分潮个数；$\omega_k$、$V_k$ 及 $A_k$ 为对应的频率、相位和振幅；$G$ 为格林尼治相位迟滞。

Doodson 于 1921 年引入了 $d_1$、$d_2$、$d_3$、$d_4$、$d_5$、$d_6$ 等参数来定义不同海潮分量的频率及相位角：

$$\begin{aligned}\omega_k t+V_k&=d_1\tau+(d_2-5)s+(d_3-5)h+(d_4-5)p\\&\quad+(d_5-5)N'+(d_6-5)p'\end{aligned} \tag{7.17}$$

其中，$d_1$、$d_2$、$d_3$、$d_4$、$d_5$、$d_6$是一组整数，被称为杜德森（Doodson）常数，其既能确定速度又能确定平衡相位。$\tau$、$s$、$h$、$p$、$N'$分别代表平太阴时、日月平均经度、月球近地点、月球交点及太阳近地点。

通过假设海洋对引潮位的响应随频率平稳地变化，式（7.16）中的级数通常被截断至有限阶：

$$\xi(x,t)=\sum_{k=1,\mathrm{Ns}} f_k(t)A_k(x)\cos[\omega_k t+V_k+u_k(t)-G_k(x)] \tag{7.18}$$

其中，Ns 为分潮个数；在振幅$f_k(t)$和相位$u_k(t)$中引入了节点校正以校正潮汐 18.61 年的周期，这使得潮波频率从大约 400 种减少到只有几十种。

此外，通过线性或更复杂的内插和外推，将次要成分的复杂特性与有限数量的主要成分联系起来，以进一步减少潮波频率数量，即导纳函数：

$$\xi_k(x,t)=H_k\,\mathrm{Re}\{Z^*(\omega_k,x)\exp[-i(\omega_k t+V_k)]\} \tag{7.19}$$

其中，$Z^*(\omega_k,x)$为包含实部$X(\omega_k,x)$和虚部$Y(\omega_k,x)$的复函数；$H_k$为正规化强迫潮位振幅；$\mathrm{Re}\{f\}$为$f$的实部；*为复数的复共轭，线性插值可以应用于位于主要成分$k_1$和$k_2$之间的次要成分$k$：

$$\begin{aligned}Z(\omega_k,x)=Z(Z^*(\omega_{k_1},x))+[(\omega_k-\omega_{k_1})/(\omega_{k_2}-\omega_{k_1})]\\ \times[Z(\omega_{k_2},x)-Z(\omega_{k_1},x)]\end{aligned} \tag{7.20}$$

目前，一些海潮模型将主要建模成分限制为 5 个半日分量（$M_2$、$S_2$、$N_2$、$K_2$、$2N_2$）和 3 个日分量（$K_1$、$O_1$、$Q_1$）。

卫星测高技术的出现为观测海洋潮汐变化提供了巨大优势。经过一个多世纪的验潮站测量，现有的观测资料仍集中在沿海和海洋岛屿附近，在开阔海域中几乎不可用。而经过数年的测高卫星的观测，卫星沿轨处的潮汐数据均可以获得，但由于多种原因，其观测精度较验潮站数据仍较低。首先，受限于卫星的重复周期（几天到几十天不等），卫星测高数据得到的半日潮和日潮周期会产生混叠。随着海洋的背景谱在长观测周期内迅速增大，这种混叠导致潮汐信号提取方面的信噪比大大增加。其次，高度计的仪器误差及其相关误差更加复杂。在较早的卫星测高任务中（如 Geosat），卫星轨道误差尤其严重，但经过特定的轨道误差校正，也可以从提取的潮汐数据中发现轨道残余误差。直到 T/P 的出现，其轨道精度得到了提高而无须进行校正，因此极大地促进了数据在潮汐研究等领域的应用。卫星测高的第三个限制因素是它的空间分辨率，其与重复周期的长度成反比。

1983 年 Provost 及 Cartwright 等利用 Seasat 高度计数据提取出了潮汐信号，此后，Mazzega 于 1985 年利用球谐函数分析了 $M_2$潮，并证明了利用 Seasat 数据集可以对全球范围内的潮汐数据进行提取。1986～1989 年的 Geosat 测高卫星任务提供了 2.5 年的测高数据，轨道重复周期 17 天，它为全球潮汐研究提供了第一个测高数据集，从而能够进行海洋学和潮汐学的模型推导。Cartwright 和 Ray 于 1990 年通过对该数据集的分析，提出了一种基于正交表示的响应方法。他们为 8 个主要成分（$M_2$、$S_2$、$N_2$、$K_2$、$K_1$、$O_1$、$P_1$、$Q_1$）提供了一套新的建模方案。Molines 于 1994 年指出该模型比 Schwiderski 模型更准确。到 1995 年，在经过两年多的 T/P 数据累积之后，国际科学界获得了 10 个新的全球海洋潮汐模型。其建模方法主要可以分为以下四类：

（1）直接对测高数据进行分析。

（2）对高度计残差进行分析，并使用先验潮汐模型对数据进行修正。

（3）利用物理模式对潮汐解进行展开并融合高度计数据或其残差的结果。

（4）利用水文动力学方程求解海潮模型并利用测高数据进行约束。

### 7.3.3 潮汐混叠

用卫星高度计观测潮汐时，几乎不可避免地会遇到潮汐混叠的问题。在利用高度计进行采样时，信号名义上被限制在每天 1～2 个 Cycle 的狭窄频带内，然后以看似随机的方式分散在整个频谱中。在最坏的情况下，潮汐信号将被混叠到零频率（其频率几乎不能被监测到），或者季节性周期中（很难与较大的非潮汐变化分开）。基于海洋的背景光谱特性，为了将估计噪声降至最低，需要将海潮混叠成较短的周期而非更长的周期。目前，在 T/P-Jason 系列卫星中，其数据中的大多数主要潮汐成分被混叠为相对较短的时间段，通常少于 70d。然而，T/P 数据反演得到的 $K_1$ 成分被混叠为接近半年期。目前主要的卫星高度计任务的主要成分和次要成分混叠周期信息已经公开，表 7.2 列出了每个潮汐带的一些主要组成部分的混叠周期。

**表 7.2 潮汐混叠周期**

| 潮汐分量 | 频率/(°/h) | T/P-Jason（9.92d） | Geosat（17.05d） | Envisat（35.00d） | Sentinel-3（27.00d） |
|---|---|---|---|---|---|
| $M_f$ | 1.09803 | 36.2 | 68.7 | 79.9 | 1147.0 |
| $O_1$ | 13.94304 | 45.7 | 113.0 | 75.1 | 227.0 |
| $P_1$ | 14.95893 | 88.9 | 4466.7 | 365.2 | 365.2 |
| $K_1$ | 15.04107 | 173.2 | 175.4 | 365.2 | 365.2 |
| $N_2$ | 28.43973 | 49.5 | 52.1 | 97.4 | 141.0 |
| $M_2$ | 28.98410 | 62.1 | 317.1 | 94.5 | 157.5 |
| $S_2$ | 30.00000 | 58.7 | 168.8 | ∞ | ∞ |
| $M_4$ | 57.96821 | 31.1 | 158.6 | 135.1 | 78.8 |
| $MS_4$ | 58.98410 | 1083.9 | 361.0 | 94.5 | 157.5 |

任何卫星的潮汐混叠都具有特定的基本模式。对于轨道重复周期为 $N$ 天测高卫星来说（$N$ 不必为整数），任何超过奈奎斯特（Nyquist）频率（0.5/N）的频率都会被混叠到 0.5/$N$ 以下。但是，奈奎斯特频率通常比任何潮汐带所覆盖的频率范围要窄得多，因此在每个潮带内都会重复折叠。表 7.2 为每个主要的卫星高度计任务。可以看出 T/P-Jason 系列的重复周期最短，因此每个潮带内的折叠次数最少。而在 T/P 系列卫星中，为了将 $K_1$ 混叠周期移到半年周期以外，可以通过降低其倾斜度或高度以加快其进动速度。

对于大尺度正压潮汐的混叠问题，可以通过组合来自相邻轨道或上升和下降轨道的附加相位观测来解决。此外，在严重混叠中有时可以根据主要成分来估计次要成分，如可以从 Geosat 数据反演得到的 $K_1$ 分潮合理推断出 $P_1$ 分潮。但是，对位于太阳同步轨道的测高卫星来说，其获取的 $S_2$ 潮汐参数的相位对于所有相邻轨道及中低纬度交点处的所有上升和下降轨道都是相同的，因此上述组合附加相位观测值来求解混叠问题的方法在此处并不适用。特别地，在所有频率超过奈奎斯特频率的信号中，虽然由卫星观测到的潮汐有混叠现象，但由于潮汐频率是固定的，因此可能相较非平稳信号更容易处理。

### 7.3.4　基于卫星测高技术的正压海潮模型

大多数基于卫星测高技术的应用都需要在其数据处理过程中消除海潮信号的影响，以便研究更微弱的非潮汐信号。在一般的海洋学应用中，使用低通滤波器可以消除大部分海潮信号，但是测高卫星的重复周期导致的混叠问题使得低通滤波方法在测高处理中并不适用。因此，必须尽可能准确地独立估计出在任意位置和时刻某一点处的潮汐高度，并从测得的海面高度中减去。目前已经有若干基于卫星测高技术的全球潮汐模型实现了这一目标，同时可以利用当地的水文动力学模型和高精度、高时间分辨率的水位计数据对其进行精度验证。针对前面所述的基于卫星高度计数据约束的潮汐模型建立会出现的频谱混叠的问题，这里给出了四种主要方法：①对高度测验进行直接的经验潮汐分析；②首先采用先验模型删除预测后的高度计残差的经验潮汐分析；③根据某种空间基础函数对测高数据进行潮汐分析；④使用通过数据同化求解流体力学方程的逆方法。方法①和②主要适用于深海和开放海域中，主要原因是这些区域的潮汐波长足够长，可以较好地被测高卫星监测到。但是如果潮汐波长变得比卫星轨道间距短得多，如浅水区或海岸带区域，则上述方法往往会失败。此外，当高度计的时间序列很短时，可以使用方法③基于全局基函数进行潮汐反演，但反演结果精度较低，目前更多地被应用于斜压潮反演。方法④采用的是通过给拟合数据和运动动态方程定权的策略进行反演，且本身涵盖了不同的动力学方法，因而灵活性更高，更适用于浅海区域的潮汐反演，但其运算量较其他方法更大。Schwiderski 和 Zahel 分别于 1980 年和 1995 年探索了基于共轭梯度解的反演方法，Taguchi 等于 2014 年也探索了这种方法。早在 1994 年 Egbert 及 Provost 等便在 T/P 的数据中使用了反演方法，但是不适用于大型数据集。随后，Egbert 和 Erofeeva 于 2002 年对该方法进行了简化处理，使其可以有效地应用于潮汐反演问题，进而发布了 TPXO8 全球海潮模型。该模型融合了 20 多年的测高数据，并将一系列更高分辨率（1/30°）的本地沿海模型嵌套到 1/6°的全球模型中。

为了验证基于测高数据的海潮模型精度，Andersen 及 Shum 等分别于 1995 年和 1997 年对其进行了评估，此后 Stammer 等（2014）首次对全球潮汐模型进行了全面评估。评估结果中根据七个全球模型计算出的标准偏差，发现在标准偏差仅为几毫米的开阔海域中，几种模型的精度非常一致。但在浅海、海岸带及极地等缺乏相对约束的地区，其模型精度会受到一定影响。在开阔海域中，一些潮汐幅值较大的区域其标准偏差也会增大，如北太平洋地区的 $K_1$ 分潮，标准偏差在亚厘米级左右。

### 7.3.5　斜压潮

内部潮汐或斜压潮是具有潮汐周期性的内部重力波，其是由正压潮与底部地形的相互作用所产生的，特别是在大陆架、海脊和海山等区域。当正压潮流冲击上述大型地貌时，深水被向上冲去，而浮力提供了一个恢复力从而形成内波。斜压潮在海面的垂直位移较小，其大小主要取决于下面的分层，通常约为最大内部位移的 $10^{-3}$ 倍，因此很少超过几厘米。此外，随着现代卫星测高技术的发展，即使面对严重的潮汐混叠现象，其也能够检测到这些内波信号。实际上，卫星测高目前已经成为研究斜压潮的重要工具，虽然仅能从海洋表面揭示内部潮汐的产生、传播和消散，但其全球覆盖性为研究内波的传播过程提供了重要的数据支撑。

理论上卫星高度计可以对第一斜压模式相对应的内波进行监测，对于给定的内部位移，在海洋表面会对高阶模态产生抑制。对于半日分潮，第一模式斜潮的波长为 100～200km，是日分潮的两倍，对应相速度约为 3m/s。更高模式的相位速度更慢，因此对背景洋流的变化更敏感，在时间上也更不一致。下面将对固定斜压潮和非固定斜压潮进行介绍。

1. 固定斜压潮

在过去的几年中，为了进一步提高潮汐预测模型精度，以便从卫星高度计测量中消除不必要的潮汐变化，许多学者已经开始尝试建立精密的固定斜压潮海面高度场。Ray 等在 2016 年的研究表明，内部潮汐信号已经泄漏到目前的海面高异常产品中。更重要的是，随着新一代测高卫星（SWATH）的发射，需要精确去除内部潮汐信号，以研究亚中尺度的海洋特性。此外，为了进一步研究斜压潮能量在海洋中传播和消散的路径，有必要建立全球斜压潮模型。但由于目前的研究并不需要非常高的预测精度，因此通常选用高分辨率数值海洋模型进行试验。相反，为了建立精确的预测模型来纠正测高结果，需要在测高数据中提供必要的约束。

目前，随着测高数据的不断累积（Geosat、T/P、ERS-1、Sentinel-3 等），其数据密度已经足以支持使用标准网格和插值方法直接建立 Mode-1 斜压潮模型。一种方法是确定潮汐沿着每个重复的地面轨道和网格产生的高程场。这种方法对于月球潮汐建模，特别是对占主导地位的 $M_2$ 分潮有较好的建模精度，此外，随着未来 SWOT 测高卫星的发射，这种方法将继续发挥重要作用。与纯粹的经验方法相反，Dushaw 等 2011 年的研究使用由海洋气候分层确定的理论频率–波数特征作为约束进行斜压潮建模，其作用是抑制噪声并提高临轨测高数据间的插值精度，其仅利用 T/P 测高数据进行了全球斜压潮建模且结果较 Ray 等 2016 年发布的模型更加平滑。Zhao 等分别于 2012 年和 2016 年通过局域迭代平面波拟合来建立斜压潮模型。

此外，目前的潮汐模型噪声水平仍较高且空间分辨率不足，因此需要进一步研究基于严格的数据融合算法进行数值海潮模型的建模方法。Egbert 和 Erofeeva 于 2002 年基于一种严格的数据融合算法进行了局域海潮模型的建模研究，图 7.8 为 $K_1$ 分潮的建模结果。从图中可以看出的一个显著特征是在吕宋海峡区域产生了斜压潮。由于斜压潮的相速度取决于科氏参数，因此吕宋海峡的东向波在传播过程中向南折射。此外，还可以看出图中另一个显著特征是西里伯斯海中驻波。尽管在经验模型中显示出某种相似的模式，但这一现象是否由动力学产生仍需进一步研究。这表明在数据同化中使用动力学理论不仅要匹配适当的波长，而且能够反映出更多真实物理信号，而经验方法（或平面波拟合方法）由于采样不足而无法恢复这些信号。

### 2. 非固定斜压潮

内部潮汐的非平稳性有一个很大的好处，假设潮汐的变化在时间和空间维中都能被很好地确定，则可以利用这些结果进行海洋内部变化的研究。Zhao 等于 2016 年在太平洋和大西洋进行了相关研究，针对三个长内波波束每两年的相位变

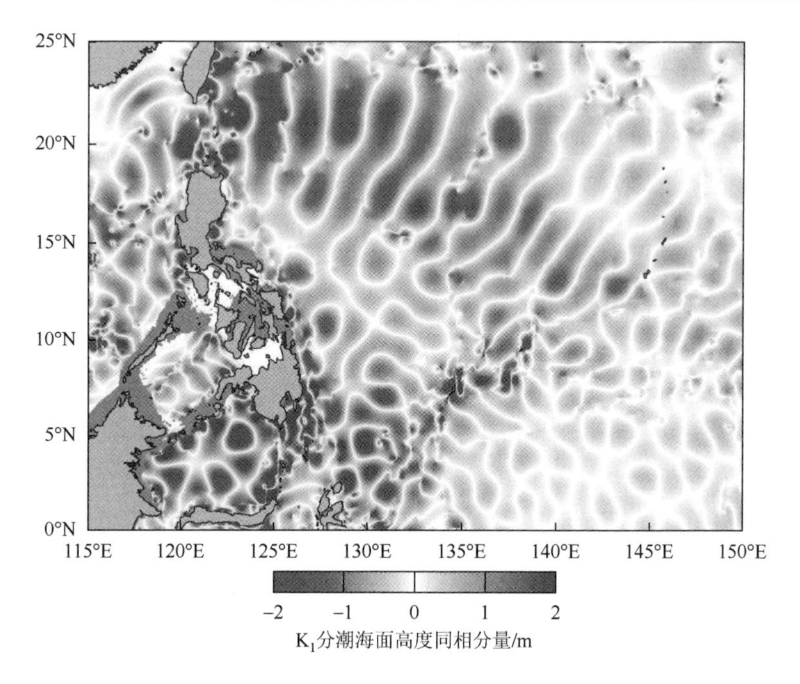


图 7.8　基于水文动力学模型反演 $K_1$ 斜压潮海面高度同相分量

引自 Egbert 和 Erofeeva（2002）

化进行了检核。研究结果见图 7.9，其中图 7.9（a）为两条路径上经过滤波处理的南向传播内波；图 7.9（b）、（c）分别为沿每条路径的潮汐相位时-纬度线。粗实线代表共相线，在空间中波长约为 150km。这些线的倾斜表明传播速度在 1995～2014 年略有增加；图 7.9（d）、（e）分别为内波传播时间变化率（空心圆点线）和 Argo 测得的海洋热含量变化（实心圆点线）。Zhao（2016）顾及海洋平均气温分层的扰动来解释给定的潮汐阶段的变化，进而确定了在路径上海洋平均热含量的变化。从图 7.9（d）、（e）可以看出，研究结果与 Argo 浮标数据具有较好的一致性，并表明利用卫星测高技术可以潜在地将 Argo 热含量时间序列至少延长到 1995 年，这也是未来具有挑战性和前沿性的研究课题。虽然 Zhao（2016）的结果需要分析沿着长内波波束的潮汐相位调制，但通过对该方法进行简化可以系统地研究跨海洋区域的潮波扰动。但如何解决由海流和盐度的变化及时间分辨率和潮汐混叠等因素造成的影响，有待后续研究。

### 7.3.6　未来展望

在卫星测高技术的众多应用中，潮汐信号作为噪声信号均会在数据预处理阶

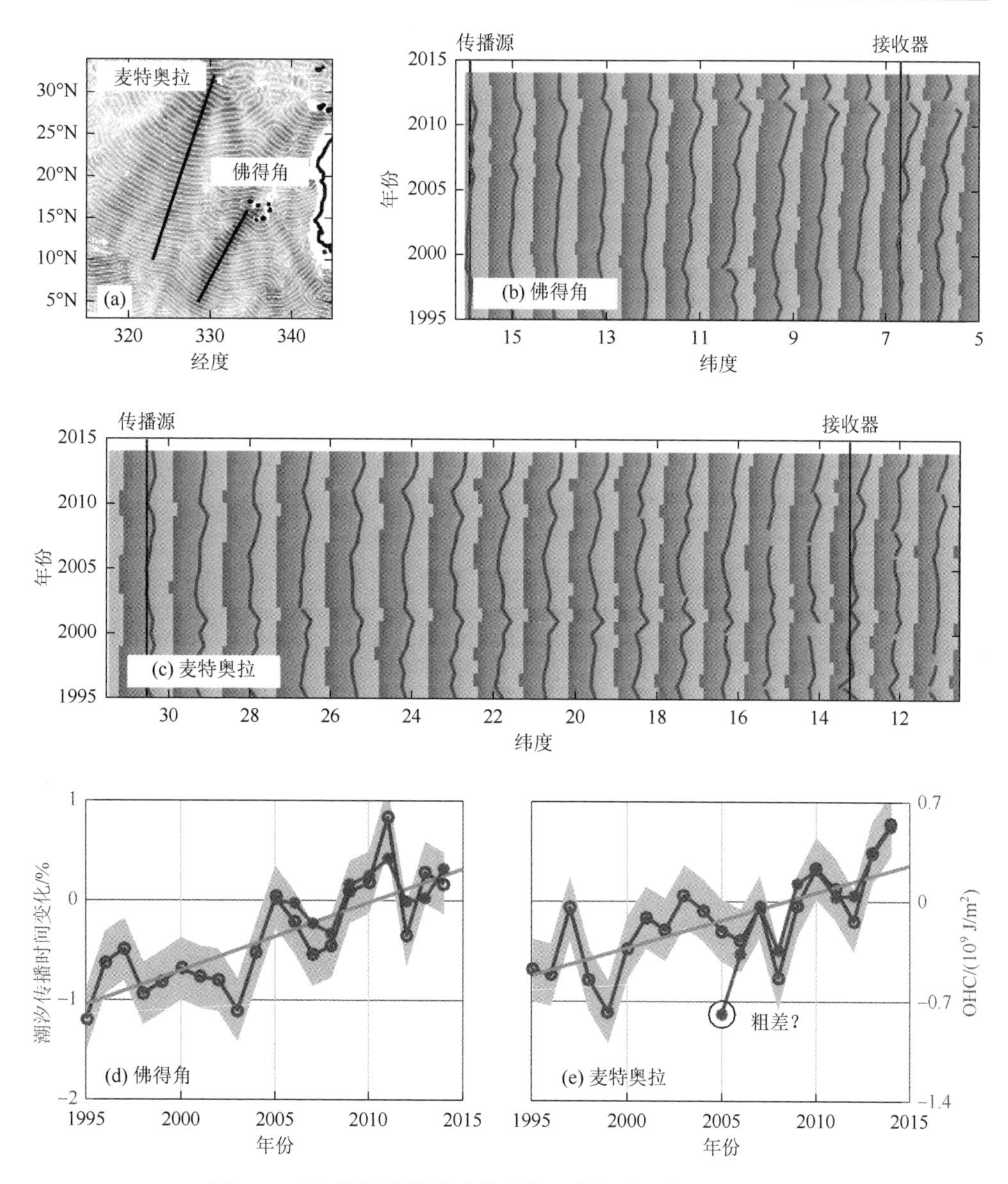


图 7.9　内部潮汐传播速度的变化及其与海洋热含量的关系

OHC 代表海洋热力常数（ocean heat content）；引自 Zhao（2016）

段被剔除，但由于潮汐混叠问题，需要使用精确的潮汐模型来进行数据预处理。目前，最新的全球正压海潮模型能够将深海潮汐高度的预测精度提高至 1cm 左右。但在极地海洋区域，潮汐预报仍然存在不足，主要原因是加拿大群岛、西伯利亚陆架及南极冰架下方的潮汐分布十分复杂，且受限于观测手段的精度，而基于水文动力约束所需的测深数据也较少。此外，为了准确反演冰盖下方的海潮信号，则需要精确测量冰盖厚度及海冰的接地区域。但随着新一代测高卫星 CryoSat-2、Sentinel-3、ICESat-2、SWOT 的运行及数据累积，未来数据将有助于极地地区的模型改进。

近年来，全球海潮模型在浅海和海岸带附近的精度已经得到了显著提升（Lyard et al.，2006；Ray and Zaron，2011），而且随着卫星高度计的测量和应用范围越来越靠近海岸，无疑将进一步揭示全球模型在该区域的预测误差。同时仍然有众多问题亟待解决。受限于水深测量数据和精度、高质量潮汐仪数据的匮乏等问题都是对海潮模型进行检核和数据同化的障碍，预计未来的 SWOT 测高卫星数据将有效改善这一情况。此外，许多复杂的因素会影响浅水区和极地海域的潮汐，如某些重要的非线性化合物成分和区域的季节性变化。

## 参 考 文 献

Chang E T Y，Chao B F，Chiang C C，et al. 2012. Vertical crustal motion of active plate convergence in Taiwan derived from tide gauge，altimetry，and GPS data. Tectonophysics，578：98-106.

Egbert G D，Erofeeva S Y. 2002. Efficient inverse modeling of barotropic ocean tides. Journal of Atmospheric and Oceanic technology，19（2）：183-204.

Han W，Meehl G A，Rajagopalan B，et al. 2010. Patterns of Indian Ocean sea-level change in a warming climate. Nature Geoscience，3（8）：546-550.

Kaula W M. 1970. The Terrestrial Environment：Solid Earth and Ocean Physics. Washington D.C.：NASA.

Lyard F，Lefevre F，Letellier T，et al. 2006. Modelling the global ocean tides：modern insights from FES2004. Ocean Dynamics，56（5）：394-415.

McGoogan J，Miller H，Brown G，et al. 1974. The S-193 radar altimeter experiment. Proceedings of the Proceedings of the IEEE，62（6）：793-803.

Raney R K. 1998. The delay/Doppler radar altimeter. IEEE Transactions on Geoscience and Remote Sensing，36（5）：1578-1588.

Ray R D，Egbert G D，Erofeeva S Y. 2011. Tide predictions in shelf and coastal waters：Status and prospects. Coastal Altimetry，191-216.

Ray R D，Zaron E D. 2011. Non-stationary internal tides observed with satellite altimetry. Geophysical Research Letters，38（17）.

Stammer D，Ray R D，Andersen O B，et al. 2014. Accuracy assessment of global barotropic ocean tide models. Reviews of Geophysics，52：243-282.

Zhao Z. 2016. Internal tide oceanic tomography. Geophysical Research Letters，43（17）：9157-9164.

# 第8章　GNSS监测海潮负荷位移

## 8.1　概　　述

海洋潮汐引起海水质量重新分布使得固体地球产生周期性形变，称为海潮负荷效应（刘经南等，2016）。由于地球内部的密度和弹性结构决定了地球对海潮负荷响应的时空特性（Ito and Simons，2011；Martens et al.，2016），因而海潮负荷效应的测量结果可为固体地球的内部结构和介质属性提供约束（Baker，1984；许厚泽和毛伟建，1988；Bos and Baker，2015）。此外，卫星大地测量和地球物理等研究需要消除海潮负荷效应的影响（刘经南等，2016；Penna et al.，2015；Melachroinos et al.，2008），并且对海潮负荷效应改正的精度要求不断提高。海潮负荷效应改正通常由全球海潮模型和基于地球模型的负荷格林函数通过离散褶积积分求得（Farrell，1972），但受海潮模型误差等因素制约，改正精度还不能满足国际地球自转服务（International Earth Rotation Service，IERS）2010规范（Petit and Luzum，2010）的要求，规范中要求海潮负荷位移改正精度需达到或优于1mm。可行的解决方法是寻求现有技术手段直接测定海潮负荷效应参数，使其精度达到IERS 2010规范的要求（Schenewerk et al.，2001；袁林果等，2010）。由于目前现代大地测量技术能以0.01μGal（$10^{-10}$m/s$^2$）和毫米级的精度分别监测重力和位移变化（Petrov and Ma，2003；Bos and Baker，2005；Blewitt，2015），再次掀起了地球潮汐现象研究的热潮。

以超导重力仪（superconducting gravimeter，SG）为代表的重力测量技术被认为是研究海潮负荷效应最为精确和可靠的手段（Bos and Baker，2005；孙和平等，2005；Baker and Bos，2003），但该技术存在设备昂贵、仪器需要标定、观测环境要求严格和连续重力观测站较少等问题。甚长基线干涉测量（very long baseline interferometry，VLBI）技术早在20世纪80年代就用于观测海潮负荷位移（Sovers，1994；Schuh and Moehlmann，1989），其测定海潮负荷位移的精度在水平和垂直方向分别达到约0.5mm和1.7mm（Petrov and Ma，2003），但VLBI技术也存在全球设站较少和不能连续观测等问题（Sovers，1994；魏二虎等，2016）。GNSS技术具有全球覆盖、测站多、成本低和全天候工作等优势，且GNSS测量海潮负荷位移的精度已证实与VLBI相当（Thomas et al.，2007），成为现阶段研究海潮负荷效应的首选技术手段。为了测量绝对的海潮负荷位移量，基于精密单点定位（precise point positioning，PPP）技术逐步发展出了海潮负荷位移测量的静态法和动态法（King，2006），其中动态法易于实现并可提取更多的分潮信息（Melachroinos et al.，2008；张小红等，2016），应用前景更为广阔。但 GNSS 作为测量海潮负荷位移的一项新兴技术，目前还未形成完善的质量控制体系，一定程度上制约了海潮负荷位移测定的精度及应用，是当前亟待深入研究和解决的问题。

本章首先阐述负荷潮汐基本理论，然后介绍 GNSS 测量海潮负荷位移的静态法和动态法，重点探讨动态法测量海潮负荷位移的质量控制问题，最后给出利用海潮负荷位移探测中国东海软流层的滞弹性频散效应的实例应用结果。

## 8.2　负荷潮汐基本理论

### 8.2.1　SNREI 地球运动方程

研究地球动力学特征时，一般假定地球为球对称、非自转、完全弹性和各向同性（SNREI）的球体，可以先求得实际问题的零阶解，再采用“小参数扰动”方法纳入其他影响因素，对零阶解进行修正。而在精度允许的情况下，也可直接采用 SNREI 地球模型的理论计算结果。下面简要推导 SNREI 地球的 Navier 弹性平衡方程，并给出其在扰动位作用下的 Poisson 方程和弹性本构方程。

SNREI 地球潮汐运动满足方程

$$\nabla\cdot\bar{\boldsymbol{T}}-\nabla p+\rho\nabla\Phi=\rho_0\frac{\mathrm{d}^2\boldsymbol{u}}{\mathrm{d}t^2}\tag{8.1}$$

式中，$\bar{\boldsymbol{T}}$ 是应力张量；$\boldsymbol{u}$ 是位移矢量；$p$ 是地球内部的流体静压强；$\rho$ 是密度，其初值为 $\rho_0$；$\Phi$ 是引力位。地球形变对 $\rho$ 和 $\Phi$ 产生扰动，有

$$\begin{cases}\rho=\rho_0+\rho_1\\ \Phi=\Phi_0+\Phi_1\end{cases}\tag{8.2}$$

式中，$\rho_1$ 和 $\Phi_1$ 分别是密度和引力位的扰动，而 $p$ 与 $p_0$ 有如下关系

$$p=p_0-\boldsymbol{u}\cdot\nabla p_0\tag{8.3}$$

令各变量的初值在流体静力平衡状态下得到，即

$$\nabla p_0=\rho_0\nabla\Phi_0=-\rho_0 g_0 e_{\mathrm{r}}\tag{8.4}$$

式中，$g_0$ 是重力的初值；$e_{\mathrm{r}}$ 是地球的动力学椭率。

由质量守恒定律可知，任意体积 $V$ 内的质量变化等于进入体积 $V$ 的边界面 $S$ 的体积，故

$$\delta\int_V\rho\mathrm{d}V=\int_S\rho u_n\mathrm{d}S\tag{8.5}$$

式中，$u_n$ 是界面 $S$ 内法方向的位移。当 $V$ 趋于 0 时，可得质量守恒方程

$$\rho_1 = \delta\rho = -\nabla\cdot(\rho_0 \boldsymbol{u}) \tag{8.6}$$

将式（8.2）～式（8.4）和式（8.6）代入式（8.1），保留一阶量，顾及角频率为 $\omega$ 的潮汐运动，则 SNREI 地球潮汐运动在频率域中的 Navier 弹性平衡方程为

$$\nabla\cdot\bar{\boldsymbol{T}} + \nabla(\rho_0\boldsymbol{u}\cdot\nabla\Phi_0) + \rho_0\nabla\Phi_1 - \nabla(\rho_0\boldsymbol{u})\nabla\Phi_0 + \rho_0\omega^2\boldsymbol{u} = 0 \tag{8.7}$$

此外，引力位的扰动（包括形变产生的附加位）满足 Poisson 方程

$$\nabla^2\Phi_1 = -4\pi G\nabla\cdot(\rho_0\boldsymbol{u}) \tag{8.8}$$

弹性应力张量 $\bar{\boldsymbol{T}}$ 和位移矢量 $\boldsymbol{u}$ 满足线性弹性本构方程

$$\bar{\boldsymbol{T}} = \lambda(\nabla\cdot\boldsymbol{u})\boldsymbol{I} + \mu(\nabla\boldsymbol{u} + \boldsymbol{u}\nabla) \tag{8.9}$$

式中，$\lambda$ 和 $\mu$ 是变形前的 Lamé 常数，$\mu$ 也称为剪切模量；$\boldsymbol{I}$ 是二阶单位张量。

由式（8.7）～式（8.9）联立方程组，将 $\Phi_1$ 替换为负荷质量的引力位与形变附加位之和，在相应的边界条件约束下可解得 SNREI 地球的负荷位移。

### 8.2.2　点质量负荷的边界条件

设地表上有一个以极点为中心的单位质量均质圆盘负荷，面密度为 $\sigma$，则负荷质量分布为

$$F_{\mathrm{m}} = \begin{cases} \sigma, 0 \leqslant \theta' \leqslant \alpha \\ 0, \alpha < \theta' < \pi \end{cases} \tag{8.10}$$

式中，$\alpha$ 是圆盘边界与圆心的球面角；$\theta'$ 是负荷点的余纬。由于圆盘的总质量为单位质量，有

$$\int_0^{\alpha} \sigma 2\pi(a\sin\theta')a\mathrm{d}\theta' = 1 \tag{8.11}$$

式中，$a$ 是地球平均半径。对式（8.11）积分得

$$\sigma = \frac{1}{2\pi a^2(1-\cos\alpha)} \tag{8.12}$$

将 $F_{\mathrm{m}}$ 展开为 Legendre 级数，即

$$F_{\mathrm{m}} = \sum_{n=0}^{\infty} f_n P_n(\cos\theta') \tag{8.13}$$

$$f_n = \begin{cases} \dfrac{2n+1}{4\pi a^2}\left[\dfrac{1+\cos\alpha}{n(n+1)}\dfrac{\mathrm{d}P_n(\cos\alpha)}{\mathrm{d}(\cos\alpha)}\right], n > 0 \\ \dfrac{1}{4\pi a^2}, n = 0 \end{cases} \tag{8.14}$$

令 $\alpha$ 趋近于 0，则圆盘退化为一点，利用 Legendre 函数的特性，有

$$\lim_{\alpha\to 0}\frac{\mathrm{d}P_n(\cos\alpha)}{\mathrm{d}\cos\alpha} = \frac{n(n+1)}{2} \tag{8.15}$$

于是单位点质量为

$$F_{\mathrm{m}}=\sum_{n=0}^{\infty}\frac{2n+1}{4\pi a^{2}}P_{n}(\cos\theta') \tag{8.16}$$

与 $F_{\mathrm{m}}$ 对应的负荷向量 $\boldsymbol{F}_{\mathrm{a}}$ 可表示为

$$\boldsymbol{F}_{\mathrm{a}}=F_{\mathrm{m}}[\boldsymbol{g}(a)-\nabla\Phi_{1}] \tag{8.17}$$

其中，$\nabla\Phi_1$ 与 $\boldsymbol{g}(a)$ 相比是高阶小量，精度要求不高时可忽略。受地表负荷的影响，应力边界条件变为非齐次的，位扰动的边界条件中也需要加入质量负荷分布，即地表边界条件

$$\begin{cases}\boldsymbol{e}_{\mathrm{n}}\cdot\bar{\boldsymbol{T}}=\boldsymbol{F}_{\mathrm{a}}\\ [\Phi_{1}(a)]_{-}^{+}=0\\ \{\boldsymbol{e}_{\mathrm{n}}\cdot[\nabla\Phi_{1}(a)+4\pi G\rho_{0}\boldsymbol{u}]\}_{-}^{+}=4\pi GF_{\mathrm{m}}\end{cases} \tag{8.18}$$

式中，$\boldsymbol{e}_{\mathrm{n}}$ 是地表外法线的单位矢量；$\Phi_1(a)$ 是地表负荷质量产生的引力位与地球在负荷压力及引力双重作用下的形变附加位之和。

### 8.2.3　Boussinesq 平面负荷近似

为了求得地球对点负荷的响应，需要对高阶负荷引潮位进行计算，直到出现收敛趋势（许厚泽等，2010）。在点负荷附近，高阶项的球形解趋于半无限空间解，故球形点负荷问题可用均匀半无限空间对点负荷的响应来逼近。而计算非自重、均匀弹性半空间对表面压力的影响被称为 Boussinesq 问题。

不计自引力，Navier 弹性平衡方程可简化为

$$\nabla\cdot\bar{\boldsymbol{T}}=0 \tag{8.19}$$

将式（8.9）的弹性本构方程代入式（8.19）得

$$(\lambda+2\mu)\nabla(\nabla\cdot\boldsymbol{u})-\mu\nabla\times\nabla\times\boldsymbol{u}=0 \tag{8.20}$$

考虑负荷位移 $\boldsymbol{u}$ 引起的半空间引力位变化，由于弹性应力一般远大于自引力，可忽略弹性应力与自引力的耦合，引力位的扰动可近似由 Poisson 方程求解

$$\nabla^{2}\phi_{1}=-4\pi G\rho\nabla\cdot\boldsymbol{u} \tag{8.21}$$

式中，$\phi_1$ 是引力位的扰动。这里需要说明的是，由式（8.20）求得的位移 $\boldsymbol{u}$ 不含有自引力的影响。

### 8.2.4　海潮负荷效应计算方法

海水质量的重新分布在地球表面产生周期性变化的引力位，是导致海潮负荷

效应的直接原因。为了计算海潮负荷效应引进海潮模型，通常以复数函数的形式给出海潮潮高的振幅和相位，记为$H(\theta',\lambda')$，$\theta'$和$\lambda'$分别是海潮负荷点的余纬和东经。海潮负荷效应可通过球谐函数求和，或海潮潮高与负荷格林函数褶积积分的方式求解。

1. 球谐函数求和方法

将海潮潮高用球谐函数展开，即

$$H(\theta',\lambda')=\sum_{n=0}^{\infty}\sum_{m=-n}^{n}H_{nm}Y_{nm}(\theta',\lambda') \tag{8.22}$$

$$Y_{nm}(\theta',\lambda')=(-1)^m\sqrt{\frac{2n+1}{4\pi}\frac{(n-m)!}{(n+m)!}}P_n^m(\cos\theta')\mathrm{e}^{im\lambda'} \tag{8.23}$$

式中，$Y_{nm}$是完全正则化的复球谐函数；$P_n^m$是$n$阶$m$次的缔合 Legendre 多项式；$\mathrm{e}^{im\lambda'}$是复平面坐标；$H_{nm}$是球谐函数的系数，有

$$\begin{aligned}H_{nm}&=\int_0^{2\pi}\int_0^{\pi}H(\theta',\lambda')Y_{nm}^*\sin\theta'\mathrm{d}\theta'\mathrm{d}\lambda'\\&\equiv\int_{\Omega}H(\theta',\lambda')Y_{nm}^*\mathrm{d}\Omega\end{aligned} \tag{8.24}$$

式中，$\Omega$是地球表面；$Y_{nm}^*$是$Y_{nm}$的共轭复数。

海水质量分布产生的引力位$\phi^L$可表示为

$$\phi^L(\theta,\lambda)=G\rho_{\mathrm{w}}a^2\int_{\Omega}\frac{H(\theta',\lambda')}{l}\mathrm{d}\Omega \tag{8.25}$$

式中，$\rho_{\mathrm{w}}$是海水密度；$l$是计算点$(\theta,\lambda)$到负荷点$(\theta',\lambda')$的直线距离。将计算点和负荷点的球面角距表示为$\Delta$，则$1/l$可改写为

$$\begin{aligned}\frac{1}{l}&=\frac{1}{2a\sin(\Delta/2)}=\frac{1}{a}\sum_{n=0}^{\infty}P_n(\cos\Delta)\\&=\frac{1}{a}\sum_{n=0}^{\infty}\sum_{m=-n}^{n}\frac{4\pi}{2n+1}Y_{nm}(\theta',\lambda')Y_{nm}^*(\theta,\lambda)\end{aligned} \tag{8.26}$$

将式（8.22）和式（8.26）代入式（8.25），可得

$$\phi^L(\theta,\lambda)=\sum_{n=0}^{\infty}\phi_n^L=G\rho_{\mathrm{w}}a\sum_{n=0}^{\infty}\sum_{m=-n}^{n}\frac{4\pi}{2n+1}H_{nm}Y_{nm}(\theta,\lambda) \tag{8.27}$$

根据载荷勒夫数理论（Munk and MacDonald，1960），采用$n$阶载荷勒夫数$h_n'$和$l_n'$，描述地球在表面点负荷作用下的静态形变，则海潮负荷位移在垂向、北向和东向的分量分别为

$$\begin{cases} u_r(\theta,\lambda)=\sum_{n=0}^{\infty}h_n'\dfrac{\phi_n^L}{g} \\ u_\theta(\theta,\lambda)=\sum_{n=0}^{\infty}l_n'\dfrac{\partial\phi_n^L}{g\partial\theta} \\ u_\lambda(\theta,\lambda)=\sum_{n=0}^{\infty}l_n'\dfrac{\partial\phi_n^L}{g\cos\theta\partial\lambda} \end{cases} \tag{8.28}$$

式中，$g$ 是地表平均重力加速度。将式（8.27）代入式（8.28），得到海潮负荷位移的球谐函数表达式为

$$\begin{cases} u_r(\theta,\lambda)=\dfrac{G\rho_{\mathrm{w}}a}{g}\sum_{n=0}^{\infty}\sum_{m=-n}^{n}\dfrac{4\pi h_n'}{2n+1}H_{nm}Y_{nm}(\theta,\lambda) \\ u_\theta(\theta,\lambda)=\dfrac{G\rho_{\mathrm{w}}a}{g}\sum_{n=0}^{\infty}\sum_{m=-n}^{n}\dfrac{4\pi l_n'}{2n+1}H_{nm}\dfrac{\partial Y_{nm}(\theta,\lambda)}{\partial\theta} \\ u_\lambda(\theta,\lambda)=\dfrac{G\rho_{\mathrm{w}}a}{g\cos\theta}\sum_{n=0}^{\infty}\sum_{m=-n}^{n}\dfrac{4\pi l_n'}{2n+1}H_{nm}\dfrac{\partial Y_{nm}(\theta,\lambda)}{\partial\lambda} \end{cases} \tag{8.29}$$

球谐函数求和方法的计算效率较高，但由于海水并非全球覆盖，海潮潮高的球谐函数展开在陆海边界被截断，使得海潮负荷位移求和计算在海岸线附近出现 Gibbs 效应（Gibbs，1898），降低了海潮负荷位移的计算精度。此外，对于包含空间导数的倾斜和应变等负荷效应，该方法的适用性较差，为了弥补这个缺陷，负荷格林函数方法应运而生。

2. 负荷格林函数方法

负荷格林函数方法在空间域上对海潮潮高和格林函数的乘积进行积分，且积分的形式易于实现。海潮负荷效应的积分公式为

$$u(\theta,\lambda)=\rho_{\mathrm{w}}a^2\int_0^{2\pi}\int_0^{\pi}H(\theta',\lambda')G_{\mathrm{L}}(\varDelta)\sin\theta'\mathrm{d}\theta'\mathrm{d}\lambda' \tag{8.30}$$

式中，$G_{\mathrm{L}}$ 是任一负荷效应的格林函数。

让 $H=\rho_{\mathrm{w}}a^2\delta_{\mathrm{D}}(\theta',\lambda')$，其中 $\delta_{\mathrm{D}}$ 是 Dirac-$\delta$ 函数，结合式（8.25）和式（8.26），则引力位为

$$\begin{aligned} \phi^L(\theta,\lambda)&=G\rho_{\mathrm{w}}a\int_\Omega H(\theta',\lambda')\sum_{n=0}^{\infty}P_n(\cos\varDelta)\mathrm{d}\Omega \\ &=\frac{ga}{M_{\mathrm{e}}}\sum_{n=0}^{\infty}P_n(\cos\varDelta) \end{aligned} \tag{8.31}$$

式中，$M_{\mathrm{e}}$ 是地球质量。引入载荷勒夫数，则垂直和水平方向的位移负荷格林函数为

$$\begin{cases} G_r(\Delta) = \dfrac{ag}{M_e}\sum_{n=0}^{\infty} h_n' \dfrac{\phi_n^L}{g} = \dfrac{a}{M_e}\sum_{n=0}^{\infty} h_n' P_n(\cos\Delta) \\ G_l(\Delta) = \dfrac{ag}{M_e}\sum_{n=0}^{\infty} \dfrac{l_n'}{g}\dfrac{\partial\phi_n^L}{\partial\Delta} = \dfrac{a}{M_e}\sum_{n=0}^{\infty} l_n' \dfrac{\partial P_n(\cos\Delta)}{\partial\Delta} \end{cases} \tag{8.32}$$

当 $n$ 足够大时，$h_n'$ 和 $nl_n'$ 趋于常数，即

$$\lim_{n\to\infty}\begin{bmatrix} h_n' \\ nl_n' \end{bmatrix} = \begin{bmatrix} h_\infty' \\ l_\infty' \end{bmatrix} \tag{8.33}$$

则位移负荷格林函数可表示为

$$\begin{cases} G_r(\Delta) = \dfrac{ah_\infty'}{2M_e\sin(\Delta/2)} + \dfrac{a}{M_e}\sum_{n=0}^{\infty}(h_n' - h_\infty')P_n(\cos\Delta) \\ G_l(\Delta) = -\dfrac{al_\infty'}{M_e}\dfrac{\cos(\Delta/2)[1+2\sin(\Delta/2)]}{2\sin(\Delta/2)[1+\sin(\Delta/2)]} + \dfrac{a}{M_e}\sum_{n=1}^{\infty}(nl_n' - l_\infty')\dfrac{\partial P_n(\cos\Delta)}{n\partial\Delta} \end{cases} \tag{8.34}$$

式（8.34）涉及无穷项级数求和，随着加速收敛算法的提出及计算机性能的提升，负荷格林函数方法的计算效率已经不是问题。该方法计算精度较高，特别适用于指定位置的海潮负荷效应计算。此外，基于该方法开发的专业软件，如 SPOTL（Agnew，1997）、GOTIC2（Matsumoto，2001）、OLFG/OLMPP（Scherneck and Bos，2002）和 CARGA（Bos and Baker，2005）等，已经得到广泛应用。

## 8.3　GNSS 测量海潮负荷位移方法

GNSS 测量海潮负荷位移方法主要有静态法和动态法（Penna et al.，2015；张小红等，2016），二者均基于精密单点定位（PPP）技术，能够获取有效的主要分潮负荷位移信息，但在方法实现的复杂程度和应用潜力等方面存在较大差异。

### 8.3.1　静态法测量海潮负荷位移

静态法在 GNSS-PPP 技术数学模型中新增主要的分潮负荷位移为附加参数进行估计，海潮负荷位移的参数化模型可表示为

$$\Delta c_k = \sum_{j=1}^{N} f_j A_{k,j}\cos(\omega_j t + \chi_j + \mu_j - \Phi_{k,j}) \tag{8.35}$$

式中，$\Delta c_k$ 是海潮负荷位移在 $k$ 方向上的分量；$A_{k,j}$ 和 $\Phi_{k,j}$ 分别是分潮 $j$ 在方向 $k$ 上的振幅和格林尼治相位延迟；$\omega_j$ 和 $\chi_j$ 分别是分潮的角速度和天文幅角；$f_j$ 和 $\mu_j$ 分别是与月球升交点西退有关的交点因子和交点订正角。

通常取 $N=8$，即仅考虑 8 个主要分潮，利用三角函数两角差的余弦公式展开可得

$$\Delta c_k=\sum_{j=1}^{8}A_{ck,j}\cos(\omega_j t+\chi_j)+A_{sk,j}\sin(\omega_j t+\chi_j) \tag{8.36}$$

$$\begin{cases}A_{ck,j}=f_j A_{k,j}\cos(\Phi_{k,j}-\mu_j)\\A_{sk,j}=f_j A_{k,j}\sin(\Phi_{k,j}-\mu_j)\end{cases} \tag{8.37}$$

式中，$A_{ck,j}$ 和 $A_{sk,j}$ 是分潮 $j$ 在 $k$ 方向上的待求参数。每个分潮负荷位移有 3 个坐标分量，8 个分潮新增 48 个待求参数。

交点因子和交点订正角可由引潮位展开结果中主要分潮与相应亚群内次要分潮的关系求得（Pawlowicz et al.，2002；Yuan et al.，2013），图 8.1 给出了 8 个主要分潮交点因子（$f$）和交点订正角（$\mu$）在 2000～2020 年的变化情况。由图 8.1 可以看出，交点因子改正对 $K_2$、$K_1$、$O_1$ 和 $Q_1$ 分潮影响较大，其中 $K_2$ 分潮的交点因子改正可超过 30%，最大交点订正角也达到近 20°，而 $M_2$ 和 $N_2$ 及 $O_1$ 和 $Q_1$ 的交点因子改正情况则十分相似。

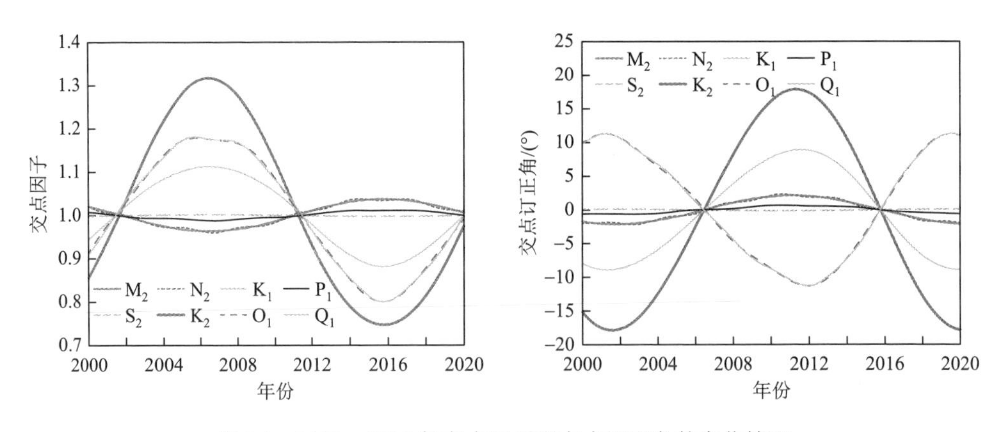


图 8.1　2000～2020 年交点因子和交点订正角的变化情况

实际应用中首先按 PPP 静态定位模式估计各主要分潮负荷位移参数的单天解，并从解算结果中分离海潮负荷位移的方差-协方差阵，然后利用 Kalman 滤波估计所有的单天解。由于海潮负荷位移参数的单天解误差较大且参数间高度相关，不适合对单天解直接应用交点因子改正，袁林果等（2010）建议采用交点因子和交点订正角的年平均值对单天解逐年的初步估计结果进行改正，再融合得到最终的海潮负荷位移参数。Allinson 等（2004）指出至少需要约 90d 的 GPS 观测数据才能把主要的分潮负荷位移分开，而 $K_1$ 和 $P_1$ 分潮负荷位移需要 500～1000d 的 GPS 观测数据才能收敛到稳定解。

### 8.3.2　动态法测量海潮负荷位移

动态法利用调和分析方法从 GNSS-PPP 生成的高时间分辨率的测站坐标序列中提取海潮负荷位移。设 $\Gamma(t)$ 为任一方向的坐标时间序列，包含潮汐及非潮汐信号，通过调和分析可展开为（Foreman et al.，2009）

$$\Gamma(t)=m_0+m_1t+\sum_{j=1}^{n}f_j(t)A_j\cos[\chi_j(t)+\mu_j(t)-\Phi_{k,j}] \tag{8.38}$$

式中，$m_0$ 是常数项；$m_1$ 是时间序列的线性变化趋势；天文幅角 $\chi_j(t)$、交点因子 $f_j(t)$ 和交点订正角 $\mu_j(t)$ 均为时间的函数。令 $C_j=A_j\cos\Phi_j$ 和 $S_j=A_j\sin\Phi_j$，则式（8.38）可改写为

$$\Gamma(t)=m_0+m_1t+\sum_{j=1}^{n}f_j(t)\{C_j\cos[\chi_j(t)+\mu_j(t)]+S_j\sin[\chi_j(t)+\mu_j(t)]\} \tag{8.39}$$

调和分析首先要选取合适的分潮，由 Rayleigh 准则可知，长度为 $T$ 的时间序列的频率分辨率为 $1/T$，通常一个月逐时观测的时间序列可分离出 8 个短周期主要分潮。若 $\Gamma(t)$ 有 $N$ 个独立的离散观测值，方程最多可解得 $N/2$ 组振幅和相位延迟参数。由于受时间序列中非潮汐信号及函数模型系数矩阵病态情况等因素影响，分潮频率 $\omega_{\mathrm{p}}$ 和 $\omega_{\mathrm{q}}$ 实际的分潮选取条件为

$$|\omega_{\mathrm{p}}-\omega_{\mathrm{q}}|>\frac{1}{T\sqrt{\mathrm{SNR}}} \tag{8.40}$$

式中，SNR 是海潮负荷位移信号的信噪比。

为了应对时间序列长度过短而不能准确分离分潮负荷位移的情况，调和分析采用推断技术（Pawlowicz et al.，2002），一般由先验信息构建参考分潮和待推断分潮间振幅和相位的相对关系，即

$$\begin{cases} r_{k\ell}=\dfrac{A_\ell^I}{A_k^R} \\ \eta_{k\ell}=\Phi_k^R-\Phi_\ell^I \end{cases} \tag{8.41}$$

式中，上标 $R$ 和 $I$ 分别代表参考分潮和待推断分潮，海潮负荷位移 $r_{k\ell}$ 和 $\eta_{k\ell}$ 可由模型值求得。

对于待估参数（$m_0$、$m_1$、$C_j$ 和 $S_j$）的解算，Martens 等（2016）较早引入 IRLS 方法（Chartrand and Wotao，2008），该方法以观测值残差的 $L^1$ 范数最小为条件，可降低异常观测值的权重，具有良好的抗差能力。待估参数的迭代初值取其经典最小二乘解结果，并以相应的观测值残差建立初始权阵，由于权阵是待估参数向量的非线性函数，法方程的求解需要采用迭代方式，并以 $L^1$ 范数解不断更新

待估参数，直到达到预设的阈值。对求得的 $C_j$ 和 $S_j$ 重新组合，得到分潮负荷位移的振幅和相位延迟，即

$$\begin{cases} A_j = \sqrt{C_j^2 + S_j^2} \\ \Phi_j = \arctan 2(S_j, C_j) \end{cases} \tag{8.42}$$

虽然静态法和动态法都有广泛应用，但动态法可以利用现有高精度 GNSS 数据处理软件而不需要修改 PPP 数学模型，易于实现和推广。此外，调和分析法中的天文幅角和交点因子改正均按确切的观测时间计算，这种方法可以降低静态法计算时线性模型和常数所造成的误差对海潮负荷位移的影响。Penna 等（2015）进一步指出利用动态法测量先验海潮负荷位移改正后的残余量时可忽略节点改正，而静态法却不能忽略（Yuan et al.，2013）。此外，静态法仅能确定有限个数主要分潮的负荷位移，而动态法提取的分潮负荷位移只受坐标时间序列频率分辨率的限制，特别适用于 1/3 日分潮和浅水分潮负荷位移的分离。

## 8.4　动态法测量海潮负荷位移的质量控制

动态法测量海潮负荷位移包括两大步骤：GNSS 数据处理和坐标时间序列的调和分析，其中调和分析方法相对成熟，故质量控制的重点在于 GNSS 数据处理策略优化和坐标时间序列噪声抑制两个方面，最终达到提高海潮负荷位移测定精度的目的。本节基于实测 GNSS 数据，重点探讨动态 PPP 随机游走过程噪声的优化方法和坐标时间序列的粗差剔除算法。

### 8.4.1　GNSS 数据处理策略

本节在全球沿海地区选取 14 个 GNSS 站，同时给出了各测站在 $M_2$ 分潮负荷作用下的运动椭圆，$M_2$ 分潮负荷位移基于 FES2014b 模型和 Gutenberg-Bullen A 地球模型求得，椭圆的轮廓和颜色分别代表测站的水平运动轨迹及 $M_2$ 分潮负荷位移的垂向振幅。所选测站遍及低中高三个纬度带，涵盖多种气候条件及卫星几何形态，且测站间海潮负荷位移的变化幅度较大，具有良好的代表性。其中，J087 来自日本 GEONET（GPS Earth Observation NETwork）网络，其余测站由 IGS-MGEX 项目提供，收集各测站 2016 年全年的 GNSS 观测数据，采样间隔为 30s，可接收的卫星系统信号及全年数据可用率等信息如表 8.1 所示。

**表 8.1　所选 GNSS 站接收的卫星系统信号及数据可用率**

| 测站 | 经度 | 纬度 | 卫星系统 | 数据可用率/% |
| --- | --- | --- | --- | --- |
| ANMG | 101.51°E | 2.78°N | GPS + GLO + GAL + BDS + QZSS | 69.9 |
| BRST | 4.50°W | 48.38°N | GPS + GLO + GAL + BDS + SBAS | 99.4 |
| DUND | 170.60°E | 45.88°S | GPS + GLO + GAL + BDS + QZSS | 99.9 |
| HKWS | 114.34°E | 22.43°N | GPS + GLO + GAL + BDS + QZSS + SBAS | 99.7 |
| J087 | 130.48°E | 33.73°N | GPS + GLO + QZSS | 99.9 |
| JCTW | 18.47°E | 33.95°S | GPS + GLO + GAL + BDS | 46.7 |
| MAL2 | 40.19°E | 3.00°S | GPS + GLO + GAL + BDS + SBAS | 89.2 |
| OHI3 | 57.90°W | 63.32°S | GPS + GLO + GAL + SBAS | 92.4 |
| PNGM | 147.37°E | 2.04°S | GPS + GLO + GAL + BDS + QZSS | 99.6 |
| SALU | 44.21°W | 2.59°S | GPS + GLO + GAL + BDS | 93.4 |
| SGOC | 79.87°E | 6.89°N | GPS + GLO + GAL + SBAS | 77.5 |
| STFU | 122.17°W | 37.42°N | GPS + GLO + GAL + SBAS | 61.7 |
| STJ3 | 52.68°W | 47.60°N | GPS + GLO + GAL + BDS + SBAS | 98.1 |
| TRO1 | 18.94°E | 69.66°N | GPS + GLO + GAL + BDS | 96.6 |

表 8.2 给出了动态 PPP 数据处理过程中应用的模型改正和参数设置，需要明确的是，在确定测站坐标和对流层天顶延迟（ZTD）的最优过程噪声前，相应参数均采用表 8.2 中所列的初始值。

**表 8.2　GNSS-PPP 数据处理策略**

| 项目 | 模型和参数 | 先验约束 |
| --- | --- | --- |
| 观测值组合 | 无电离层组合 | L 波段：0.02m；C/A 码长：2.0m |
| 卫星轨道和钟差 | ESA 最终精密星历和钟差（IGS08） | |
| 卫星截止高度角 | 10° | |
| 相位模糊度 | PPP-IAR（Ge et al.，2008） | |
| 对流层延迟 | GPT2 5°格网模型（Lagler et al.，2013）+ 待估参数 | $0.2\text{m} + 0.33\text{mm}/\sqrt{\text{s}}$ |
| 天线相位中心改正 | IGS08.atx | |
| 固体潮和极潮 | IERS 2010 规范 | |
| 海潮负荷位移 | FES2014b + Gutenberg-Bullen A（CE） | |
| 测站坐标 | 待估参数 | $5\text{m} + 10\text{mm}/\sqrt{\text{s}}$ |

## 8.4.2　基于改进测站非线性运动模型的粗差剔除算法

### 1. 算法提出

非线性运动测站的任一坐标分量可表示为（Nikolaidis，2002）

$$
\begin{aligned}
y(t_i) &= a + bt_i + c\sin(2\pi t_i) + d\cos(2\pi t_i) + e\sin(4\pi t_i) + f\cos(4\pi t_i) \\
&\quad + \sum_{j=1}^{n_g} g_j H(t_i - T_{gj}) + \sum_{j=1}^{n_h} h_j t_i H(t_i - T_{hj}) \\
&\quad + \sum_{j=1}^{n_k} k_j \exp\left(-\frac{t_i - T_{kj}}{\tau_j}\right) H(t_i - T_{kj}) + \varepsilon_i
\end{aligned} \tag{8.43}
$$

式中，$t_i$ 是以年为单位的时间；$a$ 是常数项；$b$ 是线性速率；$c$、$d$ 和 $e$、$f$ 分别为年周期和半年周期项的系数；$g_j$ 是由设备更换或同震位移等事件引起的坐标偏移；$n_g$ 和 $T_{gj}$ 分别是事件发生次数与发生时刻；$H$ 是阶梯函数，事件发生前取值为0，发生后取值为1；$h_j$ 和 $k_j$ 分别表示震后位移在时刻 $T_{hj}$ 和 $T_{kj}$ 引起速率变化和指数衰减的尺度；$\tau_j$ 是黏滞常数；$\varepsilon_i$ 是观测噪声。

为使式（8.43）可描述海潮负荷位移，在其中增加半日和全日周期项，与年周期和半年周期项合并后，有

$$
\begin{aligned}
y(t_i) &= a + bt_i + \sum_{j=1}^{n_m} m_j \cos(\omega_j t_i + \varphi_j) + \sum_{j=1}^{n_g} g_j H(t_i - T_{gj}) \\
&\quad + \sum_{j=1}^{n_h} h_j t_i H(t_i - T_{hj}) + \sum_{j=1}^{n_k} k_j \exp\left(-\frac{t_i - T_{kj}}{\tau_j}\right) H(t_i - T_{kj}) + \varepsilon_i
\end{aligned} \tag{8.44}
$$

式中，$m_j$、$\omega_j$ 和 $\varphi_j$ 分别是周期项 $j$ 的振幅、角速度和相位。

式（8.44）可作为 PPP 动态解坐标时间序列的非线性模型，除周期项以外的各项均须在异常值判定前消除。若将时间序列按事件发生时刻分段，并在各段内重置线性速率，则仅余线性项和震后位移项，即

$$
y(t_i) = a + bt_i + \sum_{j=1}^{n_k} k_j \exp\left(-\frac{t_i - T_{kj}}{\tau_j}\right) H(t_i - T_{kj}) \tag{8.45}
$$

经典的测量数据异常值判定准则有 Pauta 准则（$3\sigma$ 准则）（武汉大学测绘学院测量平差学科组，2009）、Grubbs 准则（Grubbs，1950）、Chauvenet 准则（Chauvenet，1960）和 Dixon 准则（Dixon，1950）等，以上准则适用的样本数不同，但均要求观测值服从正态分布。箱形图提供了一种不受观测值分布限制的判定准则，采用四分位数和四分位距（IQR）描述观测值的集中或离散程度，Nikolaidis（2002）改进后提出 3IQR 准则，即

$$
\begin{cases}
|y_i - \mathrm{median}(\boldsymbol{y})| > 3\mathrm{IQR} \\
\mathrm{IQR} = Q_3 - Q_1
\end{cases} \tag{8.46}
$$

式中，$\boldsymbol{y}$ 是观测值向量；$Q_1$ 和 $Q_3$ 分别是升序序列的 1/4 和 3/4 位数。

于是综合分段处理技巧、测站非线性运动模型和 3IQR 准则，提出了基于改进测站非线性运动模型的粗差剔除算法，具体步骤如下：

第一步，坐标时间序列分段。按设备更换和地震等事件发生时刻分割坐标时间序列，消除坐标偏移。

第二步，消除线性趋势和震后位移。基于式（8.45）拟合消除各段内的线性和非线性变化趋势，其中模型系数利用 IRLS 方法求解，以抵抗粗差对拟合结果的影响。值得一提的是，震中距超过 1000km 的远场地震的震后形变较小，可忽略不计。

第三步，将各段坐标时间序列合并后根据 3IQR 准则剔除粗差。若测站未发生地震等事件，去除整体线性趋势后进行粗差剔除。

### 2. 实验结果与分析

为了验证所提算法的有效性，采用所选 14 个 GNSS 站 2016 年的 PPP 动态解坐标时间序列进行实验。根据内华达大地测量实验室（Nevada Geodetic Laboratory，NGL）的记录，2016 年内仅 DUND、J087 和 PNGM 三个测站发生过地震，受震次数分别为 1 次、4 次和 3 次，其中 J087 站的最大同震位移在北向达到约 2.5cm。鉴于同震位移多以水平方向为主，对其他测站的坐标时间序列随机加入 1～3 次水平方向 2～6cm 和垂直方向 1～3cm 的模拟位移，但不考虑震后位移的情况。具体的算法测试方案如表 8.3 所示，方案 A 即为所提算法，方案 B 采用最小二乘（LS）方法替换方案 A 中的 IRLS 方法，而方案 C 和 D 直接拟合坐标时间序列的整体趋势，重点考查坐标偏移对粗差判定的影响，以及 IRLS 方法抵抗粗差的能力。

**表 8.3　粗差剔除算法测试方案**

| 方案 | 时间序列分段（PW） | IRLS | LS | 3IQR 准则 |
|---|---|---|---|---|
| A | √ | √ | | √ |
| B | √ | | √ | √ |
| C | | √ | | √ |
| D | | | √ | √ |

图 8.2 给出了 BRST 和 PNGM 站 4 种方案对坐标时间序列的拟合结果，竖向点画线表示地震等事件的发生时刻。可以看出，BRST 站随机加入了 3 次模拟地震，最大同震位移在东向达到约 10.8cm，而 PNGM 站的同震位移较小，且各测站的坐标时间序列均含有一定数量的异常值；同震位移引起坐标时间序列阶跃式的偏移，随着偏移量的增大，方案 C 和 D 整体去趋势的做法失效，而方案 A 和 B 通过分段处理有效克服了坐标偏移的影响；IRLS 和 LS 方法的拟合结果没有本质上的区别，原因可能与坐标时间序列中异常值的占比和大小有关，在观测值高度冗余的情况下，相对较少的异常值对 LS 方法的拟合结果影响有限。

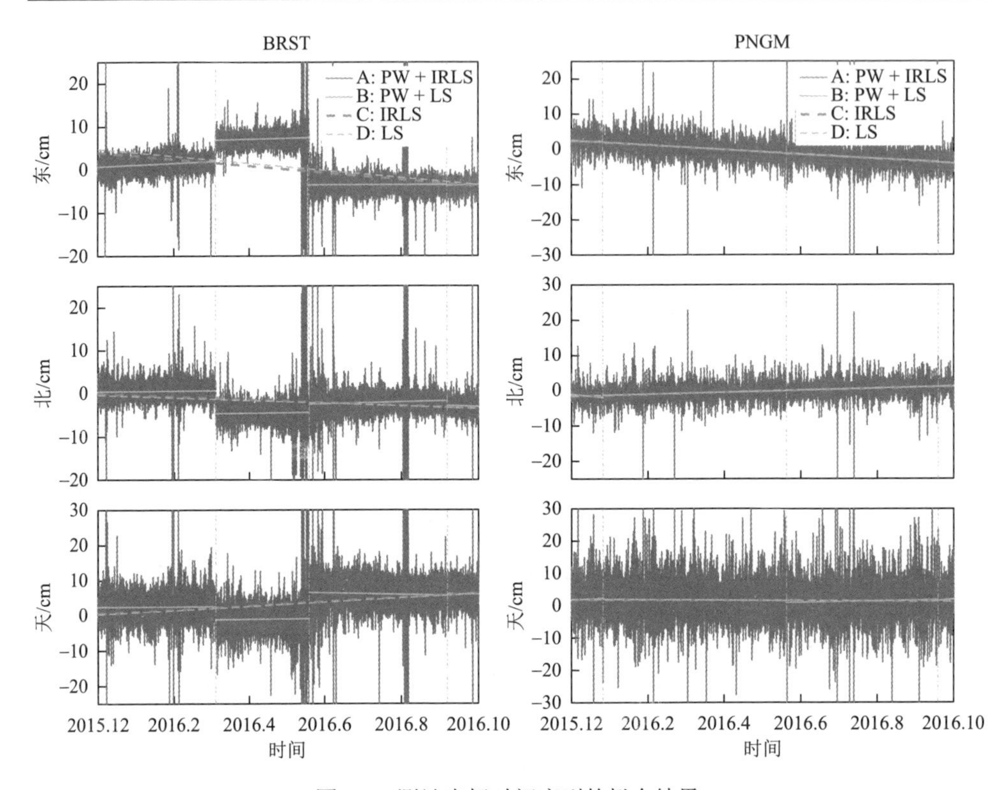


图 8.2　测站坐标时间序列的拟合结果

统计各测站 4 种方案剔除粗差后的坐标时间序列的标准差（STD），并计算方案 B～D 相对于方案 A 的比值，结果如图 8.3 所示。虽然各测站 3 个坐标方向上所有的比值均不小于 1，但方案 C 和 D 由于无法移除坐标偏移，STD 通常较大，同时随着偏移量的增大，方案 C 和 D 的劣势逐渐凸显，足见对时间序列分段处理的必要性。然而对于 STFU 站，方案 B 的表现却最差，主要原因是该站坐标时间序列中的异常值较多，但 LS 方法无抗粗差能力，且分段处理无形中放大了各段时间序列中异常值的占比，导致 LS 方法的拟合结果愈加恶化。因此，为了应对复杂

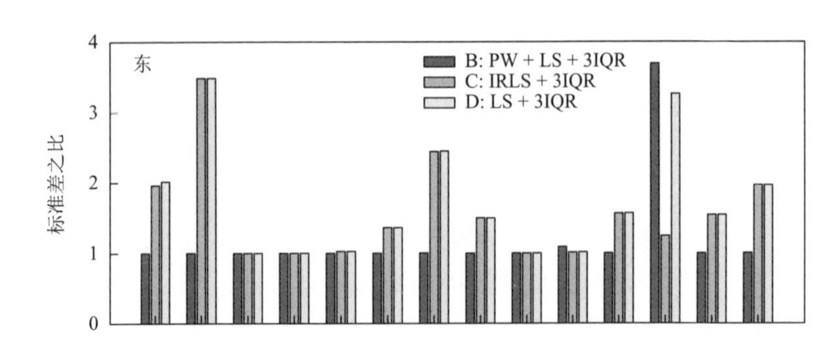

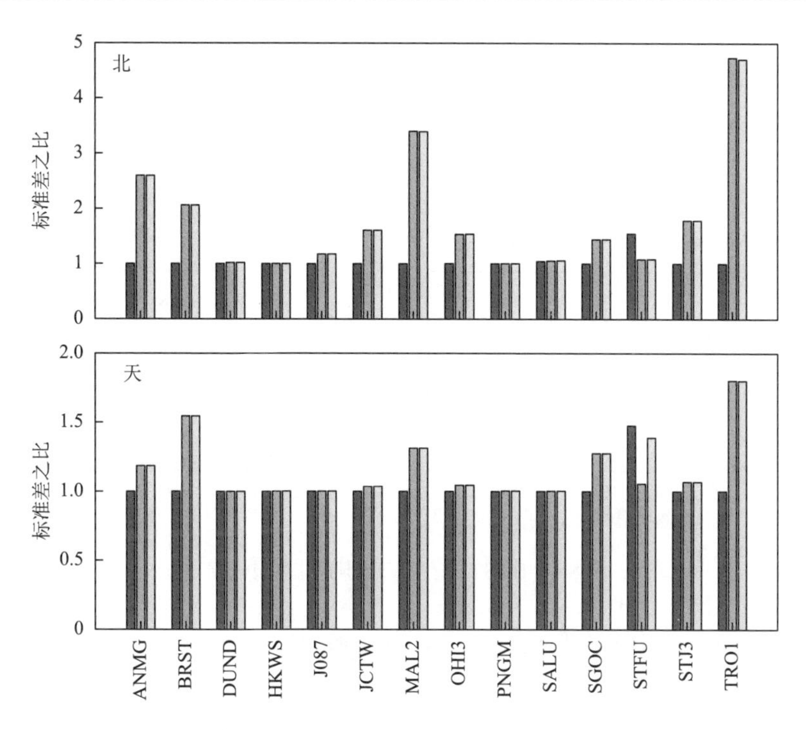


图 8.3　剔除粗差后测站坐标时间序列的 STD 之比

多变的测站坐标时间序列，分段处理时应采用更为稳健的 IRLS 方法，证实了所提算法的合理性和有效性。

分析坐标偏移和坐标异常值对海潮负荷位移信息提取的影响，针对坐标时间序列未处理、消除坐标偏移和剔除粗差后等情况，分别计算振幅谱。图 8.4 给出了 BRST 站周期在 0～400d 范围内的结果，并放大了周期小于 30h 的部分，其他测站的模式与此类似。从图中可以看出，消除坐标偏移后，振幅谱中周期在约 10d 以上的信号被显著削弱，而周期较小的信号几乎没有变化；剔除粗差全面降低了时间序列的噪声水平，对于主要分潮负荷位移信号也有一定影响。可见坐标偏移和坐标异常值本质上降低了时间序列的信噪比，分别影响长周期和短周期主要分

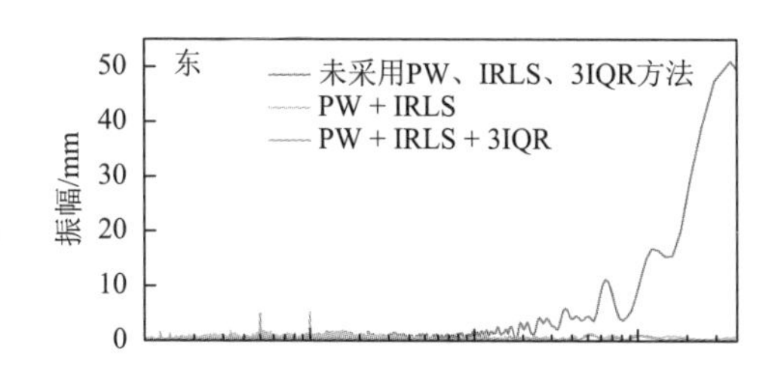


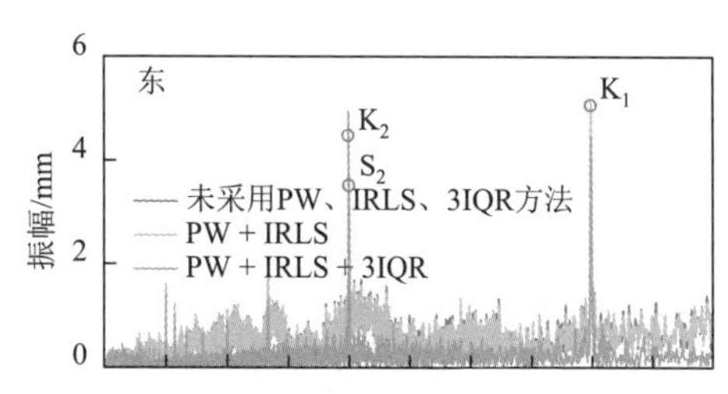

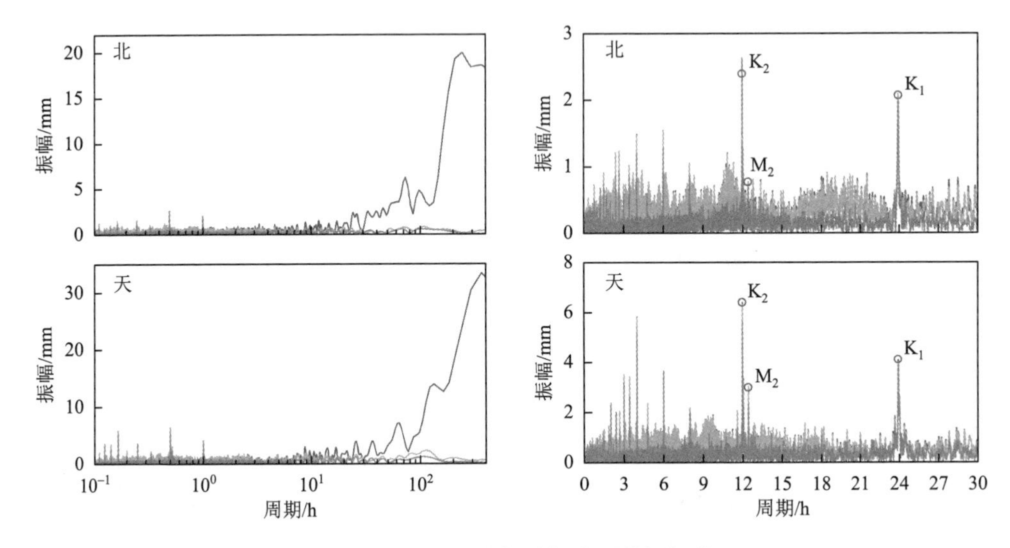


图 8.4　BRST 站坐标时间序列的振幅谱

潮，而所提算法可稳健有效地消除二者对海潮负荷位移信号的干扰，应优先用于坐标时间序列的预处理。

## 8.4.3　先验海潮负荷位移改正所处参考框架的影响

在理论研究和实践应用的发展过程中，形成了多种基于不同原点的同构大地参考框架（Dong et al.，1997；Argus et al.，1999；Chen et al.，1999；Blewitt，2003），常用的参考框架原点有固体地球质心（CE）、包含海洋和大气等的地球系统质心（CM）及固体地球的图形中心（CF）。根据 IERS 2010 规范（Petit and Luzum，2010），GNSS 卫星精密定轨在 CM 框架下进行，但发布的 SP3 轨道产品是经过地心运动改正后的地壳固联框架下的结果。由于地壳固联框架的模糊性，具体认定其为 CE 或 CF 框架时存在分歧（Fu et al.，2012；Desai et al.，2014），这里采纳 CE 框架的说法，而 CE 和 CF 的差异不到 CE 和 CM 差异的 2%（Blewitt，2003；Desai et al.，2014），暂且忽略不计。

负荷格林函数需要在特定的参考框架下计算，导致海潮负荷位移改正也有 CE 和 CM 框架之别，但实际应用中却少有区分（Ito and Simons，2011；Dong et al.，2003），由此产生与精密轨道产品所处框架原点不一致的问题，使得坐标解中含有更大的系统误差。从信号采样的角度看，每个坐标解可看作对海潮负荷位移残余信号的一次采样，且整个采样过程天然受到 GNSS 卫星轨道重复周期的影响（Penna and Stewart，2003；Stewart et al.，2005；King et al.，2008）。当采样间隔大于分潮周期的一半时，即不满足奈奎斯特采样定理时，分潮负荷位移残余信号可衍变出时间序列中长周期的假频信号。对于任一给定的周期信号，设采样间隔为 $\varDelta$，则假频信号的频率 $f'$ 可表示为（Jacobs et al.，1992）

$$f' = \left| f - \frac{1}{\varDelta}\operatorname{int}(f\varDelta + 0.5) \right| \tag{8.47}$$

式中，$f$ 是原始信号的频率；int 是取整函数，返回不超过本身的最大整数。基于式（8.47）计算在单天解 24h 解算、GPS 轨道重复和 GLONASS 轨道重复这三种采样间隔作用下，各主要半日和全日分潮的假频信号周期，结果如表 8.4 所示。可以看出，同一种分潮信号可衍变出不同的长周期信号，而相同的假频信号周期可能源自不同的分潮；由卫星轨道重复引起的假频信号周期总是成对出现，如对应于 $M_2$ 和 $O_1$ 分潮的假频信号周期均为 13.66d（与 $M_f$ 分潮周期相同）或 19.18d；$S_2$、$K_2$、$K_1$ 和 $P_1$ 分潮的假频信号主要为半年和周年项，容易造成相同时间尺度的地球物理现象解释的偏差。

**表 8.4　主要半日和全日分潮的假频信号周期**

| 分潮 | 周期/h | 假频信号周期/d | | |
|---|---|---|---|---|
| | | 24h 解算 | GPS 轨道重复 | GLONASS 轨道重复 |
| $M_2$ | 12.42 | 14.77 | 13.66 | 19.18 |
| $S_2$ | 12.00 | ∞ | 182.63 | 182.63 |
| $N_2$ | 12.66 | 9.61 | 9.13 | 63.10 |
| $K_2$ | 11.97 | 182.63 | ∞ | ∞ |
| $K_1$ | 23.93 | 365.26 | ∞ | ∞ |
| $O_1$ | 25.82 | 14.19 | 13.66 | 19.18 |
| $P_1$ | 24.07 | 365.26 | 182.63 | 182.63 |
| $Q_1$ | 26.87 | 9.37 | 9.13 | 63.10 |

CE 和 CM 海潮负荷位移的三维差异可达约 15mm（Desai et al.，2014），为了确定 GNSS 坐标时间序列中是否含有参考框架原点不一致引起的假频信号，GNSS 数据处理时分别应用 CE 和 CM 海潮负荷位移进行改正，其他数据处理策略与表 8.2 保持一致。此外，ANMG、JCTW、SGOC 和 STFU 4 个测站的数据完整度不足 80%而未被使用，同时实验仅采用 GPS 单系统以排除 GLONASS 轨道重复对半年项假频信号的干扰。

图 8.5 给出了 BRST 站分别应用 CE 和 CM 海潮负荷位移改正后的 PPP 动态解坐标差异时间序列，同时放大年积日为 183～189d 的部分，并与相应框架下海潮负荷位移模型值的差异进行比较。从图中可以看出，动态解坐标差异时间序列

含有显著的周期信号，且与海潮负荷位移模型值的差异一致，再次验证了海潮负荷位移被动态解测站坐标完全吸收的结论，也表明海潮负荷位移残余信号并未衍变出理论上的假频信号。相比于单天解，动态解最大的改变就是能够保留完整的海潮负荷位移，而非将其消除，故海潮负荷位移在坐标解中表现形式的变化可能是假频信号消失的原因，可见把测站坐标作为随机游走时变参数的估计方式弱化了卫星轨道重复的采样作用。

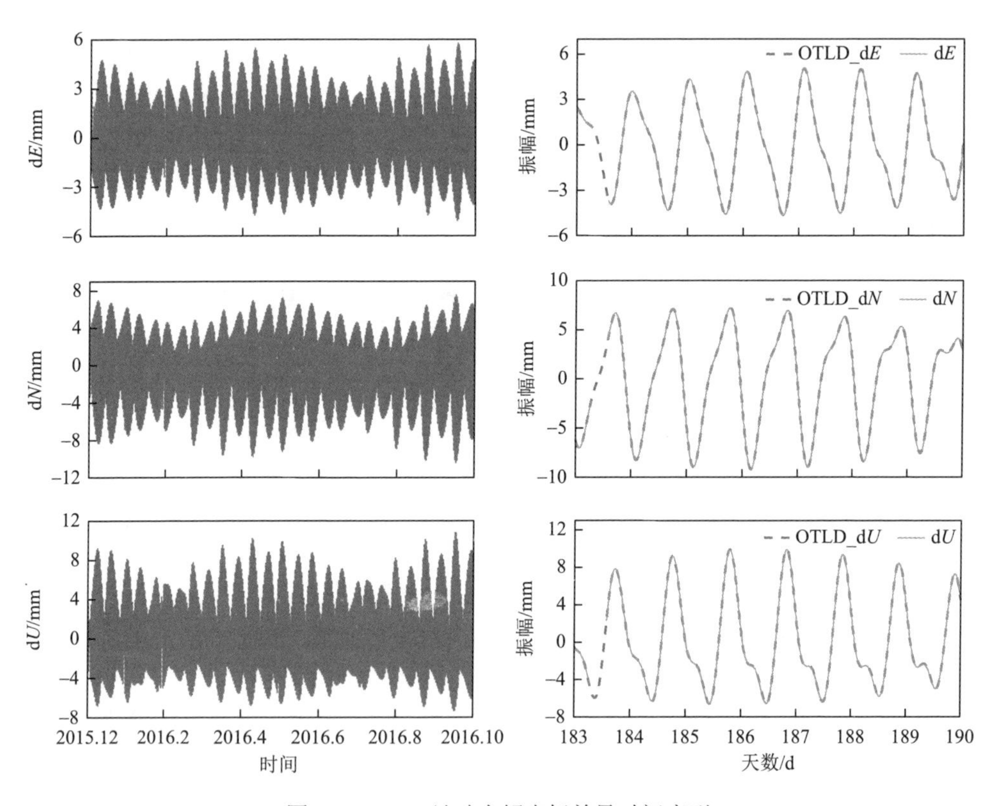


图 8.5　BRST 站动态解坐标差异时间序列

PPP 动态解中先验海潮负荷位移改正与测站坐标中的残余量呈互补关系，故 CE 和 CM 海潮负荷位移的模型值均可用作海潮负荷位移测量的先验值。比较分别基于这两种模型值测定的海潮负荷位移，表 8.5 列出了各测站 $M_2$ 分潮负荷位移在 3 个坐标方向上的矢量差异。可以看出，$M_2$ 分潮负荷位移最大差异的振幅仅为 0.082mm，且差异矢量间表现出一定的随机性。结合图 8.5 分析可知，CE 和 CM 海潮负荷位移改正后的坐标时间序列的噪声水平相同，故海潮负荷位移估计值的差异应为数值计算误差。尽管如此，先验海潮负荷位移改正宜与精密轨道产品处于相同的参考框架。

**表 8.5　各测站 $M_2$ 分潮负荷位移矢量差异的振幅和相位**

| 测站 | d$E$ | | d$N$ | | d$U$ | |
|---|---|---|---|---|---|---|
| | 振幅/mm | 相位/(°) | 振幅/mm | 相位/(°) | 振幅/mm | 相位/(°) |
| BRST | 0.040 | −153.35 | 0.066 | 117.53 | 0.068 | −137.20 |
| DUND | 0.039 | 37.67 | 0.061 | 116.75 | 0.070 | 36.34 |
| HKWS | 0.033 | 147.38 | 0.082 | 61.89 | 0.044 | −15.83 |
| J087 | 0.018 | 131.65 | 0.082 | 47.58 | 0.044 | −41.72 |
| MAL2 | 0.060 | −161.54 | 0.070 | 76.90 | 0.031 | 115.53 |
| OHI3 | 0.058 | −41.88 | 0.052 | 36.00 | 0.079 | 90.88 |
| PNGM | 0.023 | 74.30 | 0.080 | 77.05 | 0.066 | 6.64 |
| SALU | 0.020 | −71.32 | 0.064 | 74.52 | 0.058 | 178.78 |
| STJ3 | 0.038 | −59.53 | 0.047 | 130.50 | 0.065 | −126.49 |
| TRO1 | 0.055 | −163.70 | 0.047 | 123.60 | 0.068 | −118.65 |

总之，确保海潮负荷位移改正和精密轨道产品所处参考框架的原点一致是 GNSS 数据处理的客观要求，不仅可减小坐标解的系统误差，而且可从源头上抑制假频信号的产生，尽管动态解坐标时间序列原本就不含有任何假频信号。由此及彼，固体潮和大气负荷位移改正也应在相同的参考框架下进行，以防降低海潮负荷位移的测定精度。

### 8.4.4　动态 PPP 过程噪声优化

1. 过程噪声

随机游走过程是一阶 Gauss-Markov 过程的特例。一阶 Gauss-Markov 过程定义当前历元状态的条件概率密度分布仅依赖于上一历元的状态，与更早的历史信息无关，满足如下微分方程（武宝亭，1993；魏子卿和葛茂荣，1998）

$$\frac{\mathrm{d}p(t)}{\mathrm{d}t} = -\frac{p(t)}{\tau_\mathrm{p}} + w(t) \tag{8.48}$$

式中，$p(t)$ 是随机变量；$\tau_\mathrm{p}$ 是相关时间；$w(t)$ 是零均值高斯白噪声，中误差为 $\sigma_\mathrm{w}$，则有

$$\begin{cases} E[w(t)] = 0 \\ E[w(t)w(t')] = \sigma_\mathrm{w}^2 \delta(t - t') \end{cases} \tag{8.49}$$

式（8.48）的离散化形式为

$$p_{j+1} = \mathrm{e}^{-\frac{\Delta t}{\tau_p}} p_j + \overline{w}_j \tag{8.50}$$

$$\overline{w}_j = \int_{t_j}^{t_{j+1}} \mathrm{e}^{\frac{t_{j+1}-\tau}{\tau_{\mathrm{p}}}} w(\tau)\mathrm{d}\tau \tag{8.51}$$

$$E(\overline{w}_j \overline{w}_{j+k}) = \sigma_{\overline{\mathrm{w}}}^2 \delta(k) = \frac{\tau_{\mathrm{p}}\sigma_{\mathrm{w}}^2}{2}(1-\mathrm{e}^{-\frac{2\Delta t}{\tau_{\mathrm{p}}}})\delta(k) \tag{8.52}$$

式中，$\Delta t$ 是采样间隔；$\delta$ 是 Dirac-$\delta$ 函数。当 $\tau_{\mathrm{p}}$ 趋于无穷大时，一阶 Gauss-Markov 过程转变为随机游走过程，有

$$p_{j+1} = p_j + \overline{w}_j \tag{8.53}$$

$$E(\overline{w}_j \overline{w}_{j+k}) = \sigma_{\overline{\mathrm{w}}}^2 \delta(k) \tag{8.54}$$

在随机过程的实际应用中，过程噪声不断修正历元间的协方差矩阵，引起随机变量随时间变化，当前历元的随机变量估值和协方差映射到下一历元，即

$$\boldsymbol{P}_{j+1} = \boldsymbol{M}_j \boldsymbol{P}_j + w_j \tag{8.55}$$

$$E(w_j w_k^{\mathrm{T}}) = \boldsymbol{Q}\delta_{jk} \tag{8.56}$$

式中，$\boldsymbol{P}$ 是随机变量的估值向量；$\boldsymbol{M}$ 是过程噪声映射矩阵；$w_k^{\mathrm{T}}$ 是零均值的高斯白噪声；$\boldsymbol{Q}$ 是协方差矩阵；$w_j$ 是零均值的偶然误差；$\delta_{jk}$ 是 Kronecker-$\delta$ 函数。$\boldsymbol{M}$ 和 $\boldsymbol{Q}$ 均为对角阵，对角线上元素分别为

$$m_{ij} = \mathrm{e}^{-\frac{\Delta t}{\tau_{ij}}} \tag{8.57}$$

$$q_{ij} = (1-m_{ij}^2)\sigma_{\mathrm{iss}}^2 \tag{8.58}$$

式中，$\tau_{ij}$ 是历元 $j$ 的第 $i$ 个随机变量的相关时间；$\sigma_{\mathrm{iss}}$ 是第 $i$ 个随机变量的稳态中误差，指系统在比 $\tau_{ij}$ 长得多的时间内不受扰动所达到的噪声水平，也可能随时间变化。为注记方便略去下标 $i$，则单一随机变量的时变方差为

$$\sigma_{p_{i+1}}^2 = m_i^2\sigma_{p_i}^2 + (1-m_i^2)\sigma_{\mathrm{ss}}^2 \tag{8.59}$$

对于随机游走过程，$\tau \to \infty$，$m=1$，$\boldsymbol{M}$ 为单位矩阵，过程没有稳态，$\sigma_{ss}$ 无界，过程噪声方差 $q$ 在极限意义上的定义为

$$q = \lim_{\tau\to\infty}\frac{\sigma_{\mathrm{ss}}^2}{\tau} \tag{8.60}$$

相应地，过程噪声 $\sigma_{\mathrm{rw}}$ 记为

$$\sigma_{\mathrm{rw}} = \sqrt{\frac{\Delta q}{\Delta t}} \tag{8.61}$$

2. 基于信号完整性指标的过程噪声调校方法

当采用适当（不一定最优）的过程噪声时，海潮负荷位移可被 PPP 动态解的坐标参数完全吸收，且坐标时间序列中未改正的海潮负荷位移不会衍变出长周期的假频信号，最直观的表现就是海潮负荷位移改正前后的坐标差异与其模型值一

致。事实上，ZTD 过程噪声和较大的坐标过程噪声并不妨碍测站坐标对海潮负荷位移的吸收，但会改变坐标时间序列的噪声水平，从而影响海潮负荷位移信号的提取；而较小的坐标过程噪声对坐标解有平滑作用，将抑制海潮负荷位移信号并破坏其完整性，势必导致海潮负荷位移改正前后的坐标差异偏离其模型值，从而影响海潮负荷位移信号。

于是设计海潮负荷位移信号的完整性指标，即海潮负荷位移改正前后的坐标差异与其模型值的均方根误差（RMSE），通过衡量二者的偏离程度从整体上评判坐标时间序列中信号的完整性，从此摆脱对仿真信号的依赖。信号完整性指标是调校坐标过程噪声的决定性指标，而 ZTD 过程噪声控制 ZTD 的估计结果，将以提高 ZTD 的估计精度为目的对 ZTD 过程噪声进行调校。Penna 等（2015）指出应用海潮负荷位移改正后，PPP 单天解估计的 ZTD 可作为参考值，并建议采用坐标时间序列的 STD 等指标监测其中的噪声水平。因此，在现有评价指标体系的基础上，引入全新的信号完整性指标进行过程噪声调校。

合理的过程噪声取值范围有助于提高整个调校过程的效率，经验表明，ZTD 过程噪声取 $0.20\sim0.40\text{mm}/\sqrt{\text{s}}$ 时可获得精度较高的 ZTD 估计结果（魏子卿和葛茂荣，1998），而坐标过程噪声取值范围的设定应充分考虑海潮负荷位移的特征。基于简化的海潮负荷位移表达式，测站的瞬时速度 $v_{\text{inst}}$ 可写为

$$v_{\text{inst}}=\frac{\mathrm{d}}{\mathrm{d}t}(A\cos\omega t)=-A\omega\sin\omega t \tag{8.62}$$

式中，$A$ 和 $\omega$ 分别是信号的振幅和角频率。以 $M_2$ 分潮负荷位移为例，$\omega=0.5059\text{rad/h}$，其垂向振幅在 BRST 站达到最大的 41.2mm，则最大速度 $v_{\max}$ 约为 20mm/h。Elósegui 等（1996）指出，坐标过程噪声与测站最大速度和坐标解的时间间隔有如下正比关系：

$$\xi=\frac{\sigma_{\text{rw}}}{v_{\max}\sqrt{\Delta t}} \tag{8.63}$$

式中，$\xi$ 无量纲，称为动态分辨率参数；$\sigma_{\text{rw}}$ 特指坐标过程噪声。Martens 等（2016）建议 $\xi$ 的范围是 $2<\xi<20$，又 $\Delta t=30\text{s}$，可计算得 $0.06\text{mm}/\sqrt{\text{s}}<\sigma_{\text{rw}}<0.6\text{mm}/\sqrt{\text{s}}$。由于海潮负荷位移还含有其他分潮信号，出于保守考虑，将该坐标过程噪声范围再乘以系数 10。为了应对可能的异常情况，坐标和 ZTD 过程噪声的最终取值范围会在上述数值区间的基础上适度放大。

3. PANDA 软件动态 PPP 过程噪声优化

应用所提过程噪声调校方法确定 PANDA 软件 GPS 单系统和 GPS/GLONASS 组合动态 PPP 的最优过程噪声，坐标和 ZTD 过程噪声的变化范围分别设置为 $3.20\times10^{-4}\sim3.20\times10^{2}\text{mm}/\sqrt{\text{s}}$ 和 $3.20\times10^{-2}\sim3.20\times10^{2}\text{mm}/\sqrt{\text{s}}$。控制单一变量，逐步分

析过程噪声变化对海潮负荷位移完整性和噪声水平的影响，具体指标包括剔除粗差的垂向坐标时间序列的 STD（Up_STD）、载波相位残差 STD 的中位数（Res_STD）、动态解和单天解间 ZTD 的 RMSE（ZTD_RMSE）、信号完整性指标（OTLD_RMS）和垂向坐标时间序列中 $M_2$ 分潮负荷位移残余量的振幅（M2_Amp）。其中，单天解仅使用 GPS 观测值，ZTD 的时间分辨率为 1h。

1）GPS 动态定位的最优过程噪声

固定坐标过程噪声为 10mm/$\sqrt{s}$，按从小到大调节 ZTD 过程噪声，对不同的过程噪声组合逐一生成海潮负荷位移改正前后的坐标时间序列，并计算各指标的数值。图 8.6 给出了 BRST、HKWS、J087 和 PNGM 4 个测站各指标随 ZTD 过程噪声变化的结果，为便于同框显示将 Up_STD 除以 3。从图中可以看出，ZTD_RMSE 和 Up_STD 具有良好的相关性，可见未模型化的对流层延迟被测站坐标吸收，取二者三次样条拟合曲线极值点横坐标的均值作为最优的 ZTD 过程噪声，综合各测站的结果（表 8.6）得（0.20±0.02）mm/$\sqrt{s}$，即图 8.6 中虚线所示位置；除 BRST

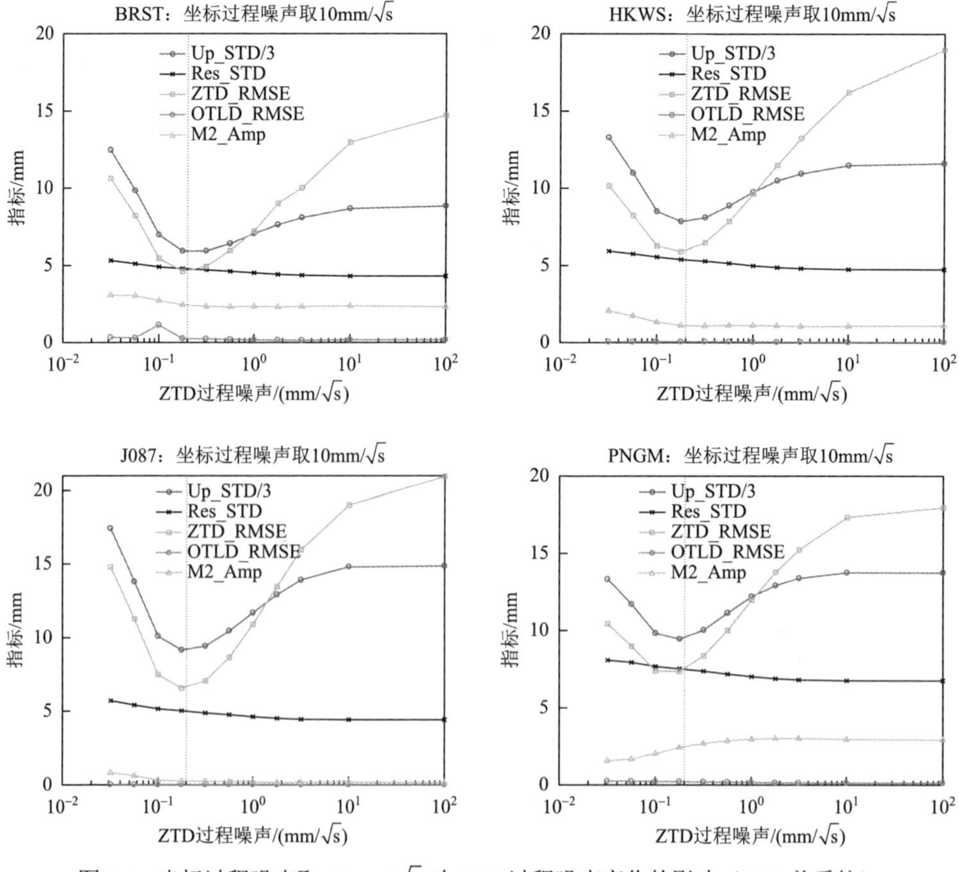


图 8.6　坐标过程噪声取 10mm/$\sqrt{s}$ 时 ZTD 过程噪声变化的影响（GPS 单系统）

站有一处异常值外，OTLD_RMSE 整体维持在较低的数值水平而与 ZTD 过程噪声的变化无关，主要原因是海潮负荷位移改正前后的测站坐标中吸收的对流层延迟基本相同，通过求差得以消除；在 ZTD 过程噪声的最优值处，$M_2$ 分潮负荷位移并未收敛到稳定状态，载波相位残差也并非最小。需要特别指出，在过程噪声的调校过程中，对海潮负荷位移的大小不做要求，因为过程噪声调校的目的是精确探测并获得完整的海潮负荷位移，而非单纯地寻求其最小值或最大值。此外，在调校坐标过程噪声之前，由于载波相位残差会吸收未模型化的地表位移，同样也不要求其取到最小值。

初步确定最优的 ZTD 过程噪声后，固定其取值为 0.20mm/$\sqrt{s}$，对坐标过程噪声进行调校，各指标随坐标过程噪声变化的结果如图 8.7 所示。可以看出，自坐标过程噪声不小于 3.20mm/$\sqrt{s}$ 起，各测站的载波相位残差和 OTLD_RMSE 开始收敛到稳定的最小值，故确定最优的坐标过程噪声为 3.20mm/$\sqrt{s}$，且 OTLD_RMSE 的最小值几乎为 0，表明海潮负荷位移完全被测站坐标所吸收；当减小坐标过程

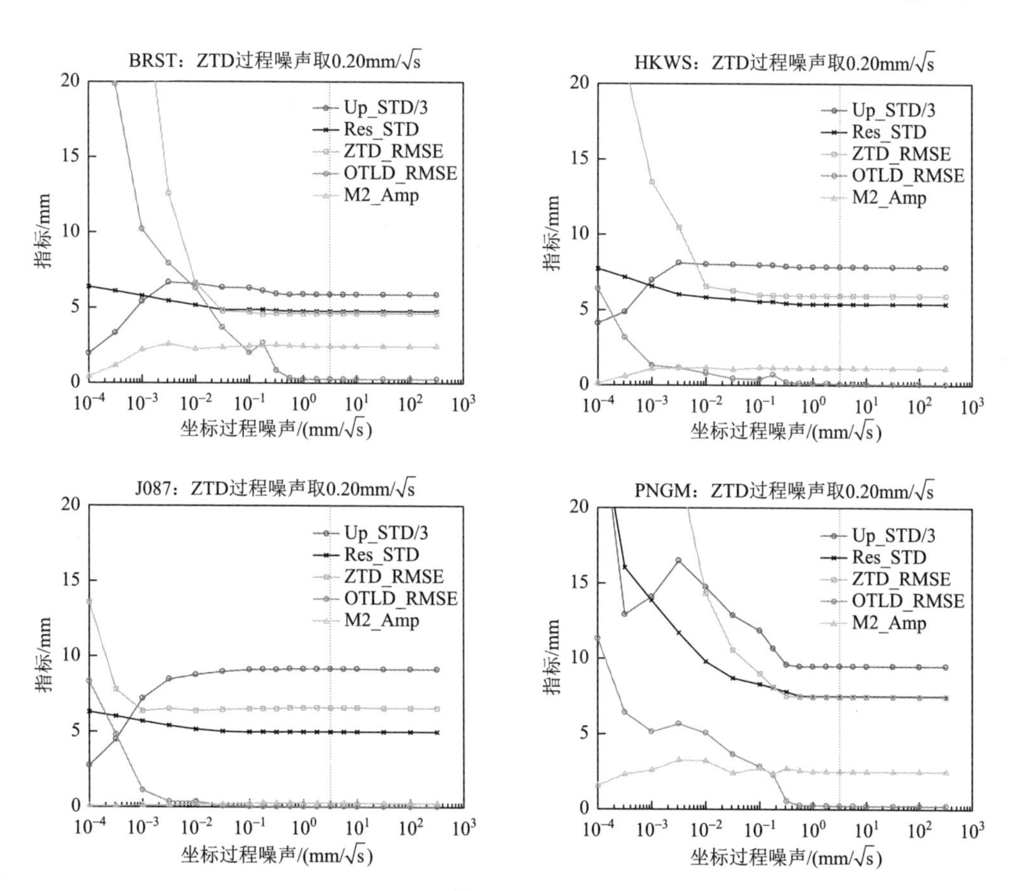


图 8.7　ZTD 过程噪声取 0.20mm/$\sqrt{s}$ 时坐标过程噪声变化的影响（GPS 单系统）

噪声时，OTLD_RMSE 迅速增大，M2_Amp 和 Up_STD 均明显减小（PNGM 站除外），而 ZTD_RMSE 和载波相位残差则相应增大，究其原因，一方面被抑制的海潮负荷位移传递到了 ZTD 和载波相位残差中，另一方面 ZTD 的随机误差随着坐标过程噪声的减小而变大。因此，相对严格的坐标过程噪声并不能简单地使 PPP 动态解转变为静态解，与 Penna 等（2015）基于 GIPSY 软件得出的结论相左，反映了 PANDA 和 GIPSY 软件在动态 PPP 方法实现上的差异。

调整坐标过程噪声为 3.20mm/$\sqrt{s}$，重复对 ZTD 过程噪声进行调校，验证 0.20mm/$\sqrt{s}$ 的 ZTD 过程噪声是否仍为最优值，各指标随 ZTD 过程噪声变化的结果如图 8.8 所示。结合图 8.7 分析可知，相比于坐标过程噪声为 10mm/$\sqrt{s}$ 的情况，各指标的数值几乎保持不变，包括 BRST 站的异常值，各测站 ZTD_RMSE 和 Up_STD 取到极值的位置也未发生变化，故最优的坐标和 ZTD 过程噪声已经找到，二者共同决定坐标时间序列中可提取的海潮负荷位移状态。至此，也形成了一套调校过程噪声的完整流程。

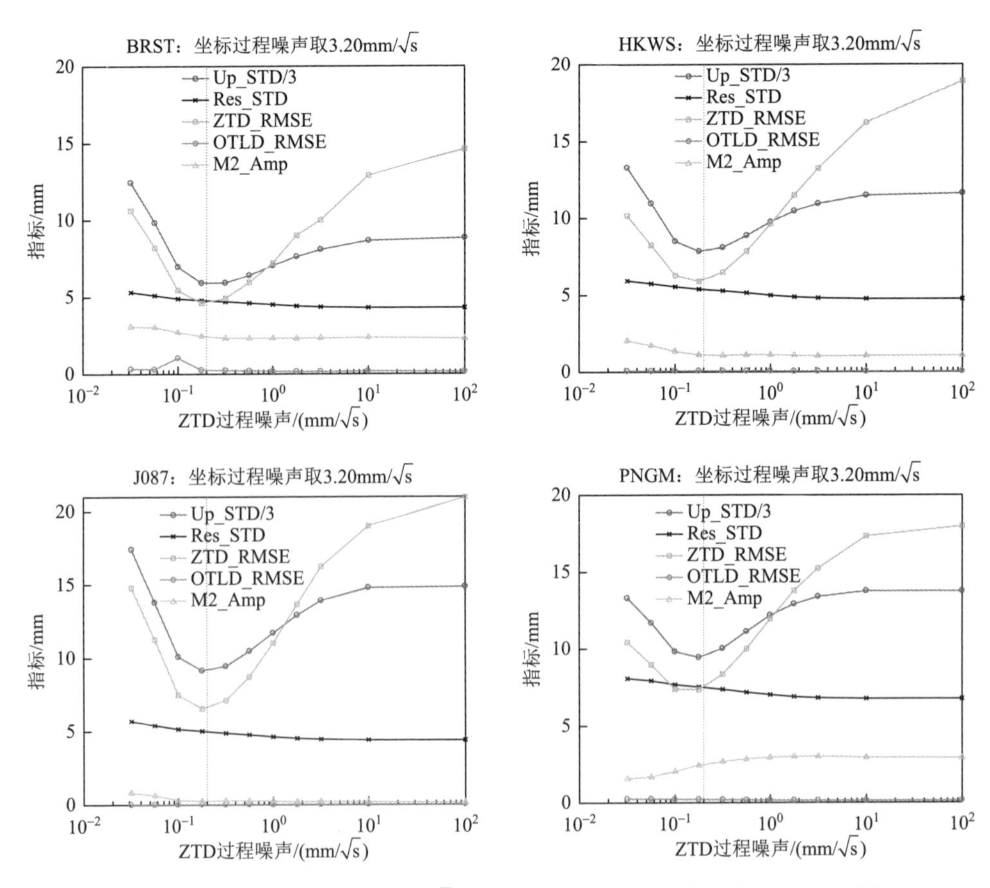


图 8.8　坐标过程噪声取 3.20mm/$\sqrt{s}$ 时 ZTD 过程噪声变化的影响（GPS 单系统）

2）GPS/GLONASS 组合动态定位的最优过程噪声

仿照 GPS 单系统过程噪声的调校流程，但坐标过程噪声首先固定为 3.20mm/$\sqrt{s}$，对 ZTD 过程噪声进行调校，各指标随 ZTD 过程噪声变化的结果如图 8.9 所示。结合图 8.8 分析可知，在相同的过程噪声组合下，各测站 GPS/GLONASS 组合的 Up_STD、ZTD_RMSE 和 OTLD_RMSE 总体上较 GPS 单系统均有不同程度的减小，BRST 站的 OTLD_RMSE 也不再出现异常值，而载波相位残差却显著增大，主要原因是 GPS/GLONASS 组合动态解的精度较高，尤其是垂向定位精度改善明显，但 GLONASS 观测值的噪声较大，拉低了组合系统观测值的整体精度；同时，ZTD_RMSE 和 Up_STD 的极值点向左移动，表 8.6 列出了各测站 ZTD 过程噪声的最优值，综合得（0.16±0.02）mm/$\sqrt{s}$，可见随着定位精度的提高，不仅 ZTD 的精度得到改善，而且对流层延迟的约束也得到适当收紧，海潮负荷位移也随之变化。

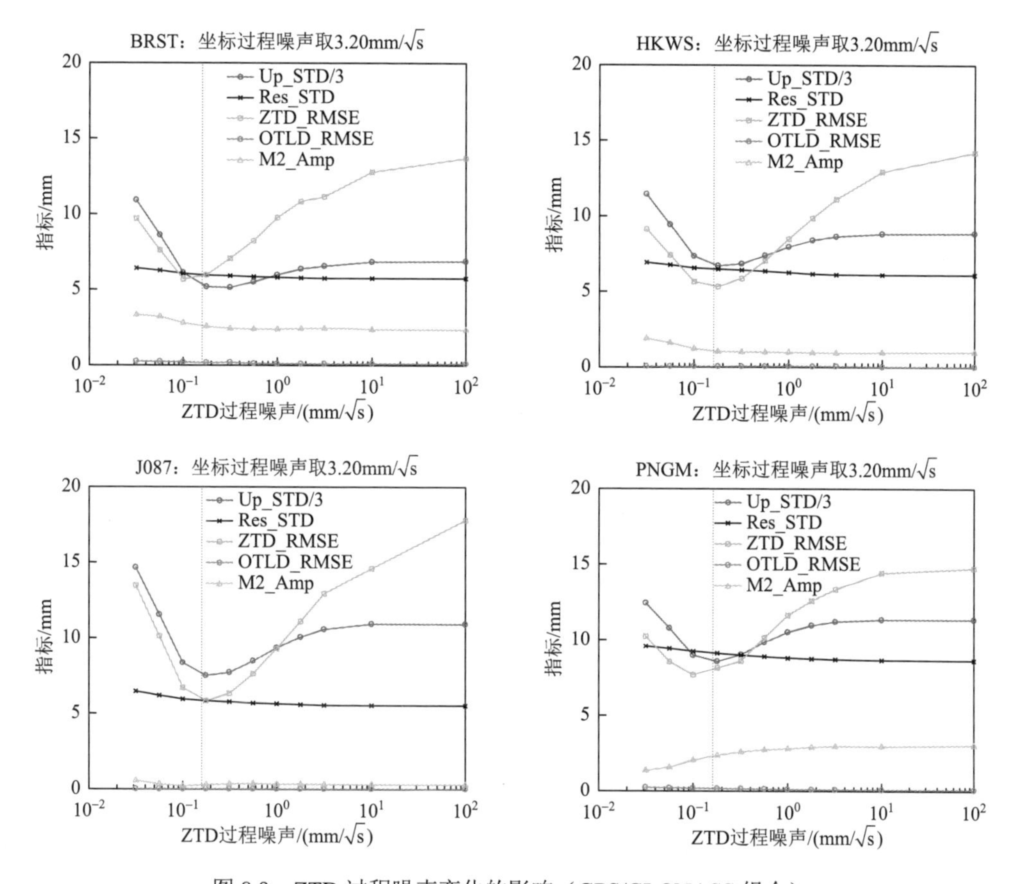


图 8.9　ZTD 过程噪声变化的影响（GPS/GLONASS 组合）

固定 ZTD 过程噪声为 0.16mm/$\sqrt{s}$，对坐标过程噪声进行调校，各指标随坐标过程噪声变化的结果如图 8.10 所示。可以看出，虽然定位精度的提高使得 Up_STD 和载波相位残差等个别指标提前达到稳定状态，但大多数测站的 OTLD_RMSE 仍从 3.20mm/$\sqrt{s}$ 起开始趋于稳定（表 8.6），且较大的坐标过程噪声并不会破坏海潮负荷位移的完整性，故取 3.20mm/$\sqrt{s}$ 作为坐标过程噪声的最优值。鉴于该最优值与调校 ZTD 过程噪声时的坐标过程噪声一致，则 0.16mm/$\sqrt{s}$ 的 ZTD 过程噪声的最优性也同步得到证实。此外，PNGM 站的 Up_STD 未再出现异常值，回归其随坐标过程噪声变化的规律，主要与 GPS/GLONASS 组合对坐标解稳定性的提高有关。

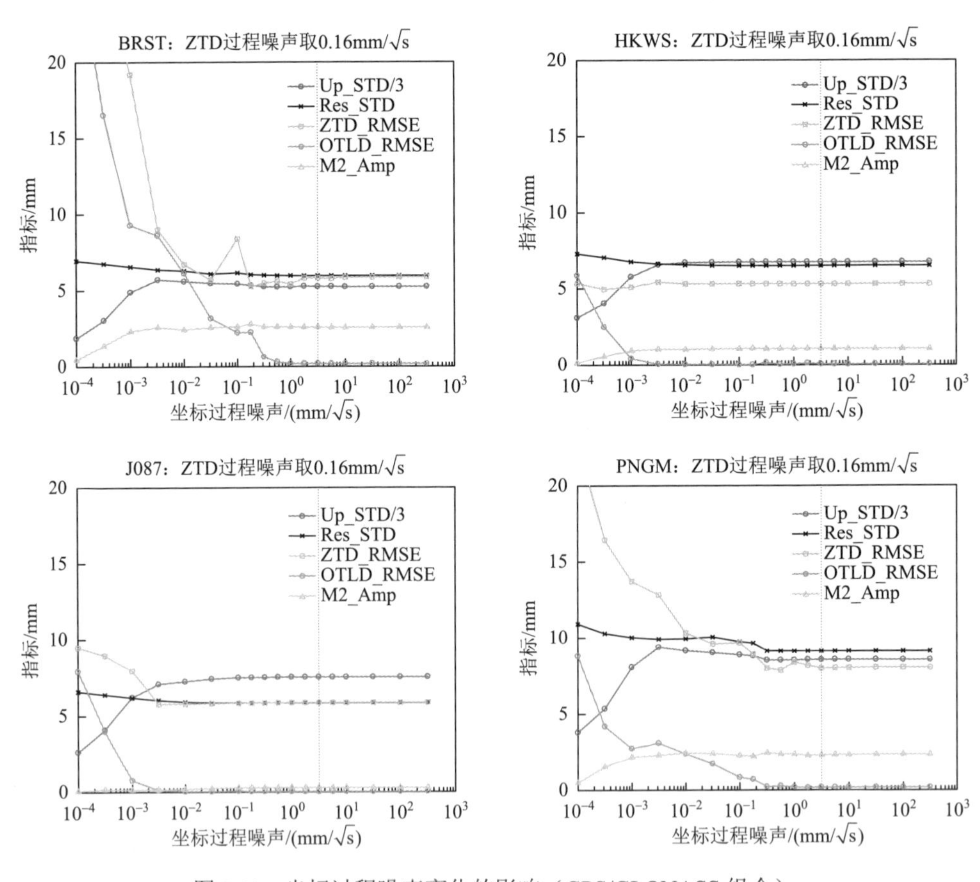


图 8.10　坐标过程噪声变化的影响（GPS/GLONASS 组合）

作为动态 PPP 数据处理策略优化乃至整体质量控制的关键，确定坐标和 ZTD 过程噪声的最优值至关重要。以上分析表明，相对宽松的坐标过程噪声总是安全的，在保证海潮负荷位移的完整性方面不存在差别；ZTD 过程噪声与海潮负荷位移的表现形式无关，而是经由调节对流层延迟来影响定位结果，以及海潮负荷位移的提取，取值更为严苛；同时，ZTD 过程噪声对坐标解精度的变化敏感，GNSS 定位精度的改善可导致 ZTD 过程噪声的最优值减小，反映了对流层延迟误差对海潮负荷位移测定结果的影响。

**表 8.6　GNSS 动态定位的最优过程噪声**　（单位：mm/$\sqrt{s}$）

| 测站 | GPS 单系统 | | GPS/GLONASS 组合 | |
|---|---|---|---|---|
| | 坐标过程噪声 | ZTD 过程噪声 | 坐标过程噪声 | ZTD 过程噪声 |
| BRST | 3.20 | 0.22 | 3.20 | 0.19 |
| DUND | 3.20 | 0.20 | 3.20 | 0.17 |
| HKWS | 3.20 | 0.17 | 3.20 | 0.16 |
| J087 | 3.20 | 0.18 | 1.78 | 0.16 |
| MAL2 | 3.20 | 0.21 | 3.20 | 0.15 |
| OHI3 | 3.20 | 0.18 | 3.20 | 0.14 |
| PNGM | 3.20 | 0.17 | 3.20 | 0.14 |
| SALU | 3.20 | 0.19 | 3.20 | 0.16 |
| STJ3 | 3.20 | 0.24 | 3.20 | 0.22 |
| TRO1 | 3.20 | 0.19 | 1.78 | 0.15 |
| 综合取值 | 3.20 | 0.20±0.02 | 3.20 | 0.16±0.02 |

# 8.5　利用海潮负荷位移探测中国东海软流层的滞弹性频散效应

由于地球内部介质的不均匀性和非完全弹性，振动能量在传播过程中会转化为热能，这种固有的能量损耗与振动频率有关，且多发生在地球上地幔的软流层中，引起不同频率间弹性性质的变化，称为滞弹性频散效应（万永革，2016）。能量损耗同时使得应变落后于应力，产生额外的相位延迟（Zschau，1978）。然而，利用高频地震波资料建立的地球模型计算负荷格林函数时，却长期忽略了地震波频率和分潮频率间弹性性质的差异，主要原因是海潮模型误差导致的海潮负荷位移不确定度总是大于滞弹性频散效应的影响（Bos and Baker，2015）。随着卫星测高技术的发展，全球海潮模型的精度已得到显著改善（Stammer et al.，2014），且经过严格的质量控制，GNSS 测量 $M_2$ 等太阴分潮负荷位移的精度可达到亚毫米级，故有望分离软流层滞弹性的影响，对于认识地球内部结构和介质属性具有重要意义。

### 8.5.1　海潮负荷位移测定值与模型值的比较

东中国海是由中国大陆和台湾岛、朝鲜半岛、日本九州岛及琉球群岛等包围的边缘海，为大陆型地壳结构（郑月军等，2000）。选取沿海分布的 102 个 GNSS 站，其中 96 个测站来自日本 GEONET 网络，均提供 GPS 和 GLONASS 观测值；其余测站来自 IGS，仅 SHAO（上海佘山）和 TCMS（台湾新竹）只提供 GPS 观测值，而 DAEJ（大田儒城）和 TWTF（台湾桃园）分别自 2014 年 11 月和 2015 年 11 月起新增 GLONASS 观测值。采纳 Penna 等（2015）给出的数据长度至少为 4 年的建议，收集各测站 2014～2018 年共 4 年的观测数据，历元完整度普遍在 95%以上，而 SHAO、TCMS 和 YONS（首尔龙山）的有效数据长度也不少于 2 年，对海潮负荷位移测定精度的影响较小。

优先采用 GPS/GLONASS 组合动态 PPP 生成各测站的坐标时间序列，坐标和 ZTD 过程噪声取 8.4.4 节确定的最优值，即 3.20mm/$\sqrt{s}$ 和 0.16mm/$\sqrt{s}$，先验海潮负荷位移改正等其他数据处理策略与表 8.2 一致。需要指出的是，IGS 于 2017 年 1 月 29 日正式启用 IGS14 参考框架，精密轨道和钟差产品及天线相位改正信息从此对齐到 IGS14 框架，而相应的历史产品仍为 IGb08 框架。换言之，以 IGS14 框架的启用时间为界，坐标时间序列分别处于 IGb08 框架和 IGS14 框架。于是在坐标时间序列处理前，根据 Mariusz 和 Nykiel（2017）给出的转换参数将 IGS14 框架的坐标解转换到 IGb08 框架。

采用 8.4.2 节提出的基于改进测站非线性运动模型的粗差剔除算法对坐标时间序列进行预处理，各 GNSS 站垂向坐标时间序列中剔除的异常值占比为 0.6%～10.2%。然后对坐标值每 30min 求一次平均值抽稀成新的时间序列，以进一步降低时间序列的噪声水平及提高调和分析的计算效率。调和分析提取海潮负荷位移的残余量，其中 $M_2$ 分潮负荷位移垂向振幅的 STD 为 0.1～0.2mm。

研究表明，区域海潮模型 NAO99Jb 是中国东海精度最高的海潮模型（王俊杰，2019），选择与 NAO99Jb 同源的 NAO99b 模型用于边界扩充，并将由此构成的混合模型记为 h-NAO99b（hybird-NAO99b）模型。计算得到各 GNSS 站 $M_2$ 分潮负荷位移垂向分量测定值与模型值的矢量差异，其中模型值基于 h-NAO99b 海潮模型和 PREM 负荷格林函数在 CE 框架下求得。计算过程中，在矢量箭头处，同时绘制了利用调和分析误差按 95%置信度估计的海潮负荷位移测定值的误差圆，误差圆半径在 0.3～0.5mm。结果发现，九州岛东北部 $M_2$ 分潮负荷位移的测定值与模型值符合较好，可见该地区海潮负荷位移模型值的误差和固体潮模型误差均较小；而在琉球群岛和九州岛西部沿海地区，测定值与模型值的差异普遍超出误差圆，最大差异在 G094 站达到 1.56mm。考虑到 $M_2$ 分潮负荷位移的测量不确定度小于 0.5mm，故二者差异主要为模型值误差。

### 8.5.2 海潮模型误差对海潮负荷位移的影响

海潮模型误差长期被认为是海潮负荷位移模型值最主要的误差来源（Bos and Baker，2005；Yuan et al.，2013；Penna et al.，2008），但关于海潮模型误差影响的定量研究却较少。Bos 等（2015）利用 6 种全球海潮模型计算了欧洲西部地区海潮负荷位移的 STD，并据此评估了海潮模型误差的影响不超过 0.3mm。然而，小样本的 STD 计算结果易受样本数影响，且该做法的前提要求海潮模型间无明显系统偏差，并不适用于东中国海及其周边地区。因此，本节基于计算海潮负荷位移的负荷格林函数方法，推导具有广泛适用性的海潮模型误差影响的定量估计公式。

海潮负荷位移是固体地球对海水整体负荷的响应，类似地海潮模型误差的影响可表示为海潮负荷变化引起的负荷位移，将式（8.30）中的海潮潮高替换为潮高误差，即

$$\delta u(\theta,\lambda)=\rho_{\mathrm{w}}a^2\int_0^{2\pi}\int_0^{\pi}\delta_{\mathrm{H}}(\theta',\lambda')G_L(\Delta)\sin\theta'\mathrm{d}\theta'\mathrm{d}\lambda' \tag{8.64}$$

式中，$\delta u$ 是海潮负荷位移误差；$\delta_{\mathrm{H}}$ 表示海潮模型误差的空间分布。

式（8.64）的褶积积分一般通过数值计算求解，为书写方便略去计算点和负荷点的坐标，则具体的数值积分表达式为

$$\begin{cases}\delta u=\sum\limits_{S_G}\rho_{\mathrm{w}}\delta_{\mathrm{H}i}G_i\\ G_i=a^2\int_{\varDelta_i}^{\varDelta_{i+1}}G_L(\varDelta)\sin\varDelta\mathrm{d}\varDelta\end{cases} \tag{8.65}$$

式中，$G_i$ 是积分格林函数；$\varDelta$ 是计算点和负荷点的球面角距。由于目前难以给出海潮模型中每个格网点的误差，而计算较大海域中海潮模型与验潮站等实测资料的平均差异相对容易。于是采用折中的做法，设海潮模型在海域 $\varOmega_k$ 的误差为 $\delta_k$，则由 $\delta_k$ 引起的海潮负荷位移为

$$\delta u_k=\sum_{\varOmega_k}\rho_{\mathrm{w}}\delta_k G_i \tag{8.66}$$

最后根据误差传播定律，海潮负荷位移误差为

$$\delta u=\sqrt{\sum_k\delta u_k^2} \tag{8.67}$$

为了准确估计 h-NAO99b 模型误差对海潮负荷位移误差的贡献，结合海潮模型的差异情况划分东中国海，通过验潮站的分布及海域分区结果显示 8 种全球海

潮模型 $M_2$ 潮高的 STD，而在朝鲜半岛沿岸和东中国海的开阔海域未能收集到验潮站或洋底压力计资料。

表 8.7 给出了各分区水域 h-NAO99b 模型与验潮站间的 RMSE，其中韩国西海岸（Korea）水域的 RMSE 取九州岛周边水域 RMSE 的均值，因为 NAO99Jb 模型建立时同化了韩国和日本沿岸的验潮站资料，可认为相应水域的模型精度相当；余下的其他水域绝大部分为开阔海域，小部分近岸水域由于距离较远可忽略海潮模型误差的影响，故 RMSE 取 Stammer 等（2014）给出的深海海域海潮模型的 RMSE。从表中可以看出，中国东海岸和关门海峡（Kanmon Straits）的 RMSE 较大，而其他水域的 RMSE 均不超过 4.2cm，可见 h-NAO99b 模型误差主要集中在中国东海岸和关门海峡，原因是 h-NAO99Jb 模型未同化上述水域的验潮站资料。

**表 8.7　h-NAO99b 模型与验潮站间的 RMSE 及 G094、J698 和 J706 的 $M_2$ 分潮负荷位移误差**

| 海域分区 | RMSE/cm | $M_2$ 分潮负荷位移误差/mm | | |
|---|---|---|---|---|
| | | G094 | J698 | J706 |
| 中国东海岸 | 12.5 | 0.08 | 0.07 | 0.05 |
| 琉球群岛 | 2.5 | 0.35 | 0.04 | 0.03 |
| 九州岛西部 | 3.9 | 0.02 | 0.42 | 0.08 |
| 有明海 | 2.8 | 0.00 | 0.01 | 0.01 |
| 九州岛东部 | 3.2 | 0.01 | 0.03 | 0.08 |
| 九州岛北部 | 1.9 | 0.00 | 0.03 | 0.04 |
| 濑户内海 | 4.2 | 0.00 | 0.01 | 0.18 |
| 关门海峡 | 19.9 | 0.00 | 0.00 | 0.01 |
| 韩国 | 3.1 | 0.00 | 0.04 | 0.01 |
| 其他水域 | 0.7 | 0.14 | 0.10 | 0.11 |

估计各 GNSS 站由 h-NAO99b 海潮模型误差引起的 $M_2$ 分潮负荷位移垂向误差，可以发现，在九州岛东北部海潮模型误差的影响不超过 0.3mm，琉球群岛和九州岛西部沿海地区的 $M_2$ 分潮负荷位移垂向误差也基本小于 0.45mm，仍不足以解释 $M_2$ 分潮负荷位移测定值与模型值间约 1.6mm 的差异，故剩余的差异部分只可能由负荷格林函数误差引起。

表 8.7 还列出了示例测站 G094、J698 和 J706 的 $M_2$ 分潮负荷位移误差，可以看出，总体上距离测站越近的水域，海潮模型误差的贡献越大，而分区以外的其他海域面积广阔，对 $M_2$ 分潮负荷位移误差的贡献也较大；尽管中国东海岸和关门海峡的 h-NAO99b 模型误差较大，但对 $M_2$ 分潮负荷位移的影响却很小，且随着与测站距离的增大，该部分影响进一步减小。

### 8.5.3　弹性负荷格林函数差异对海潮负荷位移的影响

除 PREM 模型外，选用 IASP91（Kennett and Engdahl，1991）、AK135（Kennett et al.，1995）和 S362ANI（Kustowski et al.，2008）等弹性地球模型分别计算位移负荷格林函数。其中，PREM、IASP91 和 AK135 是全球平均的径向分层模型，但 PREM 模型的莫霍面深度为 24.4km，而 IASP91 和 AK135 的莫霍面深度为 35km；S362ANI 是横观各向同性的上地幔层析模型，计算负荷格林函数时，密度、纵波速度和横波速度取 125°E～131°E 和 26°N～33°N 范围内的均值。此外，为了分析地壳结构对海潮负荷位移模型值的影响，引入 Wang 等（2012）采用 Crust 2.0 全球地壳模型（Laske et al.，2019）改进 PREM 后计算的负荷格林函数，包括地壳最外层分别为软沉积物和硬沉积物的版本，记为 PREM-soft 和 PREM-hard。

图 8.11 绘制了基于 PREM、IASP91、AK135、S362ANI、PREM-soft 和 PREM-hard 模型的垂向位移负荷格林函数，以及各负荷格林函数相对于 PREM 负荷格林函数的比值。可以看出，IASP91 和 AK135 的负荷格林函数相类似，与 PREM 的差异主要在距离负荷点 100km 的范围内，原因是 IASP91 和 AK135 的地壳厚度较大；PREM-soft 和 PREM-hard 负荷格林函数与 PREM 的差异也集中在 100km 内，与 Crust 2.0 模型最外层的地震波速度较低有关，而地震横波速度在软沉积物层中继续减小，引起 10km 内 PREM-soft 和 PREM-hard 的差异；S362ANI 与 PREM 的差异在 10～300km，最大差异约为 4.5%；当距离在 300km 以上时，各负荷格林函数趋于一致。

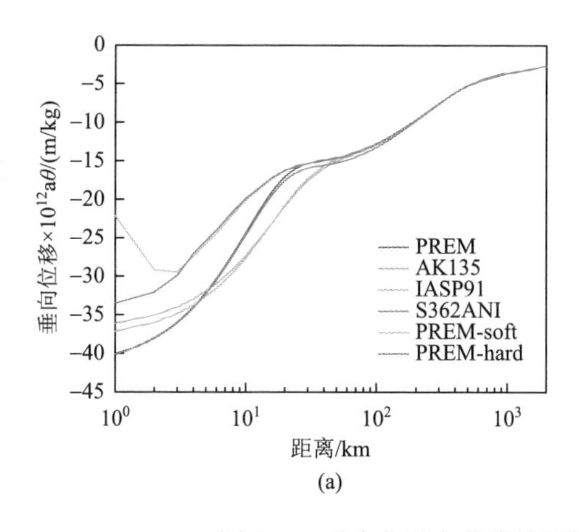


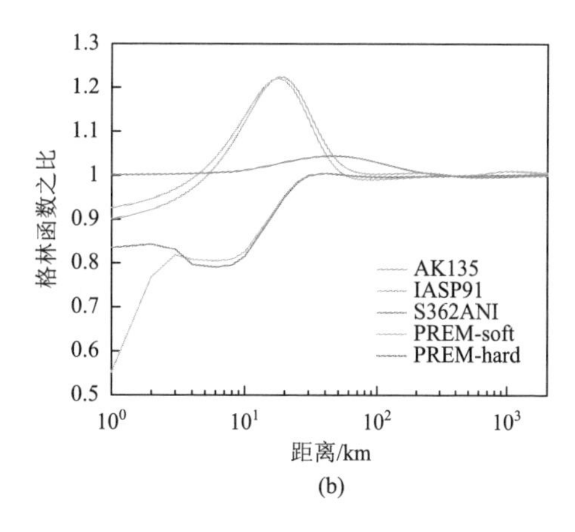


图 8.11　垂向位移负荷格林函数（a）及与 PREM 的比值（b）

对于不同负荷格林函数和 h-NAO99b 海潮模型计算的海潮负荷位移，统计 $M_2$

分潮负荷位移垂向分量测定值与模型值差异的平均值、最小值和最大值，结果如表 8.8 所示。可以看出，PREM-soft 和 PREM-hard 负荷格林函数产生的差异最大，但最大差异较 PREM 增大了仅约 0.4mm，可见地壳结构的改变对海潮负荷位移模型值的影响有限；IASP91、AK135 和 S362ANI 等负荷格林函数对测定值和模型值的符合程度均有不同程度的改善，使得 G094 站的差异减小到 1.2～1.3mm，但仍大于 $M_2$ 分潮负荷位移的测量不确定度。因此，上地幔的结构或弹性性质可能是提高海潮负荷位移模型值精度的关键所在。

**表 8.8　$M_2$ 分潮负荷位移垂向分量测定值与模型值差异的平均值、最小值和最大值**　（单位：mm）

| 格林函数 | 最小值 | 平均值 | 最大值 | G094 | J698 | J706 |
|---|---|---|---|---|---|---|
| PREM | 0.08 | 0.47 | 1.56 | 1.56 | 1.25 | 0.30 |
| IASP91 | 0.10 | 0.34 | 1.34 | 1.34 | 1.08 | 0.21 |
| AK135 | 0.05 | 0.27 | 1.22 | 1.22 | 0.99 | 0.19 |
| S362ANI | 0.05 | 0.28 | 1.28 | 1.28 | 1.01 | 0.18 |
| PREM-soft | 0.10 | 0.68 | 1.91 | 1.91 | 1.53 | 0.49 |
| PREM-hard | 0.10 | 0.70 | 1.89 | 1.89 | 1.52 | 0.48 |
| S362ANI_$M_2$ | 0.08 | 0.16 | 0.91 | 0.69 | 0.66 | 0.22 |

### 8.5.4　中国东海软流层的滞弹性频散效应

1. 滞弹性频散效应

介质中的能量损耗可由无量纲的品质因子 $Q$ 描述，$Q$ 定义为一个周期内的平均能量 $E$ 与周期内的能量损耗之比，其倒数形式为

$$Q^{-1} = \frac{1}{2\pi E}\oint \frac{\mathrm{d}E}{\mathrm{d}t}\mathrm{d}t \tag{8.68}$$

由式（8.68）可知，$Q$ 与能量损耗成反比，$Q$ 越小能量损耗越大。当 $Q \gg 1$ 时，能量的近似表达式为

$$E = E_0 \exp\left(-\frac{\omega x}{cQ}\right) \tag{8.69}$$

式中，$E_0$ 是初始振动能量；$\omega$ 是角频率；$x$ 是沿波传播方向的距离；$c$ 是波速。由于位移振幅比是能量比的开方，则有

$$A = A_0 \exp\left(-\frac{\omega x}{2cQ}\right) \tag{8.70}$$

因此，角频率越高，振幅衰减越快，而波速或 $Q$ 越大衰减越慢。又因为简谐波的振幅还包含描述振荡的虚指数，于是有

$$A(x,t)=A_0\exp\left(-\frac{\omega x}{2cQ}\right)\exp\left[i\omega\left(t-\frac{x}{c}\right)\right] \tag{8.71}$$

能量损耗或振幅衰减要求波速随频率变化，Aki 和 Richards（2002）指出，对于吸收频带内的常数 $Q$，波速 $c(\omega)$ 可表示为

$$c(\omega)=c(\omega_0)\left(1+\frac{1}{\pi Q}\ln\frac{\omega}{\omega_0}\right) \tag{8.72}$$

式中，$\omega_0$ 是参考角频率。

令地震纵波衰减和横波衰减分别为 $Q_{\mathrm{P}}$ 和 $Q_{\mathrm{S}}$，地球内部的剪切衰减和体积衰减分别为 $Q_\mu$ 和 $Q_\kappa$，则有如下关系式

$$\begin{cases}Q_{\mathrm{P}}^{-1}=\dfrac{4}{3}\left(\dfrac{V_{\mathrm{S}}}{V_{\mathrm{P}}}\right)^2Q_\mu^{-1}+\left[1-\dfrac{4}{3}\left(\dfrac{V_{\mathrm{S}}}{V_{\mathrm{P}}}\right)^2\right]Q_\kappa^{-1}\\ Q_{\mathrm{S}}=Q_\mu\end{cases} \tag{8.73}$$

式中，$V_{\mathrm{P}}$ 和 $V_{\mathrm{S}}$ 分别是纵波速度和横波速度；下标 $\mu$ 和 $\kappa$ 分别表示剪切模量和体积模量。由于 $Q_\kappa \gg Q_\mu$，通常假定体积的压缩或膨胀没有能量损耗，故可仅采用 $Q_\mu$ 描述吸收频带内的能量损耗。取 PREM 模型地震波速度的有效频率（1Hz）作为参考频率，剪切模量 $\mu$ 转换到分潮频率上的变化量为（Dahlen and Tromp，1998；Lambeck，1988）

$$\delta\mu(f)=\frac{\mu}{Q_\mu}\left[\frac{2}{\pi}\ln(f)+i\right] \tag{8.74}$$

式中，$f$ 是分潮频率，与 $\omega$ 的关系为 $\omega=2\pi f$；等号右边的实部取决于频率，即滞弹性频散效应，其是导致负荷格林函数变化的主要因素，而虚部产生额外的相位延迟，但通常较小。

### 2. 滞弹性效应探测结果

基于 h-NAO99b 海潮模型和 8.5.3 节中 S362ANI 模型的区域平均值，将软流层的深度范围和 $Q_\mu$ 设为变量，以相同区域内 GNSS 站 $M_2$ 分潮负荷位移测定值与模型值的差异平方和最小为条件进行估计。与 Bos 和 Baker（2005）直接调节软流层剪切模量的做法不同，这里依式（8.74）通过 $Q_\mu$ 把剪切模量转换到 $M_2$ 分潮频率上，并顾及软流层顶以上部分的剪切衰减。采用 Nelder-Mead 数值搜索算法（Nelder and Mead，1965），求得 $Q_\mu$ 的最优估值约为 70，软流层顶和底的深度约为 80km 和 280km，可见软流层厚度较 PREM 模型（80～220km）增大了约 60km，由式（8.74）可知软流层的剪切模量在 $M_2$ 分潮频率上减小了约 9.4%。此外，在

东中国海 LITHO1.0 全球岩石圈模型（Pasyanos et al.，2014）软流层顶的平均深度为 77.1km，反映了软流层顶估值的合理性。

利用软流层深度范围和 $Q_\mu$ 的估计结果修正 S362ANI 模型，计算对应于 $M_2$ 分潮频率的垂向位移负荷格林函数，记为 S362ANI_$M_2$，图 8.12 给出了 S362ANI_$M_2$ 与 PREM 负荷格林函数的比值，发现相比于 S362ANI，S362ANI_$M_2$ 与 PREM 的差异更大，在距离负荷点约 60km 处达到近 10%。

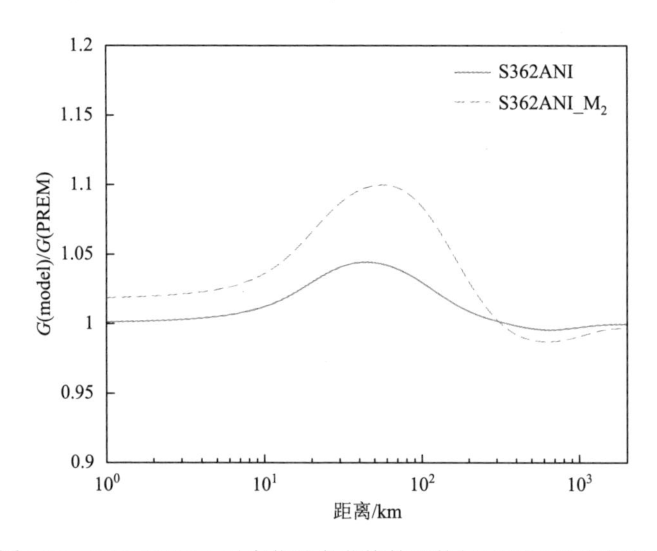


图 8.12　S362ANI_$M_2$ 垂向位移负荷格林函数与 PREM 的比值变化

对各 GNSS 站 $M_2$ 分潮负荷位移垂向分量测定值与分别由 S362ANI_$M_2$ 及 PREM 负荷格林函数求得的模型值的矢量差异进行计算可以发现，在琉球群岛和九州岛西部沿海地区，S362ANI_$M_2$ 显著改善了 $M_2$ 分潮负荷位移测定值与模型值的符合程度，且其他地区的 $M_2$ 分潮负荷位移差异也有一定程度减小，相关统计结果如表 8.8 所示。可以看出，对于 S362ANI_$M_2$，$M_2$ 分潮负荷位移测定值与模型值的平均差异小于 0.2mm，G094 站的差异减小到不足 0.7mm，与 $M_2$ 分潮负荷位移测量不确定度和海潮模型误差等导致的差异相符。

需要明确的是，软流层弹性性质的改变也会影响固体潮位移，但 IERS 2010 规范中固体潮模型的勒夫数已包含能量损耗引起的滞弹性频散效应。因此，S362ANI_$M_2$ 不仅可以改善 $M_2$ 分潮负荷位移测定值与模型值的符合程度，而且同 IERS 2010 规范更为匹配。

## 参 考 文 献

刘经南，张化疑，刘焱雄，等. 2016. GNSS 研究海潮负荷效应进展. 武汉大学学报（信息科学版），41（1）：9-14.

孙和平，Ducarme B，许厚泽，等. 2005. 基于全球超导重力仪观测研究海潮和固体潮模型的适定性. 中国科学：地球科学，35（7）：649-657.

万永革. 2016. 地震学导论. 北京：科学出版社.

王俊杰. 2019. GNSS 精密测量海潮负荷位移的动态法关键问题研究及应用. 南京：河海大学.

魏二虎，刘文杰，Jianan W，等. 2016. VLBI 和 GPS 观测联合解算地球自转参数和日长变化. 武汉大学学报（信息科学版），41（1）：66-71，92.

魏子卿，葛茂荣. 1998. GPS 相对定位的数学模型. 北京：测绘出版社.

武宝亭. 1993. 随机过程与随机微分方程. 成都：电子科技大学出版社.

武汉大学测绘学院测量平差学科组. 2009. 误差理论与测量平差基础. 2 版. 武汉：武汉大学出版社.

许厚泽，毛伟建. 1988. 中国大陆的海洋负荷潮汐改正模型. 中国科学，（9）：984-994.

许厚泽，周江存，徐建桥，等. 2010. 固体地球潮汐. 武汉：湖北科学技术出版社.

袁林果，丁晓利，孙和平，等. 2010. 利用 GPS 技术精密测定香港海潮负荷位移. 中国科学：地球科学，40（6）：699-714.

张小红，马兰，李盼. 2016. 利用动态 PPP 技术确定海潮负荷位移. 测绘学报，45（6）：631-638，712.

郑月军，黄忠贤，刘福田，等. 2000. 中国东部海域地壳-上地幔瑞利波速度结构研究. 地球物理学报，43（4）：480-487.

Agnew D C. 1997. NLOADF：A program for computing ocean-tide loading. Journal of Geophysical Research：Solid Earth，102（B3）：5109-5110.

Aki K，Richards P. 2002. Quantitative Seismology. Sausalito，CA：University Science Books，2002.

Allinson C R，Clarke P J，Edwards S J，et al. 2004. Stability of direct GPS estimates of ocean tide loading. Geophysical Research Letters，31（L15）：L15603.

Argus D F，Peltier W R，Watkins M M. 1999. Glacial isostatic adjustment observed using very long baseline interferometry and satellite laser ranging geodesy. Journal of Geophysical Research：Solid Earth，104（B12）：29077-29093.

Baker T F. 1984. Tidal deformations of the Earth. Science Progress，69（274）：197-233.

Baker T F，Bos M S. 2003. Validating Earth and ocean tide models using tidal gravity measurements. Geophysical Journal International，152（2）：468-485.

Blewitt G. 2003. Self-consistency in reference frames，geocenter definition，and surface loading of the solid Earth. Journal of Geophysical Research：Solid Earth，108（B2）：ETG10（1-10）.

Blewitt G. 2015. GPS and Space-Based Geodetic Methods//Schubert G. Treatise on Geophysics（Second Edition）. Oxford：Elsevier：307-338.

Bos M S，Baker T F. 2005. An estimate of the errors in gravity ocean tide loading computations. Journal of Geodesy，79（1）：50-63.

Bos M S，Penna N T，Baker T F，et al. 2015. Ocean tide loading displacements in western Europe：2. GPS-observed anelastic dispersion in the asthenosphere. Journal of Geophysical Research：Solid Earth，120（9）：6540-6557.

Chartrand R，Wotao Y. 2008. Iteratively reweighted algorithms for compressive sensing//2008 IEEE International Conference on Acoustics，Speech and Signal Processing，Las Vegas，USA.

Chauvenet W. 1960. A manual of spherical and practical astronomy. New York：Palala Press.

Chen J L，Wilson C R，Eanes R J，et al. 1999. Geophysical interpretation of observed geocenter variations. Journal of Geophysical Research：Solid Earth，104（B2）：2683-2690.

Dahlen F A，Tromp J. 1998. Theoretical global seismology. New Jersey：Princeton University Press.

Desai S D，Bertiger W，Haines B J. 2014. Self-consistent treatment of tidal variations in the geocenter for precise orbit determination. Journal of Geodesy，88（8）：735-747.

Desai S D，Ray R D. 2014. Consideration of tidal variations in the geocenter on satellite altimeter observations of ocean tides. Geophysical Research Letters，41（7）：2454-2459.

Dixon W J. 1950. Analysis of extreme values. Annals of Mathematical Statistics，21（4）：488-506.

Dong D，Dickey J O，Chao Y，et al. 1997. Geocenter variations caused by atmosphere，ocean and surface ground water. Geophysical Research Letters，24（15）：1867-1870.

Dong D，Yunck T，Heflin M. 2003. Origin of the international terrestrial reference frame. Journal of Geophysical Research：Solid Earth，108（B4）：ETG8（1-10）.

Elósegui P，Davis J L，Johansson J M，et al. 1996. Detection of transient motions with the global positioning system. Journal of Geophysical Research Solid Earth，101（B5）：11249-11261.

Farrell W E. 1972. Deformation of the Earth by surface loads. Reviews of Geophysics，10（3）：761-797.

Foreman M G G，Cherniawsky J Y，Ballamtyne V A. 2009. Versatile harmonic tidal analysis：Improvements and applications. Journal of Atmospheric and Oceanic Technology，26（4）：806-817.

Fu Y，Freymueller J，van Dam T. 2012. The effect of using inconsistent ocean tidal loading models on GPS coordinate solutions. Journal of Geodesy，86（6）：409-421.

Ge M，Gendt G，Rothacher M，et al. 2008. Resolution of GPS carrier-phase ambiguities in precise point positioning（PPP）with daily observations. Journal of Geodesy，82（7）：389-399.

Gibbs J W. 1898. Fourier's Series. Nature，59（1522）：200.

Grubbs F E. 1950. Sample criteria for testing outlying observations. Annals of Mathematical Statistics，21（1）：27-58.

Ito T，Simons M. 2011. Probing asthenospheric density，temperature，and elastic moduli below the Western United States. Science，332（6032）：947-951.

Jacobs G A，Born G H，Parke M E，et al. 1992. The global structure of the annual and semiannual sea surface height variability from Geosat altimeter data. Journal of Geophysical Research：Oceans，97（C11）：17813-17828.

Kennett B L N，Engdahl E R. 1991. Traveltimes for global earthquake location and phase identification. Geophysical Journal International，105（2）：429-465.

Kennett B L N，Engdahl E R，Buland R. 1995. Constraints on seismic velocities in the Earth from traveltimes. Geophysical Journal International，122（1）：108-124.

King M. 2006. Kinematic and static GPS techniques for estimating tidal displacements with application to Antarctica. Journal of Geodynamics，41（1-3）：77-86.

King M A，Watson C S，Penna N T，et al. 2008. Subdaily signals in GPS observations and their effect at semiannual and annual periods. Geophysical Research Letters，35（3）：3302（1-5）.

Kustowski B，Ekström G，Dziewoński A M. 2008. Anisotropic shear-wave velocity structure of the Earth's mantle：A global model. Journal of Geophysical Research：Solid Earth，113（B6）：B06306.

Lagler K，Schindelegger M，Böhm J，et al. 2013. GPT2：Empirical slant delay model for radio space geodetic techniques. Geophysical Research Letters，40（6）：1069-1073.

Lambeck K. 1988. Geophysical geodesy：The slow deformations of the earth. Oxford：Oxford University Press.

Laske G，Masters G，Reif C. 2019. CRUST 2.0：A New Global Crustal Model at 2x2 Degrees. https://igppweb.ucsd.edu/~gabi/crust2.html[2019-03-25].

Mariusz F，Nykiel G. 2017. Investigation of the Impact of ITRF2014/IGS14 on the Positions of the Reference Stations in Europe. Acta Geodynamica et Geomaterialia，14（43）：401-410.

Martens H R，Simons M，Owen S，et al. 2016. Observations of ocean tidal load response in South America from subdaily GPS positions. Geophysical Journal International，205（3）：1637-1664.

Matsumoto K，Sato T，Takanezawa T，et al. 2001. GOTIC2：A program for computation of oceanic tidal loading effect.

Journal of the Geodetic Society of Japan，47（1）：243-248.

Melachroinos S A，Biancale R，Llubes M，et al. 2008. Ocean tide loading（OTL）displacements from global and local grids：Comparisons to GPS estimates over the shelf of Brittany，France. Journal of Geodesy，82（6）：357-371.

Munk W H，MacDonald G J. 1960. The Rotation of the Earth：A Geophysical Discussion. Cambridge：Cambridge University Press.

Nelder J A，Mead R. 1965. A simplex method for function minimization. Journal of Computational Mathematics，7（4）：308-313.

Nikolaidis R. 2002. Observation of Geodetic and Seismic Deformation with the Global Positioning System. San Diego：University of California.

Pasyanos M E，Masters T G，Laske G，et al. 2014. LITHO1. 0：An updated crust and lithospheric model of the Earth. Journal of Geophysical Research：Solid Earth，119（3）：2153-2173.

Pawlowicz R，Beardsley B，Lentz S. 2002. Classical tidal harmonic analysis including error estimates in MATLAB using T_TIDE. Computers and Geosciences，28（8）：929-937.

Penna N T，Clarke P J，Bos M S，et al. 2015. Ocean tide loading displacements in western Europe：1. Validation of kinematic GPS estimates. Journal of Geophysical Research：Solid Earth，120（9）：6523-6539.

Penna N T，Stewart M P. 2003. Aliased tidal signatures in continuous GPS height time series. Geophysical Research Letters，30（23）：2184.

Penna N，Bos M，Baker T，et al. 2008. Assessing the accuracy of predicted ocean tide loading displacement values. Journal of Geodesy，82（12）：893-907.

Petit G，Luzum B. 2010. IERS Conventions. Frankfurt am Main，Germany：IERS.

Petrov L，Ma C P. 2003. Study of harmonic site position variations determined by very long baseline interferometry. Journal of Geophysical Research：Solid Earth，108（B4）：ETG5（1-16）.

Schenewerk M S，Marshall J，Dillinger W. 2001. Vertical ocean-loading deformations derived from a global GPS network. Journal of the Geodetic Society of Japan，47（1）：237-242.

Scherneck H G，Bos M S. 2002. Ocean Tide and Atmospheric Loading//IVS for Geodesy and Astrometry：General Meeting Proceedings，Tsukuba，Japan：205-214.

Schuh H，Moehlmann L. 1989. Ocean loading station displacements observed by VLBI. Geophysical Research Letters，16（10）：1105-1108.

Sovers O J. 1994. Vertical ocean loading amplitudes from VLBI measurements. Geophysical Research Letters，21（5）：357-360.

Stammer D，Ray R D，Andersen O B，et al. 2014. Accuracy assessment of global barotropic ocean tide models. Reviews of Geophysics，52（3）：243-282.

Stewart M P，Penna N T，Lichti D D. 2005. Investigating the propagation mechanism of unmodelled systematic errors on coordinate time series estimated using least squares. Journal of Geodesy，79（8）：479-489.

Thomas I D，King M A，Clarke P J. 2007. A comparison of GPS，VLBI and model estimates of ocean tide loading displacements. Journal of Geodesy，81（5）：359-368.

Wang H，Xiang L，Jia L，et al. 2012. Load Love numbers and Green's functions for elastic Earth models PREM，iasp91，ak135，and modified models with refined crustal structure from Crust 2. 0. Computers and Geosciences，49：190-199.

Yuan L G，Chao B F，Ding X L，et al. 2013. The tidal displacement field at Earth's surface determined using global GPS observations. Journal of Geophysical Research：Solid Earth，118（5）：2618-2632.

Zschau J. 1978. Tidal Friction in the Solid Earth：Loading Tides Versus Body Tides//Brosche P，Sündermann J. Tidal Friction and the Earth's Rotation. Berlin，Heidelberg：Springer Berlin Heidelberg：62-94.

# 第 9 章　GNSS-R 海洋遥感监测技术

## 9.1　引　　言

GNSS 信号可以用于 GNSS 高精度定位与导航，同时它也为双基地雷达遥感提供了非常丰富的机遇信号（刘经南等，2007）。将这些直射信号及其反射信号进行相关处理，可以获得反射面的相关特性，这种技术被称为 GNSS-R 技术（万玮等，2016），如图 9.1 所示。Martín-Neira（1993）首次提出被动反射和干涉测量系统（passive reflectometry and interferometry system，PARIS）概念，并用于中尺度海洋高度测量，随后一些理论和实验研究已经将这一双基地雷达概念扩展到不同的遥感应用（Carreno-Luengo et al.，2016；Clarizia et al.，2016；Katzberg et al.，2013；Sabia et al.，2007；吴学睿等，2019），特别是在海面风场、海面测高、海冰厚度及覆盖情况，以及陆地遥感等多方面，这些应用已经在各种静态和动态平台上进行了探索和验证（Fabra et al.，2012；Larson et al.，2008；Lowe et al.，2000；何秀凤等，2020；张双成等，2018）。与传统的单基地雷达相比，GNSS-R 技术具有成本低、高时空分辨、时空框架固定等优势（金双根等，2017）。GNSS-R 根据天线类型，可以分为双天线 GNSS-R 和单天线 GNSS-R。通常 GNSS-R 技术是指基于双天线的 GNSS-R 技术，该技术广泛应用于星载和机载平台。而单天线 GNSS-R 技术最常使用的是基于 GNSS 信噪比数据中的干涉特性进行监测，故常特

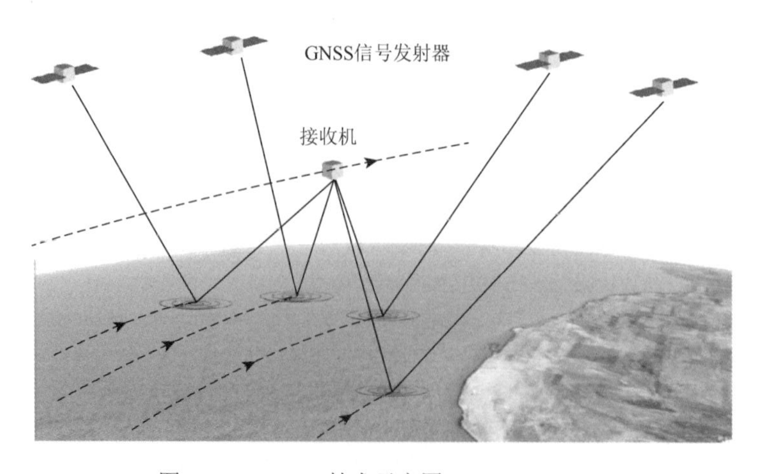


图 9.1　GNSS-R 技术示意图（Jales，2012）

称为 GNSS 干涉遥感（GNSS-interferometer and reflectometry，GNSS-IR）。由于 GNSS-R 目前应用较广、平台较多、技术复杂，本章将重点关注双天线 GNSS-R 技术；9.2～9.5 节分别介绍了相关 GNSS-R 原理及应用，而 9.6 节将着重介绍单天线 GNSS-IR 技术。

## 9.2　GNSS-R 海洋遥感原理

### 9.2.1　海面反射几何关系

GNSS 卫星发射的信号经过大气层后被接收机捕获，而大范围内的海面反射近似为镜面反射，因此信号有两条主要的路径（直射路径和反射路径）传输到接收机，如图 9.2 所示，$R$ 为接收机，$T$ 为 GNSS 卫星，$R_d$ 为 GNSS 信号未经反射直接传输到接收机处的上天线，称为直射路径，$R_t$ 和 $R_r$ 为信号经过镜面反射点 $O$ 传输到下天线，称为反射路径，$\theta$ 为镜面反射点处至 GNSS 卫星的高度角。根据镜面反射的规律，$R$、$T$、$O$ 为同一平面内，且遵循入射角和反射角相等，镜面反射点的位置可以依据此来计算。在以镜面反射点为坐标原点，以该平面与反射点位置切平面的交线为 $Y$ 轴，经过 $O$ 点垂直于该交线的直线为 $X$ 轴建立直角坐标系如图 9.2 所示。

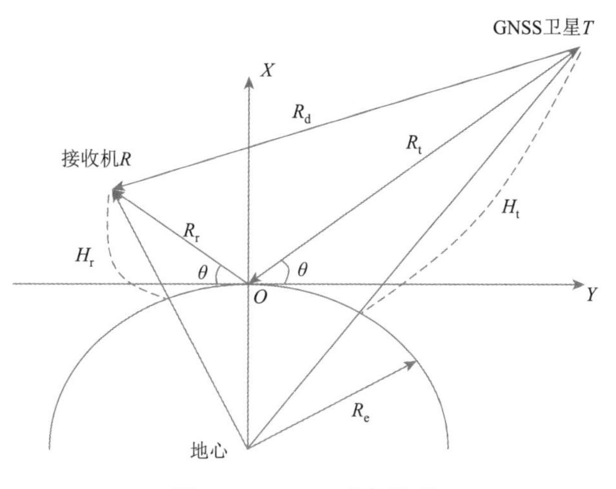


图 9.2　GNSS-R 几何关系

$H_t$ 和 $H_r$ 分别为 GNSS 卫星 $T$ 和接收机 $R$ 相对于椭球面的高，$R_e$ 为地球半径。接收机的坐标和速度可以通过接收直射信号求解获得，GNSS 卫星的 PVT（position, velocity and time，位置、速度和时间）信息可以依据 IGS 发布的精密星历得到。这样建立起的二维坐标系可以简化后续的分析及计算。在给定接收机

和发射机高度 $H_t$ 和 $H_r$ 以及卫星高度角时，可以通过几何求解得到其他的几何参数，如 GNSS 卫星和接收机与镜面反射点之间的距离 $R_t$、$H_t$，GNSS 卫星、镜面点与地心连线的夹角，接收机、镜面点与地心连线的夹角，接收机的视角等（Martín-Neira，1993）。

### 9.2.2　反射面反射点位置的估计

GNSS-R 技术作为一种新型的遥感技术，可用于多方面的监测，如海面高度、海面风场、粗糙度、海冰探测等，然而这些海面参数的反演结果均需要与反射点位置等信息相结合才能得到有效的遥感信息，因此反射点的计算是十分重要的一步，特别是进行海面测高时，镜面反射点的位置信息被用于延迟波上升沿的精确建模，它也被用作信号搜索和捕获时确定估计多普勒频移和近似码相位偏移的参考中心（Gebre-Egziabher and Gleason，2009）。

现有的镜面反射点位置估计算法有很多种，按照求解的方式可以将这些算法分为几何求解法及最优估计解析法。几何求解法的思路主要是在地球表面上，找到与入射和反射信号所在的平面的交线上满足镜面反射条件的点，其中常用的有 Wu 算法（Wu et al.，1997）、Wagner 算法（Kostelecký et al.，2005；Wagner and Klokocnik，2003）、Gleason 算法（Gebre-Egziabher and Gleason，2009）、二分法算法（张波等，2013）、椭球面算法（孙小荣等，2017）等。另外，开源软件 Wavpy 也提供了比较准确的镜面点估计策略（Fabra et al.，2017）。最优估计解析法求解镜面反射点主要是在已知接收机及发射机的坐标信息前提下，对反射点的高程进行约束，依据反射路径最短的原则，将求解镜面反射点转换为反射路径约束最优估计，这种方法主要分间接求解法及直接求解法。图 9.3 为以 Gleason 方法求解镜

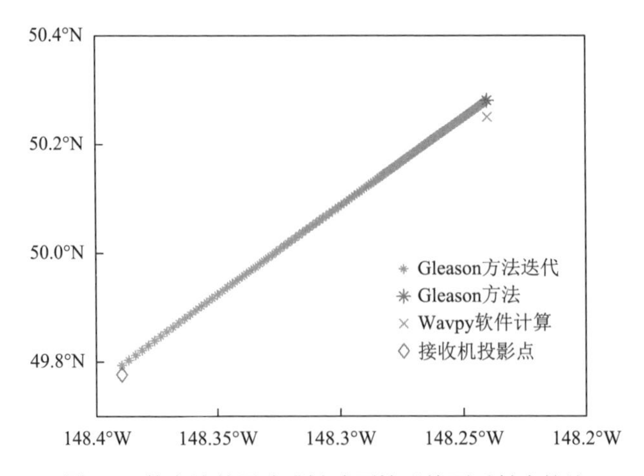


图 9.3　静态地基圆球或椭球面情形镜面反射点轨迹

面反射点的一个实例，并与 Wavpy 算法对比结果。接收机以及 GNSS 卫星的位置如表 9.1 所示。

**表 9.1　镜面反射点求解配置**

| | $X$/m | $Y$/m | $Z$/m |
|---|---|---|---|
| 接收机位 | — | — | 5333399.052 |
| GNSS 卫星 | — | — | 21509220.48 |
| | 经度 | 纬度 | 距离/m |
| Gleason 方法 | 148.24028°W | 50.28096°N | 3363.55 |
| Wavpy 方法 | 148.24007°W | 50.25072°N | |

Gleason 方法主要是通过循环迭代得到近似的镜面反射点位置，图 9.3 中连续点为该方法迭代过程中不断接近镜面的点过程，从图中可以看到，距离镜面反射点越近，反射点的接近过程越密集。

## 9.2.3　反射信号延迟和多普勒

由于 GNSS 卫星及 GNSS-R 卫星并不是静止的，并且运行速度很大，所以 GNSS-R 卫星接收到的信号会有多普勒频移，而且多普勒的量大于一般在陆地上进行卫星定位的值。所以在进行直射信号的捕获跟踪时需要考虑更大范围的多普勒频移效应。另外由于 GNSS 信号经过反射面反射到 GNSS-R 卫星的下天线，所以该信号路径是大于直射信号的路径，且该路径差称为反射信号相对于直射信号的路径延迟，该延迟的大小与卫星高度及高度角有关，也正是基于此，后续可以基于该延迟进行海面测高研究。

图 9.4 显示了 GNSS-R 散射几何模型，其中添加了两条不同的曲线：等延迟和等多普勒。等延迟曲线由信号路径行进的散射点或其相对于镜面反射路径的相对延迟相等的散射点定义，它们可以表示为

$$\delta_{\tau}(\boldsymbol{\rho})=\frac{R_0(\boldsymbol{\rho})+R(\boldsymbol{\rho})}{C}-\frac{|R_{\mathrm{t}}|+|R_{\mathrm{r}}|}{C} \tag{9.1}$$

其中，$(|R_{\mathrm{t}}|+|R_{\mathrm{r}}|)/C$ 为由于信号经地球表面镜面反射点反射的延迟，根据定义，它是信号从 GNSS 卫星 $T_x$ 经过反射面到达 GNSS-R 卫星 $R_x$ 的最短路径，镜面反射点计算可参考 9.2.2 节。

以镜面反射点 SP 为坐标原点建立空间直角坐标系。由此，定义了 GNSS 卫星位置 $T_x$ 和 GNSS-R 接收机位置 $R_x$ 。GNSS 卫星与 GNSS-R 接收机之间的距离为

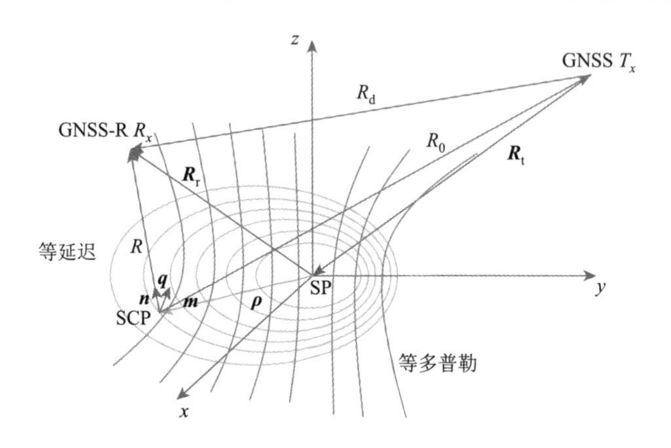


图 9.4　平坦反射面的 GNSS-R 散射几何图形

$R_d$。SP 为镜面反射点位置，SCP 为反射面散射点位置，使用矢量 $\boldsymbol{\rho}$ 表示，由于海面的粗糙度，信号经过该点也满足局部的镜面反射定律，$R_0(\boldsymbol{\rho})$ 为 GNSS 卫星到散射点的距离，$R(\boldsymbol{\rho})$ 为散射点到 GNSS-R 卫星的距离 $\boldsymbol{n}$，$\boldsymbol{m}$ 分别为散射点到 GNSS-R 卫星和 GNSS 卫星的单位矢量，$\boldsymbol{q}$ 为散射矢量，且 $\boldsymbol{q}=k(\boldsymbol{n}-\boldsymbol{m})$，$k$ 为波数。对于小范围内的反射，可认为该反射面是平坦的，不需要考虑地球曲率带来的影响。等延迟曲线是以 $T_x$ 和 $R_x$ 为焦点的椭圆与反射面的交线，且该曲线上所有点与发射机和接收机的几何距离相等。通过几何推导及解算可以得到每个等延迟曲线的近似几何参数，其半长轴 $a$ 和半长轴 $b$ 由（Gebre-Egziabher and Gleason，2009）给出：

$$a=\frac{\sqrt{2\delta_\tau \boldsymbol{\rho} cH\sin\theta}}{\sin^2\theta} \tag{9.2}$$

$$b=\frac{\sqrt{2\delta_\tau \boldsymbol{\rho} cH\sin\theta}}{\sin\theta} \tag{9.3}$$

其中，$H$ 是 GNSS-R 接收机的高度；$\theta$ 是反射点处的高度角。这些公式是实际半径的简化（Lydersen，2014），假设 GNSS 卫星的高度比 GNSS-R 接收器的高度大得多，即使是在低地球轨道（LEO）平台的情况下也是如此。

事实上，等多普勒线是比双曲线更高阶的曲线。然而，在平地近似下，它们用双曲线来描述（Zavorotny and Voronovich，2000）。其数学表达式如下：

$$\delta f_{\mathrm{D}}(\boldsymbol{\rho})=[\boldsymbol{V}_{\mathrm{t}}(t)\cdot\hat{m}(\boldsymbol{\rho},t)-\boldsymbol{V}_{\mathrm{r}}(t)\cdot\hat{n}(\boldsymbol{\rho},t)]\frac{1}{\lambda}-(\boldsymbol{V}_{\mathrm{t}}(t)\cdot(-\hat{R}_{\mathrm{t}})-\boldsymbol{V}_{\mathrm{r}}(t)\cdot\hat{R}_{\mathrm{r}})\frac{1}{\lambda} \tag{9.4}$$

其中，$\boldsymbol{V}_{\mathrm{t}}(t)$、$\boldsymbol{V}_{\mathrm{r}}(t)$ 分别为 GNSS 卫星及 GNSS-R 卫星的速度；$\hat{R}_{\mathrm{t}}$、$\hat{R}_{\mathrm{r}}$ 分别为当 $\boldsymbol{\rho}=0$ 时的 $\boldsymbol{m}$、$\boldsymbol{n}$ 矢量；$\lambda$ 为波长。

### 9.2.4　双基雷达散射

1. 海面散射系数

在海洋表面散射 GPS 信号的实验中，向下的天线被设计用来接收左旋圆极化（left hand circular polarization，LHCP）电磁波，因为从海洋表面散射的信号主要获得相反的圆极化符号；然而，信号的小部分仍然是右圆偏振（right hand circular polarization，RHCP）。菲涅耳方程描述了非导电（即理想介质）情况下雷达信号的反射和透射行为。在导电介质的情况下，反射系数变成复函数，不仅取决于相对介电常数，而且还取决于电导率和频率。有关菲涅耳衍射理论的深入研究，请参阅 Jackson（1999）。

在全球定位系统的情况下，圆极化信号的反射系数可以描述为垂直和平行极化电场的线性组合（Zavorotny and Voronovich，2000）。

$$
\begin{aligned}
\Re_{\mathrm{RR}} &= \Re_{\mathrm{LL}} = \frac{1}{2}(\Re_{\mathrm{VV}} + \Re_{\mathrm{HH}}) \\
\Re_{\mathrm{RL}} &= \Re_{\mathrm{LR}} = \frac{1}{2}(\Re_{\mathrm{VV}} - \Re_{\mathrm{HH}})
\end{aligned}
\tag{9.5}
$$

$$
\begin{aligned}
\Re_{\mathrm{VV}} &= \frac{\varepsilon \sin\theta - \sqrt{\varepsilon - \cos^2\theta}}{\varepsilon \sin\theta + \sqrt{\varepsilon - \cos^2\theta}} \\
\Re_{\mathrm{HH}} &= \frac{\sin\theta - \sqrt{\varepsilon - \cos^2\theta}}{\sin\theta + \sqrt{\varepsilon - \cos^2\theta}}
\end{aligned}
\tag{9.6}
$$

其中，$\varepsilon$ 为复介电常数；$\theta$ 为卫星高度角。

图 9.5 显示了圆极化 RHCP（实线）和 LHCP（虚线）GPS L1 信号的反射系数与空气/纯净水和空气/海冰界面入射角之间的关系。在使用纯净水为反射介质时（这里不考虑任何表面粗糙度），当入射角为 60°时，预计超过 70%的 GNSS 信号将被反射，并且 GNSS 信号的极化方式从 RHCP 变为 LHCP。在较大入射角时，信号的 LHCP 分量组成部分越来越少。当入射角约为 85°时，反射信号中 RHCP 和 LHCP 的 GPS 信号比例接近相等。在更高的入射角，RHCP 信号的比例迅速增加。与水反射条件相比，冰反射的信号相对较弱，当入射角为 60°时，反射信号功率大概在直射信号的 20%～35%变化。GNSS 信号的极化方式从 RHCP 变为 LHCP。当入射角约为 70°时，反射信号的 RHCP 分量高于 LHCP 分量。反射信号的功率电平在低掠射角时迅速增加，可以达到直射信号的全功率。

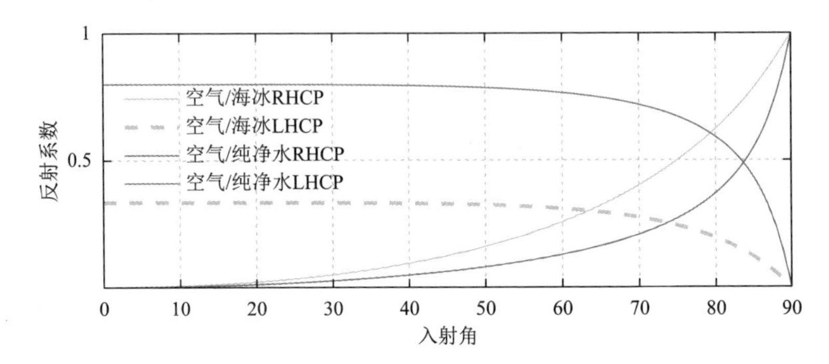


图 9.5　RHCP 和 LHCP GPS L1 信号在空气/纯净水和空气/海冰界面计算的反射系数（Helm，2008）

2. 散射信号模型（Z-V 模型）

GNSS-R 能够通过信号与地表相互作用的散射过程来反演地球物理参数。为了深入了解全球导航卫星系统反射测量的应用，需要建立散射模型。存在几种描述海洋表面电磁过程的模型，这些模型基本上是麦克斯韦方程的渐近解。通常考虑两个限制，即基尔霍夫法（Kirchhoff method，KM）（Beckmann and Spizzichino，1987）和小扰动法（small perturbation method，SPM）（Rice，1951）；此外，还有第三个模型，即前述两种模型的组合模型（2 strategy combination model，2SCM），它结合了 KM 模型和 SPM 模型。在不同的模型中，对短波、双基地、粗糙表面散射问题，目前广泛使用的是几何光学近似下的基尔霍夫法（Zavorotny and Voronovich，2000）。这种方法是将曲面分割成离散的散射面或平面，将接收到的信号建模为来自大量的独立散射体的反射之和；这种方法要求表面是统计上粗糙的表面。接收机接收到的反射信号功率的期望 $\langle |Y(\tau)|^2\rangle$ 可以通过曲面上的积分来建模。

$$\langle P_{Rx}^R\rangle = T_{\text{coh}}^2 \frac{\lambda^2 \cdot P_{Tx}}{(4\pi)^3} \iint_\rho \frac{G_{Tx}(\boldsymbol{\rho}) \cdot G_{Rx}^R(\boldsymbol{\rho}) \cdot \sigma_0(\boldsymbol{\rho}) \cdot \chi^2[t - t'(\boldsymbol{\rho}), f - f'(\boldsymbol{\rho})]}{|\boldsymbol{R\rho}|^2 \cdot |\boldsymbol{T\rho}|^2} \mathrm{d}^2\boldsymbol{\rho} \tag{9.7}$$

这是对所有表面小平面的信号响应的总和（Jales，2012），每个小平面的响应的贡献取决于其表面位置 $\boldsymbol{\rho}$。其中，$T_{\text{coh}}$ 为相干积分时间；$\lambda$ 为信号波长；$|\boldsymbol{T\rho}|$ 为 GNSS 卫星距离反射面散射点 $\boldsymbol{\rho}$ 距离；$|\boldsymbol{R\rho}|$ 为 GNSS-R 接收机距离反射面散射点 $\boldsymbol{\rho}$ 距离；$G_{Rx}^R$ 为接收机对于反射信号的增益；$G_{Tx}$ 为 GNSS 天线的增益；$P_{Tx}$ 为 GNSS 信号发射功率；$\sigma_0$ 为散射截面系数；$\boldsymbol{R}$ 为接收机位置矢量。

函数 $\chi$ 是信号的模糊函数（ambiguity function，AF），该模糊函数由针对反射的延迟和多普勒频率对信号进行匹配滤波而产生，并且取决于信号的特性。时延和多普勒分别由 $t'$ 和 $f'$ 表示。接收功率取决于通过地面双基地雷达散射截面（radar cross section，RCS）的表面物理特性。这个抽象概念是一个假想表面的面积，其默认在接收方向单位立体角内具有相同的回波功率，并在接收器上产生相同的效应。这里使用的概念是归一化双基地雷达散射截面（normalized bistatic radar cross section，NBRCS），即单位表面积的 RCS，符号表示为 $\sigma_0$。可见，积分的主要贡献来自几个空间区域的交集。

## 9.3　GNSS-R 遥感监测平台

### 9.3.1　地基 GNSS-R

地基 GNSS 反射信号进行海面监测目前已经开展了很多研究，按照天线的类型可以分为双天线［图 9.6（a）］和单天线［图 9.6（b）］地基方式。常见的是单天线模式，单天线模式中经常利用的是 GNSS-IR 技术，其根据接收机自主交换格式（receiver independent exchange format）观测文件中的信噪比（signal-to-noise ratio，SNR）进行相关的研究。另外还有基于特制双天线 GNSS 接收机的双天线模式，通过处理直射信号和反射组成的干涉信号进行地面参数反演。关于地基 GNSS 反射信号潮位监测，Martín-Neira 等（2001）在 Zeeland Bridge 进行近海岸海面高测量，Treuhaft 等（2001）在 Crater Lake 使用 GPS 反射信号获得了 2cm 精度的湖面水位变化结果，Larson 等（2013a）在阿拉斯加的 Kachemak 湾基于传统的 GPS 天线对 PBAY GPS 测站附近的海潮进行监测，得到精度 3cm 以内的日平均海平面监测序列，为海潮数据的恢复提供了很好的解决办法。GNSS-IR 技术使用常规大地测量型接收机即可完成监测，因此可基于现有的分布在全球各地的连续运行参考站（continuously operating reference stations，CORS）进行相关参数反

(a) 地基GNSS双天线潮位监测示意图（Löfgren and Haas，2014）

(b) 地基GNSS传统大地测量型单天线沿海潮位监测示意图（Larson et al.，2013a）

图 9.6　地基 GNSS-R 接收机示意图

演；GNSS-IR 技术相关测量原理及应用实例详见 9.6 节。地基双天线模式即 GNSS-R 模式，其相关测量原理和方法与空基/星基平台一致，相关测量原理及应用实例详见 9.2 节、9.4 节和 9.5 节。

## 9.3.2　星基 GNSS-R

1. UK-DMC

英国 DMC（UK-disaster monitoring constellation）卫星于 2003 年发射，作为地球观测卫星星座的一部分。所有这些卫星都装有 GPS 接收器，用于计时和导航。然而，UK-DMC 有一个不同之处，那就是 GNSS-R 有效载荷。图 9.7 显示了 UK-DMC 卫星 GNSS-R 任务的下视天线，它基于一个由三个圆形贴片天线组成的阵列。这颗卫星也有两个基于单贴片天线的下视天线。所有天线都连接到不同且独立的射频前端。尽管 GNSS-R 有效载荷具有实时处理能力，但它基本上是一个采样器，它对来自向上和向下两个通道的 RF 信号进行采样。采样的数据被存储在固态数据记录器上，然后移动到连接到下行链路信道的更大的存储设备。UK-DMC 卫星于 2011 年退役。表 9.2 显示了 UK-DMC 卫星和 GNSS-R 有效载荷参数。

图 9.7　GNSS-R 任务的下视天线

**表 9.2　UK-DMC 卫星和 GNSS-R 有效载荷参数（Gleason，2006）**

| 传感器参数 | 内容 |
| --- | --- |
| 轨道高度 | 680km |
| 轨道类型 | 太阳同步 |
| 采样频率 | 5.71MHz，2 位 |
| 频段 | L1 |

续表

| 传感器参数 | 内容 |
| --- | --- |
| 上视天线极化 | RHCP |
| 下视天线极化 | LHCP |
| 下视天线增益 | 11.81dB |
| 延迟分辨率 | 0.18C/A 码片 |
| 多普勒分辨率 | 100Hz（软件） |
| 原始数据长度 | 20s，连续采样 |

2. TDS-1

英国 TechDemoSat-1（TDS-1）任务上的 GNSS-R 实验是 UK-DMC 任务中开创性的 GNSS-R 实验的自然延续，它与 UK-DMC 同样来自英国的萨里卫星技术有限公司（Surrey Satellite Technology Ltd，SSTL）。由于 UK-DMC 是纯粹的技术演示，这为 TDS-1 的实验提供了更好的技术储备，弥补了 UK-DMC 的不足并且为新应用的挑战带来宝贵的经验。TDS-1 卫星新的应用包括验证海洋散射模型及风场反演功能、土壤湿度反演和海冰监测（Unwin，2015）。在这种情况下，载荷的主要目的是在卫星上进行实时处理，节省了大量的后处理时间。另外它也能够存储原始数据，与 UK-DMC 一样，具有有效存储负载。考虑到后续 GNSS-R 星载技术的潜力，TDS-1 卫星计划也是一个加强版的技术演示，因为 GNSS-R 有效载荷与将用于 CYGNSS 任务的载荷基本相同。英国 TDS-1 卫星外形如图 9.8（a）所示，下视天线是 2×2 贴片阵列，GNSS-R 载荷空间 GNSS 接收-遥感装置（space GNSS receiver-remote sensing instrument，SGR-ReSI）如图 9.8（b）所示。表 9.3 显示了主要卫星和 GNSS-R 有效载荷参数的摘要。此外，同样的 GNSS-R 仪器也被选中在 CYGNSS 卫星上搭载，以测量飓风。与 UK-DMC GNSS-R 有效载荷不

(a) TDS-1卫星外观

(b) SGR-ReSI载荷

图 9.8　TDS-1 卫星外观及 SGR-ReSI 载荷（Unwin，2015）

同，TDS-1 可以进行持续监测。此外，必须指出的是，英国 TDS-1 卫星的监测数据已经通过 Measurement of Earth Reflected Radio-navigation Signals By Satellite（MERRByS）门户网站向全球用户免费公开，这使得许多研究人员开始从大量的星载实测数据入手研究 GNSS-R 技术的潜在能力。

GNSS 信号处理核心是基于闪存的 FPGA（ProASIC-3）实现的，即使 SGR-ReSI 载荷是在轨运行的，但协处理器 FPGA 仍允许上传新的算法。它能够对反射或掩星信号进行处理，可以允许相当于数千个相关器来捕获信号。此外，在轨观测的原始数据和处理后的数据均可以被收集到板载存储器中。

**表 9.3　TDS-1 卫星和 GNSS-R 有效载荷参数摘要（Unwin，2015）**

| 传感器参数 | 内容 |
| --- | --- |
| 轨道高度 | 635km |
| 周期 | 97.3min |
| 轨道倾角 | 98.391° |
| 采样频率 | 16MHz，2bit |
| 频段 | L1/L2 |
| 上视天线极化 | RHCP |
| 下视天线极化 | LHCP |
| 上视天线增益 | 4dB |
| 下视天线增益 | 13dB |
| 延迟分辨率 | 244ns |
| 多普勒分辨率 | 500Hz |
| 相干积分时间 | 1ms |
| 非相干积分时间 | 1s |
| 原始数据长度 | 2.3min |

TDS-1 卫星携带 SSTL 的原型 GNSS-R 仪器——SGR-ReSI，类似于 CYGNSS 上的有效载荷。仪器结构示意图如图 9.9 所示。

SGR-ReSI 载荷主要是为 GNSS-R 设计，利用地面反射的 GNSS 信号远程探测地球表面。在 TDS-1 上有一个指向下的高增益（～13dB）L1 天线，另外其也可以接收 L2C 信号的带宽。反射的 GPS L1 信号被处理成延迟多普勒图（delay Doppler maps，DDMs），如图 9.10 和图 9.11 所示，反射信号可以在星载平台上使用协同处理器完成，另外也可以下传原始数据到地面接收站，进行数据精细化处理。萨里卫星技术有限公司的 SGR-ReSI 载荷收集从 GPS 和其他导航卫星反射到海洋表面后的信号，并将其处理成 DDMs，这些数据被发送到地面部分，通过这些 DDMs，可以反演海面的粗糙度和风速等。

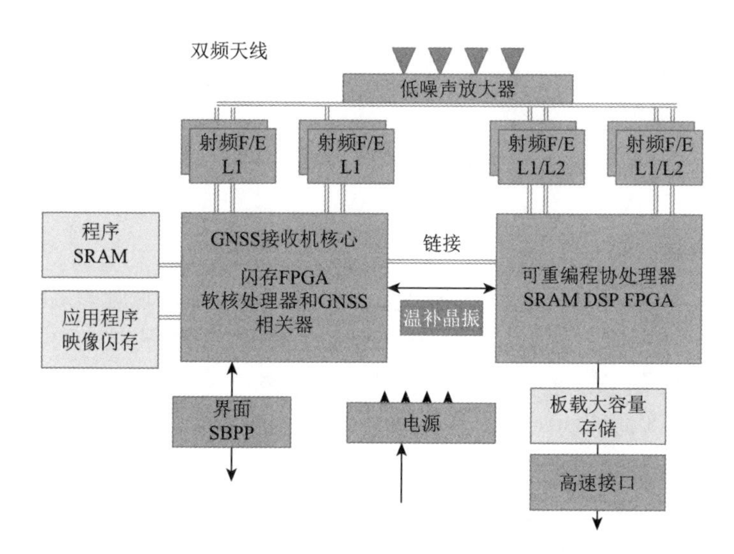


图 9.9　SGR-ReSI 载荷结构示意图（Jales，2012）

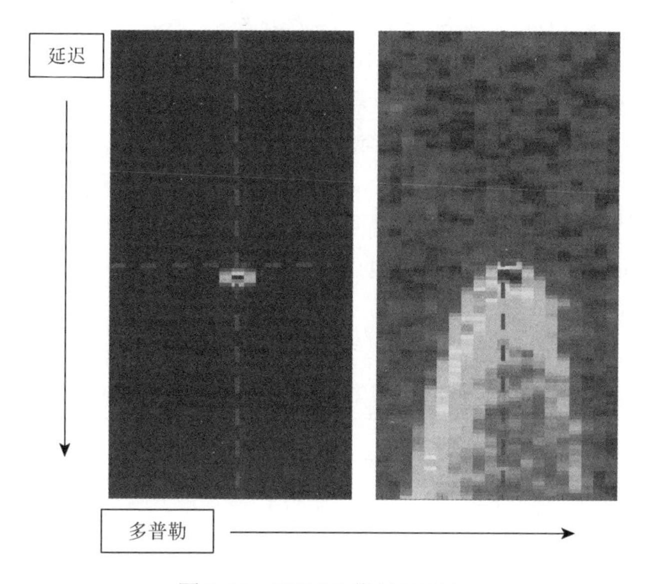


图 9.10　GPS L1 信号 DDMs

左图为直射信号，右图为海面反射的反射信号

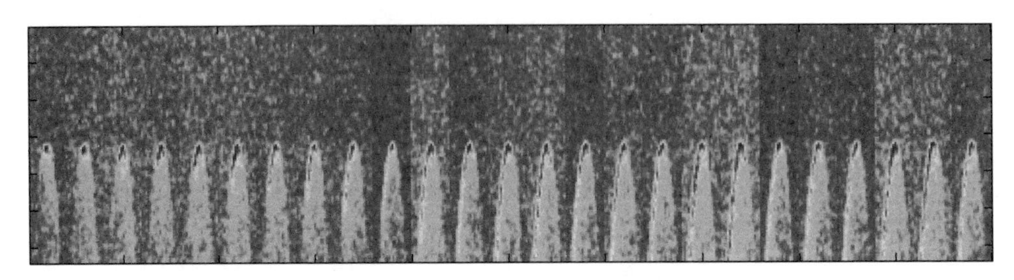

图 9.11　由 TDS-1 上的 SGR-ReSI 处理的海洋反射的 DDMs 轨迹样本（Jales and Unwin，2015）

3. CYGNSS

Cyclone GNSS（CYGNSS）任务是第一次专门用于地球观测的 GNSS-R 任务，于 2016 年 11 月发射。它由 8 颗小卫星组成，既可以接收直接 GPS 信号，也可以接收反射 GPS 信号。这项任务研究了地球表面多个参数，但其主要目标是使用 GNSS-R 技术监测海面的风场，卫星每 12 分钟经过同一地区。另外 CYGNSS 任务的产品加入了美国的飓风监测系统，以更好地预测飓风的行径。通过 CYGNSS 数据监测台风“利奇马”发现，由于海面风速的增大，经过处理的反射信号，可以很容易地识别和监测飓风。其中，值得注意的是该监测方法是通过处理非成像多基地的技术来得到沿轨道的特定产品，后续需要通过插值的方法将一系列的沿轨产品转换为图像。表 9.4 显示了 CYGNSS 任务参数。通过比较可以发现，CYGNSS 反射天线的增益比 TDS-1 高 1dB，并由 2×3 贴片天线阵组成，由于使用的 GNSS-R 载荷类似，其他的大多数 GNSS-R 有效载荷参数与 TDS-1 任务中的参数相同。通过表 9.4 可以看到，CYGNSS 的轨道倾角为 35°，这使得其在全球范围监测能力上会有一些限制，因为该卫星的星下点只会覆盖地球的热带部分。通过 CYGNSS 卫星对全球覆盖范围进行监测也可以得到该结论，但由于该卫星的主要目标是监测海面飓风，且海面飓风的主要出现地点大部分分布在此纬度带，所以并不会削弱监测海洋飓风的能力。

**表 9.4　CYGNSS 卫星参数（Rose et al.，2013）**

| 传感器参数 | 内容 |
|---|---|
| 轨道高度 | 510km |
| 重访时间 | 4h（平均） |
| 卫星数量 | 8 |
| 轨道倾角 | 35° |
| 采样频率 | 16MHz，2bit |
| 频段 | L1/L2 |
| 上视天线极化 | RHCP |

续表

| 传感器参数 | 内容 |
| --- | --- |
| 下视天线极化 | LHCP |
| 上视天线增益 | 4dB |
| 下视天线增益 | 14dB |
| 延迟分辨率 | 244ns |
| 多普勒分辨率 | 500Hz |
| 相干积分时间 | 1ms |
| 非相干积分时间 | 1s |
| DDMs大小 | 128×52，8bit |
| 原始数据长度 | 2.3min |

4. PARIS-IOD和GEROS-ISS

与利用传统GNSS-R（conventional GNSS-R，cGNSS-R）技术的GNSS-R任务不同，被动反射和干涉测量系统在轨演示器（passive reflectometry and interferometry system in-orbit demonstrator，PRISE-IOD）任务是遵循PRISE概念提出的，因此利用了干涉GNSS-R（interferometry GNSS-R，iGNSS-R）技术（Martín-Neira et al.，2011）。由于iGNSS-R相对于cGNSS-R技术的信噪比下降，因此在设计时一个重要的要求是增加天线尺寸，增加天线的增益，另外因为需要增加方向性，这也导致了需要设计可定向的双频多波束天线阵。欧洲航天局赞助了PARIS-IOD任务的A阶段研究。图9.12显示了PARIS-IOD提议的卫星工作视图。此后，欧洲航天局赞助了国际空间站GNSS反射测量、无线电掩星和散射测量（GNSS reflectometry，radio occultation and scatterometry on board the international space station，GEROS-ISS）提议的A阶段研究（Wickert et al.，2015），其中包括PARIS-IOD研究和其他全球导航卫星系统无线电掩星（GNSS-radio occultation，GNSS-RO）应用。GNSS-RO是在接收机和发射机之间没有直接视线，但由于电离层和大气弯曲射频信号路径而到达接收机的情况下，通过接收机接收到的折射后的信号感知信号路径过程中的传播介质特性的技术。

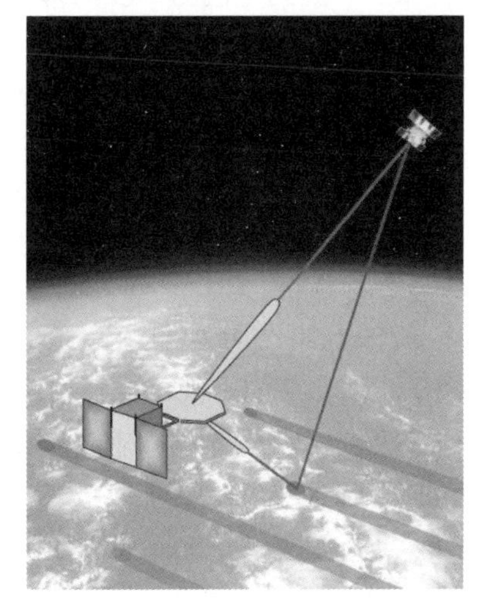

图9.12　PARIS-IOD计划示意图（Martín-Neira et al.，2011）

# 9.4　GNSS-R 海洋风场监测

随着 CYGNSS 卫星的发射，GNSS-R 技术应用于海面风场监测已经很成熟，已经有相关的全球海面风场产品在持续的发布。该技术用于海面风场的监测主要是依据海面的粗糙度对发射信号的影响来实现的，当海面作为 GNSS 反射面时，由于海面并不是平静的，海面风等多方面因素会改变海面粗糙度，海面风速越大，海面的粗糙度越大，而 GNSS 海面散射信号的相关功率后延斜率与海面的粗糙度相关，如图 9.13 所示。

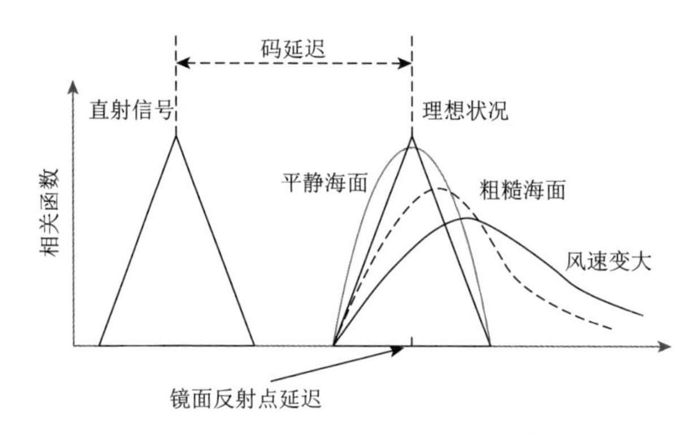


图 9.13　不同海况下 GNSS 海面散射信号功率曲线

图 9.13 为不同粗糙度的海面作为反射面时反射信号相关功率的情况，显然在理想情况下，假设反射面十分平静，则发射信号的相关功率与直射信号相同，均为规则的三角形，倘若海面粗糙度逐渐变大，则反射相关功率的峰值会降低，另外功率波形会逐渐平缓，后仰斜率会降低。依据此现象，通过精确测量得到海面散射信号的相关功率可以反演海面风速。在 9.2 节中介绍了基于霍夫法推导的 GNSS 海面散射信号相关功率理论形式表达式，该表达式的自变量为时间延迟和多普勒变化值。

GNSS-R 接收器只能测量反射信号，而不能直接测量地表坡度，接收机通过映射出信号空间中的反射功率来测量反射信号隐藏的反射面信息。图 9.14 展示了信号区域，以及它们的对应关系（Jales，2012）。

反射表面（A）到（F）的位置，可以通过信号延迟和多普勒匹配到 DDMs 中，细节如下：

（A）对应高光点。

（B）、（C）对应表面“在镜面点前”和“在镜面点后”的位置，与接收机运动方向有关。

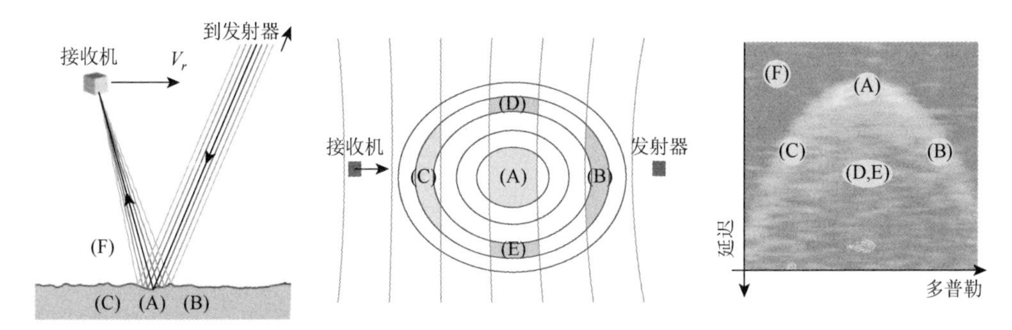


图 9.14　从地面散射位置映射到延迟-多普勒图中的信号空间

（D）、（E）对应位于高光点的任意一侧（在图中页内和页外）。

（F）对应高于反射面。

通过等延迟环和等多普勒线对散射面上的散射单元进行划分，虽然相应区域反射的 GNSS 反射信号通过接收机输出的相关功率映射到了 DDMs，但 DDMs 中很多相关功率值对应着散射面上的两块区域，这两块区域具有相同的时间延迟和多普勒频率，导致实测 DDMs 还原过程中出现模糊，因此 DDMs 的这种特性不利于那些对目标位置感兴趣的相关研究。

图 9.15（a）为风速反演的流程图，主要分为两步同时进行，首先需要对原始信号进行分析，得到反射事件的相关参数，如接收机和 GNSS 卫星的位置、速度，以及对应的历元时间等，这些信息可以辅助海面散射模型在不同的风速条件下进行波形仿真，并将此作为对比的参考波形，如图 9.15（b）所示。另一边同时进行

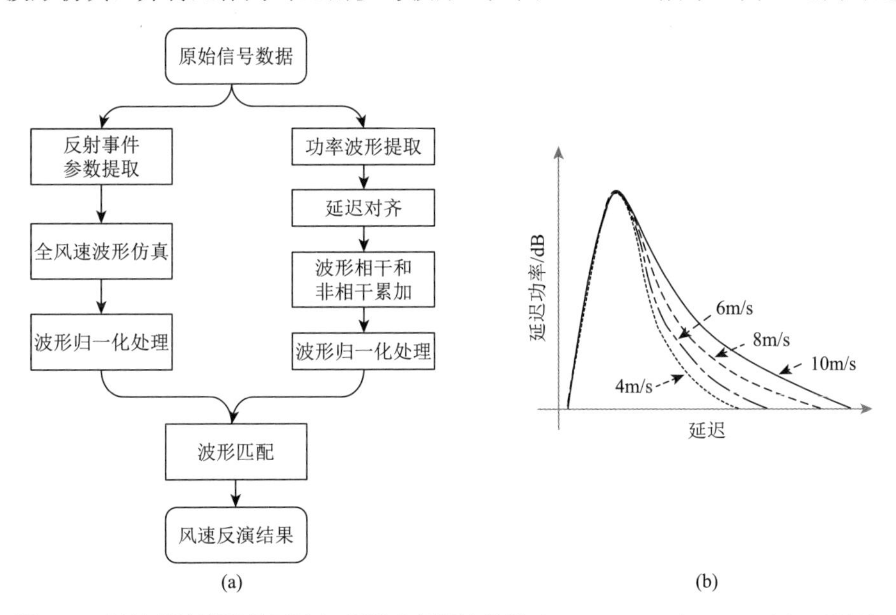


图 9.15　风速反演流程及风速与延迟功率图的关系（Zavorotny and Voronovich，2000）

真实的反射信号的处理，得到反射信号的波形，并进行一定时间内的相干和非相干处理，得到去噪和归一化的波形，最后以一对多的形式进行两组波形的对比，根据波形的相识度来匹配最佳的仿真波形，从而得到风速结果。

# 9.5 GNSS-R 海洋测高技术

## 9.5.1 地基 GNSS 双天线海面测高

1. *原理*

GNSS-R 海面测高需要顾及反射面是否可以被认为是平面，尤其是在星载 GNSS-R 技术当中，镜面反射点、GNSS 接收机、GNSS 发射机构成的几何大小相对于地球的半径不能忽略不计，此时需要考虑地球曲率半径对反射路径的影响，采用椭球地球模型或圆球形地球模型。当实验情况为地基或者机载时，可以认为反射面为水平面，海面高度测量的几何模型如下。

在假设反射面为水平面的前提下，根据几何模型及信号的传输特点，可根据图 9.16 得到反射信号相对于直射信号的路径延迟 $\rho$ 为

$$\rho = (2h_{\mathrm{a}} + d)\sin\theta \tag{9.8}$$

进一步得到：

$$h_{\mathrm{a}} = \left(\frac{\rho}{\sin\theta} - d\right)\Big/2 \tag{9.9}$$

其中，$h_{\mathrm{a}}$ 为接收反射信号的左旋天线相对于反射面的垂直距离；$\theta$ 为反射点处的卫星高度角。当在地基或者机载的情况下，可认为 GNSS 接收机处的卫星高度角与镜面反射点处的卫星高度角相等。求得延迟路径 $\rho$ 就能依据式（9.9）得到反射面与接收天线之间的垂直高度 $h_{\mathrm{a}}$。另外接收天线的绝对高度是可以根据直射信号通过传统的 GNSS 解算得到，因此通过得到直射和反射信号的相对延迟 $\rho$ 即可得到反射面的高度。相对延迟 $\rho$ 目前主要是通过精确测量直射信号和反射信号的时间差得到。由于卫星采用的是扩频通信，采用自相关和互相关特性优良的伪随机噪声（PRN）码进行传输，实验接收到的直射信号 $\mu_{\mathrm{D}}$ 与接收机本地复现的任意时刻 $t_0$ 的 PRN 码 $a$ 在 $t_0+\tau$ 时刻的相关函数为（Alonso-Arroyo，2016）：

$$Y_D(t_0,\tau) = \int_0^{T_i} \mu_{\mathrm{D}}(t_0+t+\tau)a(t_0+t')\exp[2\pi j(f_{\mathrm{L}}+\hat{f}_{\mathrm{D}})(t_0+t')]\mathrm{d}t' \tag{9.10}$$

式中，$T_i$ 为相干时间；$f_{\mathrm{L}}$ 为信号的中频频率；$\hat{f}_{\mathrm{D}}$ 为本地多普勒频移估计值，由此可以得到接收信号的相关功率分布，同理，反射信号的相关函数为（Alonso-Arroyo，2016）

$$Y_{\mathrm{R-delay}}(t_0,\tau)=\int_0^{T_i}\mu_{\mathrm{D}}(t_0+t+\tau)a(t_0+t')\times\exp[2\pi j(f_{\mathrm{L}}+\hat{f}_{\mathrm{D}}+f_0)(t_0+t')]\mathrm{d}t' \quad (9.11)$$

得到的功率分布图如图9.17所示。

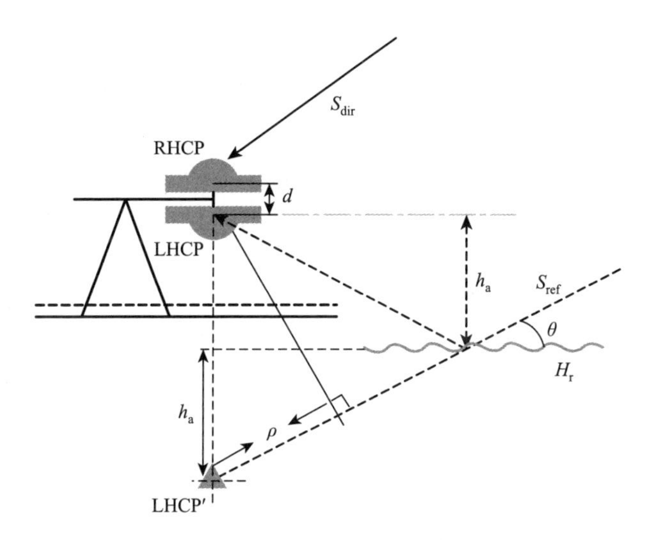


图9.16　GNSS-R双天线测高原理

RHCP为直射信号右旋天线；LHCP为反射信号左旋天线；LHCP′为关于反面的镜面对称投影；$S_{\mathrm{dir}}$为直射信号；$d$为RHCP和LHCP的相位中心垂直距离；$S_{\mathrm{ref}}$为反射信号；$h_{\mathrm{a}}$为反射面与LHCP天线之间的垂直距离；$\theta$为卫星高度角；$H_{\mathrm{r}}$为反射面的高度；$\rho$为反射信号相对于直射信号的延迟

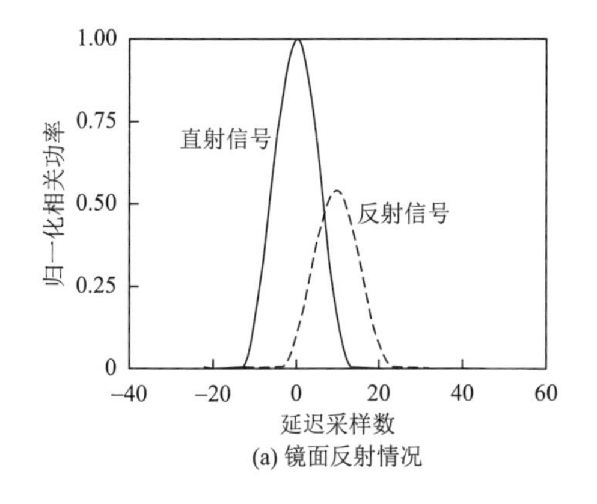


(a) 镜面反射情况

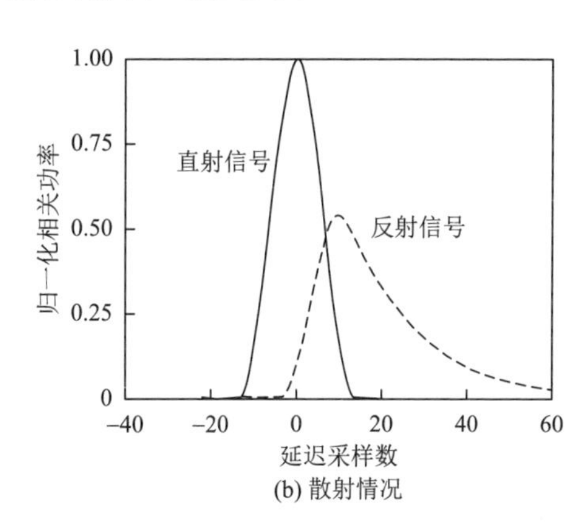


(b) 散射情况

图9.17　直射反射信号相关功率波形图

如图9.17（a）所示，峰值对应的延迟采样数可认为是C/A码对应的码相位，对比直射信号和反射信号的峰值延迟点即可根据采样频率求得信号路径延迟的时间差，进一步根据时间差可求出路径延迟，再求得接收机到反射面高度，这是在理想的平静的反射面的情况。由于风速变化会对反射面产生影响，反射面会产生不同程度的粗糙度，此时的反射信号波形会与直射信号的波形有差别。如图9.17（b）

所示，粗糙的反射引起反射面的信号散射现象，导致反射信号功率曲线产生偏移，此时的相关功率的最高点所对应的延迟采样点并不是镜面反射点的延迟功率，精确地跟踪到镜面反射点的功率比较困难，特别是在十分复杂的海面散射情况下，这也是采用功率波形测高的一个难点。通过更加深层次的信号相关处理分析，结合海面多反射面的散射，建立反射点优化模型是很多学者采取的途径，同时这也是许多测高技术关注的波形重跟踪问题。当前对于延迟反射点的跟踪，许多学者提出了多种方法如最大前沿导数法（maximum leading edge derivative，LED 或 DER）（Hajj and Zuffada，2003；Rius et al.，2010）、HALF 法（Cardellach et al.，2014；Masters et al.，2001）、参数拟合法（PARA3）（Mashburn et al.，2016）等。其中最大前沿导数法使用比较广泛，如图 9.18（a）所示。上部平滑曲线为反射信号的相关波形，很明显此时的波形后沿曲线相对于前沿曲线比较平缓，如前所述，这主要是海面粗糙度造成的，散射信号从不同位置反射至天线时，得到的自相关功率大小也不同，其中镜面反射点处的波形功率可近似认为是最大的而且是达到时间最早的，此时在许多不同量级及不同延迟的波形相互叠加时，反射点处的波形的坡度会达到最大值，即最大前沿倒数，具体的公式推导可参考文献 Rius 等（2010）。$\rho_{\text{specular}}$ 为波形导数最大点的延迟相位，$\rho_{\text{peak}}$ 为波形峰值所对应的延迟相位。具体的数据处理流程如图 9.18（b）所示。

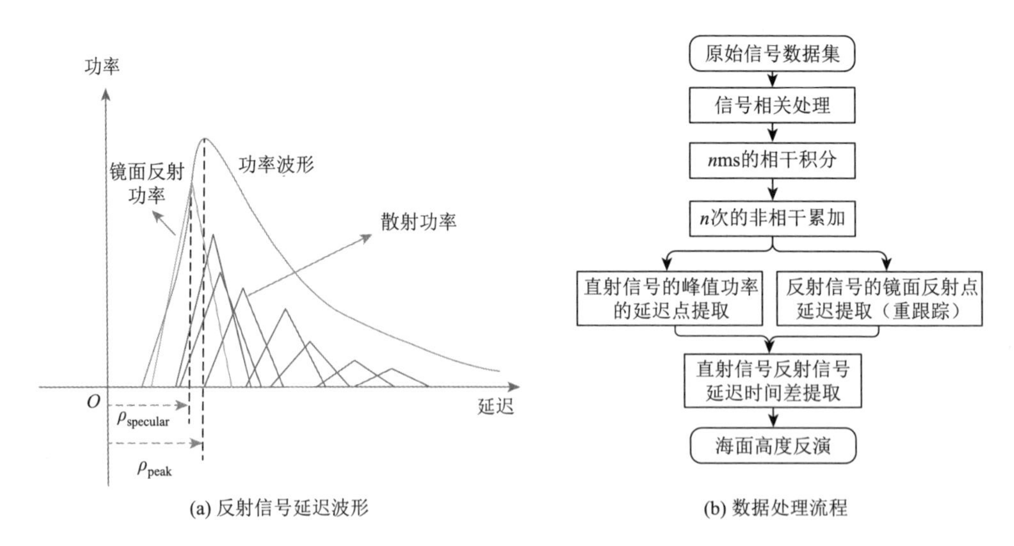


图 9.18　反射信号延迟波形及数据处理流程

2. 地基 GNSS-R 海面测高实例

通过接收全球导航卫星系统从海面反射的信号及直接接收的 GNSS 信号，可以使用常规的单差测量处理来监测海平面。Löfgren 等（2011）通过对瑞典西海岸

Onsala 空间观测站（OSO）的 GNSS 潮汐计的三个月数据进行分析得到了水位监测结果，并将 GNSS 获取的海平面时间序列与两个独立的静水井测量仪获得的水位数据进行了比较，如图 9.19 所示。

(a) 海面监测结果

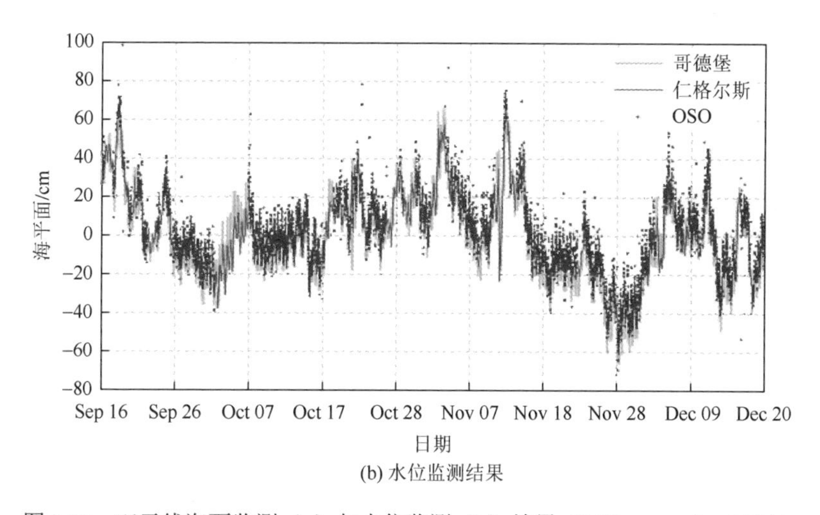


(b) 水位监测结果

图 9.19　双天线海面监测（a）与水位监测（b）结果（Löfgren et al.，2011）

比较结果发现，在时域内高度一致，相关系数高达 0.96。通过 GNSS 估计的海平面与静水井计观测值之间的均方根差值分别为 5.9cm 和 5.5cm。另外从频域比较也显示了数据集的高度一致性，每天 6 个周期，这与卡特加特海岸浅水区的引力波传播有较好的吻合。图 9.19（b）中，OSO 三个月（95 天）的 GNSS 估计的本地海平面时间序列显示为图中散点 1，另外两个分别显示的是来自两个静止井观测的海平面观测结果，哥德堡（曲线 1）和仁格尔斯（曲线 2），与 OSO 分别相距约 33km 和 18km。由 GNSS 反射信号估计的海面变化值是离散的，并且比较粗糙，但散点的走向趋势基本与实测值相吻合，在某些时候，可能由于软件限制或者接收机的特定设置，无法进行连续的观测。

GPS-SI 项目（Semmling et al.，2011）是作为 ESA 资助的 GPS-SIDS 项目（海

冰和干雪）的第一部分，在格陵兰岛展开，其目的是基于 GPS 反射信号研究海冰和干雪特性，并检验该方法的可行性空间。该项目设立的观测站位于 Godhavn（戈德港）海拔约 650m 的悬崖边缘的电信塔上，如图 9.20（a）所示，通过 Internet 连接进行远程控制，以获得相对长期的数据集来监测海冰形成、演化和融化的完整过程。从 2008 年 10 月底到 2009 年 5 月中旬，可获得七个多月的数据。该项目所使用的 GNSS-R 仪器是 ICE/IEEC-CSIC 的 GOLD-RTR（Cardellach et al.，2011）和 GFZ 的 GORS（Semmling et al.，2011）。

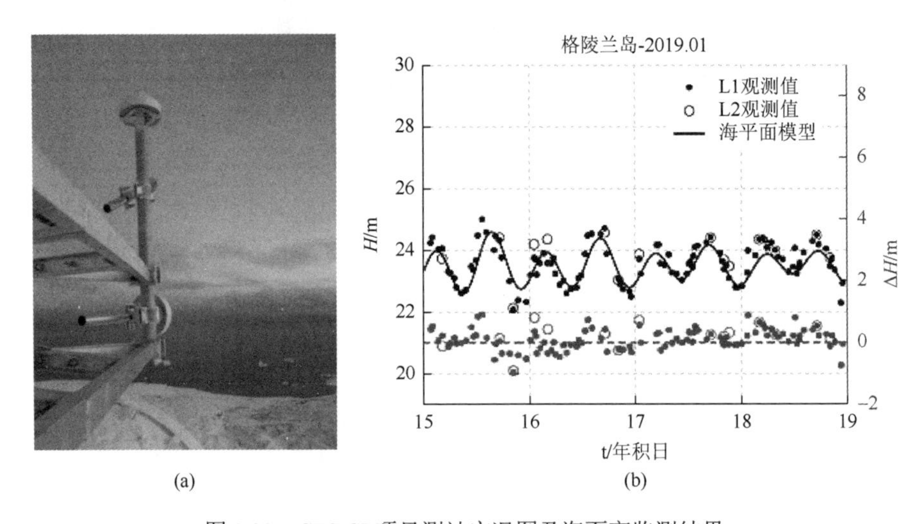


图 9.20　GPS-SI 项目测站实况图及海面高监测结果

如图 9.20（b）所示，黑色散点分别表示 L1 和 L2 频段对海面高度进行监测的结果，黑色实线为平均海平面模型值，下部散点为两者之差。实验的结果表明，GNSS-R 的估计值与海面模型具有一致性。在 2009 年 1 月 15～18 日，几乎所有的海面高度变化趋势都显示出一致性。通过 L1 和 L2 得到的海面高度与模型值的差的平均值分别为 9.7cm 和 22.9cm，且 L1 的标准差为 35cm，L2 的标准差为 47.3cm。另外通过该方法得到的时间序列密度足以解决半日潮的分析。

## 9.5.2　空基海面测高

GNSS-R 海面测高已经在空中平台上进行了多次演示（Cardellach et al.，2014；Carreno-Luengo et al.，2013；Lowe et al.，2000；Masters et al.，2001；Semmling et al.，2013，2014）。GNSS-R 测量的精度在很大程度上取决于信噪比、镜面反射点提取等相关变量。如 9.5.1 节所述，到目前为止，许多学者基于反射信号波形的镜面反射点提取已经开发了多种算法，并且在不同的实验中得到了验证（Cardellach et al.，2014；D'Addio et al.，2011；Lowe et al.，2002；Semmling et al.，2013）。但受限于C/A码的波长，基于C/A码的GNSS-R测高技术的极限精度较低。因此，很多基于载波相位的GNSS-R测高实验陆续开展，并得到了较高精度的测量结果（Semmling et al.，2013，2014）。基于机载的GNSS-R海面测高技术发展迅速，特别是在欧洲国家，已经展开了多次机载飞行试验。

2003年8月，在加利福尼亚州海岸的蒙特利湾上空开展了机载GNSS-R实验（Mashburn et al.，2016）。飞机的航线如图9.21所示，执行了一种以0.1°经度为步长间隔的南北向飞行模式，且在纬度和经度上延伸近1°，并在其西南角从海岸线延伸到60多千米，飞行速度约为90m/s，高度约为3km。经过几天的多次飞行，累积大约4h的数据。该实验搭载的反射信号接收机为由喷气推进实验室设计的延迟/多普勒映射接收机，可以分析接收到的L1和L2频段的数据，实验对采样的C/A码和P（Y）码均进行了相关处理，并采取了不同的相干和非相干累积处理方式。

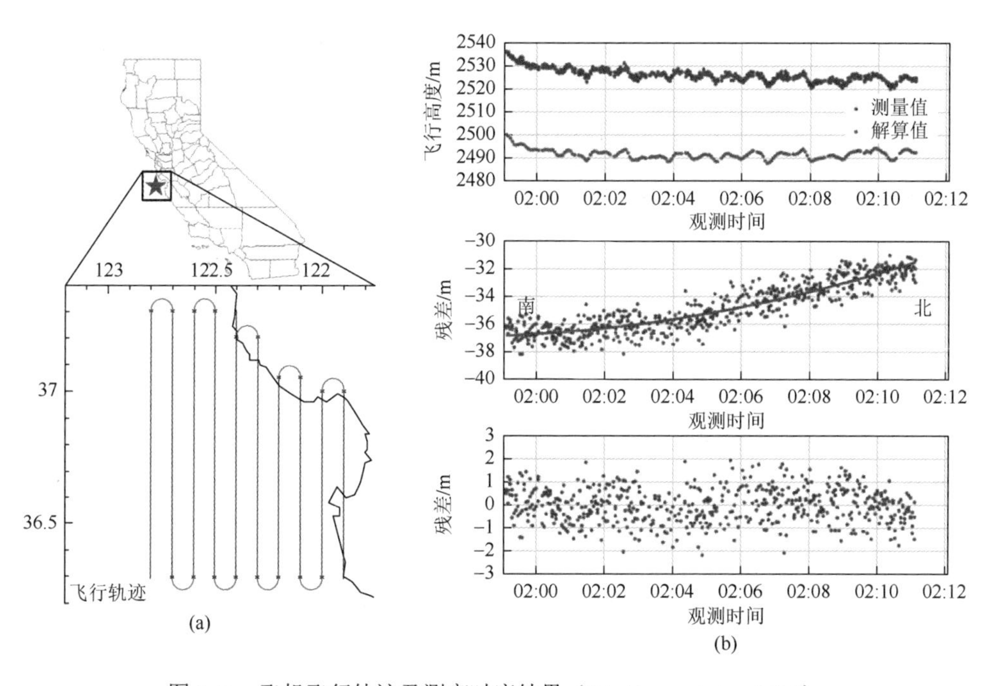


图9.21　飞机飞行轨迹及测高时序结果（Mashburn et al.，2016）

得到的测量时序结果如图9.21（b）所示，上部分为通过直射信号解算得到的飞机飞行高度，并对比了测量结果，基于此得到了海面高度测量值如中间图所示，实测值与测量值相吻合，得到的残差序列接近白噪声。通过HALF、PARA3、DER三种方法分别估计了海面高度，采用不同的积分时间得到的监测精度如表9.5所示。

**表 9.5　三种计时算法在不同非相干积分时间下的高度测量残差标准差（Mashburn et al.，2016）**

| $T_{in}$/s | HALF/m | PARA3/m | DER/m |
|---|---|---|---|
| 0.5 | 1.7 | 1.8 | 2.8 |
| 1 | 1.2 | 1.4 | 2.0 |
| 2 | 0.9 | 1.2 | 1.3 |
| 5 | 0.6 | 1.0 | 0.9 |
| 10 | 0.5 | 0.9 | 0.7 |

通过计算标准差，对每个重跟踪算法的性能进行了分级。表 9.5 显示了各种非相干积分时间下每种算法的残差标准差。可以看出，HALF 算法在所有情况下都优于 PARA3 和 DER。对于 0.5s、1s 和 2s 的积分时间，PARA3 算法的性能次之。这一结果表明，HALF 算法是最精确的。HALF 方法的表现优于 DER，这是一个预期的结果。首先，DER 方法估计的镜面反射点始终是一个有噪声的测量点，相关波形并不是精确的，波形上的每个点只是一个近似值，因此波形的导数会有更多的噪声。其次，DER 方法通过数值方法很难在粗糙的波形上精确地找到导数的实际峰值点。相比之下，HALF 法是通过寻找零交叉点，这是一个更精确、定义更明确的点，这种确定的方法得到的结果会更精确。另外，在表 9.5 中可以发现，随着积分时间的增加，PARA3 算法的性能不如其他方法。随着积分时间的增加，HALF 和 DER 方法的标准偏差减小到$1/\sqrt{T_{\text{in}}}$倍，PARA3 标准差则不会。例如，积分时间从 0.5s 增加到 2s，增加了 4 倍，当非相干噪声被平均时，预计测量残差的标准偏差将减小到原来的 1/2。对于 HALF 和 DER 算法，会出现类似的下降比例（HALF $\sigma_{0.5\text{s}}/\sigma_{2\text{s}}=1.9$，DER $\sigma_{0.5\text{s}}/\sigma_{2\text{s}}=2.0$），但是 PARA3 的$\sigma$值仅减少 1.5 倍。

### 9.5.3　星载海面测高

由于近几年发射的 GNSS-R 卫星主要是以观测地球表面风场为目的，因此 GNSS-R 测高技术受限于数据资源的缺乏，正处在初期发展阶段。目前，随着星载 GNSS-R 测高技术的不断发展，许多 GNSS-R 测高计划也在筹备中。与传统的雷达高度计一样，GNSS-R 通过反射信号的时间延迟来测量海面高度，该时间延迟可以从 GNSS 测距码的反射雷达脉冲（称为波形）的时间演变中推导出来。基于码相位延迟的 GNSS-R 测高已经在不同的机载实验（Carreno-Luengo et al.，2013；Fabra et al.，2019；Rius et al.，2010）中进行了演示，也在 TechDemoSat-1（Clarizia et al.，2016；Hu et al.，2017；Mashburn et al.，2018）和 NASA CYGNSS 任务收集的星载数据（Mashburn et al.，2018；Song et al.，2020；Li et al.，2018a；Zuffada et al.，2018）中得到了验证。与此同时，一些研究人员在使用精度较高但适用性有限（如在海冰或内陆水域）的载波相位观测进行 GNSS-R 测高（Cardellach et al.，2004；Fabra et al.，2012；Li et al.，2017；Semmling et al.，2016），这也是未来需要发展的方向。GNSS-R 码延迟测高的主要限制是接收功率电平低且反射 GNSS 信号带宽有限，尤其是当 GNSS 信号从海面反射后，其功率远低于直接信号，这也是星载的 GNSS-R 测高任务的一个关注点，需要高增益的下视天线，提高反射信号的强度。此外，由于 GNSS 信号的带宽比传统的雷达测高计信号带宽窄很多，这也不可避免地限制了单次波形的测高精度。根据不同的机载试验结果，许多学者进行了理论研究（Camps et al.，2014，2017；Cardellach et al.，2014；Pascual et al.，2014；Li et al.，2018b），建立了 GNSS-R 海洋测高的精度模型。其中一些模型已经外推到星载场景，预测星载 GNSS-R 海洋测高精度可以在 1s GPS L1C/A 码信号测量的情况达到 1～3m。

CYGNSS 任务由八颗微小卫星组成，其主要目标是进行散射测量，主要的观测值是前向散射功率和双基地雷达截面的延迟多普勒图，与相应的元数据一起存储在一级数据产品中，且该系列的数据均在其门户网站免费公开，然而这些观测值却不能很好地满足测高任务。另外，为了探索更多的 GNSS-R 其他可能的应用，CYGNSS 仪器还偶尔记录直接信号和反射信号的原始中频信号数据。Li 等（2020）为了处理用于海洋测高的 CYGNSS 原始数据，收集了关于 GNSS 发射机和 CYGNSS 接收机的轨道和高度的辅助信息，结合原始的中频信号数据，可以进行高精度海面测高应用的探索和验证。在其研究中，选取了 2017 年 8 月～2018 年 11 月在墨西哥湾、加勒比海和西大西洋 43 组原始数据，大多是在飓风出现期间收集的。图 9.23 给出了这些原始数据集的 CYGNSS 地面轨迹。从这些原始数据集中，根据反射信号的信噪比（SNR）和入射角，选取了 170 个反射点轨迹用于海洋测高，其中包括 GPS 的 99 个轨迹，GALILEO 的 66 个轨迹，BDS-3 的 5 个轨迹。

图 9.22 给出了 GPS 和 GALILEO 卫星实测延迟功率波形示例。由于海面的粗

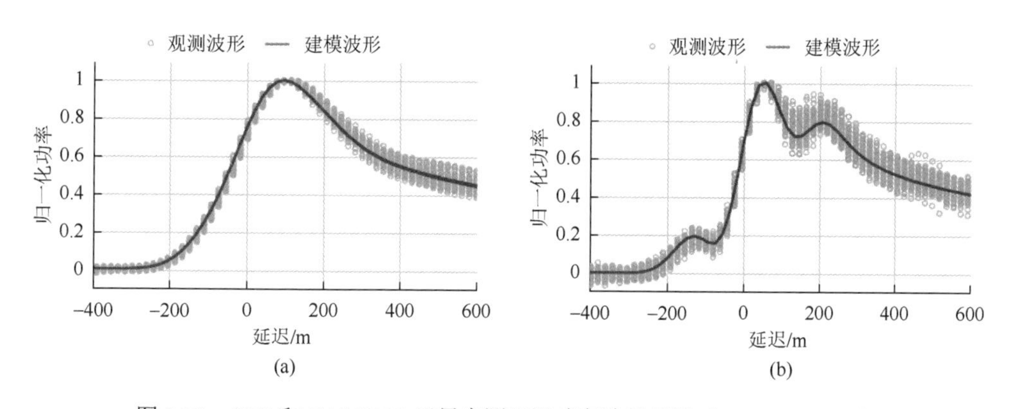


图 9.22　GPS 和 GALILEO 卫星实测延迟功率波形示例（Li et al.，2020）

糙度及卫星的高速运动带来的多普勒效应，反射信号延迟波形均具有不同程度的后延。此外，还可以清楚地看到，反射的 GALILEO E1 B/C 信号的波形前缘比 GPS L1 C/A 码信号的波形前缘更陡峭，这意味着使用此信号具有更好的测距灵敏度。

图 9.23（a）使用的是 2017 年 10 月 8 日收集的原始数据，反射信号来自 GPS PRN07 卫星，高度为～58.8°。经过相干和非相干的波形处理，对生成的 1s 功率波形进行海面高度提取，此时镜面反射点处功率波形的信噪比为～6.0dB。沿反射点路径的海面风速为 5.2～8.1m/s，使用 DER、HALF 和 PARA 三种不同的重跟踪算法来估计海平面的 RMSE 在 1.6～2.20m，平均偏差为～0.95m。图 9.23（b）是基于 2017 年 8 月 25 日收集的原始数据，该反射信号的来源为 GALILEO PRN02 卫星，高度为～71.8°，镜面点处功率波形的信噪比为～0.5dB，海面风速为 11.9～19.8m/s。通过对生成的功率波形对镜面反射点进行重跟踪。同样使用三种算法对海面高度进行提取，得到均方根标准差为 1.5～1.79m，平均值偏差为～0.64m。

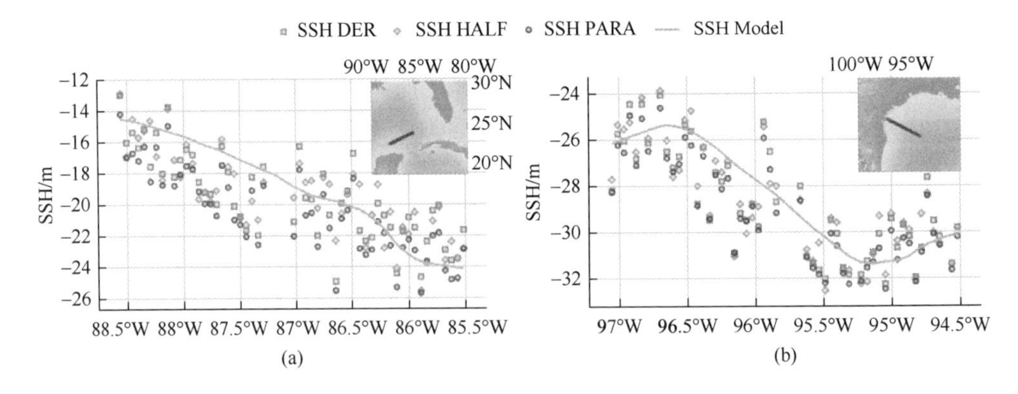


图 9.23　从 GPS 和 GALILEO 卫星反射信号测高结果（Li et al.，2020）

## 9.6　GNSS-IR 近岸海洋遥感

GNSS-IR 技术目前主要在地基平台使用，所以 GNSS-IR 在海洋遥感中一般是对近岸的海洋进行遥感。目前最成熟的 GNSS-IR 海洋遥感技术是 GNSS-IR 海面测高技术，也就是潮位监测技术，相关原理如下。

### 9.6.1　GNSS-IR 近海岸潮位监测原理

GNSS-IR 反演潮位是将 CORS 站安置于海边，接收机接收来自卫星直射信号和经过海面的反射信号相干的合成信号，这一现象可由卫星观测文件的 SNR 直接体现（Wang et al.，2021；宋敏峰和何秀凤，2021；李惟等，2018）。反射信号与直射信号的路程差$D$可表示为

$$D = 2h\sin e \tag{9.12}$$

其中，$e$是天线处的卫星高度角；$h$是反射面到天线相位中心的垂直距离，书中统称为垂直反射距离。由路程差$D$即可推算直射信号与反射信号的相位差$\phi$为（Larson et al.，2013b；王杰等，2020a，2020b）

$$\phi = \frac{2\pi D}{\lambda} = \frac{4\pi h\sin e}{\lambda} \tag{9.13}$$

其中，$\lambda$是卫星信号波长。根据式（9.13），于是有（Larson et al.，2013a）：

$$2\pi f = \frac{\mathrm{d}\phi}{\mathrm{d}\sin e} = 4\pi\frac{h}{\lambda} \tag{9.14}$$

式中，$f$是SNR中受多路径影响部分的信号频率。简化后便可得到垂直反射距离$h$与卫星信号波长$\lambda$的关系：

$$h = \frac{\lambda f}{2} \tag{9.15}$$

对于$f$的提取，经典方法是用二阶多项式拟合SNR后去除趋势项，再对残差序列$\delta$SNR用L-S谱（Lomb-Scargle periodogram，LSP）分析方法求得（Larson et al.，2013a；Löfgren and Haas，2014；Wang et al.，2018a，2018b）。提取到满足要求的信号频率$f$便可根据式（9.15）计算出反射面到天线相位中心的垂直距离$h$，从而进一步计算出潮位值。

根据上面的原理介绍，我们需要的数据为某个时段的信噪比数据，时段的长短在20min左右，并假设该时间段内对应的海平面的变化为恒定值，然而海平面时刻在变化，则需要进行海平面的动态变化改正。

$$\bar{h} = \frac{\tan\theta}{\dot{\theta}}\dot{h} + h \tag{9.16}$$

式中，$\bar{h}$为静态假设下的垂直反射距离；$h$为动态情况下的垂直反射距离；参数上方符号·表示一阶导数。改正$\vec{h}$值，获得$h$值，这便是潮位反演中的动态改正。动态改正由于需要求解$h$的变化率，一些学者提出了多种方法，如经典改正方法（Larson et al.，2017；Song et al.，2019）、最小二乘改正法等（Roussel et al.，2014；王杰等，2020a）、多模融合方法（Wang et al.，2019）。另外由于需要的数据是低高度角情况下的，则大气改正也是必需的，通过卫星及接收机的位置计算得到的高度角需要改正，具体可以参考文献Santamaría-Gómez和Watson（2017）。

全球变暖和海平面上升的影响对居住在沿海地区和岛屿上的人类来说尤其重

要，这些地区高度暴露在极端天气下，如风暴、巨浪和气旋，这不仅影响这些地区的人口，也影响他们的经济。对海面变化进行实时监测并研究其变化规律具有重要意义，且海面变化监测与研究对大地测量的全球高程基准统一极其重要。目前研究海面变化规律的手段大致可分为两类：一类是运用传统验潮站资料，另一类是应用卫星测高资料。验潮站所处陆地存在地壳垂直运动，可结合临近的 GPS 监测站获得海面的绝对变化。全球多个导航卫星系统正日益完善，越来越多的卫星向地球播发多频段的 GNSS 信号，丰富的 GNSS 信号也给 GNSS-IR 技术带了更大的潜力，图 9.24 为四系统多频段对沿海的潮位监测结果。

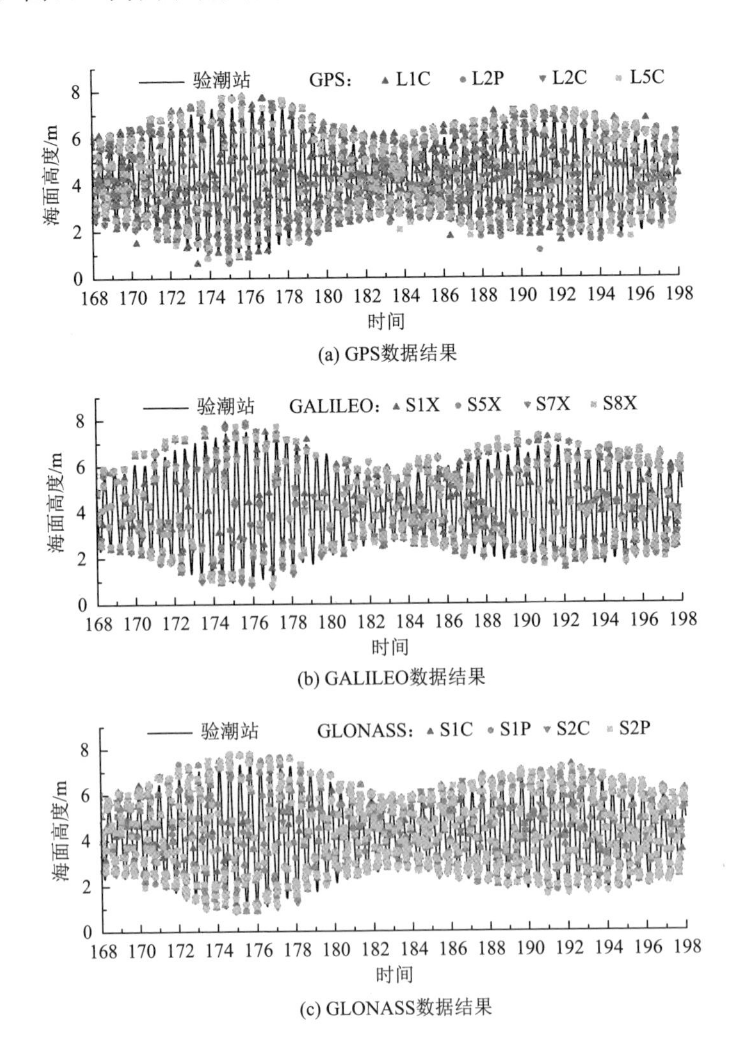


(a) GPS数据结果

(b) GALILEO数据结果

(c) GLONASS数据结果

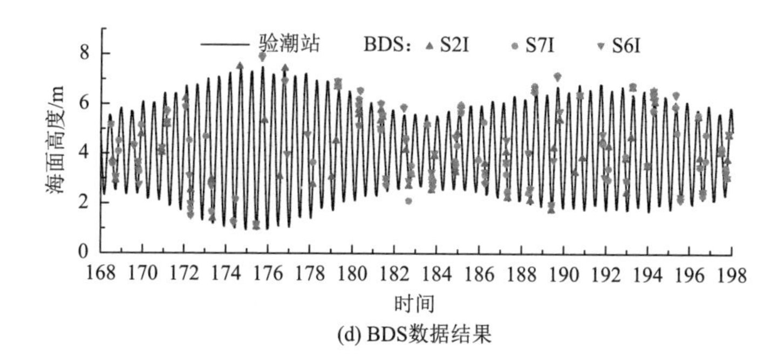

(d) BDS数据结果

图 9.24　多模多频 GNSS-IR 技术近海岸潮位监测结果

## 9.6.2　GNSS-IR 近海岸潮位监测实例

1. 研究区站点概况

利用 GNSS-IR 技术对三次风暴潮时间进行研究分析，其中 2019 年飓风“多里安”引起的风暴潮发生在巴哈马群岛，2017 年台风“天鸽”和 2018 年台风“山竹”引起的风暴潮均发生在中国香港地区，因而分别利用位于巴哈马群岛的 BHMA 站点和香港的 HKQT 站点进行相关实验研究。

HKQT 站位于 114.21°E、22.29°N，属于香港卫星定位参考站网（Satellite Positioning Reference Station Network，SatRef），安装了 TRIMBLE NETR5 型接收机。HKQT 站点提供 GPS、GLONASS、GALILEO、BDS、QZSS 和星基增强系统（satellite-based augmentation system，SBAS）的卫星观测数据，卫星数据采样间隔为 1s、5s 和 30s。对该站点来说，有效海域方位角为−60°～105°，有效高度角为 4°～9°（Peng et al.，2019）。距离 HKQT 站点 2m 处有一验潮站 Quarry Bay 可提供实测的潮位数据，站点周围环境如图 9.25（a）所示。BHMA 站点位于经度 78.97°W、26.69°N，位于巴哈马西北部大巴哈马岛的自由港（Freeport，Bahamas）。站点安装了 TRIMBLE NETR9 型接收机和 LEIAT504 接收机天线，提供 GPS 和 GLONASS 双系统卫星观测数据，卫星数据采样间隔为 1s。距离站点 1781m 处有一验潮站可提供实测潮位数据，站点周围环境如图 9.25（b）所示。

对于飓风“多里安”、台风“天鸽”和“山竹”，根据风暴潮产生的时间，这里分别选取 BHMA 站 2019 年年积日为 241～246d、HKQT 站 2017 年年积日为 232～237d 和 2018 年年积日为 257～261d 的卫星观测数据进行分析。观测文件中，会接收到载波数据（L）、测距码数据（P）和信噪比数据（S）。BHMA 站的卫星观测文件记录有 GPS 和 GLONASS 的 S1、S2 信噪比数据，而 HKQT 站的卫星

(a) HKQT站点及验潮站周围环境

(b) BHMA验潮站周围环境

图 9.25　HKQT 和 BHMA 站点周围环境

观测文件中的信噪比类型较多，GPS 有 S1C、S2W、S2X 和 S5X 四种，GLONASS 有 S1C、S1P、S2C 和 S2P 四种，GALILEO 有 S1X、S5X、S7X、S8X 四种，BDS 有 S1I 和 S7I 两种，QZSS 有 S1C、S1Z、S2X、S5X 和 S6X 五种，SBAS 有 S1C 和 S5I 两种，因此需对 HKQT 站点数据作进一步分析，选择观测数据采样间隔为 5s。由于两次台风期间卫星精密星历中未记录 SBAS 的卫星位置信息，并且 QZSS 没有同时满足高度角和方位角的有效弧段，因而这里以 GPS、GLONASS、GALILEO 和 BDS 四个系统的观测数据进行实验研究。

为了说明各系统不同波段的反演能力，以 2017 年年积日为 232d 和 233d 的数据进行分析，在此期间天气正常。图 9.26（a）～（d）为各系统不同波段在有

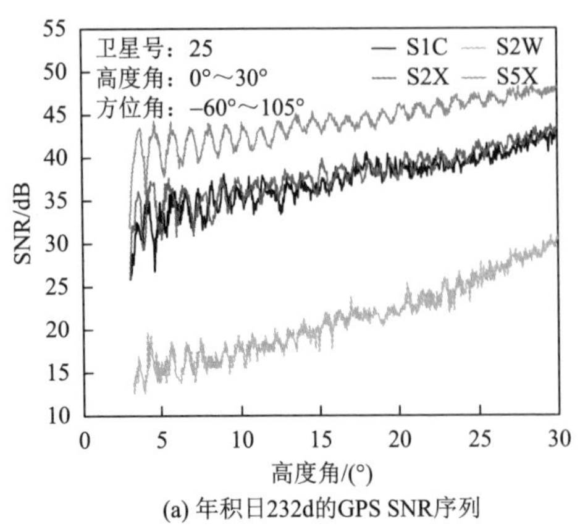


(a) 年积日232d的GPS SNR序列

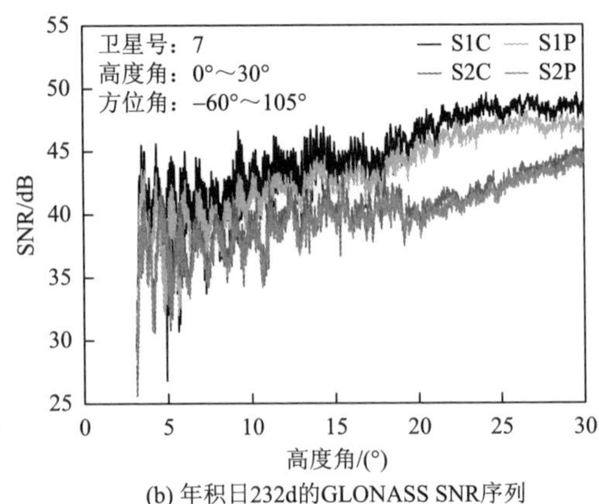


(b) 年积日232d的GLONASS SNR序列

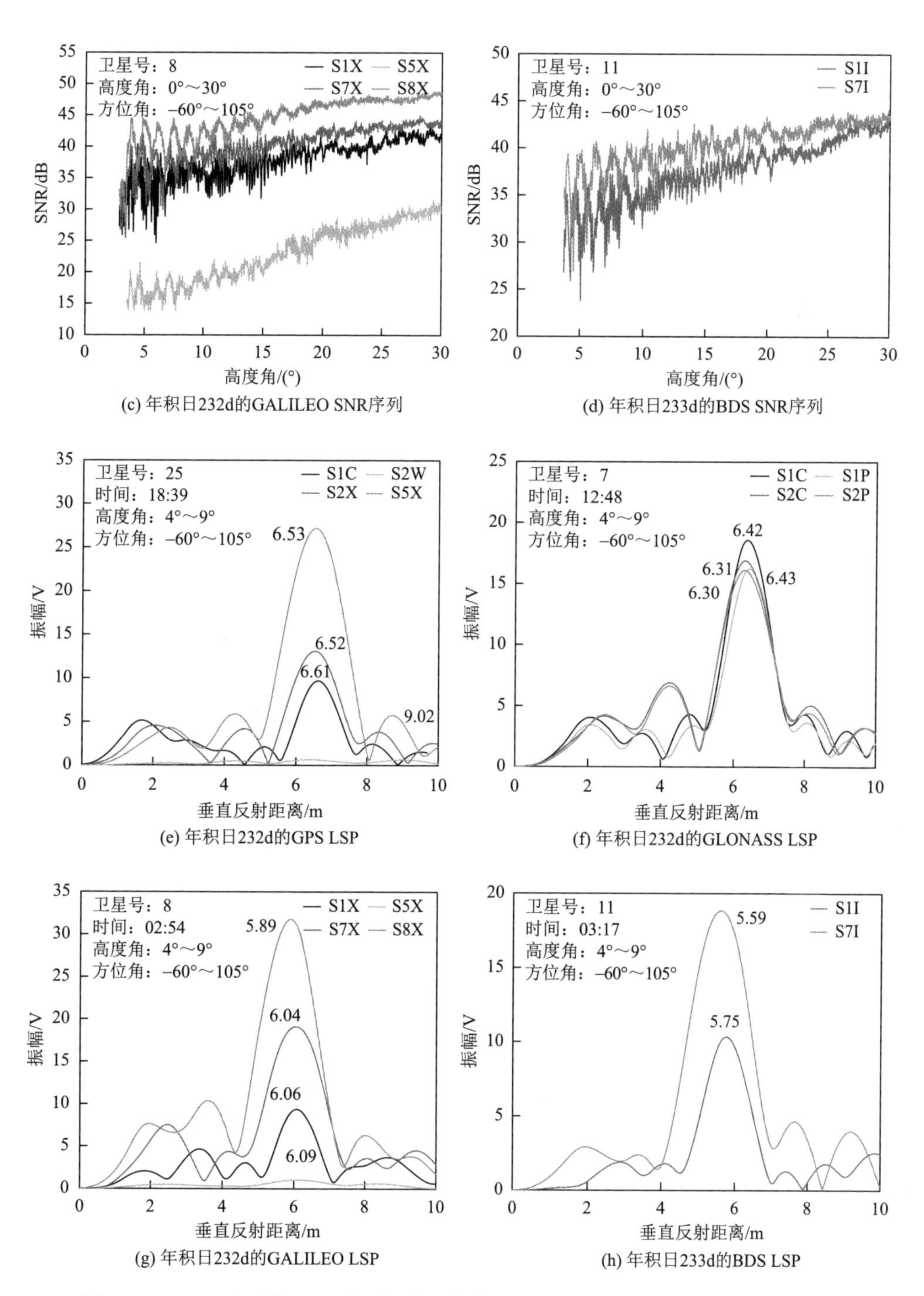


图 9.26　GNSS 多系统 SNR 序列及其对应的 LSP 分析频谱图（何秀凤等，2020）

效方位角–60°～105°内的 SNR 序列，图 9.26（e）～（h）为根据有效高度角 4°～9°和有效方位角–60°～105°，对各系统符合条件的 SNR 序列 LSP 分析结果。

由图 9.26 可知，对比四个系统各信号的 SNR，在 0°～30°高度角情况下，GPS 不同载波信号的 SNR 差值最大，约 25dB；GALILEO 不同载波信号的最大 SNR 差值同样在 25dB 左右，而 GLONASS 和 BDS 的不同载波信号 SNR 差值较小，表现出整体的一致性。图 9.26（e）～（h）为四个系统在低高度角情况下 SNR 序列的 LSP 结果，可以看出 GPS 的 S5X、GALILEO 的 S8X、BDS 的 S7I 振幅峰值明显最高，GLONASS 的 S1C、S1P、S2C、S2P 的振幅峰值较稳定。比较 SNR 序列及其对应的 LSP 分析频谱图，GPS 中 S1C、S2X、S5X 能量差值小，三者 LSP 的最大波峰对应的垂直反射距离在 6.6m 左右；GPS 中的 S2W 信号质量最低，LSP 出现了 3 个较大的波峰且最大波峰对应的垂直反射距离超过了 9m，结果为粗差，这是因为对于正常气象的海面，LSP 分析中的峰值与平均噪声比值大于 3 一般认为是有效结果（Larson et al.，2013a），而 S2W 的 LSP 中峰值与平均噪声比值仅为 1.56 并且所有波峰很小，振幅值均小于 1。因此，为提高 GNSS-IR 的反演精度及可靠性，GPS 的 S2W 将不用于后续实例分析。

### 2. GNSS-IR 监测飓风“多里安”风暴潮

2019 年全球风王“多里安”于 2019 年 8 月 25 日生成并被命名，随后一度增强为五级飓风。2019 年 9 月 1 日“多里安”登陆巴哈马群岛，9 月 2 日在大巴哈马岛引起洪水泛滥，给当地带来了灾难性的风暴潮。位于大巴哈马岛自由港岸边的 BHMA 站提供了卫星观测数据，选取年积日为 241～246d 的观测数据，高度角限制 5°～30°，对应海域方位角为–20°～80°，以 GPS 和 GLONASS 双系统的 L1 和 L2 波段反演潮位值，并结合美国国家环境预报中心（National Centers for Environmental Prediction，NCEP）的风速资料分析。由于风暴潮期间风速增强，海面粗糙程度更高，从而影响卫星反射信号的质量使得反射信号的振幅峰值减小，同时波形也会变得更扁平，因此 LSP 谱分析的振幅波形峰值与平均噪声比值以及有效振幅值大小的要求应适当降低，反演结果如图 9.27 所示。

图 9.27 为 2019 年 8 月 29 日～9 月 3 日 BHMA 站的 GNSS-IR 反演结果，深色曲线表示验潮站实测值，浅色曲线表示天文潮潮位值，细线表示站点区域的风速变化情况。在 9 月 1 日（年积日 244d）之前，BHMA 站附近海域受潮汐影响潮位呈正常周期性变化，潮位日涨落幅度在 1m 左右，其间区域风速低于 10m/s；9 月 1 日飓风“多里安”登陆巴哈马群岛，区域风速超过 10m/s 并继续猛增，站点附近海域受此影响，潮位在下午超过了当日的最高天文潮位值。9 月 2 日（年积日 245d）之后风速一度突破 37m/s，潮位超过警戒值，增水幅度大于 1.5m，增水时间更是超过了 24h，给当地带来了严重的洪涝灾害。从图 9.27 可以看出，

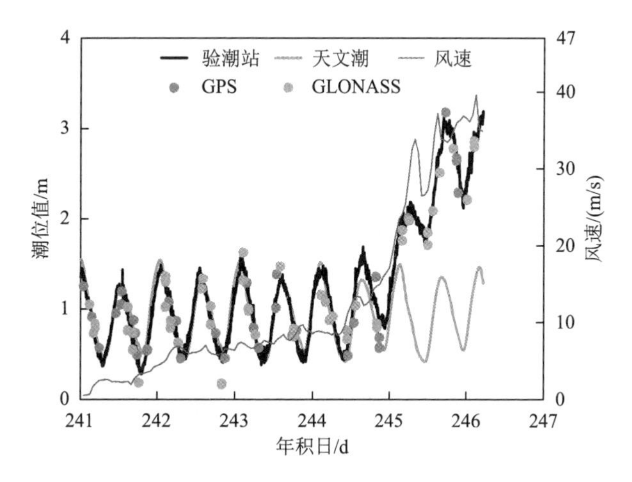


图 9.27 多模多频 GNSS-IR 反演飓风“多里安”风暴潮结果

在风暴潮之前 GNSS-IR 双系统反演结果与验潮站具有良好的一致性，而在风暴潮期间特别是年积日 245d 下午，GPS 反演结果成功监测到了风暴增水的峰值，但在增水过程反演结果为粗差而被剔除，因此未能记录增水情况，而 GLONASS 的反演结果能有效对此进行补充。因此，风暴潮期间 GNSS-IR 双系统反演潮位具有提高反演值时间分辨率的优势，能更好地反映风暴增水的情况。GPS 与 GLONASS 反演潮位结果如表 9.6 所示。

**表 9.6 GPS 与 GLONASS 反演潮位结果**

| 系统 | 信号频段 | 反演值数量/个 | | 相关系数 | | 精度/cm | |
|---|---|---|---|---|---|---|---|
| | | 单系统 | 联合 | 单系统 | 联合 | 单系统 | 联合 |
| GPS | L1 | 23 | 84 | 0.92 | 0.96 | 14.58 | 14.39 |
| | L2 | 11 | | 0.99 | | 18.45 | |
| GLONASS | L1 | 22 | | 0.99 | | 12.49 | |
| | L2 | 28 | | 0.93 | | 14.59 | |

在 GPS 和 GLONASS 反演潮位的高度误差改正中，海面动态变化的高度误差改正后使反演精度提高 5cm 左右，这是由于潮波函数无法拟合风暴潮，改正效果因此降低。对流层延迟引起的高度误差改正为 4cm，但由反演高度转换为潮位值后，仅使反演精度提高不足 0.5cm，因此对流层延迟对反演结果影响极小。由表 9.6 可知 GPS L1 和 L2 反演结果与 GLONASS L1 和 L2 反演结果精度均优于 20cm，与验潮站的相关系数均优于 0.9。双系统联合反演精度为 14.39cm，与验潮站相关系数为 0.96，联合反演的结果精度较高并且反演值数量增加。因此，对比

GNSS-IR 单系统反演潮位，双系统在提高时间分辨率的同时仍能保证反演结果的可靠性，观测更多潮位变化的细节。

3. GNSS-IR 监测台风“山竹”风暴潮

台风“山竹”在 2018 年 9 月 7 日于太平洋西北方位生成，15 日登陆菲律宾北部，16 日台风向中国广东沿海逼近并增强为 15 级强台风，风速达 50m/s，16 日凌晨香港处于台风风圈以内，附近海域受风暴潮影响潮位异常增高，一直持续到 16 日中午。

由于台风“山竹”期间风力更强，对 SNR 频谱分析的峰值噪声比和有效振幅值的要求同样需要降低。图 9.28 为四个系统 GNSS-IR 反演台风“山竹”期间风暴潮结果，方点表示 GPS 的反演结果，圆点表示 GLONASS 的反演结果，菱形点表示 GALILEO 的反演结果，三角点表示 BDS 的反演结果。2018 年 9 月 15 日香港当地区域风速开始增大并在夜间超过 30m/s，受此影响在 15 日下午潮位值超过天文潮位而形成风暴增水。9 月 16 日凌晨风速猛增至 38m/s 使得风暴增水持续走高，于当日早晨 6 时左右增至最高，中午恢复正常，整个过程持续约 12h，较“天鸽”多 5h。这是因为台风“山竹”阵风级别高于“天鸽”，风圈半径前者几乎为后者的 2 倍，因而在台风移动过程中对香港的影响时间更长，给香港造成了更大的损失。

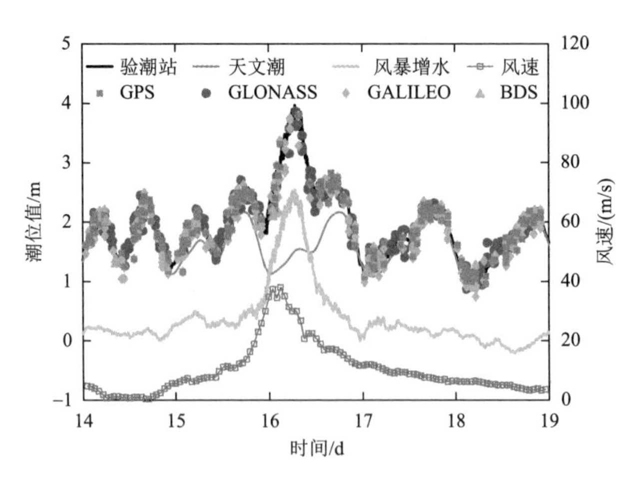


图 9.28　多模多频 GNSS-IR 反演“山竹”风暴潮结果（何秀凤等，2020）

2018 年 9 月 16 日期间，风暴增水持续增加并在天文潮高潮位处增水至峰值，超过了 2m，增值几乎为“天鸽”风暴增水的 2 倍，风力增水越大，破坏力也越强。在风暴潮初期，四个系统均监测到了潮位的异常增高情况；在潮位增高至峰值期间，GPS、GLONASS 和 GALILEO 均能有效监测，而 BDS 在此期间因没有可用卫星弧段，无法反演潮位；在潮位下降至正常的过程中，GPS、GLONASS 和 GALILEO 均能反映风暴潮的减弱情况，其中 GLONASS 的反演结果时间分辨率更高，能获得更多的潮位变化信息，BDS 因无卫星弧段可用而无法监测潮位。由于该海域潮位日涨落幅度较小且潮波函数无法拟合风暴潮期间的异常潮位，四系统联合反演的海面高度改正仅提高 2cm 的精度，而对流层延迟高度改正效果小于 1cm。

## 参 考 文 献


何秀凤，王杰，王笑蕾，等. 2020. 利用多模多频 GNSS-IR 信号反演沿海台风风暴潮. 测绘学报，49（9）：1168-1178.

金双根，张勤耘，钱晓东. 2017. 全球导航卫星系统反射测量（GNSS + R）最新进展与应用前景. 测绘学报，46（10）：1389-1398.

李惟，朱云龙，王峰，等. 2018. GNSS 多径信号模型及测高方法. 北京航空航天大学学报，44（6）：1239-1245.

刘经南，邵连军，张训械. 2007. GNSS-R 研究进展及其关键技术. 武汉大学学报（信息科学版），11：955-960.

宋敏峰，何秀凤. 2021. 基于 GNSS-IR 技术高精度水库水位监测研究. 无线电工程，51（10）：1099-1103.

孙小荣，刘支亮，郑南山，等. 2017. 两种新的 GNSS-R 镜面反射点位置估计算法. 中国矿业大学学报，4：917-923.

万玮，陈秀万，彭学峰，等. 2016. GNSS 遥感研究与应用进展和展望. 遥感学报，20（5）：858-874.

王杰，何秀凤，王笑蕾，等. 2020a. GNSS-IR 海潮监测的动态改正方法对比分析. 大地测量与地球动力学，40（8）：7.

王杰，何秀凤，王笑蕾，等. 2020b. 小波分析在 GNSS-IR 潮位反演中的应用. 导航定位学报，8（2）：82-89.

吴学睿，夏俊明，白伟华，等. 2019. GNSS-R/IR 监测地表冻融状态对延迟多普勒波形和多路径数据影响分析. 测绘学报，48（8）：1059-1066.

张波，王峰，杨东凯. 2013. 基于线段二分法的 GNSS-R 镜面反射点估计算法. 全球定位系统，（5）：11-16.

张双成，戴凯阳，南阳，等. 2018. GNSS-MR 技术用于雪深探测的初步研究. 武汉大学学报·信息科学版，43（2）：234-240.

Alonso-Arroyo A. 2016. Contributions to Land，Sea，and Sea Ice Remote Sensing Using GNSS-Reflectometry. Barcelona：Universitat Politècnica de Catalunya（UPC）.

Beckmann P，Spizzichino A. 1987. The Scattering of Electromagnetic Waves from Rough Surfaces. Norwood，MA，Artech House.

Camps A，Park H，Sekulic I，et al. 2017. GNSS-R Altimetry Performance Analysis for the GEROS Experiment on Board the International Space Station. Sensors，17（7）：1583.

Camps A，Park H，Valencia I Domenech E，et al. 2014. Optimization and performance analysis of interferometric GNSS-R altimeters：Application to the PARIS IoD mission. IEEE Journal of Selected Topics in Applied Earth Observations and Remote Sensing，7（5）：1436-1451.

Cardellach E，Ao C O，de la Torre Juárez M，et al. 2004. Carrier phase delay altimetry with GPS-reflection/occultation interferometry from low Earth orbiters. https://doi.org/10.1029/2004GL019775.

Cardellach E，Fabra F，Nogués-Correig et al. 2011. GNSS-R ground-based and airborne campaigns for ocean，land，ice，and snow techniques：Application to the GOLD-RTR data sets. Radio Science，46（6）：1-16.

Cardellach E，Rius A，Martin-Neira M，et al. 2014. Consolidating the precision of interferometric GNSS-R ocean altimetry using airborne experimental data. IEEE Transactions on Geoscience and Remote Sensing，52（8）：4992-5004.

Carreno-Luengo H，Camps A，Querol J，et al. 2016. First Results of a GNSS-R experiment from a stratospheric balloon over boreal forests. IEEE Transactions on Geoscience and Remote Sensing，54（5）：2652-2663.

Carreno-Luengo H，Park H，Camps A，et al. 2013. GNSS-R derived centimetric sea topography：An airborne experiment demonstration. IEEE Journal of Selected Topics in Applied Earth Observations and Remote Sensing，6（3）：1468-1478.

Clarizia M P，Ruf C，Cipollini P，et al. 2016. First spaceborne observation of sea surface height using GPS-Reflectometry. Geophysical Research Letters，43（2）：767-774.

D'Addio S，Martin-Neira M，Buck C. 2011. End-to-end performance analysis of a PARIS in-orbit demostrator ocean altimeter. 2011 IEEE International Geoscience and Remote Sensing Symposium：4387-4390.

Fabra F，Cardellach E，Li W，et al. 2017. WAVPY：A GNSS-R open source software library for data analysis and simulation. International Geoscience and Remote Sensing Symposium（IGARSS）：4125-4128.

Fabra F，Cardellach E，Ribó S，et al. 2019. Is accurate synoptic altimetry achievable by means of interferometric GNSS-R? Remote Sensing，11（5）：505.

Fabra F，Cardellach E，Rius A，et al. 2012. Phase altimetry with dual polarization GNSS-R over sea ice. IEEE Transactions on Geoscience and Remote Sensing，50（6）：2112-2121.

Gebre-Egziabher D，Gleason S. 2009. GNSS Applications and Methods. Boston，MA：Artech House.

Gleason S. 2006. Remote sensing of ocean，ice and land surfaces using bistatically scanner GNSS signals from low earth orbit. Guildford：University of Surrey. https://cygnss.engin.umich.edu/wp-content/uploads/sites/534/2021/06/Gleason_Thesis_GNSS.pdf.

Hajj G A，Zuffada C. 2003. Theoretical description of a bistatic system for ocean altimetry using the GPS signal. Radio Science，38（5），1089.

Helm A. 2008. Ground-based GPS altimetry with the L1 OpenGPS receiver using carrier phase delay observations of reflected GPS signals. Environmental Science，DOI:10.23689/FIDGEO-488.

Hu C，Benson C，Rizos C，et al. 2017. Single-pass sub-meter space-based GNSS-R ice altimetry：Results from TDS-1. IEEE Journal of Selected Topics in Applied Earth Observations and Remote Sensing，10（8）：3782-3788.

Jackson J D. 1999. Classical Electrodynamics（3rd ed.）. New York：John Wiley & Sons.

Jales P. 2012. Spaceborne receiver design for scatterometric GNSS reflectometry. Surrey，UK：University of Surrey.

Jales P，Unwin M. 2015. Mission description-GNSS reflectometry on TDS-1 with the SGR-ReSI. Surrey Satellite Technol Ltd. http://merrbys.co.uk/wp-content/uploads/2017/07/TDS-1-GNSS-R-Mission-Description.pdf.

Katzberg S J，Dunion J，Ganoe G G. 2013. The use of reflected GPS signals to retrieve ocean surface wind speeds in tropical cyclones：Reflected GPS for tropical cyclones. Radio Science，48（4）：371-387.

Kostelecký J，Klokočník J，Wagner C A. 2005. Geometry and accuracy of reflecting points in bistatic satellite altimetry. Journal of Geodesy，79（8）：421-430.

Larson K M，Löfgren J S，Haas R. 2013b. Coastal sea level measurements using a single geodetic GPS receiver. Advances in Space Research，51（8）：1301-1310.

Larson K M，Ray R D，Nievinski F G，et al. 2013a. The accidental tide gauge：A GPS reflection case study from Kachemak Bay，Alaska. IEEE Geoscience and Remote Sensing Letters，10（5）：1200-1204.

Larson K M，Ray R D，Williams S D P. 2017. A 10-year comparison of water levels measured with a geodetic GPS receiver versus a conventional tide gauge. Journal of Atmospheric and Oceanic Technology，34（2）：295-307.

Larson K M，Small E E，Gutmann E D，et al. 2008. Use of GPS receivers as a soil moisture network for water cycle studies. Geophysical Research Letters，35（24）：L24405.

Li W Q，Cardellach E，Fabra F，et al. 2017. First spaceborne phase altimetry over sea ice using TechDemoSat-1 GNSS-R signals. Geophysical Research Letters，44（16）：8369-8376.

Li W Q，Cardellach E，Fabra F，et al. 2018a. Lake level and surface topography measured with spaceborne GNSS-reflectometry from CYGNSS mission：Example for the Lake Qinghai. Geophysical Research Letters，45（24）：13，313-332，341.

Li W Q，Cardellach E，Fabra F，et al. 2020. Assessment of spaceborne GNSS-R ocean altimetry performance using CYGNSS mission raw data. IEEE Transactions on Geoscience and Remote Sensing，58（1）：238-250.

Li W Q，Rius A，Fabra F，et al. 2018b. Revisiting the GNSS-R waveform statistics and its impact on altimetric retrievals. IEEE Transactions on Geoscience and Remote Sensing，56（5）：2854-2871.

Löfgren J S，Haas R. 2014. Sea level measurements using multi-frequency GPS and GLONASS observations. Eurasip Journal on Advances in Signal Processing，（1）：1-13.

Löfgren J S，Haas R，Scherneck H G，et al. 2011. Three months of local sea level derived from reflected GNSS signals. Radio Science，46（6）：1-12.

Lowe S T，Zinzia C，LaBrecque J L，et al. 2000. An ocean-altimetry measurement using reflected GPS signals observed from a low-altitude aircraft. IGARSS 2000. IEEE 2000 International Geoscience and Remote Sensing Symposium. Taking the Pulse of the Planet：The Role of Remote Sensing in Managing the Environment. Proceedings（Cat. No. 00CH37120），7：24-28.

Lowe S T，Zuffada C，Chao Y，et al. 2002. 5-cm-precision aircraft ocean altimetry using GPS reflections. Geophysical Research Letters，29（10）：13-1-13-14.

Lydersen E A. 2014. Scattering of Electromagnetic Waves from Randomly Rough Surfaces with Skewed Height Distributions. MS thesis. NTNU.

Martín-Neira M. 1993. A passive reflectometry and interferometry system（PARIS）：Application to ocean altimetry. ESA Journal，17（4）：331-355.

Martín-Neira M，Caparrini M，Font-Rossello J，et al. 2001. The PARIS concept：An experimental demonstration of sea surface altimetry using GPS reflected signals. IEEE Transactions on Geoscience and Remote Sensing，39（1）：142-150.

Martín-Neira M，D'Addio S，Buck C，et al. 2011. The PARIS ocean altimeter in-orbit demonstrator. IEEE Transactions on Geoscience and Remote Sensing，49（6 PART 2）：2209-2237.

Mashburn J，Axelrad P，Lowe S T，et al. 2016. An assessment of the precision and accuracy of altimetry retrievals for a Monterey Bay GNSS-R experiment. IEEE Journal of Selected Topics in Applied Earth Observations and Remote Sensing，9（10）：4660-4668.

Mashburn J，Axelrad P，Lowe S T，et al. 2018. Global ocean altimetry with GNSS reflections from TechDemoSat-1. IEEE Transactions on Geoscience and Remote Sensing，56（7）：4088-4097.

Mashburn J，O'Brien A，Axelrad P，et al. 2018. A comparison of waveform model re-tracking methods using data from CYGNSS//IGARSS 2018-2018 IEEE International Geoscience and Remote Sensing Symposium：4289-4292.

Masters D，Axelrad P，Zavorotny V，et al. 2001. A passive GPS bistatic radar altimeter for aircraft navigation. Proceedings of the 14th International Technical Meeting of the Satellite Division of The Institute of Navigation（ION GPS 2001）：2435-2445.

Pascual D，Camps A，Martin F，et al. 2014. Precision bounds in GNSS-R ocean altimetry. IEEE Journal of Selected Topics in Applied Earth Observations and Remote Sensing，7（5）：1416-1423.

Peng D，Hill E M，Li L，et al. 2019. Application of GNSS interferometric reflectometry for detecting storm surges. GPS Solutions，23（2）：47.

Rice S O. 1951. Reflection of electromagnetic waves from slightly rough surfaces. Communications on Pure and Applied Mathematics，4（2-3）：351-378.

Rius A，Cardellach E，Martín-Neira M. 2010. Altimetric analysis of the sea-surface GPS-reflected signals. IEEE Transactions on Geoscience and Remote Sensing，48（4 Part 2）：2119-2127.

Rose R，Ruf C，Rose D，et al. 2013. The CYGNSS flight segment; a major NASA science mission enabled by micro-satellite technology. 2013 IEEE Aerospace Conference Proceedings：1-13.

Roussel N，Frappart F，Ramillien G，et al. 2014. Simulations of direct and reflected wave trajectories for ground-based GNSS-R experiments. Geoscientific Model Development，7（5）：2261-2279.

Ruf C S，Atlas R，Chang P，et al. 2016. New ocean winds satellite mission to probe hurricanes and tropical convection. Bulletin of the American Meteorological Society，97（3）：385-395.

Sabia R，Caparrini M，Ruffini G. 2007. Potential synergetic use of GNSS-R signals to improve the sea-state correction in the sea surface salinity estimation：Application to the SMOS mission. IEEE Transactions on Geoscience and Remote Sensing，45（7）：2088-2097.

Santamaría-Gómez A，Watson C. 2017. Remote leveling of tide gauges using GNSS reflectometry：Case study at Spring Bay，Australia. GPS Solutions，21（2）：451-459.

Semmling A M，Beyerle G，D'addio S，et al. 2011. Detection of Arctic Ocean tides using interferometric GNSS-R signals. Geophysical Research Letters，38，L04103.

Semmling A M，Leister V，Saynisch J，et al. 2016. A phase-altimetric simulator：Studying the sensitivity of earth-reflected GNSS signals to ocean topography. IEEE Transactions on Geoscience and Remote Sensing，54（11）：6791-6802.

Semmling A M，Rosel A，Divine D V，et al. 2019. Sea-ice concentration derived from GNSS reflection measurements in fram strait. IEEE Transactions on Geoscience and Remote Sensing，57（12）：10350-10361.

Semmling A M，Wickert J，Schön S，et al. 2013. A zeppelin experiment to study airborne altimetry using specular global navigation satellite system reflections. Radio Science，48（4）：427-440.

Semmling M，Beyerle G，Beckheinrich J，et al. 2014. Airborne GNSS reflectometry using crossover reference points for carrier phase altimetry. International Geoscience and Remote Sensing Symposium（IGARSS）：3786-3789.

Song M，He X，Wang X，et al. 2019. Study on the quality control for periodogram in the determination of water level using the GNSS-IR technique. Sensors，19（20）：4524.

Song M，He X，Wang X，et al. 2020. Study on the exploration of spaceborne GNSS-R raw data focusing on altimetry. IEEE Journal of Selected Topics in Applied Earth Observations and Remote Sensing，13：6142-6154.

Treuhaft R N，Lowe S T，Zuffada C，et al. 2001. 2-cm GPS altimetry over Crater Lake. Geophysical Research Letters，28（23）：4343-4346.

Unwin M. 2015. The SGR-ReSI Experiment on the TechDemoSat-1 Mission. Proceedings of the CEOI Technology Conference，Abingdon，UK：22-24.

Wagner C，Klokocnik J. 2003. The value of ocean reflections of GPS signals to enhance satellite altimetry：Data distribution and error analysis. Journal of Geodesy，77（3）：128-138.

Wang X，He X，Xiao R，et al. 2021. Millimeter to centimeter scale precision water-level monitoring using GNSS reflectometry：Application to the South-to-North Water Diversion Project，China. Remote Sensing of Environment，265：112645.

Wang X，He X，Zhang Q. 2019. Evaluation and combination of quad-constellation multi-GNSS multipath reflectometry applied to sea level retrieval. Remote Sensing of Environment，231：111229.

Wang X，Zhang Q，Zhang S. 2018a. Water levels measured with SNR using wavelet decomposition and Lomb-Scargle periodogram. GPS Solutions，22（1）：22.

Wang X，Zhang Q，Zhang S. 2018b. Azimuth selection for sea level measurements using geodetic GPS receivers. Advances in Space Research，61（6）：1546-1557.

Wickert J，Andersen O B，Cardellach E，et al. 2015. GNSS-reflectometry with GEROS-ISS：Overview and recent results. IEEE International Geoscience Remote Sensing Symposium.

Wu S，Meehan T，Young L. 1997. The Potential Use of GPS Signals as Ocean Altimetry Observables//Proceedings of the 1997 National Technical Meeting of The Institute of Navigation：543-550.

Zavorotny V U，Voronovich A G. 2000. Scattering of GPS signals from the ocean with wind remote sensing application. IEEE Transactions on Geoscience and Remote Sensing，38（2）：951-964.

Zuffada C，Haines B，Hajj G，et al. 2018. Assessing the altimetric measurement from CYGNSS data. International Geoscience and Remote Sensing Symposium（IGARSS）：8292-8295.